# 主推进动力装置

主　编　王　秉
副主编　张艳峰　鹿　惜

黄河水利出版社
·郑州·

## 内 容 提 要

本书主要介绍了船用柴油机的基础知识和管理维修。本书根据中华人民共和国海事局轮机专业考试大纲的要求，向读者介绍了船用柴油机的基本知识、主要部件及检修、燃油喷油泵喷油器、换气与增压、相关动力系统、调整装置、运行管理与应急处理以及柴油机的电控技术基础等内容。

**图书在版编目(CIP)数据**

主推进动力装置/王秉主编. —郑州：黄河水利出版社，2018.12

ISBN 978-7-5509-2175-7

Ⅰ.①主… Ⅱ.①王… Ⅲ.①船舶推进-动力装置-资格考试-自学参考资料 Ⅳ.①U664.1

中国版本图书馆 CIP 数据核字(2018)第 230086 号

组稿编辑：张倩　电话：0371-66026324　E-mail：995858488@qq.com

出 版 社：黄河水利出版社

地址：河南省郑州市顺河路黄委会综合楼 14 层　邮政编码：450003

发行单位：黄河水利出版社

发行部电话：0371-66026940、66020550、66028024、66022620(传真)

E-mail：hhslcbs@126.com

承印单位：河南承创印务有限公司

开本：787 mm×1 092 mm　1/16

印张：16

字数：389 千字　　印数：1—3 000

版次：2018 年 12 月第 1 版　　印次：2018 年 12 月第 1 次印刷

定价：40.00 元

# 前　言

《中华人民共和国海船船员适任考试和发证规则》(简称11规则)于2012年3月1日起生效,新的《中华人民共和国海船船员适任考试大纲》也已于2012年7月1日开始实施。现行的海船船员适任考试培训教材采用多科混编的形式,造成了教师上课的诸多不便。为了方便学生学习和教师讲授,河南交通职业技术学院航运海事系的诸位同事共同编写了这本与《中华人民共和国海船船员适任考试大纲》相适应的教材。

在本书的编写过程中,诸位老师认真总结近年来轮机工程专业的最新研究成果,结合教学课程的安排,知识点紧扣考试大纲。确保让该本教材既有理论,又联系实际;既结合教学,又关注考点。本教材层次分明、结构合理,具有简明翔实的特点。

全书共七章。具体编写工作如下:王秉担任主编,负责第二章的编写,同时负责本书的统稿工作;张艳峰担任副主编,负责第五章的编写;鹿惜担任副主编,负责第四章的编写;张献伟负责第一、三章的编写;晁海鹏负责第六、七章的编写。全书插图由张献伟提供并审校。

本书主要作为高职高专轮机专业的教材使用,也可作为轮机管理人员及相关专业工程技术人员的参考书使用。

本书在编写过程中,得到了河南交通职业技术学院领导、专家的大力支持,航运海事系张冰、董浩然、张涛老师在本书的编写过程中提出了很多宝贵意见,在此一并表示诚挚的谢意。

由于教材内容广泛,编写时间短促,编者水平有限,不当之处在所难免,恳请读者批评指正。

**编　者**
2018年6月

# 前言

# 目　录

**第一章　柴油机基本知识** ……………………………………………………（1）
**第二章　柴油机的主要部件及检修** ……………………………………（13）
　第一节　柴油机的结构特点 ……………………………………………（13）
　第二节　活塞及活塞的检修 ……………………………………………（16）
　第三节　活塞环的检修 …………………………………………………（32）
　第四节　汽　缸 …………………………………………………………（38）
　第五节　汽缸套的检修 …………………………………………………（42）
　第六节　汽缸盖 …………………………………………………………（49）
　第七节　连　杆 …………………………………………………………（52）
　第八节　曲轴和主轴承 …………………………………………………（58）
　第九节　轴承的检修 ……………………………………………………（68）
　第十节　曲轴臂距差 ……………………………………………………（75）
　第十一节　柴油机固定部件 ……………………………………………（83）
　第十二节　柴油机吊缸检修 ……………………………………………（89）
**第三章　燃油喷射与燃烧** ………………………………………………（94）
　第一节　燃　油 …………………………………………………………（94）
　第二节　燃油的喷射和雾化 ……………………………………………（102）
　第三节　喷油设备 ………………………………………………………（104）
**第四章　柴油机的换气、换气机构与增压** ……………………………（131）
　第一节　柴油机的换气过程及换气质量评定参数 ……………………（131）
　第二节　换气机构 ………………………………………………………（135）
　第三节　废气涡轮增压 …………………………………………………（145）
　第四节　废气涡轮增压器与增压系统 …………………………………（151）
　第五节　增压系统的维护和管理 ………………………………………（164）
**第五章　柴油机系统** ……………………………………………………（169）
　第一节　燃油系统 ………………………………………………………（169）
　第二节　润滑系统 ………………………………………………………（178）
　第三节　分油机 …………………………………………………………（183）
　第四节　冷却系统 ………………………………………………………（196）
　第五节　起动系统 ………………………………………………………（202）
**第六章　调速器** …………………………………………………………（213）
　第一节　调速的必要性及其类型 ………………………………………（213）
　第二节　超速保护装置 …………………………………………………（215）
　第三节　机械调速器 ……………………………………………………（216）

第四节　液压调速器 …………………………………………………… (217)
第五节　液压调速器的调节 ……………………………………………… (224)
**第七章　运转管理与应急处理及电子控制技术** …………………………… (230)
第一节　柴油机的运转管理 ……………………………………………… (230)
第二节　柴油机的应急处理 ……………………………………………… (236)
第三节　柴油机电子控制技术 …………………………………………… (247)
**参考文献** ………………………………………………………………… (250)

# 第一章　柴油机基本知识

## 一、柴油机的基本概念

### (一)动力机械与柴油机

机械设备通常可分为动力机械和工作机械两大类。动力机械是将其他形式的能量,如热能、电能、风能等转化为机械能,而工作机械则是利用机械能来完成所需的工作。把热能转换成机械能的动力机械称为热机。热机是最重要的动力机械,蒸汽机、蒸汽轮机以及柴油机、汽油机等都是热机中较典型的机型。

热机在工作过程中需要完成两次能量转化过程。第一次能量转化过程是将燃料的化学能通过燃烧转化为热能,第二次能量转化过程是将热能通过工质膨胀转化为机械能。如果两次能量转化过程是在同一机械设备的内部完成的,则称之为内燃机,汽油机、柴油机以及燃气轮机都属于内燃机。由于在内燃机中,两次能量转换均发生在汽缸内部,从能量转换观点来看,此类机械能量损失小,具有较高的热效率。另外,在尺寸和重量等方面也具有明显优势(例如,燃气轮机在热机中的单位重量功率最大)。如果两次能量转化过程分别在两个不同的机械设备内部完成,则称之为外燃机。在该类机械中,化学能转变成热能的过程(燃烧)发生在锅炉中,热能转变成机械能的过程发生在汽缸内部。此种机械由于热能需经某中间工质(水蒸气)传递,必然存在热损失,所以它的热效率不高,整个动力装置也十分笨重。内燃机在与外燃机竞争中已经取得明显的领先地位。

动力机械的运动机构基本上有两种运动形式,一种为往复式,另一种为回转式。在往复式发动机中,工质的膨胀作功是通过活塞的往复运动实现的;而回转式发动机则是利用高速流动的工质在工作叶轮内膨胀,推动叶轮转动而工作的。往复式发动机是间歇工作的,其工质的最高温度较高,而回转式发动机是连续工作的,由于受材料热强度的限制,其工质的最高温度不能太高,这就限制了其热效率的进一步提高。

柴油机和汽油机同属往复式内燃机,但又都具有各自的工作特点。汽油机使用挥发性好的汽油做燃料,采用外部混合法(汽油与空气在汽缸外部进气管中的汽化器进行混合)形成可燃混合气。其燃烧为电点火式(电火花塞点火)。这种工作特点使汽油机不能采用高压缩比,因而限制了汽油机的经济性不能大幅度提高,而且也不允许作为船用发动机使用(汽油的火灾危险性大)。但它广泛应用于运输车辆。

柴油机使用挥发性较差的柴油或劣质燃料油做燃料。采用内部混合法(燃油与空气的混合发生在汽缸内部)形成可燃混合气;缸内燃烧采用压缩式(靠缸内空气压缩形成的高温自行发火)。这种工作特点使柴油机在热机领域内具有最高的热效率。

柴油机由于在各种动力机械中热效率最高,功率范围宽广,起动迅速,维修方便,运行安全,使用寿命长,因而得到了广泛的应用,特别是在船舶方面,柴油机作为主机和副机更是占有统治地位。

**(二)柴油机的主要优缺点**

通常,柴油机具有以下突出优点:

(1)经济性好。有效热效率可达50%以上,其热效率是所有热机中最高的,并可使用廉价的重油,燃油费用低。

(2)功率范围宽广。单机功率最小约0.6 kW,最大可达100 000 kW以上,适用的领域广。

(3)与蒸汽动力装置相比,其尺寸小,重量轻,有利于船舶机舱布置。

(4)机动性好。起动方便,加速性能好。有较宽的转速和负荷调节范围,可直接反转,能适应船舶航行的各种工况要求。

(5)可靠性高,寿命长,维修方便。

同时,柴油机也具有以下缺点:

(1)存在机身振动、轴系扭转振动和噪声。

(2)某些部件的工作条件恶劣,承受高温、高压并具有冲击性负荷。

**(三)柴油机的基本结构参数**

柴油机结构参数如图1-1所示。

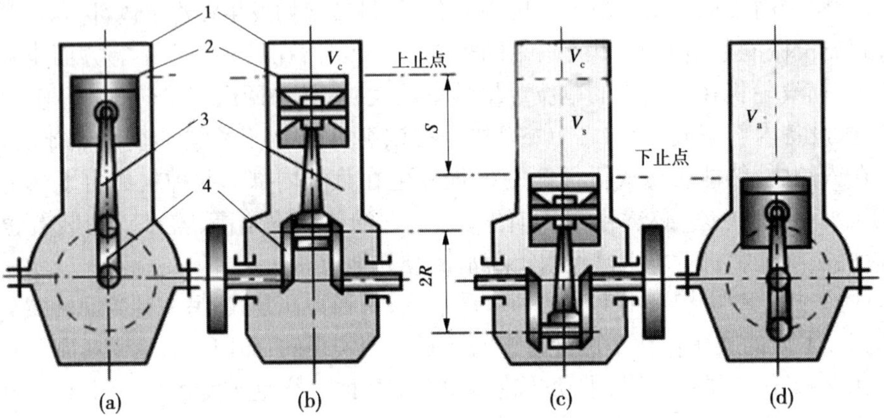


1—汽缸盖;2—活塞;3—连杆;4—曲轴

**图1-1　柴油机结构参数**

(1)上止点(TDC):活塞在汽缸中运动的最上端位置,也就是活塞离曲轴中心线最远的位置。如图1-1(a)、(b)所示。

(2)下止点(BDC):活塞在汽缸中运动的最下端位置,也就是活塞离曲轴中心线最近的位置。如图1-1(c)、(d)所示。

(3)行程($S$):指活塞从上止点移动到下止点间的直线距离。它等于曲轴曲柄半径$R$的两倍($S=2R$)。活塞移动一个行程,相当于曲轴转动180°(曲轴转角)。如图1-1(b)、(c)所示。

(4)缸径:汽缸的内径。

(5)汽缸余隙容积(压缩室容积,$V_c$):活塞在汽缸内上止点时,活塞顶上的全部空间(活塞顶、汽缸盖底面与汽缸套表面之间所包围的空间)容积。如图1-1(b)、(c)所示。

(6)余隙高度(顶隙):上止点时活塞最高顶面与汽缸盖底平面之间的垂直距离。

(7)汽缸工作容积($V_s$):活塞在汽缸中从上止点移动到下止点时所扫过的容积。如图1-1(b)、(c)所示。显然:

$$V_s = \frac{\pi D^2}{4} S$$

(8)汽缸总容积($V_a$):活塞在汽缸内位于下止点时,活塞顶以上的汽缸全部容积,亦称汽缸最大容积。如图1-1(c)、(d)所示。显然:

$$V_a = V_s + V_c$$

(9)压缩比($\varepsilon$):汽缸总容积与压缩室容积之比值,亦称几何压缩比。

$$\varepsilon = \frac{V_a}{V_c} = \frac{V_c + V_s}{V_c} = 1 + \frac{V_s}{V_c}$$

压缩比表示缸内工质压缩程度。柴油机压缩比为12~22。压缩比是一个对柴油机性能影响很大的结构参数,它的影响主要表现在经济性、燃烧与起动及机械负荷等方面。

①经济性。在一定范围内提高$\varepsilon$可明显提高经济性,当$\varepsilon > 12$时对经济性的影响程度减弱。$\varepsilon$过高时将由于余隙高度过小不利于雾化与混合而使经济性降低。

②机械负荷。$\varepsilon$增加将使压缩压力$P_c$增加,继而使最高爆发压力$P_{max}$提高,使柴油机的机械负荷增加,磨损加剧。因此,机械负荷限制了$\varepsilon$的上限。在柴油机增压技术的发展中对高增压柴油机曾使用过降低压缩比($\varepsilon < 10$)以限制其机械负荷的技术措施。当代船用大型超长行程柴油机为了提高经济性,使$\varepsilon$提高到16~19的水平。

③燃烧和起动。为了使柴油机燃烧良好以保证冷车起动,$\varepsilon$不能太低。因此,保证柴油机具有良好的冷车起动性成为限制$\varepsilon$的下限。

## 二、柴油机的类型

根据用途不同,对柴油机的要求也不同,因而柴油机的类型很多。通常有以下几种分类方式。

### (一)四冲程柴油机和二冲程柴油机

按工作循环可分为四冲程柴油机和二冲程柴油机两类。柴油机的一个工作循环包括进气、压缩、燃烧、膨胀、排气五个过程。四冲程柴油机是曲轴转两转,也就是活塞运动四个行程完成一个工作循环,而二冲程柴油机是曲轴转一转,也就是活塞运动两个行程完成一个工作循环。

### (二)增压柴油机和非增压柴油机

在柴油机中,我们把用增加进气压力来提高功率的方法称为柴油机的增压。增压柴油机和非增压柴油机的主要区别在于进气压力不同,非增压柴油机是在大气压力下进气的,而增压柴油机则是在较高的压力下进气的。

为了实现柴油机的增压,必须在柴油机上装设一台压气泵,若压气泵由柴油机带动则称机械增压。如果把废气的能量充分利用起来,将柴油机排出的废气送入涡轮机中,使涡轮机高速回转来带动离心式压气机工作,从而提高进入柴油机的空气压力以实现增压,我们称这种增压方式为废气涡轮增压。使用涡轮增压器既可使柴油机的功率增加,又可提高柴油机的经济性。

### (三)低速、中速和高速柴油机

柴油机的速度可以用曲轴转速$n$(r/min)和活塞平均速度$V_m$(m/s)表示。活塞的平均速度为：

$$V_m = \frac{Sn}{30}\ (\mathrm{m/s})$$

按此指标一般将柴油机分为以下三类：

低速柴油机：$n \leqslant 300$ r/min，$V_m < 6$ m/s。

中速柴油机：$300 < n \leqslant 1\,000$ r/min，$V_m = 6 \sim 9$ m/s。

高速柴油机：$n > 1\,000$ r/min，$V_m > 9$ m/s。

**（四）筒形活塞式柴油机和十字头式柴油机**

图 1-2(a)为筒形活塞式柴油机简图，它的活塞通过活塞销直接与连杆相连。这种结构的优点是结构简单、紧凑、轻便，发动机高度小。它的缺点是由于运动时有侧推力，活塞与汽缸之间的磨损较大。中高速柴油机一般都采用此结构。

图 1-2(b)所示为十字头式柴油机简图。它的活塞设有活塞杆，通过十字头与连杆相连接，并在汽缸下部设中隔板将汽缸与曲轴箱隔开。十字头柴油机工作可靠，寿命长。它的缺点是重量和高度大，结构复杂。大型低速二冲程柴油机都采用这种结构。

**（五）直列式和 V 型柴油机**

船用柴油机通常为多缸机。这样可以增大柴油机单机功率，同时可满足船舶机动性、可靠性的要求。

多缸柴油机的汽缸排列有直列式、V 型、W 型等。船用柴油机均为直列式与 V 型。具有两个或两个以上直立汽缸，并呈一列布置的柴油机称直列式柴油机，如图 1-3(a)所示。直列式柴油机的汽缸数因曲轴刚度和安装上的限制一般不超过 12 缸。当缸数超过 12 缸时通常采用 V 型柴油机，如图 1-3(b)所示。它具有两个或两列汽缸，其中心线夹角呈 V 字形，并共享一根曲轴输出功率。V 型柴油机的汽缸数可达 18 甚至 24，汽缸夹角通常为 90°、60°和 45°。V 型柴油机具有较高的单机功率和较小的比重量（柴油机净重量与标定功率的比值），在中、高速柴油机中用得较多。

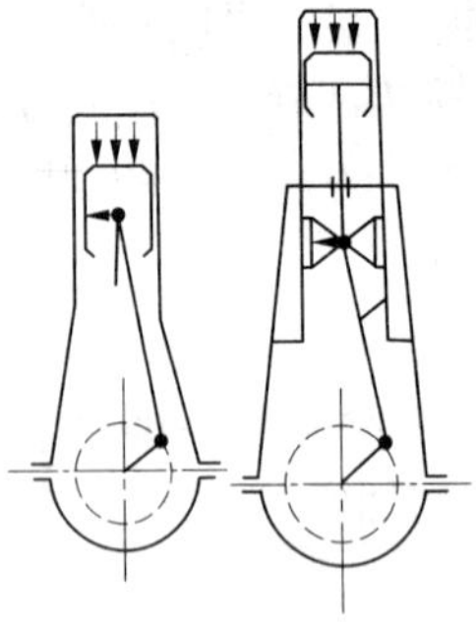

(a)　(b)

**图 1-2　筒形活塞式和十字头式柴油机简图**

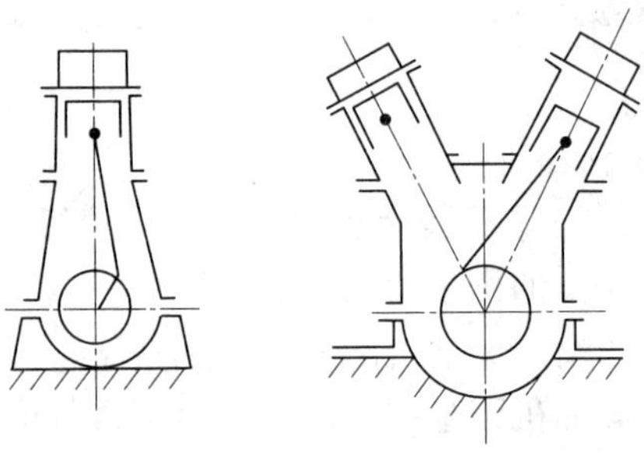

(a)　(b)

**图 1-3　直列式和 V 型柴油机**

**（六）右旋和左旋柴油机**

观察者由柴油机功率输出端向自由端看，正车时按顺时针方向旋转的柴油机称右旋（转）柴油机；观察者由柴油机功率输出端向自由端看，正车时按逆时针方向旋转的柴油机称左旋（转）柴油机。

某些船舶的推进装置（如客轮）采用双机双桨推进装置。在这种船舶上，由船艉向船艏看，布置在机舱右舷的柴油机为右旋柴油机，亦称右机；布置在机舱左舷的柴油机为左旋柴油机，亦称左机。在这种动力装置中，为便于操纵管理，右机的操纵侧即凸轮轴侧布置在柴油机左侧（内侧），而排气侧布置在右侧；左机的操纵侧布置在柴油机的右侧。

单台布置的船舶主柴油机通常为右旋柴油机。

**（七）可逆转和不可逆转柴油机**

可由操纵机构改变自身转向的柴油机称可逆转柴油机。曲轴仅能按同一方向旋转的柴油机称不可逆转柴油机。

在船舶上凡直接带动螺旋桨的柴油机均为可逆转柴油机；凡带有倒顺车离合器、倒顺车齿轮箱或可变螺距螺旋桨的柴油机以及船舶发电柴油机均为不可逆转柴油机。

## 三、四冲程柴油机工作原理

图1-4中所示的四个简图分别表示四个活塞行程的进行情况以及活塞、曲轴、气阀等部件的有关动作位置。

第一行程——进气行程，空气进入汽缸时相应的活塞行程。

活塞从上止点下行，进气阀a打开。由于汽缸容积不断增大，缸内压力下降，依靠汽缸内与大气的压差，新鲜空气经进气阀被吸入汽缸。进气阀一般在活塞到达上止点前即提前打开（曲柄位于点1），下止点后延迟关闭（曲柄位于点2）。曲轴转角$\varphi_{1-2}$（图中阴影线所占的角度）表示进气持续角$\Delta\theta_i$，一般为220°CA～250°CA。

第二行程——压缩行程，工质在汽缸内被压缩时相应的活塞行程。

活塞从下止点向上运动，自进气阀a关闭（点2）才开始压缩，一直到上止点（点3）为止。第一行程吸入的新气经压缩后，压力增高到3～6 MPa，温度升高到600～700 ℃（燃油的自燃温度为210～270 ℃）。压缩终点的压力和温度分别用符号$p_c$和$t_c$表示。在压缩过程的后期由喷油器c喷入汽缸的燃油，与高温空气混合、加热，并自行发火燃烧。曲轴转角$\varphi_{2-3}$表示压缩过程，一般为140°CA～160°CA。

第三行程——燃烧和膨胀行程，工质在汽缸内燃烧膨胀时相应的活塞行程。

活塞在上止点附近，由于燃油强烈燃烧，汽缸内的压力和温度急剧上升，压力达到5～8 MPa。温度为1 400～1 800 ℃或更高。高温高压的燃气（工质）膨胀推动活塞下行做功。由于汽缸容积逐渐增大，压力下降，在上止点后某一时刻（点4）燃烧基本完成。膨胀过程一直到排气阀开启时结束，膨胀终了时的汽缸内气体压力为250～450 kPa，气体温度为600～700 ℃。与进气阀相似，排气阀是在下止点前（点5）开启的。曲轴转角$\varphi_{3-4-5}$表示燃烧和膨胀过程。

第四行程——排气行程，废气从汽缸内排出时相应的活塞行程。

在上一行程末，排气阀b开启时活塞尚在下行，废气靠汽缸内外压力差经排气阀排出。当活塞由下止点上行时，废气被活塞推出汽缸，此时的排气过程是在略高于大气压力（1.05～1.1 atm）且在压力基本不变的情况下进行的。排气阀一直延迟到上止点后（点6）才关闭。曲轴转角$\varphi_{5-6}$表示排气持续角$\Delta\theta_e$，一般为230°CA～260°CA。

进行了上述的四个行程，柴油机就完成了一个工作循环。当活塞继续运动时，另一个新的循环又按同样的顺序重复进行。

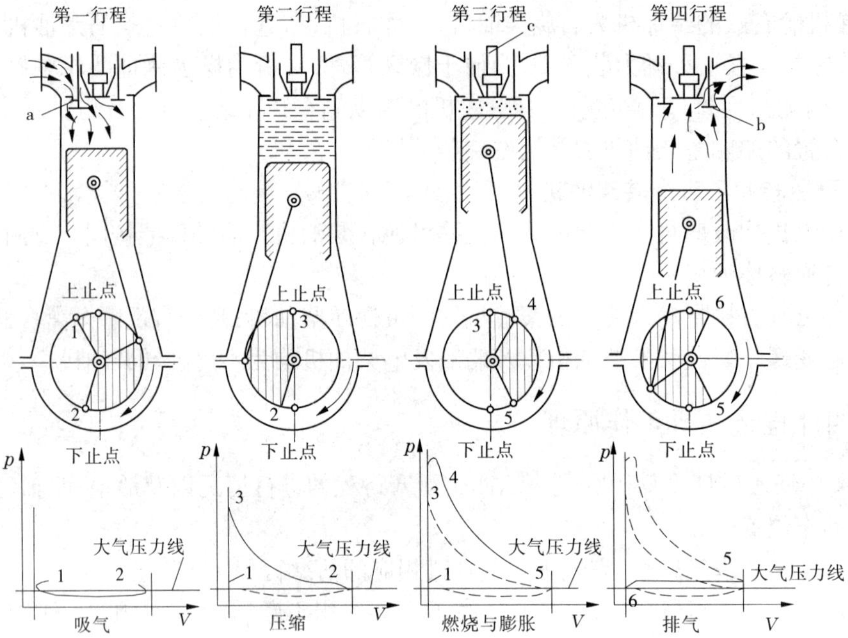


图 1-4　四冲程柴油机工作原理

四冲程柴油机每完成一个工作循环,曲轴要回转两转(720°曲轴转角)。每个工作循环中只有第三行程(膨胀行程)是作功的,其他三个行程都是为膨胀行程服务的,都需要外界供给能量。柴油机常做成多缸的,这样,进气、压缩、排气行程的能量可由其他正在作功的汽缸供给。如果是单缸柴油机,那就由较大的飞轮供给。图 1-4 下方的 $p—V$ 图表示一个工作循环内汽缸中气体压力随活塞位移(汽缸容积)而变化的情形。工作循环各过程线的综合,就构成了四冲程柴油机的示功图。在工作过程中时,汽缸内气体的压力和容积是同时变化的。$p—V$ 示功图可用来研究柴油机工作过程进行的情况,并且可用来计算柴油机一个工作循环的指示功。

四冲程柴油机的进、排气阀的启闭都不正好在上、下止点,而是在上、下止点前后某一时刻。它们的开启持续角均大于 180°CA。进、排气阀在上、下止点前后启闭的时刻称为气阀定时,通常气阀定时用距相应止点的曲轴转角(°CA)表示。用曲轴转角表示气阀定时的圆图称气阀定时圆图,如图 1-5 所示。

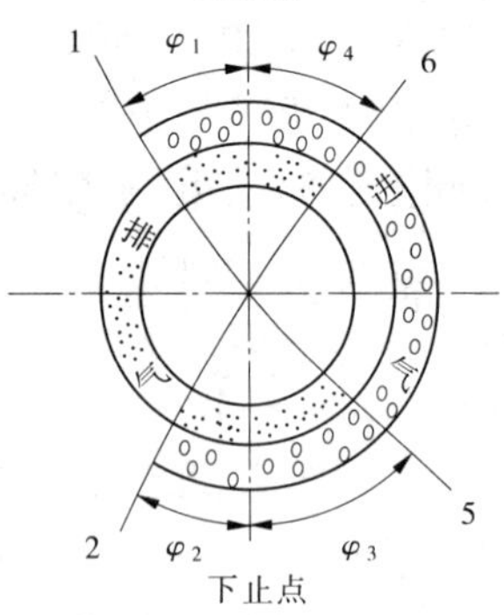


图 1-5　气阀定时圆图

在图 1-5 中,进气阀在上止点前点 1 开启,在下止点后点 2 关闭。其与相应止点的夹角 $\varphi_1$、$\varphi_2$ 分别称进气提前角、进气滞后角。排气阀在下止点前点 5 开启,在上止点后点 6 关闭,其与相应止点的夹角 $\varphi_3$、$\varphi_4$ 分别称为排气提前角、排气滞后角。由此可知气阀定时包含以下六项基本内容:①进气阀在上止点前点 1 开启、进气提前角为

$\varphi_1$。②进气阀在下止点后点 2 关闭，进气滞后角为 $\varphi_2$。③进气持续角为 $\varphi_1+180°+\varphi_2$。④排气阀在下止点前点 5 开启，排气提前角为 $\varphi_3$。⑤排气阀在上止点后点 6 关闭，排气滞后角为 $\varphi_4$。⑥排气持续角为 $\varphi_3+180°+\varphi_4$。气阀提前开启与延后关闭是为了将废气排除干净并增加空气的吸入量，以利于燃油的燃烧，另外还可减少排气耗功。因此，气阀定时是影响四冲程柴油机作功的重要因素。

由图 1-5 还可以看出，在上止点前后进气阀与排气阀同时开启时，同一汽缸的进、排气阀在上止点前后同时开启所对应的曲轴转角称为气阀重叠角。在气阀叠开期间，进气管、汽缸、排气管连通，此时利用废气的流动惯性，除可避免废气倒冲入进气管外，还可抽吸新鲜空气进入汽缸，并利用此压力差在将新气吸入汽缸的同时将燃烧室内的废气扫出汽缸，实现燃烧室扫气。此时不但可提高换气质量，还可利用进气冷却燃烧室有关部件。因而，四冲程柴油机均有一定的气阀重叠角，而且增压柴油机的气阀重叠角均大于非增压机，如表 1-1 所示。

**表 1-1　四冲程柴油机气阀重叠角**

| 名称 | 非增压 | | 增压 | |
|---|---|---|---|---|
| | 开启 | 关闭 | 开启 | 关闭 |
| 进气阀 | 上止点前 15°～30° | 下止点后 10°～30° | 上止点前 40°～80° | 下止点后 20°～40° |
| 排气阀 | 下止点前 35°～45° | 上止点后 10°～20° | 下止点前 40°～55° | 上止点后 40°～50° |
| 重叠角 | 25°～50° | | 80°～130° | |

## 四、二冲程柴油机工作原理

活塞在两个行程内完成一个工作循环的柴油机叫作二冲程柴油机。

在四冲程柴油机中新气的吸入与废气的排出是靠活塞的抽吸与推挤作用完成的。在二冲程柴油机中没有单独的进气与排气过程，其进气与排气过程几乎重叠在下止点前后 120°CA～150°CA内同时进行。因此，在结构上，二冲程柴油机必须在汽缸套下部开设气口，采用汽缸套扫气口—排气口或采用汽缸套下部扫气口—汽缸盖上排气阀的换气机构，而且还必须提高进气压力，使进气能从扫气口进入汽缸并将废气扫出汽缸，提高进气压力可以由机械驱动的扫气泵或由废气涡轮驱动的增压器来实现。这样，就可以将进、排气过程（扫气过程）缩减到下止点前后的部分行程中完成。

目前，船用二冲程低速柴油机都采用废气涡轮增压的方式来提高进气压力，图 1-6 所示为一种具有废气涡轮增压的二冲程柴油机工作原理图。它的特点如下：

新气通过汽缸下部的扫气口 a 进入汽缸，而废气则通过汽缸盖上的排气阀 b 排出汽缸。在进、排气管道上分别安装了离心式压气机 e 和废气涡轮机 d（两者组合成废气涡轮增压器），废气涡轮从废气中获得能量而带动压气机一起转动。新鲜空气则通过吸入口 f 吸入压气机，经压缩后压力和温度升高，然后由管 g 经冷却器 k 冷却后导入进气管 h 和扫气箱 i，准备进入汽缸。在活塞下行还没有打开进气口 a 之前，排气阀 b 首先被气阀机构打开（曲柄在点 1），废气大量排出汽缸，并经排气阀和排气管 j 进入废气涡轮 d 中。当活塞继续下行使汽缸内的压力降低到接近于增压压力时，活塞将扫气口 a 打开（曲柄在点 2），等待在扫气口外边的增压空气进入汽缸，并把废气扫出。当活塞运动到下止点并转向上行时，扫气口 a 被关闭（曲柄在点 3），接着排气阀关闭（曲柄在点 4），换气过程结束，而开始进行压缩、燃烧和膨胀过程。

二冲程柴油机也可以用定时圆图来表示它的各项定时时刻。图 1-7 为国产 ESDZ43/82B 型二冲程柴油机的定时圆图。

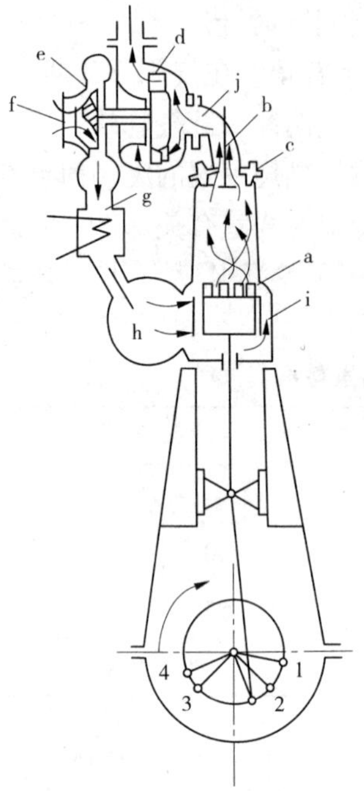


图 1-6　废气涡轮增压二冲程柴油机工作原理图

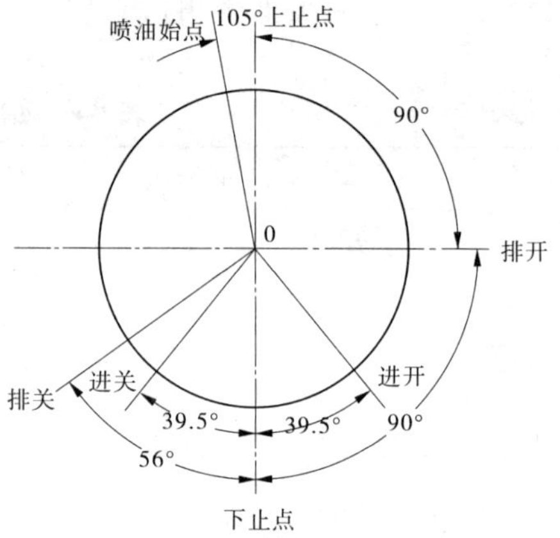


图 1-7　ESDZ43/82B 型二冲程柴油机的定时圆图

由上述可知，无论四冲程柴油机还是二冲程柴油机，它们真正压缩的始点均不在下止点，而在进气阀或排气阀（口）全部关闭时刻。通常将进气阀或排气阀（口）全部关闭瞬时的汽缸容积与压缩室容积比值称有效压缩比 $\varepsilon_e$。对二冲程柴油机

$$\varepsilon_e = 1 + \frac{(1 - \varphi_s)V_s}{V_c}$$

式中　$\varphi_s$——行程失效系数；

$\varphi_s$——气口高度/行程。

## 五、二冲程与四冲程柴油机的比较

从上述二冲程与四冲程柴油机工作原理比较可以看出两者有以下特点：

（1）二冲程柴油机二个行程即曲轴一转完成一个工作循环，由此可提高柴油机功率。两台汽缸尺寸与转速相同的四冲程柴油机与二冲程柴油机，计及气口行程损失和扫气损失，则二冲程柴油机的功率为四冲程柴油机的 1.6 ~ 1.8 倍。

（2）由于二冲程柴油机曲轴每一转完成一个工作循环，因而它的回转要比四冲程柴油机均匀，可使用较小的飞轮。

（3）二冲程柴油机的换气机构较简单，便于维修保养。

(4)二冲程柴油机的换气质量较四冲程柴油机差。

(5)二冲程柴油机的工作循环比四冲程柴油机多1倍,所以二冲程柴油机的热负荷比四冲程柴油机高。

总之,在提高功率方面二冲程柴油机比四冲程柴油机优越,而在提高柴油机的强化程度方面四冲程柴油机较二冲程柴油机优越。

## 六、二冲程柴油机的换气形式

在二冲程柴油机中,目前普遍采用气口—气阀直流扫气,但在20世纪80年代以前,出现过多种换气形式。不同的换气形式对换气质量有重要影响。根据气流在汽缸中的流动路线,二冲程柴油机的换气形式可分为弯流(扫气空气由下而上,然后由上而下清扫废气)与直流(气流在汽缸内呈直线由下而上清扫废气)两大类。每一大类中又有不同的换气形式。

弯流:

横流:简单横流,扫气口装有单向阀;

回流:半回流(新型横流),简单半回流,扫气口有阀控制,排气口有阀控制。

直流:扫气口—排气阀式。

### (一)简单横流扫气

进、排气口位于汽缸中心线的两侧,空气从进气口一侧沿汽缸中心线向上,然后在靠近燃烧室部位回转到排气口的另一侧,再沿着汽缸中心线向下,把废气从排气口清扫出汽缸,如图1-8所示。

### (二)回流扫气

进、排气口在汽缸下部同一侧且排气口在进气口的上方。进气流沿活塞顶面向对侧的缸壁流动并沿缸壁向上流动,到汽缸盖转向下流动,把废气从排气口中清扫出汽缸。气流在缸内作"回线"流动,如图1-9所示。在船用大型柴油机中,MAN-KZ型柴油机即为回流扫气形式。

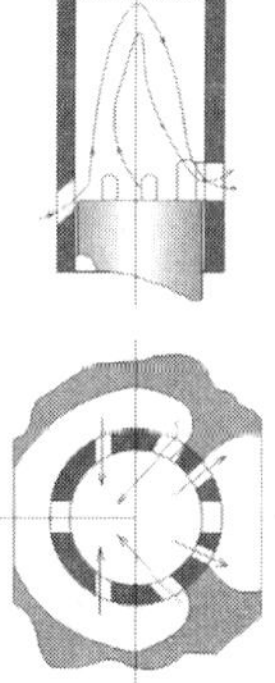

图1-8　简单横流扫气示意图

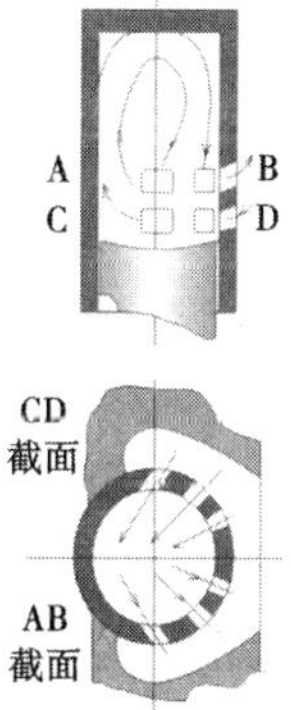


图1-9　回流扫气示意图

### (三)半回流扫气

进气口布置在排气口的下方及两侧,气流在汽缸内的流动特征兼有横流与回流的特点,如图1-10所示。某些早期的半回流扫气形式,在排气管中装有回转控制阀,该回转阀可在活塞上行活塞裙开启排气口前关闭排气管,防止新鲜空气经排气口流失。在船用大型柴油机中Sulzer RD、RND、RLA、RLB等型柴油机均为半回流扫气形式。

**（四）扫气口—排气阀直流扫气**

汽缸下部均布一圈进气口，在汽缸盖上有排气阀。空气从汽缸下部进气口端进入汽缸，沿汽缸中心线上行驱赶废气从汽缸盖上的排气阀排出汽缸，如图 1-11 所示。显然，气流在缸内的流动方向是自下而上的直线流动。进气口在纵向（与汽缸轴线成角度）和横向（与汽缸半径成角度）两个方向有倾斜角，使扫气空气进入汽缸后有向上和绕汽缸轴线旋转的运动。这一旋转的气流形成“气垫”，使空气与废气不易掺混，扫气效果较好。同时，排气阀的启闭由排气凸轮控制，不受活塞运动的限制，所以排气阀可以与进气口同时关闭，也可以提早关闭。在船用柴油机中，B&W、UEC 等机型是传统的扫气口—排气阀直流扫气式柴油机。现代船用超长行程柴油机 MAN B&W－MC 系列、Sulzer RTA 系列机型都采用扫气口—排气阀直流扫气形式。

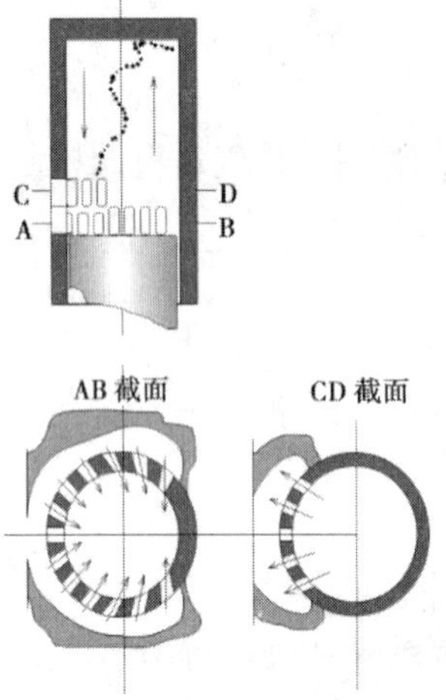

图 1-10　半回流扫气示意图

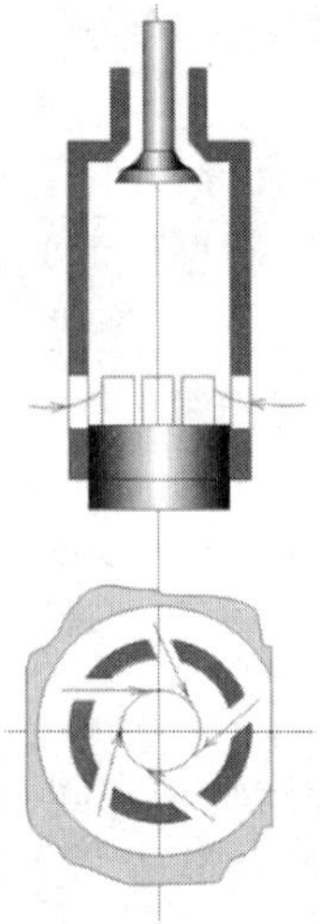
图 1-11　扫气口—排气阀直流扫气示意图

上述弯流扫气柴油机气流在缸内流动路线长（通常均大于 2*S*），新气与废气易掺混且存在死角与气流短路现象，因而换气质量较差。尤其在横流扫气中，缸套下部的进、排气口两侧受热不同，容易产生变形。但弯流扫气的结构简单，维修较方便，因而在行程缸径比 $S/D<2.2$ 的船用大型柴油机中，因行程较短尚可保证较满意的换气质量而曾经得到普遍使用。直流扫气则相反，气流在缸内流动路线短（约为 *S*），新气与废气不易掺混，因而换气质量较好。同时缸套下方受热均匀。但其结构复杂，维修较困难。现代船用大型柴油机随着行程缸径比 $S/D$ 的增加，发展了长行程（$S/D>2.5$）和超长行程（$S/D>3$）柴油机。在这种情况下，弯流扫气的换气质量无法与直流扫气相比，因而直流（扫气口—排气阀式）扫气成为现代船用大型柴油机的主要换气形式。某些传统的弯流扫气式柴油机已改为扫气口—排气阀直流扫气形式，如 Sulzer RTA 系列柴油机。

## 七、船舶柴油机提高经济性的主要措施

现代船用大型低速柴油机近十多年在提高经济性方面取得的成效超过了过去几十年。各种节能措施相继出现并日趋完善。这些措施主要如下。

**（一）采用定压涡轮增压系统和高效率废气涡轮增压器**

在高增压柴油机上采用定压涡轮增压系统代替脉冲涡轮增压系统是现代柴油机的显著

特点,同时也有利于提高增压器的效率。新型涡轮增压器的发展和使用,使增压器效率由20世纪60年代的50%～60%提高到目前的60%～76%,由此也显著降低了柴油机燃油消耗率。

### (二)增大行程缸径比 $S/D$

增大行程缸径比 $S/D$ 的主要目的是在保持活塞平均速度 $V_m$ 不变的情况下大幅度降低柴油机转速,以提高螺旋桨效率,从而提高动力装置的总效率。这是自石油危机以来提高柴油机动力装置经济性的重要措施。因此,自20世纪70年代末期开始,$S/D$ 的增大速度很快,并逐步开发了低速柴油机的长行程和超长行程柴油机系列。$S/D$ 的增加,也使柴油机本身的经济性有所提高。目前,MAN B&W 公司的 SMC－C 系列柴油机的 $S/D$ 值已达4.0,而 Wärtsilä 公司的 Sulzer RTA－T 系列柴油机的 $S/D$ 值甚至达到了4.17。然而,增大 $S/D$ 使柴油机结构复杂,造价增加,因而 $S/D$ 的增加是有限度的。

### (三)提高最高爆发压力 $P_{max}$ 与平均有效压力 $P_e$

由柴油机的理论循环研究与实践证实,提高最高爆发压力与平均有效压力可显著降低燃油消耗率。研究指出,当最高爆发压力与平均有效压力从7.8提高到12时,油耗率可下降约12 g/(kW·h)。因而,现代船用柴油机均采用这种措施降低油耗率。但是,大幅度提高 $P_{max}$ 是十分困难的,它受到柴油机负荷的限制,必须同时采取相应措施保证柴油机的可靠性。因而,从20世纪60年代到70年代中期,船用柴油机的 $P_{max}$ 虽然逐步增加,但增加幅度不大(在近20年内 $P_{max}$ 仅提高约2.5 MPa)。从20世纪70年代中期到80年代中期,柴油机的 $P_{max}$ 值有了大幅度增长,增加约5 MPa。目前有些柴油机的 $P_{max}$ 已达15 MPa(如 Sulzer RTA 柴油机),甚至18 MPa。在保持 $P_{max}$ 不变时降低 $P_e$ 值同样可降低油耗率,这也是目前广泛采用的节能措施。降低 $P_e$ 就是柴油机降功率使用,如保持标定转速而选用较低(如80%)的 $P_e$,或在使用较低转速(如80%)时选用较低的 $P_e$ 等。

### (四)增大压缩比 $\varepsilon$

在增压柴油机上尤其是高增压柴油机上,为了限制 $P_{max}$,保证柴油机有足够的机械强度,过去常用的措施是降低柴油机的压缩比,但由此也降低了经济性。显然,这种措施已不符合现代柴油机的发展需求。现代船用低速柴油机为了提高经济性,根据理论循环的结论仍然采用了适当增大压缩比的措施,把压缩比由10左右提高到16～19。

### (五)采用可变喷油定时(VIT)机构

把提高 $P_{max}$ 作为节能措施时,更要重视提高柴油机部分负荷下的 $P_{max}$ 值。因为其一,现代船用柴油机的实际使用功率通常均小于标定功率;其二,柴油机在部分负荷运转时 $P_{max}$ 随负荷的减小而降低。如果在部分负荷时能使 $P_{max}$ 值保持其标定值,$P_{max}$ 与 $P_e$ 的比值 $P_{max}/P_e$ 变大,则燃油消耗率减少。VIT 机构可在柴油机负荷变化时自动调整其喷油提前角,保证在部分负荷(通常为80%～100%负荷)时柴油机的 $P_{max}$ 基本不变,而在50%～80%负荷范围内也有较高的 $P_{max}$ 值(与无 VIT 机构比较)。

### (六)降低摩擦损失提高机械效率

柴油机的摩擦损失约占机械损失的40%,因而降低摩擦损失是提高机械效率的主要途径。现代船用低速柴油机采用短裙和超短裙活塞、减少活塞环数量(如由5道减少为4道)及改善活塞环的工作条件等措施降低摩擦损失,提高机械效率。

### (七)轴带发电机(PTO)

在主柴油机正常运转期间(通常要求主机转速 >70% 标定转速),通过专设的恒速传动装置驱动发电机,可发出满足船舶航行所需要的电力。在主机转速变动或波动时通过恒速传动装置可保证发电机转速恒定,或可通过变频装置保证发出的电压与频率不变。采用轴带发电机在航行期间可停止柴油发电机运转。此装置并不直接降低柴油机油耗率,但可提高船舶动力装置的经济性。这种装置的优点主要有:可使用油耗率较低的主柴油机供应电力,可节省柴油发电机运转时的滑油消耗,减少柴油发电机的数量与维修费用。

### (八)柴油机废热再利用

柴油机的废气和冷却介质带走了燃料总发热量中 50% 左右的热量。充分利用这一部分废热的能量,对提高整个动力装置的经济性有重要意义。如利用废气涡轮发电机组、废气锅炉发电机等。目前这方面的问题仍在研究与探索之中。

### (九)改进喷射与燃烧技术

在高增压柴油机中缩短喷射持续期,改善雾化质量,从而提高燃烧效率是该型柴油机的重大研究课题之一。为此,发展了高喷油压力(达 100 ~ 140 MPa)、高喷油率以缩短喷射持续期的喷射系统,并采取优化喷射系统结构措施提高雾化质量,提高燃烧效率。目前,智能化的电子控制喷射柴油机已开始装船应用。

# 第二章 柴油机的主要部件及检修

柴油机的主要部件是指燃烧室部件(活塞、汽缸、汽缸盖)、曲柄连杆机构(十字头、连杆、曲轴和轴承)、机架、机座和贯穿螺栓等部件。这些部件构成柴油机的主体,它们工作的好坏不但直接影响柴油机的技术性能指标,而且还和安全航行密切相关。统计表明,船用柴油机主要部件发生的故障占柴油机故障总数的90%左右,其中燃烧室部件故障约占故障总数的50%。因此,轮机管理人员应该深入了解主要部件,这是降低柴油机故障发生率的重要一环。

## 第一节 柴油机的结构特点

### 一、现代船用柴油机的结构特点

船用柴油机在结构上主要可分为十字头式柴油机和筒形活塞式柴油机。十字头式柴油机相对比较笨重,尺寸和重量较大,但可靠性好、寿命长,是目前大功率低速柴油机的主要结构。而筒形活塞式柴油机结构简单紧凑,尺寸小、重量轻,目前中高速强载的柴油机普遍采用这种结构。

现代船用低速柴油机经过不断的发展和优化整合,在总体结构上趋于一致,主要采用二冲程、单作用、定压增压、直流扫气的工作方式,这种柴油机在结构上有以下显著特点:

(1)长行程和超长行程。为了提高船舶动力装置总体的经济性和柴油机本身的经济性,柴油机的行程不断加长。低速柴油机的行程缸径比 $S/D$ 值已从20世纪80年代的2.2左右增长到目前的4.65。柴油机行程的加长,使得柴油机的高度和宽度都有所增长,尺寸和重量增加,转速降低,经济性不断提高。

(2)普遍采用气口—气阀直流扫气。随着柴油机向长行程化方向发展,柴油机的各种换气方式趋于统一,普遍采用气口—气阀直流扫气方式。即只在柴油机汽缸下部设扫气口,而在汽缸盖中央设旋转式排气阀及液压式气阀传动机构。旋转式排气阀可使排气阀在启闭时有微小的旋转运动,可保证气阀密封面磨损均匀、贴合严密,提高排气阀的可靠性。采用液压式气阀传动机构改变了沿用几十年的机械式气阀传动机构,降低了排气阀的噪声,延长了气阀机构的使用寿命。

(3)燃烧室部件普遍采用钻孔冷却结构。现代超长行程柴油机燃烧室部件的热负荷和机械负荷已达到了相当高的程度,这成为限制柴油机提高增压度的重要因素。为了解决这一技术难题,燃烧室部件普遍采用钻孔冷却结构。这是一种最合理的“薄壁强背”结构形式,使燃烧室部件的热负荷和机械负荷维持在可以接受的水平上。

(4)采用全支撑连杆小端结构。超长行程柴油机的最高爆发压力已增高到15 MPa,其十字头轴承和曲柄销轴承均承受着巨大的单向冲击性负荷,十字头轴承的工作条件尤为恶劣。为了提高它们的可靠性,目前普遍采用全支撑式连杆小端结构,并广泛使用高锡铝薄壁轴承。

(5)采用独立的汽缸润滑系统。良好的汽缸润滑是减少缸套和活塞环磨损的必要条件。为了减少在柴油机低负荷时汽缸油的消耗量,采用了汽缸注油量随负荷变化而自动调整,从而可以精确地控制注油定时的电子注油系统。

(6)曲轴上增设轴向减振器。由于柴油机的长行程化和单缸功率的增加,导致曲轴的刚度变弱,在运转时容易产生轴向振动而使主机及船体产生振动。现代超长行程柴油机在曲轴的前端增设轴向减振器,以有效地减少曲轴的轴向振动。

(7)焊接结构。柴油机的主要固定件包括机座、机架和汽缸体,普遍采用焊接结构代替原来的铸造结构,这不仅大大减轻了柴油机的重量,还提高了柴油机的总体强度。

(8)定压增压。随着柴油机不断向高增压和超高增压方向发展,采用定压涡轮增压系统代替脉冲涡轮增压系统是现代柴油机的一大显著特点,柴油机的排气系统不断简化,使得柴油机的制造和维护管理都更加容易。

筒形活塞式柴油机目前主要向模块化方向发展,整个柴油机分为前箱、后箱、机体、汽缸单元、曲轴等几个模块,使柴油机的生产制造、维护管理更加方便高效,如图2-1所示。将柴油机的机架和汽缸体铸成一个整体,称之为机体,采用倒挂主轴承结构,不再使用机座而代之以轻便的油底壳,使得柴油机的重量大大减轻。柴油机所有的冷却器、泵浦等作为插件插入柴油机的前后箱中,与事先铸造在机体内的管路相连;而汽缸盖、汽缸套、活塞和连杆组成汽缸单元进行整体拆装。筒形活塞式柴油机的模块化使得柴油机的结构更加简单紧凑,维护管理更加方便。

图2-1　筒形活塞式柴油机的模块化

## 二、筒形柴油机的结构

现代筒形活塞式柴油机的主要结构特点是它的活塞通过活塞销直接与连杆相连,将柴油机的机架和汽缸体铸成一个整体,采用倒挂主轴承结构。这种结构的优点是结构简单紧凑轻便,发动机高度小。中高速柴油机一般都采用此结构。

目前,Wärtsilä、MAN B&W、Mak等公司的产品在四冲程中速柴油机市场占主导地位。下面以Wärtsilä32型柴油机为例介绍四冲程筒形柴油机的总体结构。

如图2-2所示,该柴油机是以在燃烧技术上取得的最新成就为基础而设计制造的。它具有氮氧化物排放低、可靠性高、维护管理方便、运转费用低等优点。在结构上有下列特点:

柴油机的机体用球墨铸铁铸造。将所有的油水管路设置在机体之内,使之成为外部光洁的真正无管路的发动机。柴油机采用弹性底座,确保柴油机的振动不会传到机外。

柴油机的曲轴是整体锻造的,并进行了全面的机加工。对曲柄直径和过渡圆角进行了仔细优化,对轴承负荷进行了精心计算,并且,每个曲柄臂上都装有平衡重,保证了曲轴在高的汽缸压力下可靠工作,并将轴承负荷控制在允许的范围之内,也使柴油机的总体长度达到最小。主轴承采用倒挂式主轴承,通过选择最合适的轴承材料和对关键区域油槽的优化设计,保证了足够的油膜厚度,确保了轴承的良好工作。

活塞是由铸钢的活塞头和铸铁活塞裙制造的组合式活塞,在活塞的裙部设有润滑装置,这确保了活塞环和活塞裙的可靠润滑并使磨擦损失降低到最小。在活塞上仅装有两道压缩环和一道刮油环,第一道环设有特殊的耐磨层,使磨擦损失达到最小。

Wärtsilä32 型柴油机的汽缸套上部经加高加厚,有足够的强度和刚度承受机械负荷和热负荷,通过钻孔冷却,控制其温度及热负荷。在缸套内部上端设有一个防磨环,可以除去活塞头部的积炭,减少缸套的磨损和滑油的消耗。

连杆采用船用大端连杆,对于这种持续在高燃烧压力下工作的柴油机而言,这种连杆是最安全的。杆身与连杆大端的结合面正处于连杆大端轴承座的上方,可以方便地拆卸和维护。对于V 型柴油机,两列汽缸采用并列连杆,连杆的结构相同。螺栓用液压工具同时上紧。

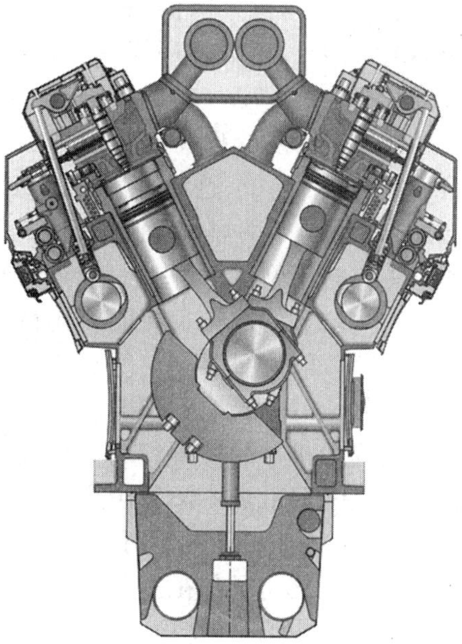

图 2-2　Wärtsilä32 型中速柴油机

汽缸盖采用四螺栓结构,通过内部结构设计使其具有最大的刚度,可以确保阀和阀座的均匀接触和汽缸套的圆度。进、排气道在设计上通过计算液体力学的分析,使其流动损失最小。汽缸盖上采用多管道元件代替了传统柴油机上单独元件的结构,可以完成空气进入汽缸、废气排至排气系统、冷却水从汽缸盖排出等多项功能。

增压系统可采用脉冲增压系统和单管脉冲增压系统并带有废气和空气旁通阀,确保了废气侧和空气侧最小的流动损失。

冷却水系统分为两个系统,即高温水系统和低温水系统。汽缸套和汽缸盖及增压空气冷却器的高温部分等的温度由高温水系统控制,系统温度保持在 95 ℃左右,保证燃用低质燃料油时的良好工作。而低温系统则用于冷却增压空气冷却器的低温部分及滑油冷却器。对于动力装置总体来说,这种冷却方式能够获得最大的热回收和总体效率。

## 三、十字头式柴油机的结构

十字头式柴油机的活塞设有活塞杆,通过十字头与连杆相连接,十字头的滑块在导板间滑动,给活塞导向并承受侧推力。在汽缸下部设中隔板将汽缸与曲轴箱隔开。柴油机的主要固定件如机座、机架和汽缸体是分开制造的,并用贯穿螺栓固定在一起。采用正置式主轴承,将曲轴安放在柴油机的机座上。十字头柴油机工作可靠,寿命长。它的缺点是重量和高度增大,结构复杂。目前大型低速二冲程柴油机都采用这种结构。

如图 2-3 所示,S50MC－C 型柴油机的汽缸直径为 500 mm,活塞行程为 2 000 mm,行程缸径比为 4.0,是一款尺寸比较适中,广泛用于各类船舶的超长行程低速十字头式柴油机。S50MC－C 型柴油机在活塞结构上采用低置活塞环组,提高活塞顶岸高度,这对于柴油机汽缸工作是非常有利的。由于活塞环位置的降低,活塞环处于温度较低的区域,离燃气区较远,燃烧产物不易进入摩擦面,使活塞环工作条件和润滑性能改善,活塞环组的工作性能提高,活塞的磨损大大减轻。

活塞顶岸高度的提高也使汽缸盖与汽缸套结合面降低成为可能,这使得汽缸盖与汽缸套的结合面以及汽缸套的热负荷降低,使其工作条件改善。主要的热负荷由钢制的汽缸盖承受。由于钢制的汽缸盖的抗热负荷能力比铸铁缸套要大,这也使其可靠性提高。

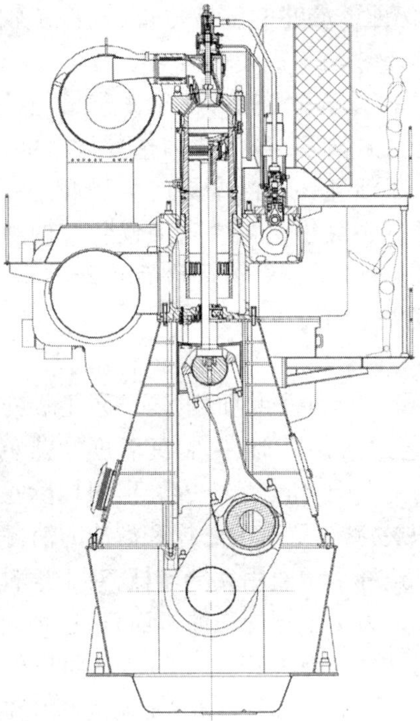

图 2-3　S50MC－C 型柴油机

S50MC－C 型柴油机采用短连杆结构,其主要目的是降低机器的高度,减轻机器重量,并可以减少振动和降低成本。其十字头销设计成非常简单的直段轴形,省去了两个端销,直径也缩小了。这样既简化了加工过程,又减轻了重量。S50MC－C 型柴油机在结构上最明显的特征是以双贯穿螺栓代替了传统的单贯穿螺栓,而且与传统的贯穿螺栓的不同之处还在于它不再一直插到机座底部,而是拧入到机座顶部的螺孔之中。机座在不增加宽度的情况下将地脚螺栓移到外侧,这样简化了焊接工艺并有利于厂家的安装。在汽缸体设计上,S50MC－C型柴油机的显著特点是汽缸体的高度减小,使其重量变轻,加工制造和维护管理更加方便。特别是将凸轮轴箱和汽缸体做成一体,并取消了汽缸体内的冷却水腔。

新型的 S－MC－C 柴油机中所有的大型轴承普遍采用现代的薄壁轴瓦结构,轴承材料采用 Sn40Al,这种轴承材料具有较低的温度敏感性和很强的抗疲劳能力,大大地提高了主轴承的可靠性。由于 S50MC－C 型柴油机的行程/缸径比已经达到了 4.0,最高燃烧压力也达到 15 MPa,对曲轴的刚度和轴承负荷影响很大,因此在曲轴设计上采用加大主轴颈和曲柄销的直径方法,并减小轴颈的长度。轴颈直径的增加和长度的缩短增强了曲轴的刚度,弥补了由于 $S/D$ 值增大对刚度的影响,而轴颈直径的加大又可以增大轴承的承载面积,在相同的轴承负荷下缩短轴颈长度,当然这也和采用新型轴承材料有关。轴颈的缩短使汽缸中心距和整机长度减小,减轻了机器的重量,也可以使机舱空间减小,从而增大用于营运的船舶容积。

## 第二节　活塞及活塞的检修

### 一、燃烧室部件的组成

燃烧室是指当活塞处在上止点时,由汽缸盖底面、汽缸套内表面及活塞顶共同组成的燃料与空气混合和燃烧的空间。燃烧室部件是柴油机中最重要的部件,包括活塞组件、汽缸盖组件和汽缸组件,如图 2-4 所示。柴油机的工作主要是在这里完成的。由于在燃烧室中进行着压缩、燃烧和膨胀过程,燃烧室部件受到燃气高温、高压和腐蚀的作用,活塞的摩擦、敲击和侧推力作用及冷却水的腐蚀和穴蚀作用,因此燃烧室部件是柴油机中工作条件最恶劣的部件。

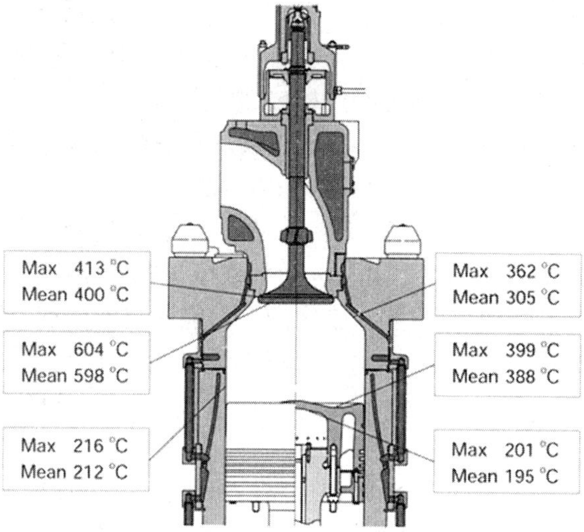


图 2-4　燃烧室部件

## 二、燃烧室部件的结构特点

当代新型超长冲程柴油机的强化程度已达到非常高的水平,燃烧室部件的机械负荷和热负荷也已接近其材料所允许的极限限度,因而对其结构形式要求日益苛刻。因此,燃烧室部件承受的应力是按一定的关系叠加起来的综合应力。要使燃烧室部件工作可靠,一定要有合理的结构来保证。

欲降低机械负荷应采用厚壁结构,欲降低热负荷应采用薄壁结构,两者相互矛盾。解决此矛盾的最合理结构是采用"薄壁强背"结构,这是兼顾机械应力和热应力的有效方法。

所谓薄壁就是燃烧室部件的受热壁要薄,以减小热应力。而强背就是在薄壁的背面设置强有力的支承,以降低机械应力。在现有的各种薄壁强背结构中,钻孔冷却是一种最理想的形式。因而,当代新型超长行程柴油机燃烧室大多采用钻孔冷却结构。图 2-5 表示了在汽缸盖和汽缸套上所钻出的冷却水孔的分布情况。由图可见,冷却水孔离触火面很近,这些水孔共同构成了一层热屏障,挡住了热流向外传递。也就是说,不论汽缸套还是汽缸盖,冷却水孔实际上将它们分为冷热两部分,热流差不多可以被限制在燃烧室壁表面与冷却水孔道之间的狭窄区域。因此,热区很薄——薄壁,减小了热应力;冷区很厚——强背,减

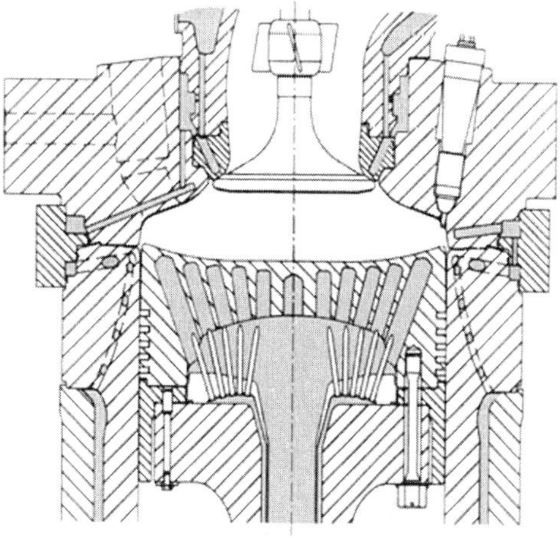

图 2-5　汽缸盖和汽缸套的钻孔冷却形式

小了机械应力。由于钻孔冷却效果好,所以已普遍应用在现代大型强载柴油机上。

## 三、活塞的作用和工作条件

活塞是柴油机中的关键部件,可分为十字头式活塞和筒形活塞两大类。它既是燃烧室部件的组成部分,又与连杆、曲轴等部件组成运动机构。活塞的主要作用是在保证密封的情况下完成压缩和膨胀过程,并将气体力经连杆传递给曲轴。在筒形活塞式柴油机中,活塞承受侧推力,起着滑块的作用。在二冲程柴油机中活塞还启闭气口,控制换气。

在柴油机工作中,活塞受到燃气的高温、高压、烧蚀和腐蚀作用。它的热负荷和机械负荷很高,而活塞材料在高温下机械性能又有所降低,所以活塞在工作中容易发生裂纹和变形。另外,活塞与汽缸之间,在相对运动中也会产生摩擦和撞击。在汽缸中,活塞由于温度很高、燃气冲刷、往复运动等原因,它和汽缸之间不可能建立液体动力润滑,因摩擦损失的功大,磨损严重。在中、高速柴油机中,活塞具有较大的往复惯性力,使得柴油机的振动加剧。

## 四、活塞的要求和材料

由于活塞对柴油机的动力性、经济性和可靠性影响很大,因此要求活塞强度高、刚度大、密封可靠、散热性好、冷却效果好、摩擦损失小、耐磨损。对中、高速柴油机还要求活塞重量轻。

活塞主要由活塞头和活塞裙两部分组成。由于活塞头部与燃气接触,承受高温和高压,活塞裙部与汽缸套接触,产生摩擦和磨损,对于大中型柴油机的活塞,为了合理使用材料和方便制造,活塞头部和裙部是分开制造的,活塞头通常由铸钢或耐热合金钢制造,而活塞裙一般用耐磨铸铁制造。中小型柴油机通常将活塞头和活塞裙制成一体,由铸铁制造。某些高速柴油机为了减轻活塞的重量,则使用铝合金制造。

## 五、筒形活塞的组成和结构特点

筒形活塞由活塞头、活塞裙、活塞环和活塞销组成。图 2-6 所示为 Wärtsilä32 型柴油机的筒形活塞。下面以此为例介绍筒形活塞的构造。

### (一)活塞本体

活塞头和活塞裙是活塞的主体部分,称为活塞本体。船用大中型柴油机的活塞一般是分开制造的。活塞头部由铸钢制造,活塞裙由球墨铸铁制造并组合在一起。活塞顶部的形状通常要考虑与汽缸盖的底面相配合,形成一定形状的空间,以适应喷油器所喷出的油束,利于油、气混合和燃烧,一般采用浅盆形或浅 ω 形。活塞顶部四周突起,在与气阀开启相干涉的部位铣出避让坑。活塞头的环带上车有两道压缩环槽和一道刮油环槽,安装两道压缩环和一道刮油环,活塞环表面镀铬,保证汽缸的密封和润滑。活塞头和活塞裙之间的空间为冷却腔。活塞采用滑油冷却,滑油由曲轴、连杆、活塞销和活塞裙中的通道送至环形冷却腔,再由此流入中央冷却腔,最后由冷却腔的中央孔泄至曲轴箱中。由于活塞头是钢制的,活塞顶板和侧壁较薄,但在环形腔和中央冷却腔之间有较强的支撑,活塞顶的这种结构也明显体现了薄壁强背的设计思想。环形腔和中央冷却腔之间通孔及中央孔的位置及孔径,保证了振荡冷却的实现。冷却腔较大,使冷却油振荡作用加强,提高了传热效果。

筒形活塞的活塞裙,除承受气体力的作用外,还受到较大的侧推力的作用,所以要造得十分坚韧。对于圆筒形的活塞裙，由于活塞销座处金属较多，当受热时会使活塞裙沿活塞销轴线方向的膨胀较大；活塞裙在侧推力作用下也会使活塞销沿轴线方向伸长，这样，在工作时活塞裙将会变成椭圆形，使活塞和汽缸发生卡阻。为了避免发生这种现象，Wärtsilä32 型柴油机的活塞裙在设计阶段就除去了这部分金属。活塞销座采用了阶梯形结构，即上部的工作面较大，而下部的工作面较小，使得活塞销和连杆小端轴承受力更加合理。对于中小型柴油机，其活塞本体也可以整体铸造。由于中小型柴油机活塞的尺寸较小，热负荷较低且散热性好，也可以不进行冷却。Wärtsilä32 型柴油机活塞的裙部设有四个润滑油孔 C，从连杆钻孔来的润滑油经这四个润滑油孔供向活塞和汽缸摩擦表面，这确保了活塞环和活塞裙的可靠润滑，并使摩擦损失降低到最小。

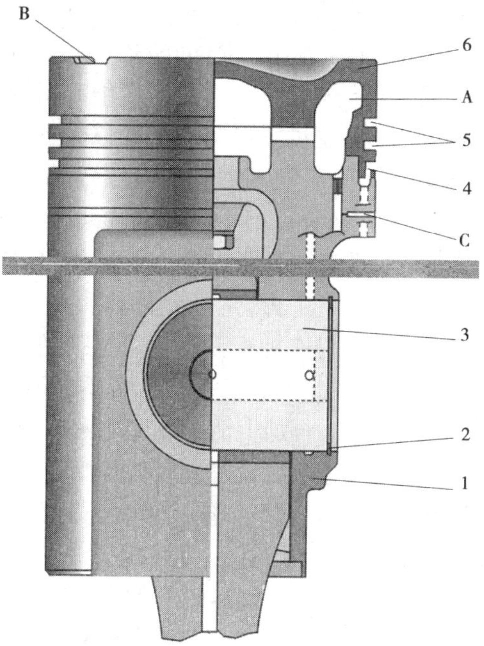


1—活塞裙；2—卡簧；3—活塞销；4—刮油环槽；5—压缩环槽；6—活塞头；A—冷却腔；B—避让坑；C—注油孔

**图 2-6　筒形活塞（Wärtsilä32 型柴油机）**

### （二）活塞环

根据活塞环所起的作用不同，活塞环可分为压缩环（气环）和刮油环两种。压缩环主要是用来保证活塞和汽缸之间在相对运动条件下的密封，对于任何柴油机都是必需的。刮油环的作用是除去汽缸套表面过多的滑油，仅用于筒形活塞式柴油机。

活塞环的工作条件十分恶劣，第一道活塞环直接受到高温、高压燃气的作用，其他环由于燃气经环的搭口、汽缸壁面和环槽处泄漏，也受到燃气的不同程度的作用。活塞环在工作中被活塞带动相对于汽缸套做往复运动。由于气体压力、活塞环往复运动的惯性力、汽缸套间产生的擦摩力、活塞横向振动和气口挂碰等作用，活塞环在环槽中产生十分复杂的运动。其中有轴向运动和轴向振动、径向运动和径向振动、回转运动、扭曲振动等。由于汽缸套壁面失圆、有锥度，活塞环在本身弹力作用下还要产生张合的交变运动，另外活塞环在高温下工作，润滑条件较差，在环槽中的运动状态又十分复杂，使它与汽缸套、活塞环槽之间产生严重的摩擦和磨损。活塞环因振动、与气口挂碰（二冲程柴油机）、弹性张合等作用有可能产生裂纹或折断。柴油机在运行中，还会因燃烧不良、滑油过多将活塞环黏着在环槽里，使活塞环失去密封作用，造成燃烧室窜气，使活塞环损坏。因此，要求活塞环有良好的密封性能，且要耐磨，特别是抗熔着磨损的性能要高；要有适当的弹性、足够的强度和热稳定性。活塞环的材料要求弹性较好，摩擦系数小，耐磨、耐高温，有良好的初期磨合性、储油性和耐酸腐蚀。一般采用合金铸铁（加硼、高硅）、可锻铸铁、球墨铸铁。为了提高活塞环的工作能力，常采用的结构措施和制造工艺有：表面镀铬以提高耐磨性；松孔镀铬，以提高表面储油性，加快磨合；内表面刻纹以提高弹性；环外表面开设蓄油沟槽；环外表面镀铜以利磨合，喷镀钼以防止黏着磨损等。目前，新型柴油机的活塞环的外表面普遍采用陶瓷涂层技术来提高活塞环的工作寿命。

1. 压缩环(气环)

压缩环的主要作用是防止汽缸中的气体泄漏和将活塞上的部分热量传给汽缸。压缩环的密封作用是依靠本身的弹性和作用在它上面以及漏到环的内侧的气体压力,使环紧紧贴合到汽缸壁和环槽壁上,如图 2-7 所示。这样就阻止了气体通过活塞与汽缸壁之间的间隙漏至汽缸下部空间。因此,活塞环的密封面是其外圆面和下平面,是不允许修整的,通常在活塞的上平面上会打有标记。由于活塞环在汽缸中要留有搭口间隙,因此正常工作的压缩环也不可能完全阻断燃气的泄漏。再加上活塞环可能出现的失效,为了提高密封效果,一个活塞上要设多道压缩环。压缩环也不能设置过多,通常高速柴油机装 2 ~4 道,低速柴油机装 4 ~6 道。为了减少磨擦损失,现代新型柴油机活塞环的数量趋于减少,高速柴油机装 2 道,中速柴油机装 3 道,低速柴油机装 4 道。一般每道环的密封作用可由燃气压力在各道环槽中的变化情况看出。第一道环由于高温压燃气的直接作用,承受的负荷最大。

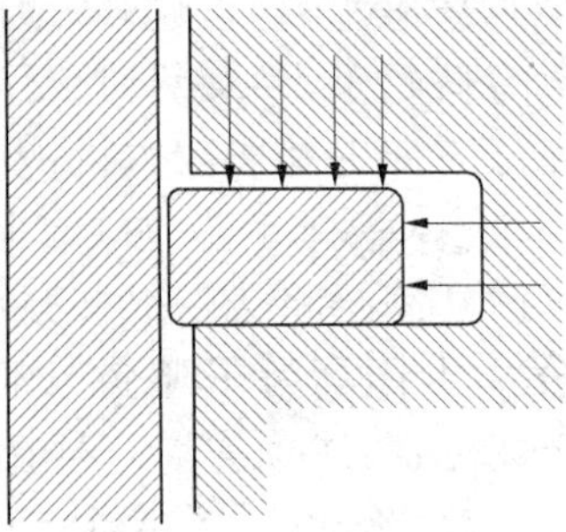

图 2-7　压缩环的密封

压缩环的结构形式是多种多样的,根椐其断面形状,可分为矩形环、梯形环、倒角环、扭曲环等,如图 2-8 所示。矩形环制造简单,应用最广,但温度超过 200 ℃时容易结焦卡死。梯形环、倒角环和扭曲环用在中、高速柴油机中。压缩环的搭口形状有直搭口、斜搭口和重叠搭口,如图 2-9所示。直搭口(a)和斜搭口(b)、(c)结构简单,加工方便。重叠搭口(d)气密性好,但容易折断,通常用于十字头式柴油机。为了减少通过搭口的漏气,安装时活塞环搭口不能摆在上下一条直线上,应该彼此错开。对于斜搭口的活塞环,相邻环的搭口方向要彼此相反。

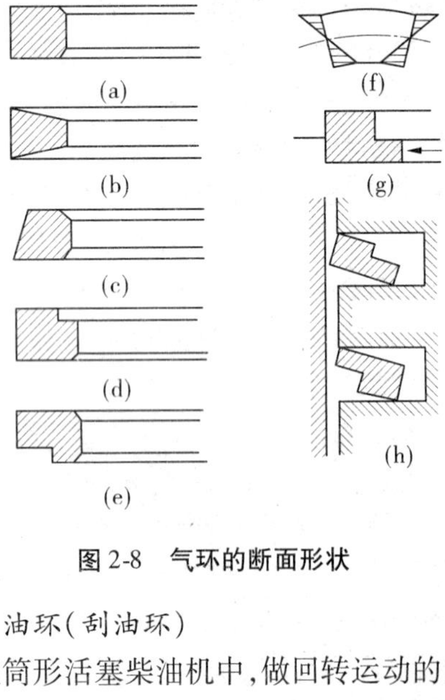



图 2-8　气环的断面形状

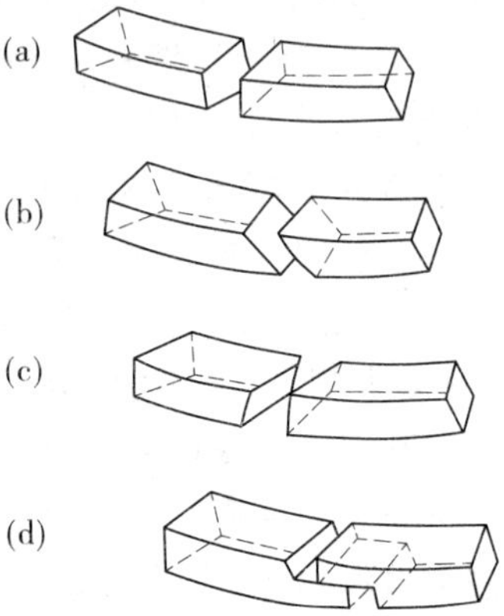



图 2-9　气环的搭口形

2. 油环(刮油环)

在筒形活塞柴油机中,做回转运动的曲柄销轴承把润滑油甩到汽缸壁上。活塞和汽缸套之间就是依靠这样飞溅来的油进行润滑的,因此称飞溅润滑。由于飞溅到汽缸壁上的滑油过多,气环会通过泵油作用把它泵入燃烧室,这不仅增加了滑油的消耗量,而且还会严重地污染活塞、汽缸、气阀和排气道,因此筒形活塞要在气环下面装设1~2道油环,将过多的滑油刮下,故也称为刮油环。新型柴油机通常只装设一道刮油环。

气环的泵油作用是由活塞环在缸壁上的刮油作用和在环槽中的挤油作用引起的。活塞环在环槽中的运动是由气体力、惯性力和摩擦力的合力来决定的。例如在进气过程中,如图2-10(a)所示,由于活塞环和环槽间存在平面间隙,如果合力向上,环紧压在环槽顶面上。环在运动中把缸壁上的油刮到环槽中。当活塞经过下止点上行时,环所受的合力向下,环由槽的顶面移向底面,把环槽中的油由下方挤到上方,如图2-10(b)所示。而第一道环槽上方的油被挤入燃烧室。气环在其他工作过程中也有类似的运动,随着柴油机工作循环的进行,滑油就从一道环到另一道环逐渐泵上去,最后被第一道环泵入燃烧室。

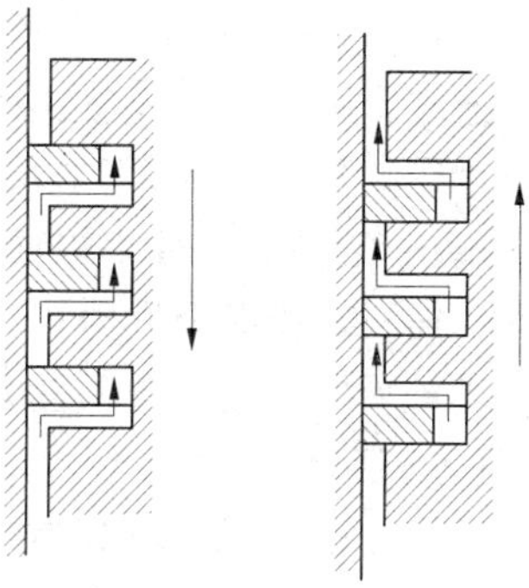


图2-10 气环的泵油原理

油环的结构如图2-11所示。可分为单刃刮油环和双刃刮油环。油环的特点是:环与缸壁的接触面积小,以增加接触压力,提高刮油效果;环与槽的平面间隙小,以减小泵油作用。

油环及环槽开有泄油孔,可将刮在环槽中的油经环与槽上的泄油孔排回曲轴箱。尤其要注意的是,当安装的刮油环刮刃为锥状表面时,要把刮刃的尖端放在下方,如图2-11(a)、(c)所示,以便油环下行时刮油,上行时让滑油从它的倾斜面上流过,即上行布油,下行刮油。如果装反了,它就会向上刮油,加强气环的泵油作用,使大量的滑油窜入燃烧室中。

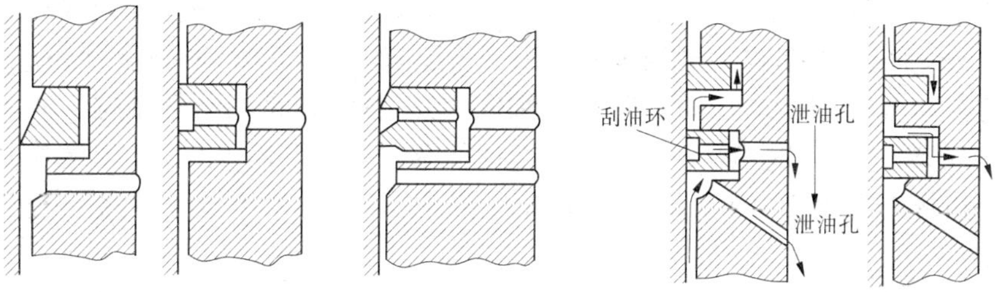


图2-11 油环的结构形式和工作原理

图2-12是Wärtsilä32型柴油机的活塞环组。为了减少摩擦,新型柴油机通常采用两道压缩环的结构,压缩环的外圆形状经过优化保证良好的密封,并在压缩环的外部设有特殊的防摩涂层。油环采用双刃刮油环,在其背部装有弹簧确保刮油环的压力。

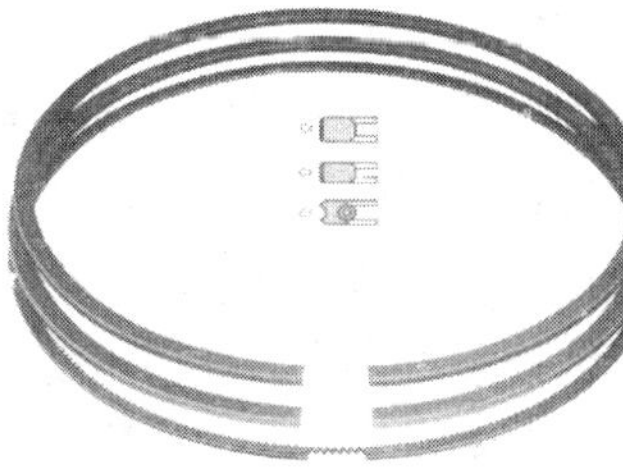

图2-12 Wärtsilä32型柴油机的活塞环组

### (三)活塞销

在筒形活塞中,活塞和连杆小端是靠活塞销相连的。活塞销要传递周期变化的气体力和惯性力,还受到连杆小端和销座的摩擦与磨损。活塞销受活塞限制,本身尺寸小,润滑条件也较差。因此,要求活塞销有足够的耐疲劳强度、抗冲击韧性,耐磨损和重量轻。活塞销多用优质碳钢或低碳合金钢制造，表面渗碳淬火，使表面硬度高而内部韧性好。活塞销的结构形式有浮动式、固定式和半浮动式。活塞销在连杆小端和销座内部可以自由转动的称浮动式活塞销。活塞销固定在连杆小端上的称半浮动式，固定在销座上的称固定式活塞销。浮动式结构因销与连杆小端和销座都能相对转动，销的相对转动速度小，因此磨损小且均匀，提高了销的疲劳强度和使用寿命。这种活塞销在筒形活塞式柴油机中应用最广。图2-6所示的活塞就是采用这种结构的活塞销。为了防止这种浮动式活塞销在销座中窜动刮伤汽缸，需要用卡簧或其他方式进行轴向定位。活塞销上的径向孔用来润滑活塞销座及连杆小端轴承，并输送滑油冷却活塞。由于现代柴油机的最高燃烧压力不断增加，活塞销所承受的负荷很高，其主要的受力面是活塞销座的上面和连杆小端轴承的下面。为了保证活塞销、销座和连杆小端轴承的合理受力，一般将销座和连杆小端轴承做成阶梯形来增加其承压面积。由于惯性力相对较小，当活塞处于换气上止点位置时，由活塞销座的下面和连杆小端轴承的上面承受惯性力。

**（四）活塞的冷却**

活塞按散热方式可分为两种：非冷却式活塞和冷却式活塞。

（1）非冷却式活塞（径向散热型）：活塞头吸收的热量主要通过活塞环传给汽缸套并通过冷却水带走。它主要用于强化程度较低、尺寸较小的小型柴油机活塞。这类活塞为了便于散热，在结构上通常顶部壁厚较大并沿活塞半径方向逐渐增厚，顶部内腔环带的过渡圆角半径较大。

（2）冷却式活塞（轴向散热型）：使用冷却介质（如淡水、滑油）对活塞顶内腔进行强制冷却。在此类活塞中，为保证大部分热量为轴向散热，活塞顶采用薄壁结构。同时，为减小径向散热，保护第一道活塞环温度不致太高而使活塞顶部内腔环带的过渡圆角半径较小，并有时在第一道环上方的活塞头外圆表面车制一道隔热环槽。显然，此种活塞广泛用于大、中型柴油机。

筒形柴油机活塞的冷却方式可大致分为以下三种：

第一种为自由喷射冷却。滑油在压力作用下经连杆杆身内的输油通道，自下而上经连杆小端上部的喷嘴喷出冷却活塞顶，然后落入曲轴箱。此种冷却方式多用在强化程度不高的小型柴油机中。

第二种为循环冷却。借助于专设的冷却机构把压力滑油送入活塞顶内腔中循环冷却（先周围后中部）。此时需在活塞顶内设循环腔或埋入蛇形管。此种冷却方式可对活塞顶部进行均匀而有效的冷却，但对强化程度很高的现代柴油机来说仍不能满足要求。

第三种为振荡冷却（见图2-6）。在活塞顶内腔中设置大容积的冷却空间，并利用进、出口位置不同，保证冷却腔中的冷却液只充满40%～60%，并以一定的循环速度流过。由于活塞运动的往复惯性力，冷却液在腔室中产生上下冲刷振荡，加强对活塞顶的冷却作用。此种振荡速度（与活塞平均速度同量级）与冷却液循环流速叠加可产生较大的冷却液速度，加强了冷却液的扰动作用，从而提高了对活塞顶的冷却效果，因而在大、中型强载柴油机上普通采用。

在筒形活塞中，活塞冷却液的输送方式是在曲轴、连杆中钻孔，滑油由主轴承经此孔道送至连杆小端，再经过活塞销和活塞销座中的孔道送至活塞头冷却空间（见图2-6），冷却后的滑油泄回曲轴箱。

## 六、十字头式活塞的组成和结构特点

### (一)活塞本体

1. 活塞

十字头式活塞的结构与筒形活塞不同,它由活塞头、活塞裙、活塞环、活塞杆和活塞冷却机构组成。图 2-13 为 S50MC－C 型柴油机活塞。

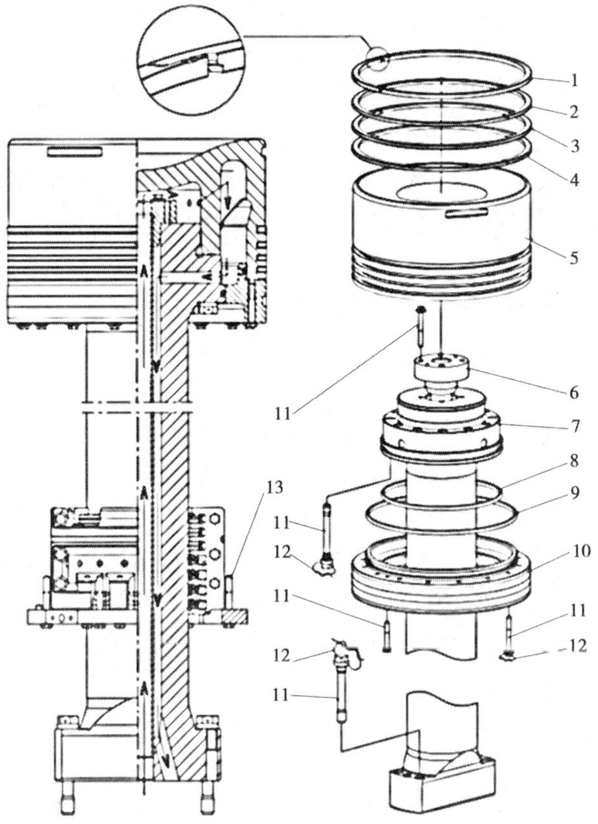


1、2、3、4—活塞环;5—活塞头;6—冷却油管;7—活塞杆;
8、9—密封圈;10—活塞裙;11—螺栓;12—锁紧丝;13—填料箱

**图 2-13　S50MC－C 型柴油机活塞**

活塞主要由活塞头和活塞裙两部分组成。活塞头用螺栓固定在活塞杆的顶部,活塞裙由螺栓固定在活塞头上。由于活塞头部与燃气接触,承受高温和高压,活塞裙部与汽缸套接触,产生摩擦和磨损,为合理使用材料和方便制造,活塞头和活塞裙分别用耐热合金钢和耐磨铸铁制造。活塞头的顶部呈下凹形,利于燃油和空气混合。活塞头的内部支承体现了薄壁强背的设计原则。在活塞头顶部的环槽用于吊缸时安装起吊工具。

该活塞在结构上采用了低置活塞环组,提高活塞顶岸(活塞顶至第一道环的距离)高度,活塞顶岸的加高可以使活塞处于上止点位置时活塞头部直接插入汽缸盖内,柴油机的燃烧过程只发生在汽缸盖和活塞顶组成的空间,这对于柴油机汽缸工作是非常有利的。由于活塞环位置的降低,活塞环处于温度较低的区域,离燃气区较远,使燃烧产物不易进入摩擦面,活塞环工作条件和润滑性能改善,活塞环组的工作性能提高,活塞的磨损大大减轻。活塞顶岸的加高也使汽缸盖与汽缸套的密封面下移,从而保护汽缸盖与汽缸套的密封面不受高温燃气的直接冲击,活塞裙为圆筒状。因十字头式活塞不受侧推力的作用,故对于直流扫气柴油机,活塞裙做得较短。

2. 活塞环

十字头式柴油机由于汽缸采用注油润滑的方式,一般只装气环,没有刮油环。十字头式柴油机的气环一般装有 4 ~6 道,但新型的直流扫气柴油机的活塞通常只装有 4 道环,以减小活塞与汽缸之间的摩擦。其活塞环组如图 2-13 所示。在这组活塞环中,第一道环被加厚以提高其承载能力,采用重叠搭口,并在环的外侧开设 4 ~6 道压力释放槽,以使第一、二道环承受的气体压力和受热更加均匀,第二、三、四道环采用斜搭口。为了提高活塞环的耐磨性,不同活塞环的外表面采用了不同的处理工艺,在第一、四道活塞环与汽缸壁的摩擦表面采用了硬质的金属陶瓷镀层。由于硬质的金属陶瓷镀层的磨合性能较差,为了改善磨合,在其表面镀有薄的铝磨合层,且活塞环的外圆面倒有较大的斜角。

3. 承磨环

十字头式活塞的承磨环是专为活塞与汽缸的磨合而设置的。由于十字头式柴油机较大,为了保证汽缸的良好磨合,通常在活塞裙比较长的活塞上装有承磨环。通常超短裙活塞可不装承磨环,短裙活塞装 1 ~2 道,长裙活塞装 2 ~4 道。

承磨环并不是一个完整的环,通常由 3 ~4 段组成。其结构如图 2-14 所示,在活塞裙上开设燕尾形的环槽,把截面如图 2-14(a)所示的青铜条分成 3 ~4 段敲进环槽中,然后加工到工作尺寸,如图 2-14(b)所示。由于承磨环的直径比活塞裙部直径大,在磨合中,先是减磨金属与汽缸磨合,待承磨环逐渐磨平后,磨合过的汽缸再与活塞裙逐渐接触进行磨合。实践证明,如果在活塞裙较长的活塞上不安装承磨环,活塞与汽缸在磨合中就会拉缸。在中、小型筒形活塞的活塞裙上不设承磨环。承磨环在运行中虽已磨平,但不必更换。如果发现缸套有不正常的磨损和擦伤,或当承磨环出现单边严重磨损或碎裂时,在对缸套进行修整的同时应换新承磨环。缸套、活塞换新时承磨环应予换新。从承磨环的磨损情况可分析活塞的对中情况。

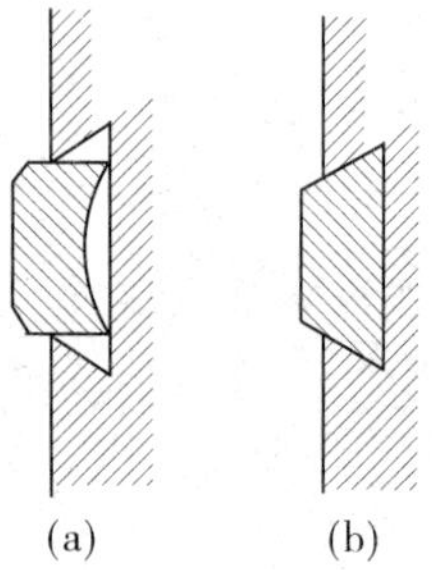


图 2-14　承磨环

4. 活塞杆

活塞杆由锻钢制造,表面经硬化处理。工作中活塞杆承受气体力和惯性力的作用,一般只受压力,不受拉力,因而应有足够的抗压强度。又因它的长度与直径的比值较大,所以还要满足压杆稳定性的要求。活塞杆的底部与十字头连接,并由十字头上的凹槽定位。活塞杆是空心的,在活塞杆的顶端固定着滑油管,使活塞杆内部形成内外两个油道,用于活塞冷却滑油的进出。为了适应不同工况,可在活塞杆与十字头之间装配调节垫片以调整柴油机的压缩比。活塞杆用 4 个螺栓与十字头固紧。

5. 活塞杆填料箱(盘根箱)

在十字头式柴油机的汽缸套下部均装设横隔板把汽缸套下部空间(通常为扫气空间)与曲轴箱隔开。此时在活塞杆穿过横隔板处设有活塞杆填料箱。它的作用是防止扫气空气和汽缸漏下来污油、污物漏入曲轴箱,以免加热和污染曲轴箱滑油,腐蚀曲轴与连杆等部件。

同时，防止曲轴箱中的滑油溅落到活塞杆上而带到扫气箱中，污染扫气空气。活塞杆填料箱的结构形式虽然繁多，但其基本结构原理大体相同，主要由两组填料环组成，其上组为密封、刮油环；下组为刮油环。图 2-15 为 S－MC－C 型柴油机活塞杆填料箱。

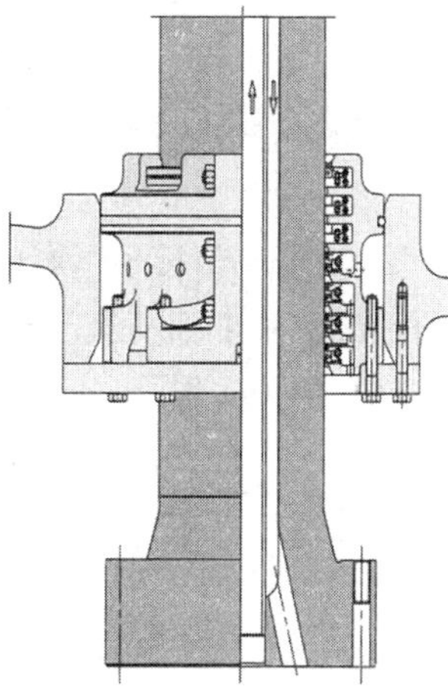

图 2-15　S－MC－C 型柴油机活塞杆填料箱

6. 十字头式柴油机活塞的冷却

十字头式柴油机的活塞可采用水或滑油冷却，冷却液的输送需要由专门的机构来完成，这种专门的冷却液输送机构称为活塞冷却机构。归纳起来可分为套管式和铰链式两种。对于水冷活塞，通常采用密封性较好的套管式冷却机构，但由于存在着油、水交叉污染的问题，水冷活塞目前已不再使用。现代新型柴油机通常利用套管或铰链式输送机构将同时用于十字头润滑和活塞冷却的高压滑油送入十字头。经十字头与活塞杆底部的钻孔进入活塞杆中的滑油管内部，再进活塞头的冷却油腔，冷却活塞后经滑油管外的环形空间流出十字头。

由于现代柴油机强化程度的提高使柴油机的热负荷不断提高，只采用振荡冷却已无法满足柴油机的冷却要求，为了充分降低活塞的工作温度，目前世界上主要的柴油机公司都对活塞采用了喷射－振荡式冷却，MAN B&W 称之为插管喷射冷却技术，如图 2-16 所示。瓦锡兰柴油机则在其钻孔冷却活塞的每个钻孔中都配有一个小喷嘴（见图 2-5），将冷却油通过喷嘴直接喷射到活塞顶下部，并且在排出冷却腔之前，在冷却腔内振荡，喷射和振荡的双重冷却效果，确保了活塞表面温度较低并可避免表面的烧蚀。

（二）十字头组件

1. 十字头组件的组成、作用和结构特点

十字头组件是船用二冲程十字头式柴油机的特有部件。十字头组件主要包括十字头本体、十字头滑块和十字头轴承（连杆小端轴承）等，如图 2-17 所示。它的主要作用是将活塞组件和连杆组件连接起来，把活塞的气体力和惯性力传递给连杆，承受侧推力并给活塞在汽缸中的运动导向。十字头组件的工作条件是比较苛刻的。十字头本体和轴承要承受周期性交变的气体压力；十字头滑块要承受侧推力的作用。特别是十字头轴承，由于单向受力及连杆只做摆动，不易形成良好的润滑，工作条件更为恶劣。

十字头滑块的结构形式分为 3 种：单滑块结构、圆筒形滑块结构和双滑块结构。双滑块结构是目前普遍使用的结构形式。

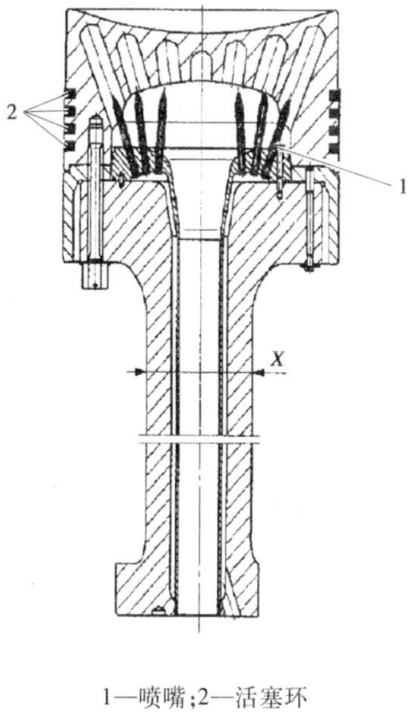


1—喷嘴；2—活塞环

图 2-16　喷射－振荡式冷却

在十字头本体上安装两个滑块，每个滑块有正、倒车两个工作面，在机架上对应有四块导板：两块正车导板和两块倒车导板。正车导板是正车的膨胀行程承受侧推力的导板。倒车导板是倒车的膨胀行程承受侧推力的导板。双滑块结构的正、倒车承压面相同,比较安全可靠。导板设在机架的横隔板上,使连杆摆动平面宽敞,由机器的两侧进行检修工作比较方便。单滑块式十字头结构简单,制造与安装容易,以前应用较多,现在已很少采用。圆筒形滑块仅有个别机型使用。

十字头与活塞杆的连接方式有两种:一种是活塞杆穿过十字头上的孔用螺帽固定;另一种是利用活塞杆下部凸缘和螺栓与十字头连接。第一种形式由于活塞杆穿过十字头,连杆小端必须采用分叉形式,十字头轴承的工作可靠性降低,现在已淘汰不用。而第二种形式由于连杆小端采用全支撑式结构,扩大了轴承的承载面积,改善了轴承的受力状况,十字头轴承的工作可靠性大大提高。目前 MAN B&W 和 Wärtsilä 公司最新生产的柴油机都采用这种结构。

图 2-17 为 MAN B&W 公司生产的 S－50MC－C 型柴油机的十字头,它主要由十字头本体 6 和十字头滑块 4、10 组成。十字头有两个滑块,浮动安装在本体两端。十字头本体的中间部分包在十字头轴承内。十字头轴承盖上开有切口,使活塞和十字头本体可安装在一起。十字头轴承下瓦为有轴瓦结构,在钢质瓦背上衬有锡铝白合金,在白合金上有铅、锡、铜合金覆层,最上面是一层极薄的锡层。十字头轴承盖为无轴瓦结构,白合金直接浇铸到轴承盖内表面。活塞杆下端落在十字头上,由十字头内的导向环导向。活塞杆和十字头间插有垫片,垫片的厚度可根据不同柴油机的需要而改变。活塞杆用 4 个螺丝固定在十字头上。向十字头、曲柄销和活塞提供润滑和冷却油的套管固定在一个滑块的上端,滑块上安装有平衡重以平衡套管的重量。活塞冷却油的出油管安装在另一个滑块上,出油管在机架内设置的开槽的油管内滑动,润滑油被导入各缸的控制装置以检查流回油柜的滑油温度和流量。十字头本体中有滑油输送孔,将套管供来的滑油一部分送去冷却活塞,一部分送去润滑十字头轴承和滑块,还有一部分经连杆中钻孔送去润滑曲柄销轴承。滑块滑动表面浇铸有白合金。十字头由机架上的导板导向,由固定在滑块上的导轨限位。十字头轴承由 4 个螺栓固定。

2. 十字头轴承工作条件的分析和提高可靠性的措施

柴油机故障统计表明,十字头轴承是柴油机各种轴承中发生故障最多的轴承。它之所以易发生故障,是由于它的工作条件比较差。其工作特点是:

(1)轴承的比压大。十字头轴承承受气体力和活塞惯性力的作用,燃烧气体压力很高,而且十字头轴承与十字头销又同处于往复运动中,其尺寸受到较大的限制。

(2)难以形成足够的润滑油膜。连杆小端轴承绕十字头销摆动,十字头式柴油机都是低速机,连杆的摆角和摆动角速度都很小。当活塞处在上下止点位置时,摆动角速度最大,而曲柄销在左右水平位置时,摆动角速度为零。由于摆动角速度时大时小且不断地改变方向,十字头轴承往往处于边界润滑状态,因此难以形成足够的润滑油膜,摩擦和磨损比较严重。

(3)单向受力。十字头式柴油机都是二冲程的,十字头销始终压在轴承下瓦上,不利于滑油的供应和楔形油膜的形成。

(4)受力不均。在柴油机工作时,由于十字头和轴承受力,这些部件容易发生变形。特别是对于分岔式十字头轴承,十字头销变形往往很难和轴承变形一致,易使局部受力严重,产生负荷分配不均现象。一般在轴承内侧受力较大,更易发生故障。这种情况在采用全支撑式十字头轴承后已大大改善。

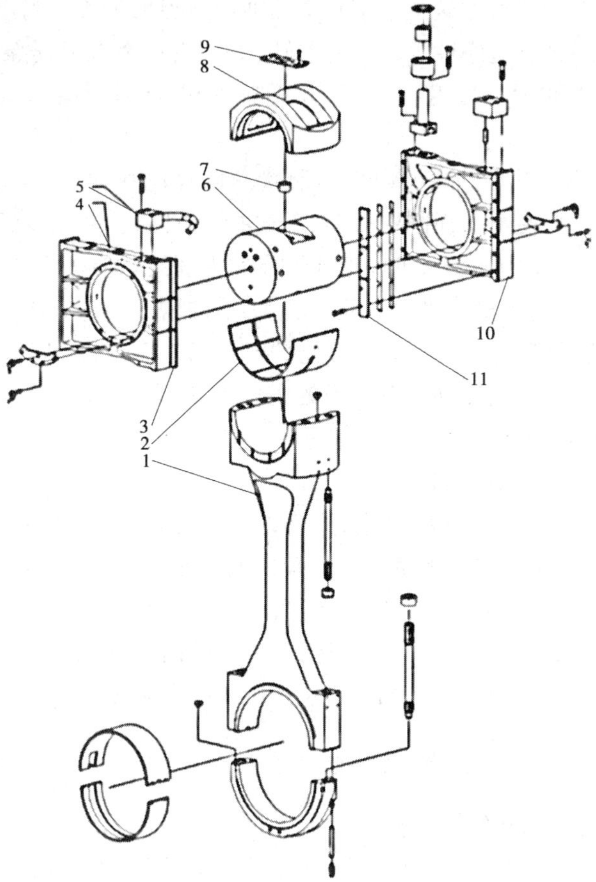


1—连杆;2—十字头轴承下瓦;3、11—导板;
10—滑块;5—出油管;6—十字头本体;7—导环;8—轴承盖;9—垫片

**图 2-17 十字头的构造**

由于以上特点,十字头轴承成为柴油机中工作条件最恶劣的轴承,也是柴油机安全可靠运转的薄弱环节。因此,该轴承允许有细小裂纹存在,而不必急于换新。

为了提高十字头轴承的工作可靠性,各柴油机公司和制造厂家多年来做了不少努力,采取了一系列延长十字头轴承寿命的措施。这些措施归纳起来主要围绕着以下几个方面。

(1)降低轴承比压。降低轴承比压的措施主要有:加大轴颈直径,将十字头销轴径加大,同时轴承孔径也相应加大,轴承承压面积增加,因此比压下降。增大轴径还可提高刚度,增加十字头销表面的线速度,有利于润滑油膜的形成。有的柴油机十字头销直径已增加到汽缸直径的96%。图2-17中,采用全支承式轴承。在轴颈的全长上都设置了轴承承压面,扩大了承压面积。

(2)使轴承负荷分布均匀。为了提高十字头轴承的可靠性,不但要降低轴承比压的平均值,而且要避免局部比压过高的现象,尽量使轴承负荷分配平均。对于分岔式十字头轴承,曾采用弹件结构、刚性结构,采取反变形法和增大承压面的贴合面积等方法,使轴承负荷分布均匀。

(3)保证良好的润滑和冷却。其主要措施有保证油压,合理开设布油槽和输油槽,使轴承在工作时有合适的间隙等保证油压。为了保证十字头轴承的滑油压力,现已普遍采用较链机构或套管机构，直接把滑油送至十字头销和轴承。当采用薄壁铝锡合金轴瓦时，有的柴油机为了弥补它在嵌入性、适应性等方面的欠缺，专门设有滑油升压泵，把滑油压力大大提高，从而实现液体静力润滑。如 RTA－T－B 型柴油机，十字头轴承的滑油压力为 1.0～1.2 MPa。

(4)合理开设油槽。轴承油槽的布置和形状，对润滑油膜的形成和轴承承载能力有很大的影响。槽数太多，将使承压面削弱太多，承载能力下降；槽数太少，则布油不均匀。轴向油槽不能开到边缘，以防滑油流失，难以形成液体静力润滑。但也不能把滑油封闭在轴承中或使滑油从轴承中流出的数量不足。为此，某些轴承油槽的端部有小直径泄油槽，以保证良好冷却。在油槽的边缘应开有楔形斜面，以防锐利的棱边刮去滑动表面上的润滑油。为了获得最佳油膜厚度，楔形斜面必须具有适当的角度和长度。应选择合适的间隙，间隙太大，油压不易建立，油膜不易形成；间隙太小，轴颈不易浮起，热量不易带走，轴承容易抱轴。因此，保证合适的间隙也是很重要的。

(5)采用薄壁轴瓦。近年来由于轴承负荷的不断提高，在十字头轴承中越来越多地采用薄壁轴瓦。薄壁轴瓦是在钢背上浇铸一层较薄的轴承合金，使轴承合金与钢背的贴合力增强，疲劳强度提高。另外，薄壁轴瓦加工精度高，不需拂刮，互换性好，拆装与更换方便。

(6)提高十字头销颈表面光滑程度。由于十字头轴承润滑条件差，油膜很薄，为了防止十字头销颈擦伤轴承，同时也为了提高十字头销的抗疲劳强度，十字头销颈必须非常光滑。

## 七、活塞外圆表面的磨损检测和修复方法

### (一)活塞外表面磨损部位与检测

一般中、小型柴油机的筒形活塞裙部外表面容易发生磨损。这是运转中活塞裙部起导向作用和承受侧推力的结果。大型十字头式柴油机活塞运动部件的运动靠导板、滑块起导向作用和承受侧推力，而且活塞与汽缸套之间的间隙较大，所以正常运转中活塞外圆表面是不会磨损的，只有在活塞运动装置不正和拉缸等异常情况下才发生磨损。

活塞裙外表面磨损后，裙部直径减小，活塞与汽缸的间隙增大，活塞横截面产生圆度误差，纵截面产生圆柱度误差等。这些都直接影响活塞的工作性能和柴油机的功率。

(1)圆度误差。圆度误差 $t'$ 用被测零件上指定横截面的两个相互垂直直径差的一半来表示，如图 2-18 所示。

$$t' = (d_1 - d_2)/2$$

式中　$t'$——指定横截面的圆度误差，mm；

$d_1$、$d_2$——指定横截面上两个相互垂直的直径，mm。

在数个指定横截面的圆度误差值中，取最大值 $t'_{max}$ 与机器说明书、标准或规范给定的允许值 $t$ 比较，以判断零件横截面几何形状的变化情况，要求 $t'_{max} < t$。

(2)圆柱度误差。圆柱度 $u$ 是指半径差为公差的两个同心圆柱间的区域。圆柱度是用来限制回转零件纵截面(包含零件轴线的截面)的几何形状误差。用圆度仪、千分尺(表)和百分表可以测量零件的实际圆柱度，即圆柱度误差 $u'$。

圆柱度误差 $u'$ 用被测零件上指定纵截面上数个测量直径中最大与最小直径差的一半表示，如图 2-19 所示。

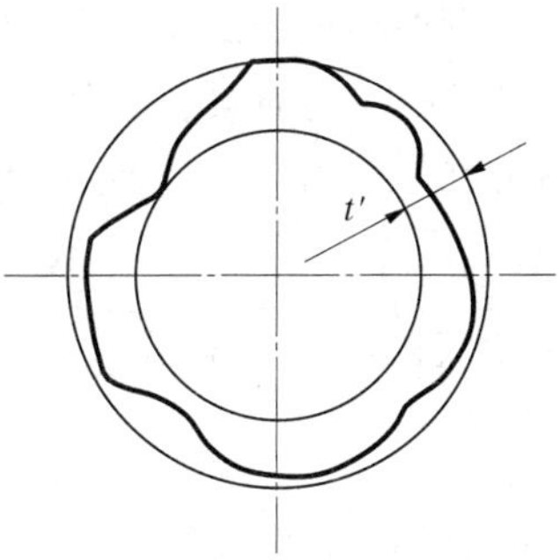


图 2-18　圆度误差

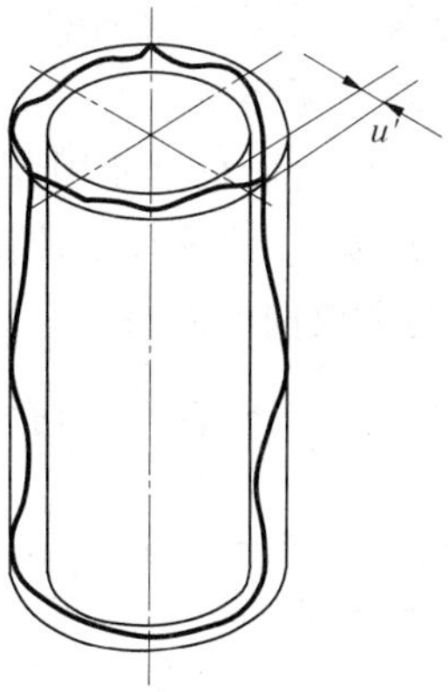


图 2-19　圆柱度误差

$$u' = (d_{max} - d_{min})/2$$

生产中要求测量被测零件两个相互垂直纵截面的圆柱度误差,取其中的最大值 $u'_{max}$ 与说明书、标准或规范的允许值比较,要求 $u'_{max} < u$。

在船上是通过测量活塞立径来检验活塞的磨损程度的。通常采用外径千分尺、游标卡尺进行测量。测量部位为活塞的上部、中部和裙部的外径,有减磨环的活塞应测量每道环的外径。测量每一测量点横截面上相互垂直的两个直径:平行曲轴方向的直径和垂直曲轴方向的直径。将测量值记录在表格中,计算出每个横截面的圆度、纵截面的圆柱度,以其最大值与说明书或标准比较,以确定活塞的磨损程度。表 2-1 为活塞裙部外圆磨损极限。

表 2-1　活塞裙部外圆磨损极限　(单位:mm)

| 汽缸直径 | 筒形活塞裙部圆度、圆柱度 | 十字头式活塞裙部圆度、圆柱度 |
|---|---|---|
| <100 | 0.10 | — |
| 100 ~ 150 | 0.12 | — |
| 150 ~ 200 | 0.12 | — |
| 200 ~ 350 | 0.15 | 0.30 |
| 350 ~ 400 | 0.20 | 0.30 |
| 400 ~ 500 | 0.25 | 0.38 |
| 500 ~ 550 | 0.30 | 0.45 |
| 550 ~ 600 | — | 0.50 |
| 600 ~ 650 | — | 0.60 |
| 650 ~ 700 | — | 0.65 |
| 700 ~ 750 | — | 0.75 |
| 750 ~ 800 | — | 0.85 |
| 800 ~ 850 | — | 0.95 |
| 850 ~ 900 | — | 1.05 |
| 900 ~ 950 | — | 1.15 |
| 950 ~ 1 000 | — | 1.25 |
| 1 000 ~ 1 050 | — | 1.35 |
| 1 050 ~ 1 100 | — | 1.40 |

### （二）活塞外圆表面磨损的修复

活塞外圆表面磨损不太严重时，采用光车裙部外圆，消除几何形状误差。光车后仍满足活塞与汽缸间隙时可继续使用；否则，依活塞材料不同采用不同的对策。铝活塞换新，铸铁活塞可采用热喷涂、镀铁等工艺恢复尺寸；铸钢活塞采用镀铁、堆焊金属等恢复尺寸；减磨环过度磨损、严重拉伤或松动时应换新。

## 八、活塞组件的拆装与解体、活塞销及连杆小端轴承间隙的测量

### （一）活塞、连杆组件的拆卸

活塞连杆是柴油机中的主要受力运动件之一，拆卸前应首先清除汽缸内（尤其是汽缸上部边缘处）的积炭，避免在吊出活塞时，由于积炭的卡阻而松动汽缸套，然后按下列步骤拆卸。

1. 拆卸连杆大端

（1）转动曲轴，使准备拆下的活塞位于汽缸内上止点的位置。

（2）由曲柄箱道门处认准连杆大端轴承上下盖之间的记号，以备安装时参考。

用专用扳手从曲柄箱道门两边拧松连杆螺栓的固紧螺帽。为了避免当连杆螺帽拆下后连杆大端轴瓦盖掉落进曲柄箱内造成机件损坏，在螺帽拆下前应用木方垫在连杆大端轴承盖下方，然后均匀拧松两边的连杆螺栓，使大端瓦轴承盖平稳地落在木方上，由曲柄箱道门取出。

2. 吊缸

（1）在活塞顶装上专用提升工具，利用手拉葫芦吊起活塞连杆组件。起吊活塞连杆组件时，注意连杆大端轴承的上瓦不要跌落到曲柄箱内，从曲柄箱道门取出。活塞连杆组件起吊，切勿擦伤汽缸套内壁，也勿使连杆摆动而碰坏活塞裙部。

（2）拆出活塞连杆组件后，连杆轴承、连杆螺栓应装于连杆上，并小心保护连杆轴瓦，勿使之擦伤。将其平稳地放置在木板垫上，以备进一步拆捡、清洗和测量。

3. 拆卸活塞销（连杆活塞组分解）

目前筒形活塞几乎均采用浮动式活塞销，多数活塞销两端采用弹性卡簧定位。拆卸时，将活塞放置平稳，用内簧钳首先拆下活塞两端的定位卡簧。然后用手锤垫上木块由活塞销的一端敲击，将活塞销从另一端推出。活塞销取下时注意方向位置不要弄错，将连杆与活塞、活塞销等零件分别整齐地摆放在木垫板上。

4. 拆卸活塞环

活塞环的拆卸应使用专用工具，如扩张器等。在没有专用工具时，一般可用结实的布条，将两端握在手中，布条中间挂在活塞环开口两端，缓慢地用力使活塞环张开后进行拆装。

张开活塞环时，应尽量使它在能拆卸的条件下张开得小些；否则，很易折断或使活塞环受到内伤，使之很快疲劳断裂。拆下的活塞环应按次序放置好以备检查，不要弄乱次序或随意乱放。

### （二）活塞销与连杆小端轴承间隙的测量

连杆小端和活塞销相连接，小端轴承孔中装有轴承衬套，通常用铝青铜或锡青铜制成。

连杆小端衬套磨损后与活塞销的装配间隙可用厚薄规（塞尺）进行检查，用如图2-20所示的方法进行。连杆小端衬套磨损后与活塞销的装配间隙超过所规定的极限值时，小端衬

套应予换新。

## 九、活塞销的检修

### (一)活塞销磨损的测量

采用外径千分尺沿活塞销轴线方向Ⅰ、Ⅱ、Ⅲ三个部位进行测量,如果活塞销与连杆小端轴承配合面较长,可增加两个测量部位Ⅳ、Ⅴ,如图2-21所示。测量每一部位横截面上两个相互垂直的直径 $D_1$、$D_2$,并计算出圆度误差和圆柱度误差,要求其最大圆度误差和圆柱度误差符合表2-2的规定。

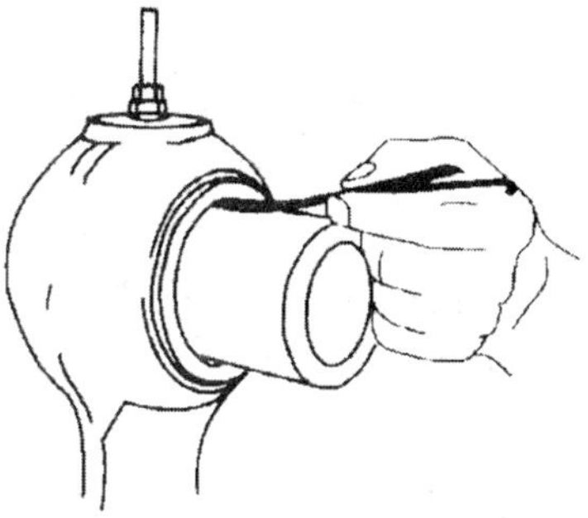

图2-20 连杆小端轴承装配间隙测量

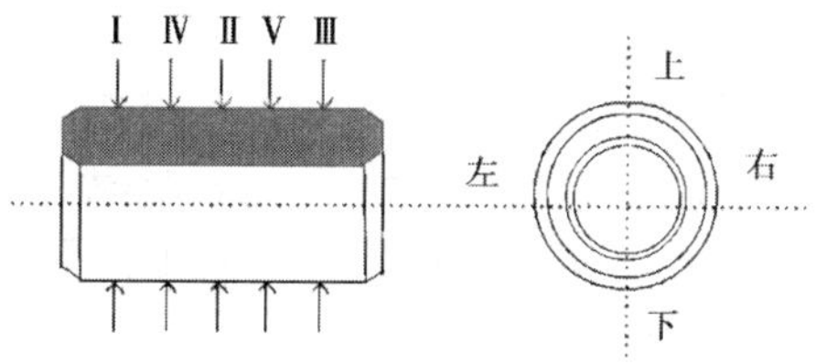


图2-21 活塞销磨损的测量

表2-2 活塞销磨损极限 (单位:mm)

| 活塞销直径 | 圆度、圆柱度 | 活塞销直径 | 圆度、圆柱度 |
|---|---|---|---|
| <50 | 0.03 | 175~200 | 0.06 |
| 50~75 | 0.04 | 200~225 | 0.07 |
| 75~100 | 0.04 | 225~250 | 0.07 |
| 100~125 | 0.05 | 250~275 | 0.08 |
| 125~150 | 0.05 | 275~300 | 0.08 |
| 150~175 | 0.06 | — | — |

### (二)活塞销裂纹的检测

活塞销虽小,但它是一个极为重要的零件,其上微小的裂纹可引起活塞销断裂,进而引起活塞运动部件打坏机体的严重事故(俗称连杆伸腿的波及性事故),为此应对活塞销进行外观检查和磁粉探伤。

(1)外观检查。通过观察活塞销表面看看有无擦伤、过热氧化变色、渗碳层剥落和表面裂纹等缺陷。

(2)磁粉探伤。要求对活塞销进行磁粉探伤,检查表面有无裂纹。工作表面不允许有裂纹和横向发纹,但允许有总数量不多于5条的纵向发纹且同一截面上不多于2条。

### (三)活塞销的修理

活塞销外圆表面过度磨损时可采用镀铬、镀铁或其他方法修复。要求镀铬前活塞销表面粗糙度为1.6 μm,镀铬层厚度不大于0.5 mm,镀后机械加工。活塞销表面裂纹和渗碳层剥落时应报废换新。

# 第三节 活塞环的检修

活塞环是柴油机燃烧室的组成零件之一,具有保持活塞与汽缸套之间有效密封的作用和将活塞热量传递给汽缸套的散热作用,以及调节汽缸润滑油的作用。活塞环又是柴油机的易损零件,主要损坏形式有过度磨损、折断、黏着和弹力丧失等。活塞环的工作性能直接影响汽缸和柴油机的工作性能。为此,应定期地通过扫气口检查和判断活塞环的工作情况。

## 一、活塞环的工作状况及其检查方法

通过扫气口检查活塞环等零件是获取柴油机运转过程中汽缸工作信息直接、简便和经济的方法。

### (一)检查方法

(1)准备。柴油机停车一段时间后,拆除扫气箱上操纵侧的汽缸观察孔盖板,清洁观察孔。借助一长柄强光灯泡深入缸中进行观察。此工作应由两人配合进行,一人观察,一人记录观察情况。

检查中应使冷却水或冷却油保持循环,以便检查有无泄漏;关闭主起动阀和起动空气,并啮合盘车机;盘车使活塞处于下止点,并由此位置开始检查。为了观察清楚和判断正确,必须把零件工作表面擦拭干净。

(2)观察部位。观察时,盘车使活塞上行至扫气口下方,自观察孔观看检查汽缸壁和活塞头部;当活塞上行通过扫气口时,清洁并查看活塞头、活塞环和活塞裙工作表面;活塞继续上行,查看汽缸套下部和活塞杆的情况。

### (二)观察活塞环的工作状况

活塞环在汽缸中有以下几种可能出现的状况,观察时应仔细观察、分析和判断。

(1)活塞环良好工作状态:活塞环与汽缸工作表面光亮、湿润,环在环槽内活动自如,无过度磨损痕迹,环的棱边可能尖锐,但无毛刺。

(2)活塞环表面有局部轻微擦伤,且对应棱边尖锐有毛刺,对应缸壁也有轻微磨损。

(3)活塞环表面上有纵向拉痕,是由燃油中硬质颗粒造成的。

(4)活塞环槽内如积炭较厚和较硬,使环黏着于环槽中,将会造成汽缸密封不良。此时,可用木棒触动活塞环检查其是否黏着和黏着的程度。

(5)活塞环裂纹或折断,可用木棒触动进行判断。

(6)活塞环漏气,会使环表面干燥发黑,且缸壁上有大面积干燥发黑表面。

(7)活塞头、头几道环和环槽内有带颜色(稍白、黄、褐等色)的灰状堆积物,是汽缸油碱性添加剂导致,可引起缸套严重磨损。

(8)润滑情况:观察缸壁和环上油膜是否充分,除第一道环外的棱边上应有润滑油。汽缸套内表面上的白色或褐色部分,是硫酸引起的腐蚀磨损。

## 二、活塞环的磨损检测

活塞环随活塞在汽缸内做往复运动,使活塞环外圆工作表面磨损,环的径向厚度减小,活塞环的工作开口即搭口间隙增大;活塞环在环槽内运动,使环的上、下端面磨损,环的轴向高度减小，环与环槽的间隙即平面间隙增大。通常，柴油机正常运转时活塞环的正常磨损率在0.1～0.5 mm/kh之内，活塞环的寿命一般为8 000～10 000 h。

正常磨损的活塞环沿圆周方向各处的磨损均匀，并仍与缸壁完全贴合，所以正常磨损的活塞环仍具有密封作用。但实际上，活塞环外圆工作表面多为不均匀磨损。

柴油机运转时，若活塞环迅速产生较大的不均匀磨损，磨损率超过正常值，表明活塞环发生异常磨损。活塞环异常磨损大多是维护管理不当造成的。例如，活塞环换新后磨合不良甚至不进行磨合就投入使用工况运转；柴油机长时间超负荷运转；润滑油品质不佳或供油不充分；燃用劣质燃油、燃烧不良和冷却不足等。第一道活塞环的工作条件尤为恶劣，高温燃气使缸壁温度过高、滑油氧化、润滑条件变坏，导致其异常磨损；高温使活塞头和环槽过热变形，破坏环与环槽的配合，也会发生异常磨损。活塞环磨损可通过以下测量来判断。

### （一）搭口间隙测量

搭口间隙是活塞环处于工作状态时的开口大小。它是活塞环工作时的热胀间隙。搭口间隙过小会使活塞环受热膨胀，搭口间隙消失，环两端对顶，严重时会引起拉缸、环卡死和折断；搭口间隙过大会使燃气泄漏。所以，说明书或标准中规定了搭口间隙的最小值（装配值）和极限值。

活塞环外圆表面磨损后，径向厚度减小，环的直径减小，但弹力使环仍紧贴缸壁。所以，环的直径胀大与缸径相等，使活塞环搭口间隙增大，由$\delta$变为$\delta'$，如图2-22所示。

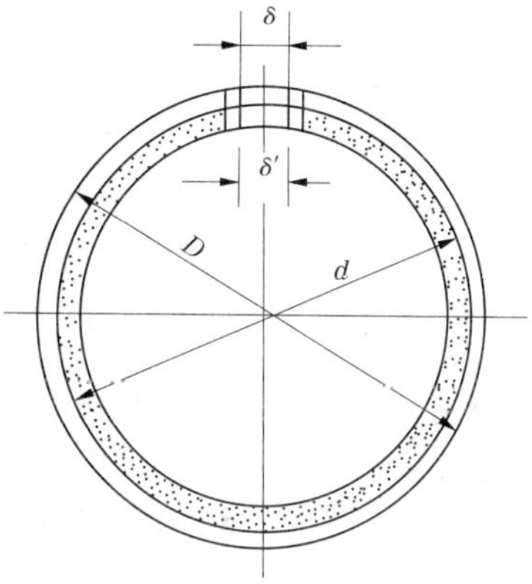

图2-22　活塞环外圆表面磨损与搭口间隙的关系

测量搭口间隙的方法如下：

（1）测量前，先将活塞自缸中吊出，取下活塞环并清洁环和汽缸。

（2）将环依其在活塞上的顺序依次放在缸套下部磨损最小部位或缸套上部未磨损的部位，并使环保持水平。

（3）用塞尺依次测量各道活塞环的搭口间隙。

（4）将测得的搭口间隙值与说明书或标准进行比较。若超过极限间隙值，说明活塞环外圆表面已过度磨损，应予以换新。

一般要求活塞环搭口间隙值大于或等于装配间隙，小于极限间隙，即：

$$装配间隙 \leqslant 搭口间隙 < 极限间隙$$

### （二）平面间隙测量

平面间隙俗称天地间隙，它是活塞环紧贴环槽下端面时环与环槽上端面之间的间隙。活塞环与环槽端面磨损后将使端面配合间隙增大。平面间隙过小使环热膨胀受阻和影响环在环槽中的运动；平面间隙过大会使燃气泄漏。柴油机说明书和标准中规定了平面间隙的最小值（装配值）和最大值（极限值）。

测量平面间隙的方法依活塞环尺寸大小分为两种，但不论哪种方法在测量前均需先将活塞自汽缸中吊出，取下活塞环并分别清洁环和环槽，然后再测量平面间隙。

（1）大尺寸活塞环的平面间隙测量。将环依次装入各道环槽中，使环的下端面与环槽下端面紧贴，用塞尺沿圆周或在圆周上几点处测量平面间隙。

(2)小尺寸活塞环的平面间隙测量。因活塞环的尺寸较小,重量较轻,测量者可一手持环,将环水平局部插入环槽,并使环与环槽下端面紧贴,另一手用塞尺测量。可在环与环槽的圆周上对应几处测量,如图 2-23 所示。

实测的平面间隙值应与说明书或标准比较,使之大于或等于装配间隙,小于极限间隙。当实测平面间隙大于极限间隙时,应修复环槽或换新活塞环;实测间隙变小,说明环槽变形或因脏污影响测量的准确性。通常第一道环的平面间隙较大,其他环依次减小。

(3)活塞环径向厚度和高度测量。活塞环外圆磨损使其径向厚度减小,所以径向厚度也是衡量活塞环磨损的参数。采用外径千分尺进行测量,如图 2-24 所示。依柴油机说明书规定,当活塞环径向厚度小于某定值时换新活塞环。例如,MAN B&W S/L60MC/MCE 型柴油机活塞环的径向厚度最小值为 17 mm 时应换新活塞环(设计值为 20 mm)。

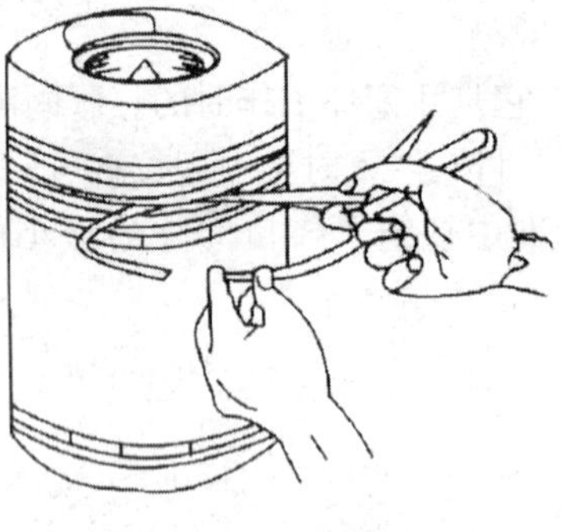

图 2-23　活塞环平面间隙的测量

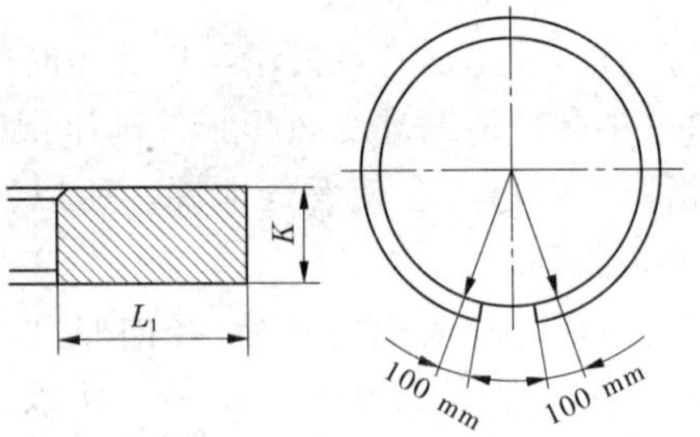


图 2-24　活塞环径向厚度的测量

## 三、活塞环折断的原因

活塞环折断是活塞环常见的损坏形式之一。一般第一、二道活塞环容易发生折断,断裂部位多在搭口附近。活塞环可折断成几段,也可能呈粉碎状,甚至失踪。活塞环折断会使汽缸磨损加剧,二冲程柴油机的断环可能被吹至排气箱或扫气箱,乃至被吹入增压器涡轮端,打坏涡轮叶片,造成严重事故。活塞环折断的原因很多,除材料缺陷、加工质量低外,主要是使用中维护管理不良和装配质量差所致。

### (一)搭口间隙过小

搭口间隙小于装配间隙时,运转中活塞环受热温度升高,由于搭口处金属膨胀无充分的余地,搭口两端对顶产生弯曲,通常是在搭口附近折断。高增压柴油机燃烧室温度升高,如果搭口间隙过小更易折断。

### (二)环槽积炭

燃烧不良、缸壁过热使润滑油氧化或烧损均会使汽缸中积炭严重。环槽下端面上的积炭较软时,活塞环在环槽中仍可活动和保持与汽缸的密封性;当积炭严重时,环活动受阻,环与缸壁强力作用,刮下的润滑油和金属屑混合,并在泄漏燃气的作用下在环槽下端面上形成局部的坚硬积炭,上面受到周期性燃气压力作用,使活塞环上产生弯曲疲劳折断,如图 2-25(a)所示。活塞环一处折断后燃气泄漏量增加,环槽积炭更加严重,加上活塞横摆时的冲击使环多处折断,呈多断状或碎块状,环槽和汽缸的磨损更加剧烈。

### (三)汽缸套磨台

活塞组件与汽缸套长期相对运动使汽缸套磨损后在缸套上部出现磨台。当活塞上行至上止点时，第一道活塞环碰撞磨台受到冲击而折断，如图 2-25(b)所示。

**(四)环槽过度磨损**

环槽下端面过度磨损后呈倾斜状，即俗称的喇叭口状。当活塞在上止点附近时，燃气压力作用使环紧贴于倾斜的环槽下端面上，活塞环产生扭曲变形。随着活塞下行，燃气压力下降，环的扭曲变形程度减小而逐渐恢复水平状态。活塞环周期性地扭曲(水平变形而疲劳折断，如图 2-25(c)所示。

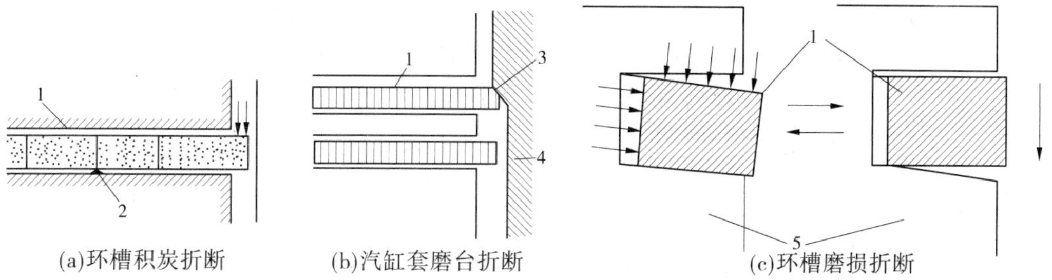


1—活塞环；2—积碳；3—磨台；4—缸套；5—活塞

**图 2-25　活塞环的折断**

**(五)活塞环挂住气口**

二冲程弯流扫气柴油机经常会发生活塞环挂住扫、排气口使环折断的损坏。由于活塞环开口部位张力最大，受热变形大，而汽缸套上气口之间的筋受热容易变形，当活塞运动时环与气口相遇，只要环开口处稍微挂住气口就会使环折断。

**(六)活塞环径向胀缩疲劳**

当活塞环弹力不足或缸套过度磨损时，活塞环与汽缸壁不能紧贴，即不能保持气密，以致高压燃气泄漏将环压入环槽。当活塞下行时汽缸内燃气压力降低，活塞环又从环槽内弹出。活塞环不断地径向胀缩以致疲劳折断。

## 四、活塞环黏着

活塞环黏着(或称固着)，是环槽内充满油污和积炭使活塞环不能自由运动的现象。活塞环固死在环槽内使其失去密封作用，引起窜气、功率下降、活塞环折断和缸套磨损加重等故障。通常第一、二道环容易黏着，严重时活塞上所有的环均会发生黏着。活塞环黏着的原因大多是因活塞和汽缸套过热、润滑油过多和燃烧不良等。过热的活塞、缸套使润滑油氧化或烧焦，燃烧不良使缸中积炭严重，以致大量油污和积炭填满环槽使环不能运动。检查活塞环是否黏着可以从扫气口观察和用木棒触动活塞环来判断。还可以从活塞环表面发黑情况来识别环是否发生黏着，因为环黏着时引起燃气下窜而使黏着的环表面变黑。

黏着的环应报废，换新活塞环。首先应将环从环槽中取出，一般来说不易取出。可采用木棒轻轻敲击活塞环使之松动，或先用煤油浸泡使积炭变软后再用木棒敲击使之松动，最后用专用工具将环取出。取环时切勿用扁铲、凿子等工具，以免损坏环槽。防止活塞环黏着的关键是要防止汽缸过热和润滑油过多，尤其防止多余的润滑油进入汽缸上部。

大型二冲程柴油机采用汽缸注油器注油润滑，注油量可调节，故环黏着现象较少。但是由于缸径大、功率高，燃烧室温度高，如果活塞冷却不良就会使活塞头部变形，环槽随之变形,致使环卡死在环槽内,如图 2-26 所示。为防止环卡死在环槽内,可采取加强活塞冷却和适当增大平面间隙的措施。

## 五、活塞环弹力

活塞环经过长期使用产生不均匀磨损,或由于过热、黏着和材料疲劳等,其弹力部分或全部丧失,造成活塞环的密封作用减小或消失。

在船上对活塞环弹力的检查方法有以下几种:

(1)测量活塞环自由开口。活塞环自由开口是活塞环在自由状态下开口间的距离,其大小直接影响环的弹力。在弹力范围内,开口越小弹力也越小;反之,弹力越大。所以,可利用改变自由开口大小来调节环的弹力。活塞环的弹力受其材料和加工方法的限制。一般活塞环自由开口 $a_0$ 与环直径 $D$ 关系为

$$a_0 = (0.10 \sim 0.13)D$$

实测活塞环的自由开口,若小于新环的自由开口,表明活塞环的弹力下降;若明显减小,表明活塞环弹力丧失。

(2)吊缸检修时,将从活塞上取下的活塞环进行清洁,使其自由开口闭合或扩大一倍,松动后测量变形后的自由开口大小。若变形后的开口增大量超过 $10\% a_0$,表明活塞环的弹力过小。

(3)对比法,即用新旧环的弹力对比检查弹力的方法。

如图 2-27 所示,将新旧环竖立在一起,用力使环开口闭合,如旧环开口已闭合,而新环开口还有一定的间隙,则表明旧环弹力不足。

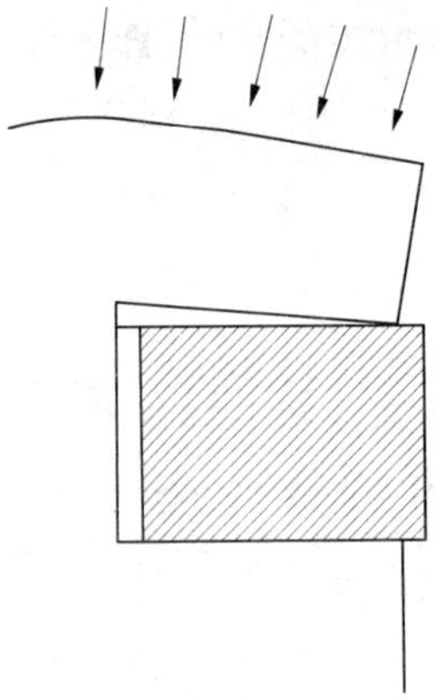

图 2-26　环槽热变形致使环卡死

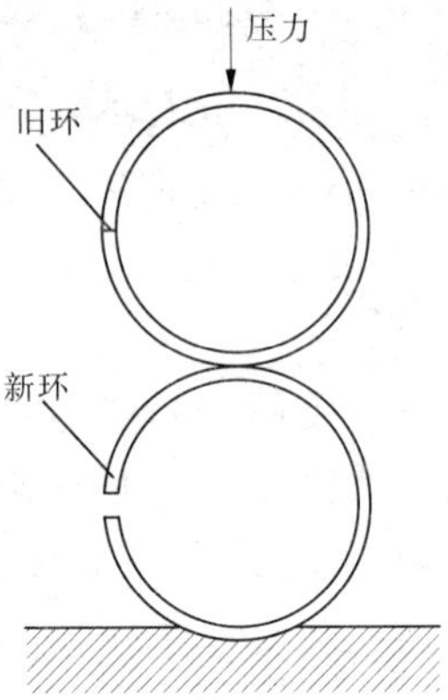


图 2-27　对比法检查活塞环的弹力

(4)吊缸后,将活塞环和汽缸分别清洁干净,将环装入汽缸并用手推动。一般正常弹力的活塞环是不容易装入汽缸的,装入缸中也难以用手使之移动。如果是旧环,则易于装入缸中,且轻轻触动环即沿缸壁移动,表明活塞环弹力过小。

活塞环弹力部分或全部丧失时应换新活塞环。在无备件的情况下可采用应急方法暂时恢复环的部分弹力。具体做法是用小锤敲击活塞环内圆表面。从搭口对面部位开始重敲,然后逐渐向两侧敲击,用力逐渐减小,使环的开口增大,弹力增加。但应注意,不可用力过大,以免将环敲断。

## 六、轮机员配换活塞环的工艺

活塞环是易损件,损坏后一般采用换新处理,所以在船上轮机员配换活塞环工作是经常性的检修工作。为了保证装配质量,在配换活塞环时应注意以下问题。

**(一)新环的检查**

使用活塞环的备件前应对其进行必要的检查:

(1)外观检查。首先清洁新环表面的油脂和锈痕,仔细观察活塞环有无变形和表面碰伤、裂纹等损伤。一般新环上有“直径×宽×高”的尺寸标记和上、下端面标记。如有镀铬端面,应使其作为下端面;如无标记,应测量活塞环尺寸及选定下端面。

(2)测量搭口间隙和平面间隙。间隙过小时应分别修锉搭口两端和环的上端面,切不可修锉选定的下端面,并防止修锉时损伤环表面和产生变形。

(3)测量环的径向厚度和环槽深度。要求环的径向厚度比环槽深度小0.5~1.0 mm;否则修锉环的内圆表面使其符合要求。

(4)检查环的弹力。可采用测量活塞环自由开口的方法来检查。

**(二)新环的修配**

(1)修锉搭口。为了防止活塞环搭口两端锋利的棱边刮伤缸壁及挂住气口,应将塔口两端修锉成较大圆角,一般圆角半径为3~5 mm,如图2-28(a)所示。目前,有的新环在制造时已将搭口修锉好,故安装前不需修锉。

(2)修锉上、下两端的棱边。为了减少汽缸的磨损和擦伤及有利于润滑,应修锉活塞环上、下端棱边的尖锋和毛刺。

另外,还有新环检查后为保证各种间隙值而提出的修配工作。

**(三)新环的安装**

(1)简易方法是针对中、小尺寸的活塞环,在无专用工具的情况下用结实的布条套在环的开口两端,用手拉布条将开口扩大装入环槽中,如图2-28(b)所示;大尺寸活塞环应采用随机专用工具(如图2-28(c)所示)将环的开口扩大装入环槽内。操作时用力不要过猛过大,以免活塞环变形或折断,尤其是用手扩口时。

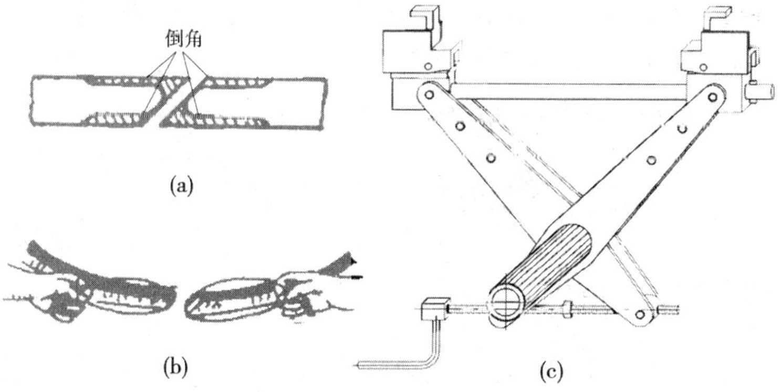


**图2-28　活塞环搭口的修锉及安装**

(2)当几道活塞环材料、形状、开口等都相同,且备件不足时,可把新环装在第一、二道环槽中,旧环装在其他环槽中,这样既便于新环磨合,又能发挥旧环的密封性。

(3)装到活塞上的各道环的开口位置应错开,切勿使开口在同一位置,以免燃气下窜。

(4)装好环的活塞在未吊入缸中之前,应放于木板上或专用的支架上妥善保管,以免损伤活塞和活塞环的工作表面,特别是小型柴油机的活塞检修时。

**(四)新环的磨合运转**

活塞环换新后必须经磨合运转才能投入使用工况运转,磨合运转一般需经 20 ~ 24 h。例如 MAN B&W S/L60MC/MCE 型柴油机换新活塞环后的磨合运转为:在 2 ~ 4 h 内转速逐渐增加至最大转速的 80%;保持 80% 最大转速运转 6 h;在 12 ~ 14 h 内转速继续增加至全速,并且逐渐增加负荷,总计磨合 20 ~ 24 h。在磨合期间应使汽缸油供油量调到最大值。

### 七、活塞环的验收

当活塞环备件难于订购或所用机型已不生产时,需到活塞环制造厂或修船厂配置。轮机员对所配置活塞环产品按照活塞环的技术要求进行验收。主要技术要求如下:

(1)活塞环尺寸、形状和位置精度及表面粗糙度应符合图纸要求。

(2)活塞环的材料可用 HT250、HT300 或合金铸铁。活塞环的硬度和金相组织应符合要求。

硬度要求:材料硬度应在 HB180 ~ 250 之间,同一活塞环上硬度差不超过 HB20。同时,要求活塞环的硬度比缸套的硬度高 HB10 ~ 20,目的是既保护汽缸套不被很快磨损,又保证活塞环有较长的寿命。

金相组织要求:在细小状珠光体或索氏体的基体上均匀分布着细直片状或卷曲状的小片石墨,磷共晶体呈小块状分布。分散的细小铁素体晶体不超过试片总面积的 5%。

(3)活塞环外观检查。活塞环表面不允许有气孔、裂纹、疏松、夹渣、飞边和毛刺等缺陷,环两端面及内圆面上允许有一定大小的气孔。

(4)活塞环弹力检查,活塞环自由开口值应为(0.10 ~ 0.13)$D$($D$ 为活塞环直径)。

(5)活塞环密封性检查。采用漏光法检查活塞环的密封性。将活塞环放在规定直径的量规中或汽缸中未磨损的部位,在环的下方用强灯管照射,自环的上方观察,要求一处漏光弧度不超过 30°,几处漏光总和不超过 90°,且搭口附近 30°范围内不允许漏光。漏光处的间隙:直径小于 500 mm 的活塞环,用 0.03 mm 塞尺检查不应通过;直径大于 500 mm 的活塞环,用 0.04 mm 塞尺检查不应通过,以保证活塞环工作表面与汽缸套内圆表面紧密贴合,从而使柴油机汽缸燃烧室有较高的密封和工作效能。

## 第四节　汽　缸

### 一、汽缸的作用和工作条件

汽缸是柴油机的主要固定部件之一,是燃烧室部件中的主体。柴油机的工作循环是在汽缸的工作空间里进行的,活塞在汽缸内部往复运动。在筒形活塞式柴油机中,汽缸起导承作用,并承受活塞的侧推力。二冲程柴油机的汽缸要开气口,布置气道。有些十字头式柴油机还把汽缸下部空间作扫气泵空间用。此外,有的柴油机在汽缸的外部还安装扫气箱、排气管、凸轮箱和增压器等。汽缸上部受到汽缸盖安装预紧力的作用,汽缸内壁受到燃气高温、高压和腐蚀作用以及活塞的摩擦、敲击和侧推力作用。汽缸的冷却水空间受到冷却水的腐蚀和穴蚀。当采用贯穿螺栓把汽缸体、机架和机座紧固到一起时,汽缸体承受压力。在非贯穿螺栓结构中,汽缸体承受作用在汽缸盖和活塞上的气体力所形成的拉力。

## 二、汽缸的要求和材料

由汽缸所起的作用和所处的工作条件可知,要求它具有足够的强度和刚度,要有良好的耐磨性和抗腐性,并要对它进行良好的润滑和冷却。在汽缸套和汽缸盖的结合面、汽缸体和汽缸套的结合面要有可靠的气封和水封。汽缸由汽缸体和汽缸套组成。汽缸体有每缸一个的单体式,有几个缸的缸体铸成一体的分组式,还有所有汽缸的缸体铸成一体的整体式。在尺寸较大的柴油机中,为了制造、拆装和维修方便,汽缸体多做成单体式或分组式。在中小型柴油机中,为了减小尺寸和重量,增加刚性,汽缸体不仅做成整体式,而且与机架或曲轴箱制成一体,称为机体。通常汽缸体多采用灰铸铁制造,但目前的新型柴油机为了减轻重量,采用焊接结构,并且将凸轮轴箱、扫气箱等与汽缸体做成一个整体。汽缸套采用灰铸铁、耐磨合金铸铁或球墨铸铁。当发生损坏时,可以单独更换。

## 三、筒形活塞式柴油机汽缸的组成和结构特点

筒形活塞式柴油机的汽缸由汽缸体和汽缸套组成,一般来说,筒形活塞式柴油机的汽缸体和机架制成一体,称为机体,汽缸套从上部插入汽缸体内,每缸一个。

柴油机的汽缸分湿式和干式两种。湿式汽缸套的外表面直接与冷却水接触,冷却效果良好,更换和制造也方便,但必须有可靠的冷却水密封措施;干式汽缸套的外表面不与冷却水接触,汽缸体自身形成一个密封冷却腔,缸套内的热量只能通过汽缸体向冷却水散热,散热效果差。目前,干式汽缸套已基本淘汰,柴油机广泛使用湿式汽缸套结构。

筒形活塞式柴油机的汽缸结构,汽缸由汽缸体和汽缸套组成,汽缸体(机体)的下部是曲轴箱,上部支撑汽缸套。汽缸套用上部的凸缘作轴向定位,由汽缸盖压紧以保持气密,汽缸盖与汽缸套之间通常用紫铜垫圈或软钢垫圈。汽缸套的下部是不固定的,可以自由伸长。通常汽缸体和汽缸套之间形成冷却水空间,但新型柴油机为了减轻低温腐蚀和缸套穴蚀的作用,把冷却水腔上移,只对缸套上部热负荷较大处进行冷却,而缸套的下部不再进行冷却。但对缸套下部的四周仍进行了很好的支撑,使汽缸套能够更好地承受侧推力。

缸套内部上端设有一个去炭环,其尺寸略小于缸套直径,可以除去活塞头顶岸的结炭,使缸套的磨损率和滑油的消耗率都有所下降,该环磨损后可单独更换。设置去炭环也是近年来新型中速柴油机缸套结构的主要改进。

图 2-29 所示为 Wärtsilä32 型大功率中速四冲程柴油机的汽缸套,该汽缸套由特种灰铸铁离心铸造而成。汽缸套凸肩较高,既有利于降低机体高度,又保证了缸套足够的刚度,防止柴油机工作时机体变形传到缸套上表面而影响缸盖密封垫的密封。缸套凸肩的厚度足以承受由爆发压力而产生的机械负荷。缸套内部上端设有一个可更换的防磨环。缸套凸肩部分采用钻孔冷却,冷却水由汽缸上部配水环引入,经凸肩下部径向钻孔进入垂向钻孔,沿垂向钻孔流向凸肩上表面。垂向冷却水钻孔离缸套内表面的位置精确选择,以控制缸套内表面的温度,减小形成漆膜的可能性和减轻低温腐蚀。该汽缸装入机体内部时在汽缸套的上下部都有支撑,为了使汽缸套能更好地承受侧推力,缸套壁造得比较厚。汽缸套可以向下自

由膨胀。

筒形活塞式柴油机的汽缸套受到活塞侧推力的作用,当活塞侧推力方向改变时,活塞对缸套产生撞击,引起缸套横向振动,会使缸套出现穴蚀。如图 2-30 所示,穴蚀是指在筒形活塞式柴油机汽缸套外表面冷却壁上出现光亮无沉淀物的蜂窝状小孔群损伤现象。它是由空泡腐蚀和电化学腐蚀两种因素共同形成的。一般在闭式循环淡水冷却的柴油机中,缸套穴蚀主要由空泡腐蚀引起,在开式海水冷却的柴油机中,缸套穴蚀则以电化学腐蚀为主。穴蚀在筒形活塞式柴油机中存在比较普遍。有的柴油机尽管缸套镜面还未磨损多少,但是缸套已被穴蚀击穿,导致缸套漏水。因此,穴蚀直接影响着柴油机的寿命和可靠性。

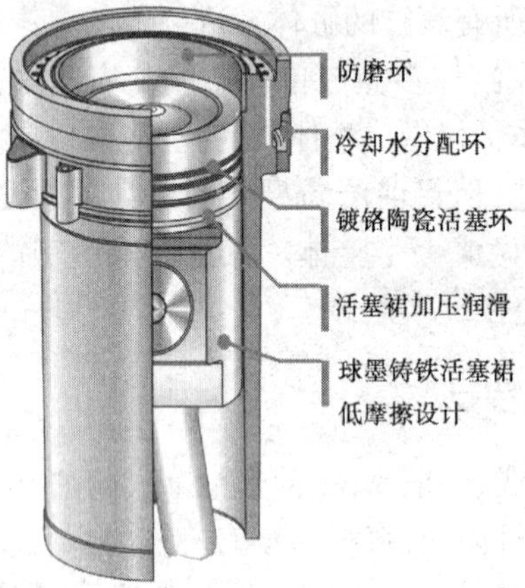


图 2-29　Wärtsilä32 型柴油机汽缸套

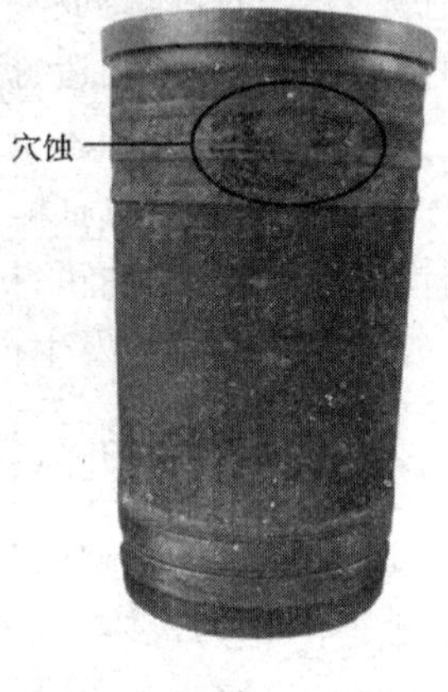


图 2-30　缸套的穴蚀

空泡腐蚀是由于缸套振动引起的,由于缸套的振动,会在缸套外表面附近的水域中产生交替膨胀与压缩,即在水中产生局部的高真空和高压。当水中压力降低到该温度下饱和蒸汽压力以下时,冷却水蒸发和溶于水中的空气析出而形成空泡。此外,冷却水在流动中,由于方向和流速的突然变化,会引起压力的变化。当压力低于当时温度下水的饱和压力时,也会汽化产生空泡。当空泡受到高压冲击而爆破时,就在破裂区附近产生高压波,它以极短的时间作用在很小的范围内,对缸壁有强烈的破坏能力。在这种高压波的反复作用下,汽缸外壁金属表面将不断剥落,形成穴蚀。由此可知,缸套振动是缸套穴蚀的重要原因。

为了防止穴蚀,可采取以下措施:

首先,应减轻缸套振动。如增加缸套壁厚;提高缸套支承刚度及增加支承数量;减小缸套轴向间距;减小活塞与缸套装配间隙等。其次,应提高缸套抗穴蚀能力。如缸套采用抗穴蚀材料(球墨铸铁);外表面光洁,外表面进行镀铬、渗氮、喷陶瓷、涂树脂等处理;冷却水腔结构合理,水流平顺;进行水处理以提高其消振性能等。最后,在管理中应控制冷却水温不能过高,保证足够的水压,防止冷却水中含有大量空气(如冷却水泵漏气)。另外,还应保持冷却水腔清洁,控制柴油机的负荷与转速等。

## 四、十字头式柴油机汽缸的组成和结构特点

十字头式柴油机的汽缸也是由汽缸体和汽缸套组成的,十字头式柴油机汽缸的汽缸体和汽缸套与筒形活塞式柴油机不同。十字头式柴油机的汽缸体是单独制造的,可以是单体式的,也可以是整体式的,十字头式柴油机的汽缸体下部设有中隔板与曲轴箱隔开,形成扫

气空间。汽缸套插入到汽缸体中,其下部开有气口,用于柴油机的换气。

图 2-31 所示为 MAN B&W 柴油机的汽缸。左侧 S－MC 型是较老一点的结构,右侧 S－MC－C 型是近年改进的结构,将两者放在一起可进行相关的比较。它由铸铁制造的单体式汽缸体和汽缸套组成。汽缸体由双贯穿螺栓固定到机架上平面上,在汽缸体的上部开有大尺寸的中心孔,孔中插入汽缸套。汽缸体下部有底板将汽缸和曲轴箱隔开,汽缸体下部形成扫气空间。底板上的孔中装活塞杆填料函。汽缸体在左右方向上设有通道 B 和 C。通道 C 平时由盖板盖住,在检修时打开,使轮机人员很容易接近活塞杆填料函、扫气口等部位,可对填料函、缸套内表面、活塞及活塞环等进行检查,并对气口和活塞下部空间进行清洁。通道 B 和扫气箱相连,在活塞打开扫气口 A 时进行汽缸扫气。在汽缸体上部安装固定汽缸盖的螺栓。

目前,新型的 MAN B&W MC 柴油机也有采用焊接汽缸体的。焊接结构有一系列固有的优点,如增加刚性、减轻重量,并且可以将扫气箱与汽缸体制成一体而进一步减轻重量和尺寸。焊接和铸造汽缸的部件可以互换。

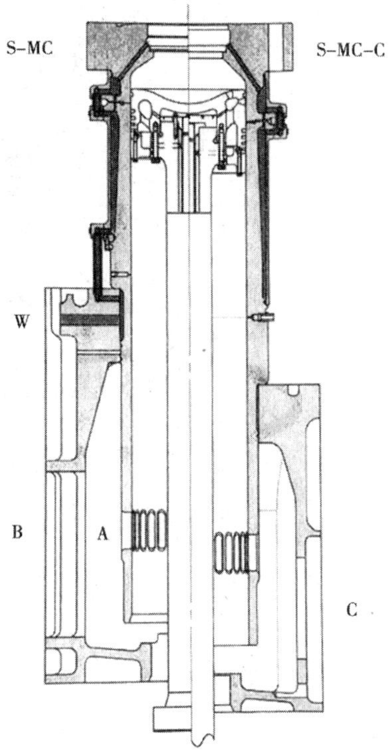

图 2-31　MAN B&W 柴油机的汽缸

汽缸套通过上部的汽缸盖压紧在汽缸体上,当汽缸套受热时,下部可以自由膨胀。由于现代十字头式柴油机向长冲程化方向发展,缸套的结构较高,不会全部插入到汽缸体中,因此在汽缸套外部设有冷却水套。在汽缸套中部设有注油器接头,其内表面开有润滑油槽以保证汽缸油的均匀分布。在缸套的最下部是一圈扫气口,由活塞控制启闭。扫气口在水平和垂直方向有一定的角度用以控制气流,使气流在进气时形成一定的旋转。

与 S－MC 型柴油机相比,S－MC－C 型柴油机的 $S/D$ 值更大,缸套更高而汽缸体更低。S－MC 型柴油机的冷却水由 W 处进入汽缸体,然后进入冷却水套,而 S－MC－C 型柴油机,在汽缸体内不设冷却水腔,冷却水直接进入冷却水套,在冷却水套上下两端都设有橡胶圈,用于密封冷却水。在汽缸套下部外表面的槽内也有橡胶圈,用于给缸套导向及密封冷却水和扫气空气。在缸套上部通过冷却水接头,将冷却水送至汽缸盖。由于汽缸套的下部不冷却,汽缸套中、下部有较高的温度,这对汽缸套工况及消除该区域腐蚀磨损有利。

S－MC－C 型柴油机汽缸套的最显著特点是缸套与汽缸盖的密封面下移,这对于改善密封面的工作条件和汽缸套的工作状况非常有利。

新型柴油机在结构上的另一个改进是在缸套与汽缸盖的密封面处设置了一道去炭环,它的直径比汽缸套的内径略小,可以除去活塞头顶岸的积炭,减少缸套的磨损,见图 2-32。因为活塞头顶岸积炭,会刮除汽缸壁上的润滑油,破坏汽缸的润滑,使缸套磨损加剧。

最新的 MAN B&W 十字头式柴油机的汽缸结构的最主要特点是汽缸体已从以前的铸造结构改为焊接式结构。焊接式的汽缸体是将汽缸体和扫气箱做成一个整体,可以大大减轻

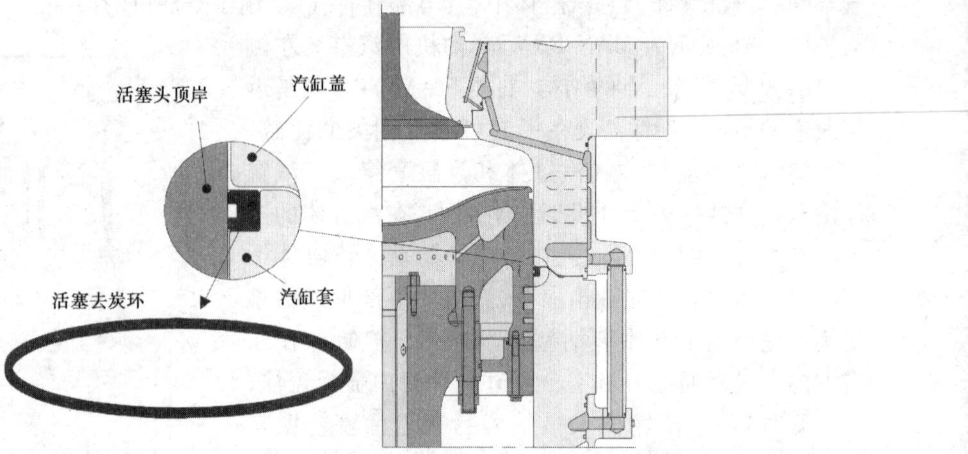


图 2-32　活塞去炭环

汽缸体的重量,提高机械性能,改善扫气空间的接近性,使柴油机的检修更加方便。

缸套插入汽缸体部分为扫气空间,汽缸体内不设冷却水空间,冷却水空间设在水套和汽缸套之间。汽缸套上部加强并采用钻孔冷却,保证了缸套的机械强度和热强度。8 根汽缸盖螺栓,下部拧入汽缸体内,上部紧固汽缸盖,保证汽缸盖和缸套之间的密封。

# 第五节　汽缸套的检修

## 一、活塞环与汽缸套的摩擦形式

汽缸套的磨损是一个非常复杂的过程,其产生的原因既有物理方面的因素,也有化学方面的因素。根据磨损机制的不同,可将磨损分为以下三种。

### (一)熔着磨损

经过精加工的表面用肉眼看起来是很光滑的,但是用显微镜检查,就可以观察到它的表面是由锯齿形的峰和谷所组成的。在薄膜润滑(边界润滑)的条件下,摩擦面间只有一层极薄的油膜,摩擦表面的部分尖峰会刺破油膜发生接触,或由于润滑条件差、局部高温等,使滑动表面缺乏充足的润滑油膜,也使摩擦表面间发生金属的直接接触。当两滑动表面在压力下有极微小部分的金属直接接触、摩擦时,便形成局部高温,使两者熔融黏着、脱落,逐步扩大形成熔着磨损。这种磨损在一般情况下,以活塞在上止点第一道活塞环附近最严重。影响熔着磨损的因素很多,主要有汽缸套、活塞、活塞环等的材质,机械加工质量、外形尺寸及形状精度,汽缸润滑油孔的布置,汽缸油的供给数量和品质,汽缸套表面的温度,装置对中情况等。熔着磨损发展严重时会引起柴油机拉缸事故。

### (二)磨料磨损

硬质颗粒进入汽缸套和活塞之间的摩擦面形成磨料,磨料与两摩擦面产生挤压、滚撞,使金属脱落,便造成磨料磨损。磨料主要来源于:燃油在催化裂化过程中留下的催化剂粉末;燃油在储存和运输过程中进入的锈、沙和其他硬质颗粒;磨屑;燃烧生成的灰分和炭粒;随空气进入汽缸的灰尘以及被污染的汽缸油等。因此,提高燃油(对筒形柴油机还有曲轴箱滑油)净化质量,确保燃油良好燃烧,保持汽缸油和进入汽缸的空气不被污染等,都是减少磨料磨损的有效措施。磨料磨损可以从在汽缸套镜面沿活塞运动方向上有平行直线状的拉伤痕迹来识别。

#### (三)腐蚀磨损

含硫的燃油在燃烧时,燃油中所含的硫分将生成二氧化硫,燃油中的氢燃烧后生成水蒸气。此外,燃油中存在的钒、铁、钠、镍等微量元素也各自生成自己的氧化物。五氧化二钒和氧化铁是二氧化硫再氧化成三氧化硫的活泼的催化剂。根据试验,在废气中有1% ~15%的二氧化硫经进一步氧化变成三氧化硫。二氧化硫、三氧化硫和水蒸气在温度降到各自的露点(在缸内条件下露点为160 ~180 ℃)以下,就会分别凝结成亚硫酸和硫酸。硫酸比亚硫酸对铁和铁合金腐蚀性强,危害性大。因此,在柴油机工作中,燃油中的硫所产生的酸性燃烧产物的凝结,会使汽缸套严重腐蚀,这便造成腐蚀磨损。其使缸壁上布满疏松的细小孔穴,这是腐蚀磨损的显著特征。缸壁的腐蚀磨损在缸套上部最严重,这是因为缸套上部的油膜较薄,隔离和中和硫酸的能力低。虽然直接在此处凝结的酸少,但活塞上行时把下部生成的酸刮到了上部。

由硫酸引起的腐蚀称为低温硫酸腐蚀或“冷”腐蚀。在汽缸套中除由硫酸引起的腐蚀外,当进入汽缸中的燃油、空气和汽缸润滑油中含有海水或盐时,还会使汽缸套遭到盐酸腐蚀。腐蚀磨损和所用燃油的硫分含量有很大关系。近些年来,由于含硫量较大的燃油(有时达5%)的使用、低航速航行(此时柴油机的负荷低,汽缸套表面温度也低)、节约能源措施的实施等,腐蚀磨损问题变得更为突出。适当提高冷却水温度,采用适当碱度和数量的汽缸润滑油,将汽缸润滑油孔设在汽缸套的较高位置,使汽缸润滑油注入汽缸时能沿汽缸套内表面圆周均匀分布,这些措施都能使腐蚀磨损减轻。

### 二、汽缸套的检修

活塞环和汽缸套工作时,一定会产生磨损。轮机管理人员对此的职责是努力控制该摩擦副处于正常的磨损情况下,避免发生异常磨损。

#### (一)汽缸套正常磨损

活塞环正常磨损的特征是活塞环的厚度基本均匀,外表面光滑无毛刺,较清洁,无硬化层,其外形呈鼓形。活塞环的正常磨损速度不超过0.1 ~0.5 mm/kh。汽缸套正常磨损的特点是最大磨损部位在活塞上止点第一道活塞环位置附近,并沿缸壁向下磨损量逐渐减小。汽缸套工作表面清洁光滑,无明显划痕、擦伤等磨损痕迹。汽缸套正常磨损的参数为圆度误差、圆柱度误差,内径增量(缸径最大增量)小于说明书或有关标准的规定值。缸套正常磨损率:铸铁缸套小于0.1 mm/kh,镀铬缸套在0.01 ~0.03 mm/kh之间。

#### (二)活塞环和汽缸套的异常磨损

(1)异常磨损的特征。活塞环和汽缸套异常磨损的特征是磨损率很高,大大超过正常磨损率。一般铸铁缸套的磨损率大于0.1 mm/kh,活塞环的磨损率大于0.5 mm/kh;缸套表面脏污,有较明显的划痕、擦伤和撕裂等拉缸或咬缸现象,缸壁有发蓝等明显的烧灼现象;磨损产物颗粒较大,达25 ~30 μm。

(2)异常磨损的规律和原因。图2-33为汽缸套沿中心线方向的磨损规律图。图2-33(a)为缸套正常磨损的情况,而图2-33(b) ~(g)为异常磨损的情况。图2-33(b)、(c)、(d)

为典型的异常磨粒磨损。图 2-33(b)和(c)分别是缸套上部和下部发生异常磨粒磨损。图 2-33(b)是缸套上部因新鲜空气挟带大量灰尘进入汽缸和燃烧不良产生大量积炭所致;图 2-33(c)是润滑油中机械杂质过多,筒形活塞式柴油机缸套自下而上布油,造成下部严重磨损。图 2-33(d)为以上两种情况并存时所致。图 2-33(e)为缸套异常黏着磨损情况,其特点是活塞位于上止点时第一道活塞环对应的缸壁磨损异常增大,甚至出现大面积的拉伤现象。图 2-33(f)和(g)是典型的腐蚀磨损。图 2-33(f)是燃油含硫量高或柴油机经常冷车起动,致使缸套上部产生严重的腐蚀磨损,其磨损量为正常磨损的 1 ~2 倍。腐蚀产物脱落后,即形成二次磨粒,使缸套中部磨损加剧,其磨损量可为正常磨损的 4 ~6 倍。图 2-33(g)是冷却水温度过低,在缸套下部形成严重的低温腐蚀磨损。

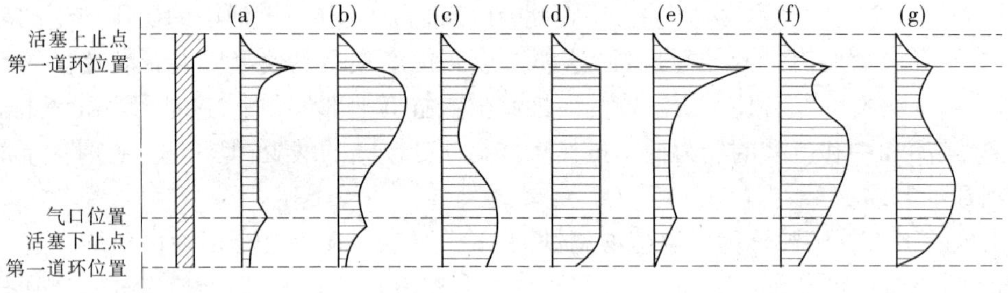


**图 2-33　汽缸套沿中心线方向的磨损规律图**

船舶柴油机实际的活塞环和缸套磨损情况常常是综合而且复杂的,原因也是多方面的,需要轮机员根据当时情况全面考虑和具体分析。一般来说,活塞环和汽缸套的异常磨损有以下几个原因:

①燃油和燃烧的质量。燃油质量对汽缸套磨损的影响主要取决于燃油中硫的含量。当含硫量高于 0.7% ~1.0% 时,汽缸套磨损量将急剧增加。由于使用含硫量较大的燃油(有时高达 5%)、低航速节约能源措施的实施,腐蚀磨损问题变得更为突出。含硫量高的燃油燃烧时生成较多的炭垢,并使其变得坚硬,加重磨粒磨损。低质燃油中的灰分、机械杂质以及燃油裂化使用的含硅、铝的催化剂等以硅酸铝颗粒存在,会使缸套和活塞部件发生异常磨粒磨损。燃油燃烧不良会使炭粒增加,积炭严重。对燃油使用前的预处理(预热与净化),有助于提高燃烧的质量和降低磨损。

②冷却水温的管理。汽缸套冷却水温度的高低对活塞环和汽缸套的磨损有很大影响。一般来说缸套冷却水温度过低,缸壁温度低于 $H_2SO_4$ 的露点,会使硫酸腐蚀(低温腐蚀)加重;缸套冷却水温度过高,缸壁冷却不良,会使缸壁上润滑油氧化严重,炭垢增加,滑油黏度下降,油膜容易破坏,导致黏着磨损。

适当地提高缸套冷却水温度,使缸壁表面温度高于硫酸的露点,可有效地防止腐蚀,减少磨损。一般冷却水出口温度控制在 85 ~90 ℃时,缸套磨损量较小。

③润滑的管理。对润滑油的管理、使用不当,如润滑油品质不良、碱值不当、油压不足、滑油变质不及时更换和汽缸注油率不合适、滑油中混入机械杂质,都会引起活塞环和汽缸套的异常磨损。

由于活塞环和汽缸套在恶劣的工况下工作,为了保证边界润滑条件,近代的汽缸油都选用优质的矿物润滑油作为基础油,再加入各种效能的添加剂制成。

柴油机使用劣质高硫燃油时,汽缸油的碱值应与其匹配,以中和燃油燃烧时生成的硫酸,有效地降低低温硫酸腐蚀。根据使用经验,使用高硫分(含硫量大于2.5%)的燃油,汽缸油的TBN应为65~70,燃油中硫的含量小于2.5%,汽缸油的TBN约为40。汽缸润滑油应具有良好的油性、适当的黏度和较高的黏度指数,以及较好的清净分散性和抗氧化性。

当缸壁温度低时,主要发生腐蚀磨损和由腐蚀产物引起的二次磨粒磨损;当缸壁温度达到某一温度后,活塞环与汽缸套工作表面间的油膜被破坏,导致黏着磨损;而缸壁温度对应于不同的含硫量,在某一温度范围时,缸套磨损量处于较低水平。

## 三、减少汽缸套磨损的途径

减少汽缸套磨损的途径主要有以下几种。

### (一)制造安装工艺

汽缸套常采用合金铸铁,如高磷铸铁、磷铬铸铁和含硼铸铁等。高磷铸铁储油能力、耐磨性都比较好。汽缸套可以通过一些强化手段提高性能。常用的手段有内圆表面高频淬火、激光表面淬火、松孔镀铬和内外表面的离子渗氮。这些强化手段可提高汽缸套的硬度和耐磨性,提高其疲劳强度。汽缸套内圆表面的强化方法一定要和活塞环外圆表面的强化相匹配,形成一个合理的摩擦副。

保证活塞组件和汽缸套的装配质量和它们之间的正常配合间隙是不可忽视的。据统计,汽缸套总磨损量的1/3是由于装配不正、间隙不合适引起的。活塞和汽缸套的轴线不重合,甚至产生倾斜,将使润滑变坏,磨损加剧,以致产生严重的擦伤和拉缸;间隙不合适容易产生敲缸、拉缸等故障。因此,应定期吊缸检测调整活塞与汽缸之间的配合间隙。

### (二)日常管理使用

加强柴油机的运转管理是减少汽缸套磨损的重要措施。

(1)加强燃油和燃烧的管理。加强燃油品质的选择和净化处理可有效地减少腐蚀磨损和磨粒磨损。使用劣质燃油时应采取相应措施。保证燃油完全燃烧,减少由于燃烧不良引起的缸套磨损。

(2)保证良好的润滑。对汽缸润滑油品质的选择、净化处理及供油设备的维护等应按规定认真执行,注意注油定时、注油率的选择。

(3)注意汽缸冷却水温度。冷却水温度过低和过高都是不利的。注意水温的变化并使之保持在要求的温度范围内,同时加强对冷却水的管理,定期进行水处理。

## 四、汽缸套的磨合

新柴油机或新更换的汽缸副在投入正常运转之前应进行磨合,这一过程绝对不可省略。活塞环与汽缸套不经过磨合或磨合不良就投入正常运行,必然会产生严重的黏着磨损。新造柴油机在制造厂台架试验时须进行磨合运转,装船后开航前还需进行严格的磨合运转。

磨合运转是决定柴油机工作寿命的重要阶段。

### (一)活塞环—汽缸套磨合良好的标志

活塞环—汽缸套磨合运转后,通过盘车从观察孔进行观察或吊缸检查时,良好磨合有以下一些特征:①缸壁表面润湿、光亮、清洁,油污不严重且易清除。②工作表面无明显磨损、划痕等。③活塞环在环槽中活动自如,表面有一圈发亮的磨合带。

### (二)影响活塞环—汽缸套磨合质量的因素

影响活塞环—汽缸套磨合质量的因素很多,主要有:

(1)润滑。磨合运转实质上是一个加速磨损的过程,即要在尽量短的时间内完成初期有效的磨损。为达到这个目的,磨合时所使用的润滑油品质和数量有严格要求。在磨合时,汽缸油应使用纯矿物油或低碱性汽缸油,以便获得一定的腐蚀磨损,加快磨合过程的进行,同样,所用燃油硫分高,磨合所需时间就短。在任何条件下均不应使用高碱值汽缸油。高碱值汽缸油会使磨合期加长,且容易发生拉缸故障,碱值越高拉缸发生率越大。这常常是轮机员对磨合时间估计不足,提前加大柴油机负荷所致。磨合一旦完成,应及时换用碱值正常的汽缸油,避免缸内发生过度污染。

在整个磨合期的各个不同阶段,适时换用不同碱值的汽缸油可以获得良好的磨合效果,图2-34为磨合期内主机运转与汽缸油匹配图。在磨合过程中增加汽缸油供应量,可以使比较粗糙的缸壁表面得到充分润滑,改善燃烧室的密封,清除摩擦表面上的积炭和污物。如L-MC/MCE柴油机说明书中规定,磨合的前20~24 h内,以最大极限供油量磨合,并在最初运转的1 000~2 000 h内,建议比正常供油量多50%。

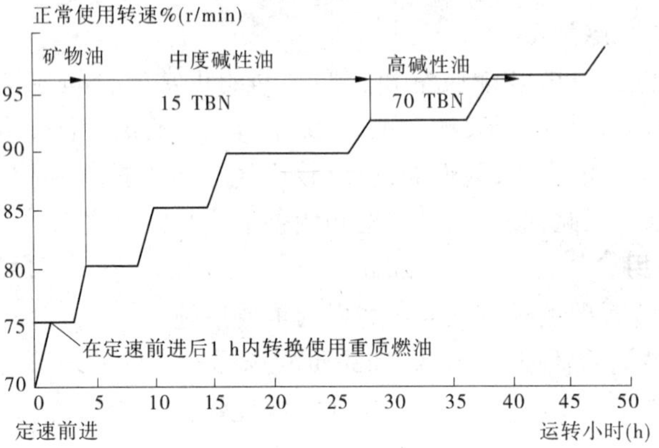


**图2-34　磨合期内主机运转与汽缸油匹配**

(2)摩擦表面形貌。通常活塞环和汽缸套均采用耐磨的铸铁材料,为了提高活塞环和汽缸套的磨合性能和抗拉缸性能,采用表面改性处理和使汽缸套表面具有适合磨合的初始粗糙度是很有效的工艺措施。活塞环外圆表面采用镀锡、磷化、镀铜和氧化等工艺,来改善活塞环的磨合性能和抗拉缸性能。在环外表面喷钼,可以提高环的耐磨性,有效地防止拉缸。

汽缸套内圆表面采用磷化处理、松孔镀铬等工艺,可提高磨合效果和抗拉缸性能。汽缸套内表面采用珩磨加工或波纹切削,使表面形成具有最佳初始粗糙度的特殊形貌。这些特殊形貌可以储油,减少拉缸,同时又可加速活塞环与汽缸套的磨合。

(3)磨合程序。磨合运转必须科学合理地分配负荷、转速和磨合时间。低负荷下磨合需要很长时间,延误投入正常运转;短时间高负荷磨合,容易造成过度磨损,产生漏气甚至咬缸。磨合程序应依照转速由低到高、负荷由小到大、运转时间合理分配的原则制定。各柴油机制造厂都在说明书中给出磨合程序,轮机管理人员应严格按规定程序进行磨合。

柴油机新换活塞、活塞环、翻新的缸套也必须经过磨合。由于磨去的量较少,允许采用正常使用的汽缸油,但具体磨合规范应遵循柴油机说明书的要求。

## 五、拉缸

拉缸是柴油机活塞组件与汽缸套配合工作面相互剧烈作用,在工作表面上产生过度磨损、拉毛、划痕、擦伤、裂纹或咬死的现象。拉缸是存在润滑条件下产生的不同程度的黏着磨损。拉缸轻时,使汽缸套、活塞组件受损,严重时会造成咬缸的恶性机损事故。近年来,随着柴油机增压压力和单缸功率的提高,汽缸套和活塞组件的热负荷和机械负荷增加,再加上柴油机燃用高黏度劣质燃油等使拉缸事故更容易发生。

### (一)拉缸的主要症状

(1)柴油机运转声音不正常,发出"吭吭"声或"嗒嗒"声。

(2)柴油机转速下降乃至自动停车——因为汽缸内摩擦功增大。

(3)曲轴箱或扫气箱冒烟或着火——由于缸套和活塞组件温度升高,使曲轴箱或扫气箱空间加热,油或积油蒸发成油气,当活塞环黏着或断环失落时燃气发生泄漏以致着火。

(4)排烟温度、冷却水温度和滑油温度均显著上升。

(5)吊缸检查可发现汽缸套和活塞环、活塞工作表面呈蓝色或暗红色,有纵向拉痕;汽缸套、活塞环,甚至活塞裙异常磨损,磨损量和磨损率很高,远远超过正常值。

### (二)柴油机拉缸种类

一般柴油机拉缸事故多发生在运转初期的磨合阶段和长期运转以后。根据拉缸发生的时间和损伤特点可分为以下两类。

#### 1. 柴油机运转初期的磨合拉缸

这种拉缸事故发生在新造或修理后的柴油机磨合阶段,损伤部位在汽缸套和活塞环工作表面,严重时波及活塞裙外表面。

#### 2. 柴油机运转中的拉缸

这种拉缸事故多发生在柴油机稳定运转较长时间(数千小时)以后,拉缸使活塞裙外表面烧伤、磨损和汽缸套内上止点附近壁面严重磨损及气口筋部裂纹。铸铁汽缸套与铝合金活塞发生拉缸时,可使活塞材料熔化并与汽缸套表面焊接。

### (三)拉缸的工艺原因

柴油机拉缸事故的根本原因是汽缸套与活塞环工作表面间的油膜变薄或遭到破坏。当油膜变薄或局部破坏失去油膜时,汽缸套和活塞环配合表面的金属直接接触,发生黏着磨损,进一步发展和恶化即形成严重的拉缸事故。使润滑油膜变薄和破坏的因素较多,除滑油品质不佳、供油不足或中断、汽缸套冷却不良缸壁过热、超负荷等因素外,柴油机制造与安装精度和使用中的精度降低也是不容忽视的重要原因。所以,还应从工艺上分析拉缸的原因。

(1)汽缸套与活塞环工作表面的粗糙度不合适容易引起运转初期的磨合拉缸。汽缸套和活塞环的表面粗糙度对磨合过程有很大影响。若表面粗糙度等级过低,表面太粗糙,难以在较短时间内完成良好的磨合;若表面初始粗糙度等级过高,表面太光洁,难以存油而使金属直接接触,造成黏着磨损。新造或经修理的汽缸套内表面粗糙度应符合下列要求:高速柴油机不超过 0.8 μm;中速柴油机不超过 1.6 μm;低速柴油机不超过 3.2 μm。

(2)活塞运动装置对中不良引起拉缸。新造柴油机活塞运动装置与汽缸套对中性差,即安装精度低,或者由于长期运转使导板、滑块、轴承等磨损,破坏了活塞运动部件在汽缸中的正确位置,致使柴油机运转中活塞在汽缸中往复运动时产生摆动和敲击汽缸,油膜被破坏,导致拉缸事故。例如,某油船主机修理后试车时发生第一、五缸拉缸事故,起因是活塞运动装置对中不良。表2-3给出第一、五缸活塞与汽缸套间隙测量值。分析数据可以看出,该筒形活塞式柴油机的第一、五缸首尾方向出现零值,表明活塞在汽缸中向首端倾斜。

**表2-3 活塞与汽缸套间隙** (单位:mm)

| 测量部位 | | 第一缸 | | 第五缸 | |
|---|---|---|---|---|---|
| 上止点 | 上 | 0.51 | 0.83 | 0.46 | 0.91 |
| | 下 | 0.20 | 0 | 0.31 | 0 |
| 下止点 | 上 | 0.46 | 0.89 | 0.51 | 0.84 |
| | 下 | 0.20 | 0.02 | 0.28 | 0 |

活塞与汽缸之间的配合间隙反映了二者的对中情况,配合间隙过大、过小或分配不均都会导致拉缸。间隙过大,运转时燃气下窜,破坏油膜;间隙过小,金属直接接触甚至黏着,当活塞往复运动时产生拉缸;间隙分布不均,活塞运动部件在缸中倾斜,往复运动时产生摆动敲缸,破坏油膜,产生拉缸。

**(四)防止拉缸的工艺措施**

1. 保证活塞运动装置良好的对中性

新机在船上安装时应保证安装质量,保证活塞运动部件与固定件之间要求的配合间隙符合说明书或规范要求,从而使其具有良好的对中性。运转中的柴油机应加强维护管理,减少导板、轴承等的磨损,加强定期检测,及时发现失中现象,防止由于对中不良导致的拉缸。

2. 汽缸套内圆表面采用波纹加工或珩磨加工

采用波纹加工或珩磨加工汽缸套,不仅使其内圆表面具有合适的粗糙度,而且可以在表面形成网状沟纹。这种网状沟纹的表面减少了活塞环与汽缸套的接触面积,提高了单位面积压力,加速磨合;由于网状沟纹可以储油,有利于润滑,尤其缺油时沟纹内的油可以补充,从而可以防止拉缸的产生。大型柴油机汽缸套采用波纹加工:首先进行波纹切削,使表面呈波纹状,然后进行珩磨,将波纹顶部磨去15%,这样的表面结构磨合效果最佳,拉缸发生率大大降低。中、小型柴油机汽缸套则采用珩磨加工或振动加工,以形成良好的抗拉表面。

3. 汽缸套内圆表面强化处理

汽缸套内圆表面采用松孔镀铬、喷钼、离子氮化处理等工艺来提高表面的耐磨性、抗咬合性,以提高缸套的抗拉缸性能。

4. 活塞环外表面强化处理

采用镀锡、镀锌、镀铅等工艺,在活塞环外表面上镀覆一层5~10 μm的金属,可加快活塞环与缸套的磨合,提高配合面的密封性,减少由于窜气破坏油膜引起的拉缸事故。活塞环外表面喷钼,可以提高抗咬合性能和提高耐磨性,因为钼的熔点高达2 640 ℃和喷钼层多孔且孔分布均匀,储油性好。

**(五)拉缸时的应急措施**

航行中,柴油机一旦发生拉缸事故,轮机员应沉着冷静地分析情况,积极设法采取可行的应急措施。根据拉缸程度、海况、海域或航道情况、柴油机结构特点等按说明书指导或自行决定应急措施。例如,当拉缸尚不严重,海面情况不允许停车检修或者距目的港(或任何港口)较近时,可采取简单的减缸航行措施;拉缸较为严重——发生咬缸或自动停车时,虽距目的港较远,但海面平静,则可停车吊缸修理;若无备件,可采用完全减缸航行。

## 第六节　汽缸盖

### 一、汽缸盖的作用和工作条件

汽缸盖是燃烧室的上盖。汽缸盖除和汽缸套、活塞共同组成燃烧室外,在它上面还要安装各种阀件。对于不同类型的柴油机,汽缸盖上所安装的阀件不尽相同。现有柴油机的喷油器都装在汽缸盖上;对于大中型柴油机,在汽缸盖上设有汽缸起动阀、示功阀和安全阀;对于二冲程直流扫气的柴油机,在汽缸盖的中心设有一个大排气阀;四冲程柴油机在汽缸盖上除了要装有进气阀和排气阀外,还要布置进、排气道和气阀摇臂机构。

由汽缸盖所起的作用和它所处的位置可以看出,汽缸盖要受到螺栓预紧力和缸套支反力的作用,柴油机工作中还要受到燃气的高温、高压作用,其冷却水腔还会受到水的腐蚀。汽缸盖结构复杂,金属分布不均,各部位温差很大。因此,汽缸盖承受着很大的分布很不均匀的机械应力和热应力,尤其在各阀孔之间的狭窄区域(俗称"鼻梁区")工作条件更为恶劣。

### 二、汽缸盖的要求和材料

汽缸盖要求具有足够的强度和刚度,以保证汽缸盖既不会因应力过大而损坏,也不会因变形而泄漏。汽缸盖的底板,特别是各种阀孔之间的金属堆积处和高温部位,需要进行良好的冷却,力求做到各部位的温度合适且均匀。另外,还要求汽缸盖上各种阀件的拆装、维护方便,冷却水腔的水垢容易清除。汽缸盖与汽缸套之间的气密可通过采用紫铜或软钢垫床来保证,也可采用精加工配合面来保证。

汽缸盖一般采用铸铁、铸钢和锻钢等材料制造。四冲程筒形柴油机由于体积小,阀件多,结构比较复杂,通常采用铸铁制造,为了提高铸铁汽缸盖的强度和热稳定性,往往在其中加入铬、镍、钼等合金元素。某些形状简单的二冲程柴油机的汽缸盖可用耐热钢(如钼钢)铸造。但现在增压度较高的大型二冲程柴油机的汽缸盖多用锻钢制造,锻钢性能优良,质量容易保证。

### 三、筒形活塞式柴油机汽缸盖的组成和结构特点

与二冲程十字头式柴油机相比,四冲程筒形活塞式柴油机的汽缸盖由于要布置安装进排、气阀,布置进、排气道和冷却水腔等,因此结构比较复杂。筒形活塞式柴油机汽缸盖的类型很多,其分类方法也很多,按汽缸盖与汽缸之间的数量关系可分为单体式、整体式和分组式汽缸盖。

如图2-35(a)所示,每一个汽缸单独做一个汽缸盖称为单体式汽缸盖。这种汽缸盖普遍应用在缸径较大、强化度较高的柴油机上。它的特点是汽缸盖和汽缸套密封面处的密封性好,制造、运输、拆装以及检修均较方便。但汽缸的中心距加大,增加了柴油机的长度和

重量。

如图 2-35(b)所示,把一排汽缸的汽缸盖(一般 4 ~6 个汽缸)做成一体的称为整体式汽缸盖,一般用于缸径较小的高速柴油机上。它的汽缸中心距小,结构紧凑,柴油机的刚度提高、重量减轻,但易变形,密封性差,结构复杂,加工不便,往往由于局部损坏而导致整个汽缸盖报废。为了使生产加工更加方便,也有采用 2 ~3 个缸共用一个汽缸盖的结构,如图 2-35(c)所示,称分组式汽缸盖。

(a) 单体式汽缸盖　　(b) 整体式汽缸盖　　(c) 分组式汽缸盖

图 2-35　汽缸盖的类型

四冲程筒形活塞式柴油机的汽缸盖都设有进、排气阀和进、排气道,按气阀数来分有双阀和四阀两种结构。双阀(一个进气阀、一个排气阀)结构比较简单,但相对而言,进、排气通道的面积较小,强化程度较高的中、高速柴油机普遍采用四阀结构。

图 2-36 所示为 Wärtsilä32 型柴油机汽缸盖。它用灰铸铁制造。其上部为方形,四个角上有汽缸盖螺栓孔,汽缸盖螺栓采用液压工具上紧。下部为圆形,保证汽缸盖与汽缸套的良好结合和密封。汽缸盖较高,一方面刚性好,保证汽缸盖螺栓预紧力在汽缸盖密封垫圈上均匀分布,另一方面有利于气道的布置,使气道宽敞、阻力较小。汽缸盖中央为喷油器孔 3,高压油管从缸套的侧面钻孔连接喷油器。左、右两侧分别有两个进气阀孔和排气阀孔,4 为排气道,5 为进气道,这种进、排气道左右分布的布置,减少了高温排气对低温进气的加热作用。在汽缸盖下部距触火面很近的位置钻有冷却通道,由来自边缘流向中心的冷却水进行有效的冷却。这样保证了汽缸盖底板及各阀中间的鼻梁处得到最好的传热。机械负荷由中间隔板及上面板和侧壁板所吸收,体现了薄壁强背的设计思想。冷却钻孔直达排气阀座,使排气阀座可直接得到冷却。气阀座圈由具有良好耐磨性能的合金铸铁制造,进、排气阀表面镀有司太立合金,阀杆镀铬,如使用重油,可使用镍钼合金的排气阀。汽缸盖上采用多管道集合元件代替了传统柴油机上单独元件的结构,可以完成空气进入汽缸,废气排至排气系统,冷却水从汽缸盖排出等多项功能。

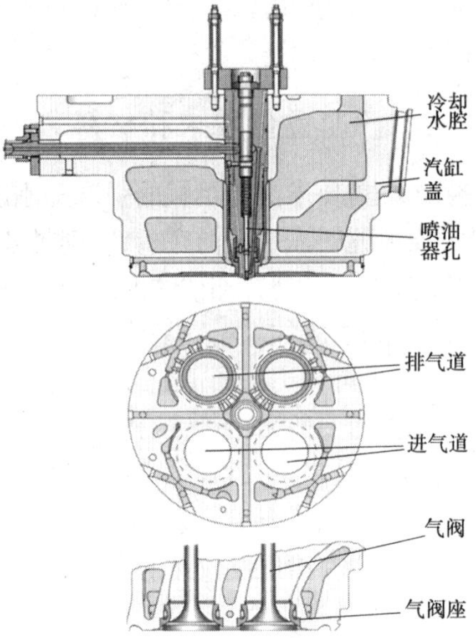


图 2-36　Wärtsilä32 型柴油机汽型盖

## 四、十字头式柴油机汽缸盖的组成和结构特点

大型低速十字头式柴油机由于尺寸较大,汽缸盖通常采用单体式汽缸盖。为了合理使用材料并保证汽缸盖的刚度和强度,曾出现过使用铸铁和铸钢两种材料制造并加以组合的组合式汽缸盖,这主要是利用铸铁的铸造性好的特点,制造汽缸盖结构复杂的部分;利用铸钢强度较高的特点制造承受高负荷的部分,然后进行组合,如内外组合或上下组合。但随着新型柴油机普遍使用锻钢制造汽缸盖,组合式的结构已不再使用。弯流扫气柴油机的汽缸盖结构比较简单,在汽缸盖上仅装有一个喷油器、一个汽缸起动阀和一个示功阀和安全阀的组合阀,但随着弯流扫气柴油机的淘汰,这种汽缸盖已不多见。目前大型低速十字头式柴油机以气口—气阀直流扫气的二冲程机占主导地位,下面仅介绍这种柴油机的汽缸盖结构。

如图 2-37 所示为 MAN B&W S－MC－C 型柴油机汽缸盖,它为圆形,由锻钢制造。在汽缸盖中央设有排气阀孔,气阀机构用 4 个双头螺栓固紧在汽缸盖上。另外,汽缸盖上还设有汽缸起动阀孔 1、安全阀与示功阀孔 3 以及 2 个喷油器孔 2(尺寸较大的柴油机设 3 个喷油器孔)。在汽缸盖中钻有许多径向冷却钻孔 4,在汽缸盖底部设冷却水套 6,它与汽缸盖底部构成冷却水腔。排气阀装入汽缸盖孔后,排气阀的插入汽缸盖部分与孔内壁之间也构成一个冷却水腔。这两个冷却水腔通过钻出的冷却钻孔 4 相连通。冷却完汽缸套的水,通过冷却水套上 4 个通道进入冷却水腔。由水腔进入钻孔 4 冷却汽缸盖底面后,进入阀孔与阀壳间的冷却水腔,以冷却排气阀和阀座。最后由孔 5 流入排气阀壳的上部冷却水腔,经过冷却排气通道后排至冷却水出口管。

这种汽缸盖高度较高,但冷却钻孔离燃烧室却很近,充分体现了薄壁强背的设计思想,使热负荷和机械负荷都保持在比较低的水平上,提高了可靠性。汽缸盖底面是燃烧室壁面的一部分。上述汽缸盖底面为倒锥形,这种倒锥形燃烧室有利于换气和燃烧。喷油器设有 2 个并对称布置,有利于油雾形状和燃烧室形状的配合,确保了油、气有良好的混合性能。汽缸盖底最下部的圆柱形壁面,使缸盖和缸套的结合面下移,以便结合处不受火焰的直接冲击,对结合面起到保护作用。冷却水由结合面的外部进入汽缸盖,消除了冷却水通过结合面漏入汽缸内部的可能性。而且冷却完汽缸套的水是通过沿周向均布的 4 个通道进入缸盖的,确保了燃烧室部位的冷却较均匀。如图 2-37 所示的汽缸盖是由 8 个固定在汽缸体上的双头螺栓和螺母紧固在汽缸套的顶部,这些螺栓在圆周上均匀分布,螺栓的紧固是用汽缸盖自带的液压拉伸器完成的。汽缸盖与汽缸套之间用软钢垫圈密封。大型柴油机的汽缸盖螺栓以及贯穿螺栓、连杆螺栓等重要螺栓普遍采

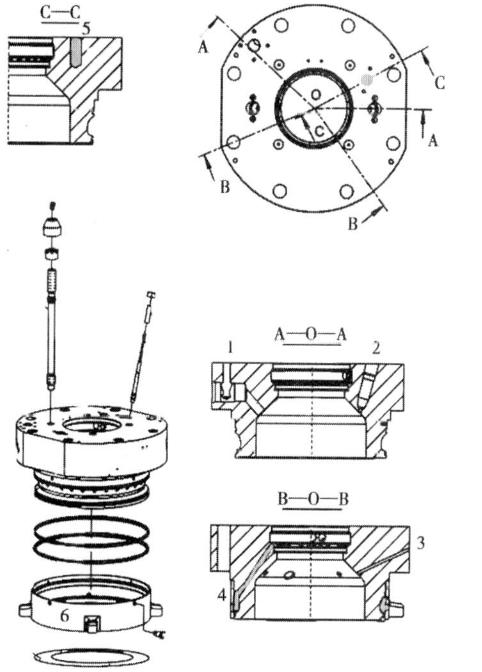


1—起动阀孔;2—喷油器孔;3—安全阀与示功阀孔;4—冷却钻孔;5—垂直孔;6—冷却水套

**图 2-37　MAN B&W S－MC－C 型柴油机汽缸盖**

用液压拉伸工具上紧,螺栓的预紧程度由规定的油压来保证。

# 第七节　连　杆

## 一、连杆的作用和工作条件

连杆的功用是将作用在活塞上的气体力和惯性力传给曲轴,并把活塞或十字头与曲轴连接起来,将活塞的往复运动变成曲轴的回转运动。连杆的运动复杂,连杆的小端随活塞做往复运动,大端随曲柄销做回转运动。连杆杆身在小端和大端运动的合成下,绕着往复运动的活塞销或十字头销摆动。杆身上任意一点的运动轨迹随其位置而异,都近似呈椭圆。

连杆不但运动复杂,而且受力也很复杂。连杆承受周期性变化的气体力和活塞、连杆惯性力的作用,并且气体力在燃烧时具有冲击性。在二冲程柴油机中,连杆始终是受压的,但压力的大小是周期性变化的。在四冲程柴油机中,连杆在吸气冲程中受拉,其他时间受压。连杆小、大端轴承还与活塞销或十字头销、曲柄销产生摩擦和磨损。

## 二、连杆的要求和材料

对连杆的主要要求是:连杆应耐疲劳、抗冲击,具有足够的强度和刚度。连杆长度应尽量短,以降低发动机的高度和总重量。要求连杆轴承工作可靠、寿命长。此外,还要求连杆重量轻,加工容易,拆装维修方便。

为了保证连杆的工作可靠,连杆一般使用锻钢制造。十字头式柴油机连杆多用中碳钢,筒形活塞式柴油机连杆采用优质碳钢或合金钢。

## 三、筒形活塞式柴油机连杆和连杆轴承的结构特点(包括连杆螺栓)

### (一)筒形活塞式柴油机连杆的构造

筒形活塞式柴油机连杆如图2-38所示,它由连杆小端、杆身和大端组成。

连杆通过小端和活塞相连,由于活塞销要从连杆小端内穿过,小端的结构和尺寸要受到活塞的限制。

连杆小端采用整体结构,与杆身锻在一起。小端内设有轴承衬套,活塞销(图中未示出)就穿在该衬套内。

小端轴承与活塞销的润滑油通过连杆杆身内的钻孔输送,对于活塞需要冷却的柴油机,这路滑油还将继续向上输送用于活塞的冷却。由于现代新型柴油机的机械负荷很高,对于中速强载柴油机,通常采用锥形或阶梯形的连杆小端,以增大连杆小端下部主要承压面的面积。

连杆杆身的截面形状通常有工字形截面和圆形截面两种。由于连杆杆身在其摆动平面及其垂直平面内的支撑状况不同,采用工字形截面(见图2-39)在其摆动的平面内有较大的截面惯性矩,可以有较高的抗弯强度。圆形截面(见图2-40)由自由锻造毛坯制成。圆形截面具各向同性,通常用于大中型柴油机;而对于小型高速柴油机,为了减轻连杆的重量,通常将连杆杆身做成工字形截面。连杆杆身采用工字形截面可以减轻连杆重量,合理利用材料,通常采用模锻方式制造。杆身内部钻有油孔,用来由大端向小端输送引导滑油,以冷却活塞和润滑小端轴承。连杆小端和大端与杆身连接处采用大圆弧过渡，一方面提高小端与大端的刚度，另一方面也减少了这些地方的应力集中。

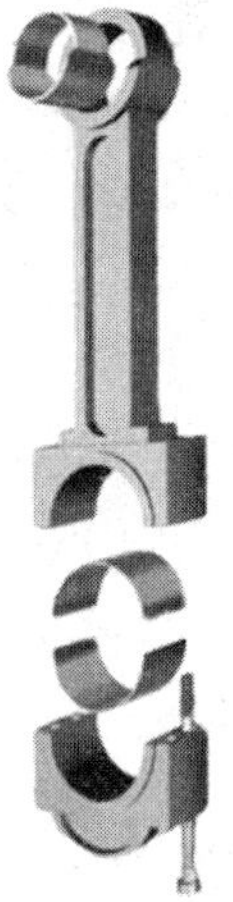
图 2-38　连杆

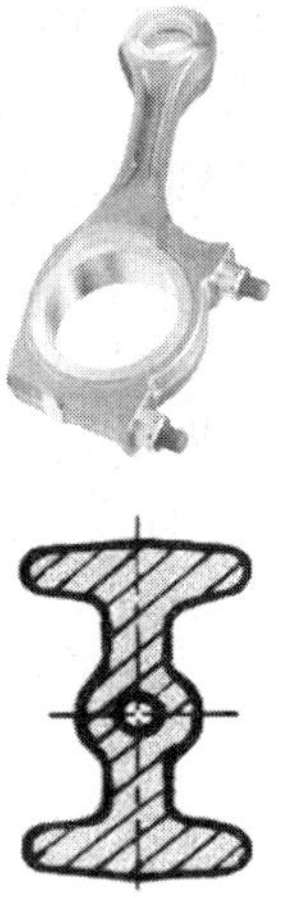
图 2-39　工字形连杆杆身

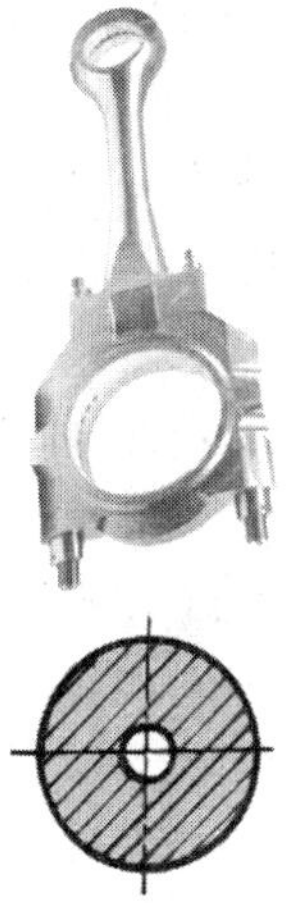
图 2-40　圆形连杆杆身

连杆大端是曲柄销轴承，通常制成剖分式结构，用螺栓连接起来。连杆大端首先要满足拆装条件，即在检修时连杆应能同活塞一起由汽缸中吊出。随着柴油机强化程度越来越高，曲柄销轴颈增粗，刚性增大，连杆轴承尺寸也越来越大，因此连杆大端出现了平切口、斜切口和阶梯切口以及船用大端等各种结构。

图 2-38 所示的连杆的大端剖分面与连杆轴线垂直，称平切口式连杆。由于柴油机增压度的进一步提高，曲柄销和连杆大端的尺寸都要增加，为了使连杆仍然能与活塞一起由汽缸中吊出，连杆大端做成斜切口的形式。切口平面与连杆轴线有一定的夹角。采用斜切口形式后，曲轴轴颈增粗，刚性提高；大端轴承的承压面积增加，提高了轴承的工作能力，减少了连杆螺栓承受的惯性拉伸负荷。但采用斜切口后，结合面上产生较大的切向力，使连杆螺栓承受剪切作用。为了在结合面处不产生滑动并使连杆螺栓不承受剪切力作用，连杆在结合面上采用了锯齿形结构。

阶梯形切口是斜切口的一种变形，可以在满足连杆拆装的前提下使曲柄销轴承更粗，以减小轴承负荷和保证曲轴的刚度，图 2-41 的 Wärtsilä20 型柴油机的连杆大端就采用了这种结构。Wärtsilä20 型柴油机的连杆由合金钢锻造而成，由于该机的转速较高，为了减小惯性力，连杆采用工字形截面，杆身内开油孔以润滑小端和冷却活塞。为了同时满足连杆的拆装条件并减小轴承负荷和保证曲轴的刚度，连杆大端做成阶梯形切口。连杆小端为阶梯形小端，具有良好的承载能力。螺栓由液压上紧。

上述三种切口形状的连杆大端都是杆身与连杆大端做成一体的，称之为“车用大端”，车用大端在中、高速柴油机中得到广泛的应用。而随着柴油机强化程度和最高燃烧压力的提高，继续采用车用大端已无法保证曲轴的刚度和轴承的承载能力。为了满足柴油机的拆装条件，有些大功率中速柴油机将连杆大端与杆身分开制造，也就是采用所谓“船用大端”结构。连杆大端采用船用大端结构，可以在不打开大端轴承的情况下进行吊缸，并使吊缸高度达到最小。

图 2-42 为 Wärtsilä38 型柴油机连杆，连杆由合金钢锻造并加工成圆形截面，由于该机的

最高燃烧压力已达到 18 MPa，连杆大端采用船用大端结构，为了保证曲轴的刚度和轴承的承载能力，连杆大端轴承较宽，使轴承负荷较小，在连杆大端和杆身之间为一铝合金板，保证了两部分能很好地贴合。连杆小端为阶梯形小端，并采用三层结构的轴瓦，具有良好的承载能力。杆身中间钻孔将滑油从连杆大端送至小端，供小端轴承进行润滑及活塞冷却。杆身与连杆大端的结合面正处于连杆大端轴承座的上方，可以方便地拆卸和维护。所有螺栓用液压工具同时上紧。

**（二）汽缸单元**

筒形柴油机目前主要向模块化方向发展，为了使柴油机的维护管理更加方便、快捷，目前许多柴油机制造商将柴油机的汽缸盖、汽缸套、冷却水套以及汽缸里的活塞、连杆作为一个整体进行拆装和更换，如图 2-43 所示。

**图 2-41　Wärtsilä20 型柴油机连杆**

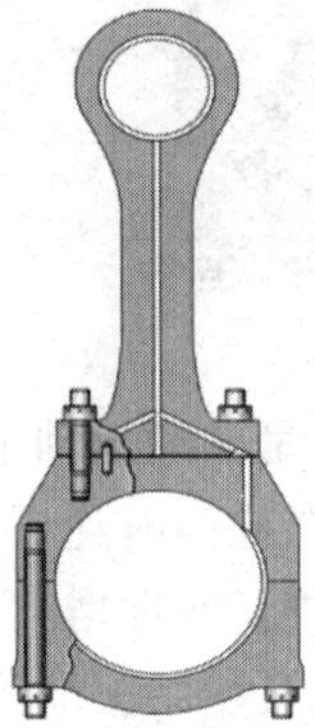

**图 2-42　Wärtsilä38 型柴油机连杆**

整个汽缸单元的拆装非常简单。首先，拆下汽缸盖上的进排气、冷却水和燃油管路，安装起吊工具，然后拆下连杆杆身与大端间的连接螺栓，安装连杆固定夹具，松开汽缸单元与机体间的固定螺栓，利用起吊工具就可将汽缸单元整体吊出。

由于连杆是随汽缸套从机体直接吊出的，机体内安装汽缸套的孔比缸套的内径大得多，这对连杆大端尺寸的要求就宽松了许多，连杆大端可以采用车用大端结构，也可以采用船用大端结构。

汽缸单元从机体吊出后，放在专用的可翻转的工作台上。将工作台翻转 180°，可将汽缸内的连杆和活塞从汽缸下部抽出；将工作台重新复位，汽缸盖可从上部正常拆下，并拆出汽缸套。整个汽缸单元的所有零部件都可以在机外非常方便地测量检修。

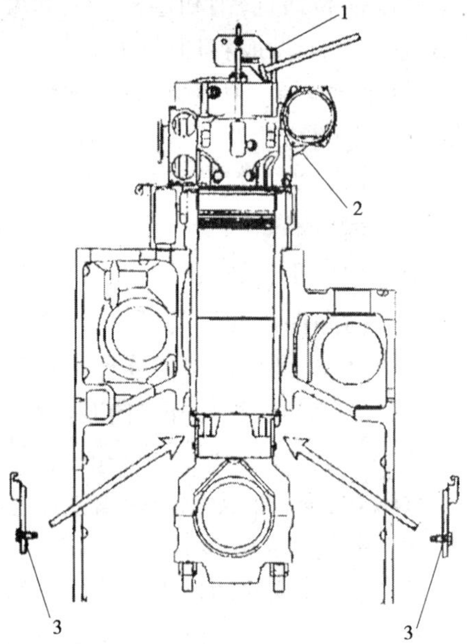


1—起吊工具；2—汽缸单元；3—连杆固定夹具

**图 2-43　汽缸单元**

安装过程顺序相反。将汽缸单元检修完毕后，可作为备件待用。

### (三)V 型柴油机的连杆

对于V型柴油机,同一曲柄平面内每一个曲柄销上要安装两个汽缸的连杆。为了达到这一要求,连杆可采用并列连杆、叉形连杆和主副连杆(又称关节式连杆)等不同形式,如图2-44所示。并列式连杆如图2-44(a)所示,是将完全一样的两个连杆并列地安装在同一个曲柄销上。这种柴油机同一曲柄销上的两个汽缸的中心线不能在同一平面内,曲柄销的长度需要长一些,曲轴的刚性也将因此而降低一些。但是由于两个连杆的构造相同,结构简单,有利于制造和互换,维护管理方便,使用可靠,因此在V型机中得到了广泛应用。并列连杆可采用平切口式或斜切口式。

为了缩短V型柴油机汽缸间距和整机长度,减小柴油机重量和尺寸,增大曲轴刚性,把同一曲柄销上的两个汽缸中心线布置在同一平面内。需要采用主副连杆或叉形连杆。主副连杆如图2-44(b)所示,主连杆与大端轴承直接相连,副连杆只与副连杆销相连。主副连杆结构较复杂,制造困难,副连杆销的连接螺栓底部容易发生裂纹。如图2-44(c)所示,由于叉形连杆结构较复杂,轴承润滑条件差,维护不便,因此应用很少。对于V型柴油机,近年来生产的新机型几乎全部采用并列连杆,主副连杆和叉形连杆基本不再使用。

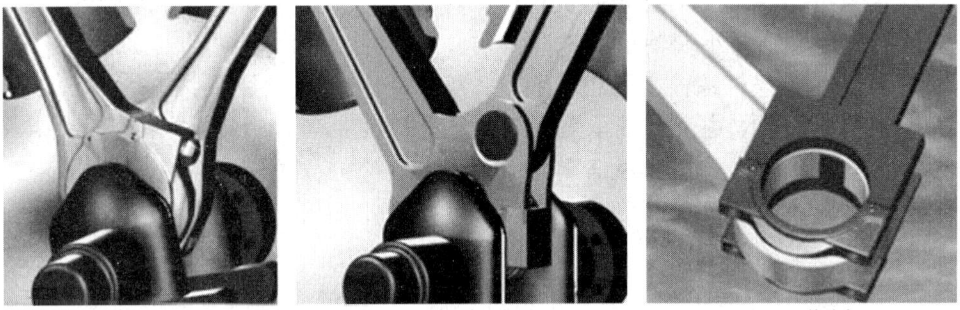

(a) 并列连杆　(b) 主副连杆　(c) 叉形连杆

图2-44　V型柴油机连杆

### (四)连杆螺栓

连杆螺栓是连接连杆大端与轴承座的至关重要的连接螺栓。二冲程柴油机的连杆螺栓工作中只受到预紧力的作用,而四冲程柴油机的连杆螺栓除受到预紧力外,在换气上止点附近还受到惯性力的拉伸作用,此外还受到大端变形所产生的附加弯矩作用。筒形活塞式柴油机的连杆螺栓由于受到曲柄销和大端外廓尺寸的限制,其直径较小。为了满足强度的要求,一般均选用韧性好、强度高的优质碳钢或合金钢制造连杆螺栓。在设计上采用耐疲劳的柔性结构(增加螺栓长度,减小螺栓杆部直径以增加螺栓柔度);采用精细加工的螺栓螺纹;在断面变化处以及螺纹部采用大圆角过渡,以减小应力集中;保证螺栓头与螺母支承平面与螺纹中心线垂直,以减小附加弯曲应力等。按连杆螺栓的安装方式不同可分为用螺帽连接与不用螺帽连接两类。

如在运转中连杆螺栓断裂,将发生机毁的重大事故,因此在安装中必须严格按照说明书规定进行。如安装预紧力的大小、预紧方法、预紧次序等,甚至对连杆螺栓的检查与换新等,均需严格按规定进行。实践证明,正确的固紧与锁紧是避免发生断裂事故的有效措施。

## 四、十字头式柴油机连杆轴承的结构特点

十字头式柴油机连杆也是由小端、杆身和大端三部分组成的。对应于不同类型的十字头，连杆小端也有两种结构。一种是分岔式连杆小端，对应于穿过活塞杆的十字头，由于这种十字头轴承工作可靠性降低，现代新型柴油机已基本不用。另一种是全支撑式连杆小端，如图 2-45 所示。由于采用全支撑式结构，连杆小端轴承的承载面积增加，不存在受力不均的问题，连杆小端轴承的轴承比压下降，受力状况大大改善。十字头式柴油机的连杆杆身通常只受压应力的作用，杆身截面可做成圆形或方形，连杆杆身中部设有油孔，用来将滑油从连杆小端轴承送至大端轴承润滑。

连杆大端可采用船用大端，船用大端在剖分面处装有压缩比调节垫片，但结构比较复杂；柴油机压缩比的调节一般只在柴油机将长期低负荷运行或老旧柴油机改造时使用，对于正常使用的柴油机，一般不调节压缩比。连杆大端也可采用车用大端，车用大端结构简单、紧凑，目前在大型船用低速柴油机中得到了广泛的应用。采用车用大端式连杆时，压缩比的调节可通过在活塞杆与十字头销间加、减垫片来实现。

图 2-45 为 RTA－T－B 型柴油机连杆。小端为十字头端，由小端轴承盖 3、轴承座、薄壁轴瓦 4 和连杆螺栓 2 等组装而成。大端为曲柄销轴承，由大端轴承盖 9、轴承座、薄壁轴瓦 8 以及连杆螺栓 7 等组装而成。大、小端的连杆螺栓 2 和 7 都是紧配螺栓，以保证轴承盖、轴承座和杆身之间正确而紧固地配合。连杆螺栓为柔性螺栓，有较高的疲劳强度，用专用液压工具上紧。

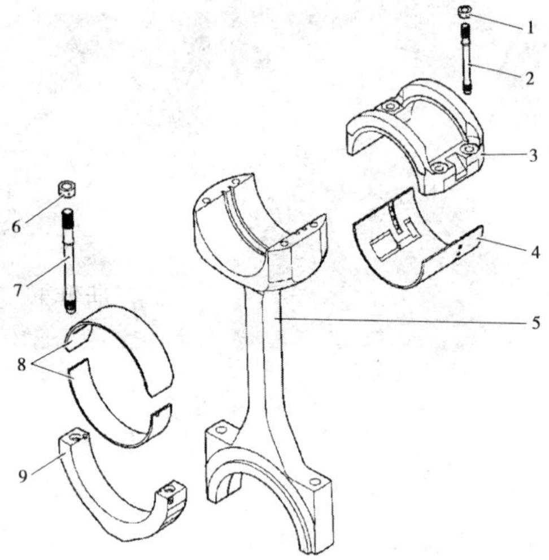


1、6—连杆螺栓螺母；2、7—连杆螺栓；3—小端轴承盖；4、8—薄壁轴瓦；5—连杆杆身；9—大端轴承盖

**图 2-45　RTA－T－B 型柴油机连杆**

MAN B&W 公司的 MC 系列柴油机连杆也采用类似结构。这种连杆的杆身与连杆大、小端轴承座合为一体，整个连杆结构紧凑，长度很短，这对于现代超长行程柴油机减小整机高度是非常重要的。连杆小端刚性大，十字头销短而粗，采用全支承称刚性十字头轴承。它的承载能力和工作可靠性都明显增加。

## 五、连杆的故障分析和处理

### （一）连杆小端轴承（十字头轴承）

无论是筒形活塞式柴油机还是十字头式柴油机，连杆小端轴承由于负荷大、润滑条件差等原因，在运行中易出现故障。在维护管理中，要特别注意它们的润滑状况，确保滑油的正常供应（油压、油量等）。在检修时，要仔细检查轴承和轴颈的表面状况和进行必要的测量，以检查是否有偏磨、表面变粗糙等状况。

### （二）连杆杆身

杆身裂纹甚至折断主要是由材料疲劳或机损事故造成的。十字头式柴油机连杆由于主要承受压应力，柴油机转速低，对连杆的重量和尺寸限制不像筒形活塞式柴油机连杆那样严格，因此连杆杆身一般很少出现故障。筒形活塞式柴油机连杆受拉、压交变的力，尺寸要求严格，转速高，连杆杆身易出现疲劳裂纹和弯曲。特别是小型柴油机连杆出现裂纹和折断的现象较多。当发现连杆表面有裂纹时应立即报废。

### （三）连杆螺栓

连杆螺栓的损坏形式为裂纹或断裂，产生拉长变形，螺纹部分磨损松动或烧伤、咬死等。最严重的损坏为裂纹或断裂。通常，连杆螺栓断裂的事故几乎完全发生在四冲程柴油机上。这主要是由往复惯性力的作用使连杆螺栓上产生了较大的交变拉应力引起的。

连杆螺栓断裂与其安装状态关系很大，如不按照工艺要求装配，预紧力过大或过小；螺纹表面不清洁，螺纹配合过松或过紧；拆装时造成螺纹或螺栓杆身表面损伤等，都是造成连杆螺栓断裂的原因。此外，连杆螺栓材料的缺陷，以及由于轴承间隙过大而产生很大的冲击负荷也可能引起连杆螺栓的断裂。为了防止连杆螺栓断裂事故发生，连杆螺栓安装前必须认真检查，必要时换新。连杆螺栓安装时，必须严格按照说明书要求的步骤和顺序安装和锁紧。

连杆螺栓是连接连杆大端轴承座与轴承盖使之成为一体的重要螺栓。连杆螺栓受到装配时预紧力的作用，四冲程柴油机运转时连杆螺栓还受到往复惯性力的作用。连杆螺栓的直径较小，因其受到曲柄销直径和连杆大端外廓尺寸的限制。

连杆螺栓虽小，但是特别重要，因为连杆螺栓一旦断裂将会引发柴油机的破坏性事故，这种波及性事故造成汽缸盖、汽缸套、活塞和连杆的损坏，甚至机体被打破。所以，对连杆螺栓绝不可掉以轻心。连杆螺栓因锁紧零件失效而脱落，如开口销损坏或脱落，也会造成上述事故。连杆螺栓常见的损坏形式有螺纹的变形与损坏、螺栓拉长或形成颈缩、螺栓弯曲变形、裂纹、螺栓与螺母配合松动等。连杆螺栓或螺母损坏后应成对换新。

### （四）连杆螺栓的检测

#### 1. 外观检查

检查螺栓表面有无肉眼可见的缺陷，不允许有碰伤、拉毛、变形、裂纹、螺纹损坏和配合松动等缺陷。

#### 2. 裂纹检验

用放大镜、着色探伤或磁粉探伤等方法检查螺栓的各圆角、螺纹之间的过渡处有无裂纹。

#### 3. 测量螺栓长度

测量螺栓长度以发现螺栓的永久变形。按船用柴油机紧配螺栓及螺母修理技术要求，测量四冲程柴油机连杆螺栓伸长量，其伸长量应小于说明书要求；当无说明书时，伸长量不得大于原始长度的2%。

螺栓伸长或出现颈缩大多是安装时用力过大所致，或因柴油机发生拉缸、咬缸时连杆螺栓受到过大拉应力。安装螺栓时，常常由于错误地认为螺栓旋得越紧越好，以致过分地上紧螺母，造成螺栓变形或断裂。例如，6135 型柴油机要求上紧连杆螺栓的力矩为 180 ~ 220 N · m，如果紧至 400 N · m 时螺栓就会伸长或出现颈缩；如达 450 N · m 时螺栓会发生断裂。

**(五)安装连杆螺栓时的注意事项**

为了防止连杆螺栓安装不当引起变形或断裂,安装时应注意以下几点:

(1)安装前,认真进行外观检查和清洁,并检验螺栓与螺母的配合情况,应无卡阻和松动现象。

(2)上紧螺栓的方法和预紧力的大小均应按柴油机说明书的规定进行。因为预紧力的过大或过小、各螺栓的预紧力不均匀等均不能保证其工作的可靠性。

(3)检修中不可随意调换连杆螺栓与其原装配孔的关系,因为连杆螺栓与装配孔是过渡配合的,需用小锤轻轻敲入螺栓,随意调换将影响配合关系,过紧、过松均会影响连杆螺栓的可靠工作。

## 第八节　曲轴和主轴承

### 一、曲轴的作用和工作条件

曲轴的主要作用是:把活塞的往复运动通过连杆变成回转运动;把各缸所作的功汇集起来向外输出和带动柴油机的附属设备。在曲轴带动的附属设备中,柴油机的喷油泵、进排气阀、起动空气分配器等均因定时的要求,必须由曲轴来驱动。离心式调速器要根据柴油机转速的变化自动调节柴油机喷油量,也必须由曲轴带动。此外,在中、小型柴油机中,为了简化系统,布置紧凑,曲轴还带动润滑油泵、燃油输送泵、淡水泵和海水泵,也有少数柴油机曲轴带动空气压缩机。曲轴的工作条件是比较苛刻的,这主要表现在以下几个方面。

**(一)受力复杂**

曲轴在工作中承受着各缸交变的气体力、往复惯性力和离心力,以及它们所产生的弯矩和扭矩。这些力不仅随着曲柄的转角变化,还随着负荷变化。曲轴在这些力的作用下会产生弯曲和扭转变形,并产生非常复杂的交变应力。

**(二)应力集中严重**

一根曲轴是由 1 ~ 12 个彼此间错开一定角度的曲柄以及功率输出端和自由端构成的。每个曲柄又分成主轴颈、曲柄销和曲柄臂三部分,现代大型低速柴油机曲轴上还直接锻出推力环。因此,曲轴的形状很复杂,弯头很多,特别是中、小型柴油机的曲轴上还钻有润滑油孔。这些因素都将使曲轴内部的应力分布极不均匀,以致在曲柄臂和轴颈的过渡圆角处及润滑油孔周围产生严重的应力集中现象。其中,以曲柄臂与曲柄销的过渡圆角处最为危险。

**(三)附加应力很大**

曲轴是一个弹性体,它在径向力、切向力和扭矩的作用下会产生扭转振动、横向振动和纵向振动。当曲轴的自振频率较低时,在发动机工作转速范围内可能出现共振,从而使振幅大大增加,产生很大的附加应力。这不仅容易造成曲轴的损伤和破坏,而且也会恶化柴油机的工作性能。如扭振将引起传动齿轮的噪声和疲劳,使柴油机定时不准,从而引起工作过程恶化。横向振动会因曲轴弯曲过大使轴颈和轴承磨损加剧甚至不能正常工作。

**(四)轴颈遭受磨损**

特别是在润滑不良、机座或船体变形、轴承间隙不合适、超负荷运转或经常起停发动机时，轴颈的磨损会明显加剧。

## 二、曲轴的要求和材料

曲轴是柴油机中最长最重的部件，直接影响整台柴油机的尺寸和重量。曲轴形状复杂，对加工质量要求很高，制造工艺难度大，因此也是柴油机中造价最高的部件。曲轴工作的好坏对整台柴油机有直接影响，它的损坏会导致柴油机瘫痪，而且难以修复甚至无法修复。航行中若曲轴发生故障会威胁到全船的安全，所以对曲轴的要求非常严格。对曲轴的主要要求是：疲劳强度高，工作安全可靠；有足够的刚性，工作时变形小，使轴承负荷均匀；有足够的轴颈承压面积，以保证较低的轴承比压；曲轴的轴颈要有良好的耐磨性能，并允许多次车削修复；曲柄的布置要兼顾动力均匀、主轴承负荷低、平衡性好、扭转振动小、有利于增压系统的布置。以上这些要求是互相关联的，有些又是相互矛盾的，要权衡利弊妥善解决。

曲轴的常用材料有优质碳钢、合金钢和球墨铸铁。一般低速柴油机的曲轴常用优质碳钢制造，只有中、高速强载柴油机的曲轴才采用合金钢制造，球墨铸铁一般用于强化程度不太高的中、高速柴油机上。为了适应船舶海上运输安全的需要，保证船舶具备安全航行的技术条件，中国船级社制定的《钢质海船入级规范》(2009 年)，从强度的观点，对曲轴的材料、尺寸、扭转振动做了一系列规定。船舶柴油机的建造必须遵守这些规定。

## 三、柴油机曲轴的结构特点

### (一)曲轴的类型

按结构形式的不同将曲轴分为整体式、组合式和分段式三种类型。

(1)整体式曲轴。整体式曲轴是整根曲轴一体锻造或铸造出来的。它具有结构简单、重量轻、工作可靠的优点，在中、高速柴油机上得到广泛应用，并逐渐扩大到大型低速柴油机领域。

(2)组合式曲轴。将曲轴的不同部分分开制造，然后应用一定的连接工艺连为一个整体的曲轴，称组合式曲轴。组合式曲轴普遍应用于大型低速柴油机中。采用组合式曲轴主要是为了制造方便，解决曲轴制造设备能力的限制问题。曲轴的组合方式可分为套合式和焊接式，套合式曲轴的套合方法除红套外，还有冷套。

(3)分段式曲轴。先分成两段制造，然后再用法兰连接成整根曲轴。分段式曲轴一般用于汽缸数较多的柴油机，一般大型低速 9 ~ 14 缸柴油机采用分段式曲轴。

### (二)曲轴的构造

曲轴主要由若干个单位曲柄、自由端和飞轮端以及平衡块等组成。但筒形活塞式柴油机的曲轴与十字头式柴油机的曲轴略有差别。

#### 1. 筒形活塞式柴油机的曲轴

筒形活塞式柴油机的曲轴一般是整体锻造或整体铸造的。由于筒形活塞式柴油机的冲程较短，一般来说，主轴颈和曲柄销有一定的重叠度，这样可以增加曲柄臂的强度。轴颈与曲柄臂相连接的过渡圆角处由于截面急剧变化，应力集中十分严重，为减轻应力集中的影响，过渡圆角处采用足够大的过渡圆弧半径。为了平衡曲柄不平衡回转质量产生的惯性力，在曲柄臂上装有平衡重。为了减轻曲轴的重量和减小惯性力，曲柄销和主轴颈一般都采用空心结构。曲轴的首尾两端都设有法兰，在动力输出法兰内侧设有传动齿轮，用于传动凸轮轴。

为了润滑曲柄销轴承以及活塞销，对于筒形活塞式柴油机，其曲轴上钻有润滑油道，把输送至主轴承的滑油引至曲柄销轴承。由于开油孔时会增加曲轴的应力集中，因此对油孔的位置要合理选择，使其对轴颈的削弱最小。为了减少应力集中，油孔应倒角、抛光。

图 2-46 为 Wärtsilä46 型柴油机的曲轴。该曲轴为整体锻造，并经过全面的机加工，曲轴内钻孔，使滑油可以送至每一个轴承。在每一个曲柄臂上都有平衡重 4，使柴油机不会受到离心力和离心力矩的作用。曲轴的主轴颈和曲柄销之间有很大的重叠度，保证了曲轴有足够的刚度和曲柄臂的强度。曲轴的首尾两端都设有法兰，可以在任何一端连接轴带发电机，如有必要，可以在曲轴首端安装扭振减振器。

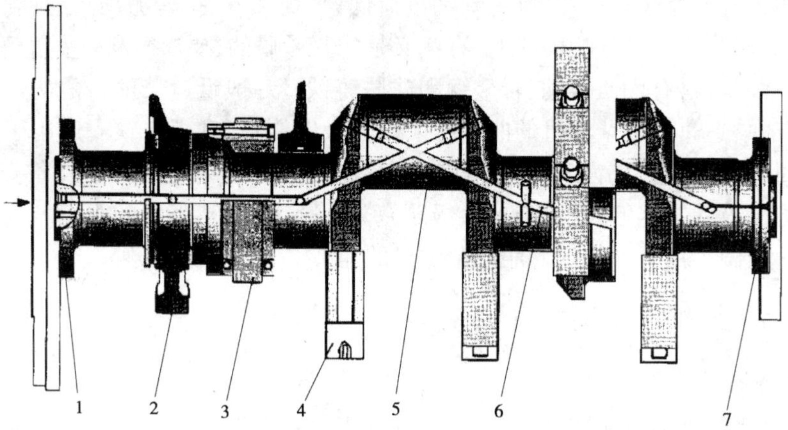


1—动力输出法兰；2—主轴承；3—传动齿轮；4—平衡重；5—曲柄；6—油道；7—首端法兰

**图 2-46　Wärtsilä46 型柴油机曲轴**

2. 十字头式柴油机的曲轴

由于大型低速十字头式柴油机的曲轴尺寸较大，一般采用组合式曲轴，对于缸数较多的柴油机，曲轴是分段制造的，然后用法兰对接起来。

由于十字头式柴油机的长行程化，曲轴的曲柄臂较长，主轴颈和曲柄销没有重叠度，轴颈与曲柄臂相连接的过渡圆角一般采用车入式圆角，以保证轴颈的有效长度。曲柄销和主轴颈一般都采用空心结构，以减轻曲轴的重量和减小惯性力。在曲柄臂上一般不装平衡重。十字头式柴油机曲柄销轴承的润滑油是通过钻孔从连杆小端输送下来的，因此曲轴不必钻孔。

曲轴的首端设有轴向减振器以减轻轴系纵向振动的影响，在曲轴的尾端设有推力环以组成推力轴承承受螺旋桨的推力，通常在推力环的外部设有齿轮或链轮的齿圈用于传动凸轮轴。对于缸数较多的柴油机，曲轴和凸轮轴之间的传动在柴油机的中部。

目前，在曲轴结构方面，一项较新的技术是采用不等的曲柄间距，则相应的柴油机汽缸间距也是不等的。这样设计明显缩短了机器长度，减轻了机器重量。典型的曲柄间距不等结构形式是柴油机前端汽缸的曲柄间距较后端的曲柄间距小。因为前端曲柄传递的扭矩小，曲柄臂可较薄，曲柄间距因而减小。这种不等曲柄间距有两种形式：一种是曲轴前一段各曲柄的间距与后一段不同；另一种是从前向后各缸都不同。例如 12K90ME/ME－CMK9 型柴油机，前端 6 缸的汽缸间距为 1 480 mm，而后端 6 缸的汽缸间距为 1 588 mm，这一措施可使柴油机总长减少半米多,质量减少 25 t。8K90ME/ME - C 型柴油机曲轴各缸的曲柄间距都是不同的,即从后向前曲柄间距依次减小,使柴油机总长减少近 1 m,质量减轻 34 t。

图 2-47 为 S - MC - C 型柴油机曲轴。锻钢曲轴由单位曲柄、自由端(首端)和功率输出端(尾端)三部分组成。曲轴为半组合式,可以是焊接型或半套合式。在曲轴上采用焊接工艺连接是现代曲轴制造中的一个重要成就,曲柄臂不必因套合工艺需要而加大尺寸,所以质量减轻。曲柄臂和主轴颈及曲柄销之间的连接处用车入式圆角过渡,圆角处经过滚压加工,以提高它的疲劳强度。自由端法兰用来驱动辅助设备或轴带发电机。自由端法兰后为轴向减振器的活塞 2,推力环 4 的前后两侧都装有推力块(图中未示出),以传递螺旋桨的推力和为曲轴轴向定位。推力环的外圈用来安装主动链轮,以便通过链条驱动凸轮轴。这种推力轴和曲轴做成一体,并将推力轴承和主动轮组合在一起,可缩短柴油机长度,使布置更为紧凑。

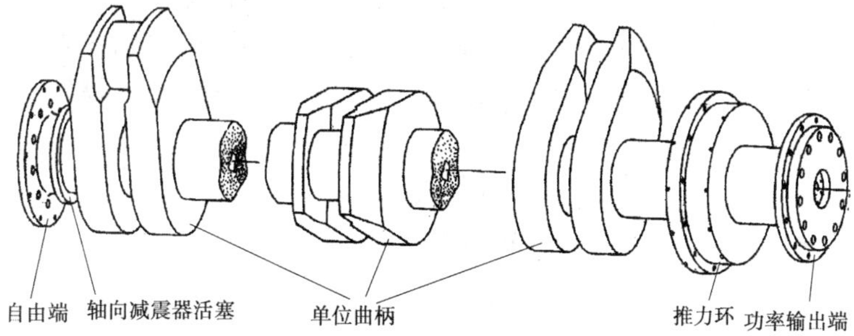


图 2-47　S - MC - C 型柴油机曲轴

**(三)曲柄的排列**

曲轴的曲柄都是以汽缸的号数命名的。汽缸的排号有两种方法:一种是由自由端排起;另一种是由动力端排起。我国和大部分国家都是采用自由端排起。曲柄的排列是由汽缸的发火间隔角和发火顺序决定的,而汽缸的发火间隔角和发火顺序又要按照下列原则决定。

(1)柴油机的动力输出要均匀,即发火间隔角要相等。这样,相邻发火的两个缸的曲轴夹角,二冲程柴油机为 $360°/i$,四冲程柴油机为 $720°/i$。其中,$i$ 为柴油机汽缸数。

(2)要避免相邻的两个缸连续发火,以减轻相邻两缸之间的主轴承的负荷。为此,最好在柴油机的首、尾两端轮流发火。

(3)要使柴油机有良好的平衡性。柴油机在往复惯性力与惯性力矩、离心惯性力与离心力矩的作用下要产生振动。曲轴合理的排列可使引起振动的力和力矩减至最小。

(4)要注意发火顺序对轴系扭转振动的影响。发火顺序不同,各段轴上扭矩的交变情况不同,对轴系扭转振动的影响也不同。要力求减轻扭转振动。

(5)在脉冲增压式柴油机中,为了防止排气互相干扰,各缸的排气管要分组连接。

关于二冲程柴油机的曲柄排列,现以二冲程六缸柴油机为例来讨论。二冲程六缸柴油机的发火顺序可定为 1—6—2—4—3—5,曲柄排列如图 2-48 所示。它满足发火间隔相等即都为 $360°/6 = 60°$的要求,且在首、尾两端轮流发火。另外,还满足了上述的第五项要求。因为若将排气管分为 1、2、3 和 4、5、6 两组,大约为 120°,因此把每三个相邻汽缸连到一起,排气不会相互干扰。虽然上述发火顺序没有完全满足相邻两缸不能连续发火的要求,但通过综合分析,认为这个发火顺序还是比较好的。

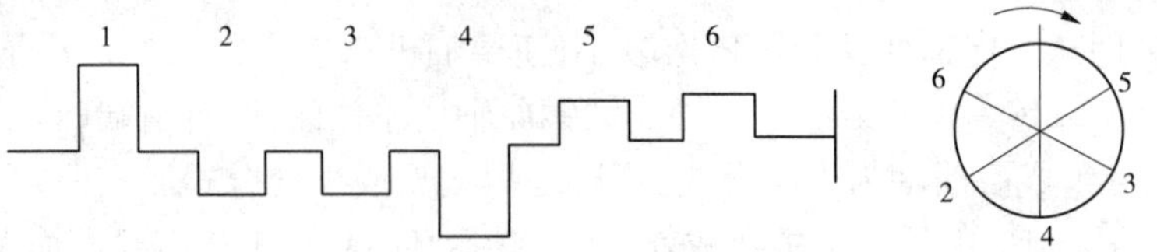


图 2-48　二冲程柴油机的曲柄排列

四冲程柴油机的曲柄排列,也以六缸柴油机进行讨论。它的发火间隔按照动力均匀的原则应为 720°/6 = 120°,发火顺序按照减轻主轴承负荷的原则可排成 1—5—3—6—2—4 或 1—3—5—2—4—6。按照上面的发火顺序和发火间隔,可绘出曲柄排列图,如图 2-49 所示。从曲柄排列图中可以看到,有两个曲柄处在同一位置上。如图 2-49(a)中的 1、6 两曲柄,5、2 两曲柄等。虽然它们同处于一个位置,但它们的工作循环相位却不同。以 1、6 两曲柄为例,它们都处在上止点位置,若曲柄 1 处在膨胀行程的上止点,则曲柄 6 必处在进气行程的上止点。从图 2-49(a)中还可以看到,汽缸 1、3、2 和 5、6、4 的排气间隔都是 240°,而四冲程柴油机的排气持续角度也大约为 240°。因此,每三个相邻的汽缸 1、2、3 和 4、5、6 都可以接到一起,共用一台增压器,而不会发生排气干扰,这符合上述的第五项原则。而图 2-49(b)中,因 1、3 两缸和 4、6 两缸的排气都只隔 120°,因此不满足这项要求,不能被采用。

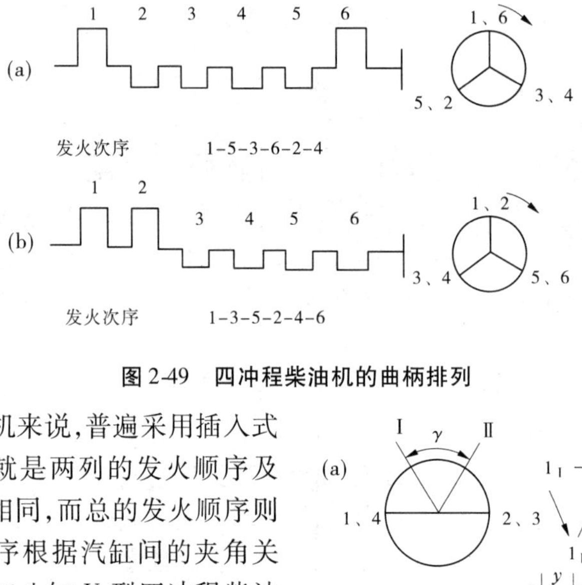


图 2-49　四冲程柴油机的曲柄排列

对于 V 型柴油机来说,普遍采用插入式发火。插入式发火就是两列的发火顺序及发火间隔彼此完全相同,而总的发火顺序则由这两列的发火顺序根据汽缸间的夹角关系进行穿插形成。如八缸 V 型四冲程柴油机,每列四缸,每列的发火间隔都是 720°/4 = 180°,发火顺序都是 1—2—4—3。为了避免混乱,第一列用 $1_{\mathrm{I}}$—$2_{\mathrm{I}}$—$4_{\mathrm{I}}$—$3_{\mathrm{I}}$表示,第二列用 $1_{\mathrm{II}}$—$2_{\mathrm{II}}$—$4_{\mathrm{II}}$—$3_{\mathrm{II}}$表示。汽缸夹角为 $\gamma$。如果汽缸 $1_{\mathrm{II}}$ 比 $1_{\mathrm{I}}$落后 $\gamma$ 角发火,其总的发火顺序和曲柄排列如图 2-50(a)所示。假如 $1_{\mathrm{II}}$ 比 $1_{\mathrm{I}}$落后 360° + $\gamma$,也就是 $1_{\mathrm{I}}$发火后跟随

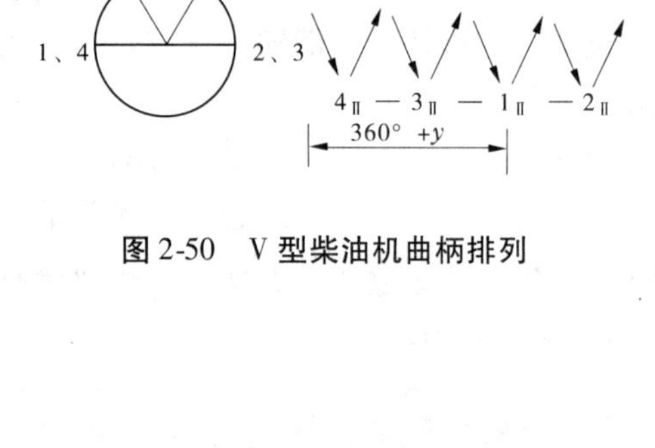


图 2-50　V 型柴油机曲柄排列

着的是$1_{II}$进气，$1_{I}$与$1_{II}$不相连着发火，则对轴承负荷有利。此种情况总的发火顺序如图2-50(b)所示。

要同时满足上述要求，往往是不可能的，而只能满足某些主要要求，兼顾其他要求。如MAN B&W公司的10L90MC柴油机中，为了满足平衡性和减少轴系的振动，甚至出现了各缸发火间隔角不相同的柴油机。该机的发火顺序为1—8—7—3—5—9—4—2—10—6，各缸的发火间隔角如表2-4所示。

**表2-4　MAN B&W 10L90MC曲柄角**

| 缸号 | 1 | 8 | 7 | 3 | 5 | 9 | 4 | 2 | 10 | 6 |
|---|---|---|---|---|---|---|---|---|---|---|
| 曲柄角(°) | 0 | 36.4 | 82.3 | 115.5 | 141.5 | 185.2 | 229.2 | 254 | 288.4 | 343.8 |
| 与下缸发火间隔角(°) | 36.4 | 45.8 | 33.3 | 26 | 43.2 | 44 | 24.8 | 34.4 | 55.4 | 16.2 |

## 四、主轴承的作用、工作条件、要求和材料

主轴承的作用是支承曲轴，保证曲轴的工作轴线，使曲轴在转动中以小的摩擦和磨损传递动力。有些柴油机还有一道主轴承(一般为最后一道主轴承)起着曲轴轴向定位作用，称为止推轴承，用来防止曲轴因柴油机振动、倾斜和摇摆时发生轴向窜动。

主轴承的工作条件比较恶劣。主轴承受到曲轴传来的气体力和惯性力的作用，具有很大的轴承负荷。曲轴的主轴颈在主轴承中转动，还受到摩擦力的作用。主轴承轴承合金的硬度和强度远低于轴颈，因此比轴颈的磨损大。轴承工作表面与轴颈工作表面之间的相对运动速度很高，除造成轴承磨损外，还使轴承发热。滑油在使用中的氧化变质，还会使轴承遭到腐蚀。主轴承决定着曲轴轴线，主轴承中心线与汽缸中心线垂直并相交的准确性决定着曲轴、连杆、活塞和汽缸之间的正确位置关系。主轴承刚性不足，会引起曲轴弯曲、轴承与轴颈产生不均匀磨损和过度磨损。主轴承的损坏将直接影响活塞在汽缸中的工作，严重时会发生机械敲缸和拉缸事故，也有可能使曲轴挠曲变形过大甚至折断。

对主轴承的要求是要有正确且固定的位置，要有足够的刚度，有较高的承载能力和疲劳强度。在工作温度下有足够的热强度和热硬度，有较好的抗腐蚀能力，有减磨性和耐磨性，能均布滑油和散走摩擦热量。另外，还要求维护管理方便。

除个别高速柴油机采用滚动式主轴承外，船舶柴油机的主轴承几乎都是滑动式轴承。轴承材料一般采用巴氏合金或高锡铝合金。为了提高轴承的抗疲劳能力，新型柴油机的大型轴承普遍采用薄壁轴瓦结构，轴承材料使用Sn40Al，这种轴承材料具有较低的温度敏感性和很强的抗疲劳能力，可以大大提高主轴承的可靠性。

## 五、正置式主轴承的结构特点

柴油机的主轴承一般都采用滑动轴承，仅有个别的小型高速柴油机使用滚动轴承。按主轴承的结构特点可把主轴承分为正置式主轴承和倒挂式主轴承两类。

正置式主轴承设在机座的横梁上，曲轴从机座上部安放在主轴承上，主轴承盖用螺栓紧

固，如图 2-51 所示。正置式主轴承的轴承盖紧固方式又有普通连接螺栓紧固和撑杆螺栓紧固两种。

图 2-51(a)为 SULZER 柴油机在 RTA－U 型机之前采用的撑杆螺栓紧固轴承盖的主轴承。它由轴承盖，上、下轴瓦和撑杆螺栓等组成。采用撑杆螺栓结构可以减小贯穿螺栓的间距和柴油机的横向尺寸。图 2-51(b)为 SULZER RTA－T 型柴油机采用的一种新型弹性压紧螺栓，这是对主轴承的应力、变形进行了大量计算后所做的改进，使轴承的受力更加合理，并且在省去了撑杆螺栓之后，使主轴承的重量减轻了 40%，轴承的加工和维护保养也更加方便。现在多数新型柴油机都采用这种结构。

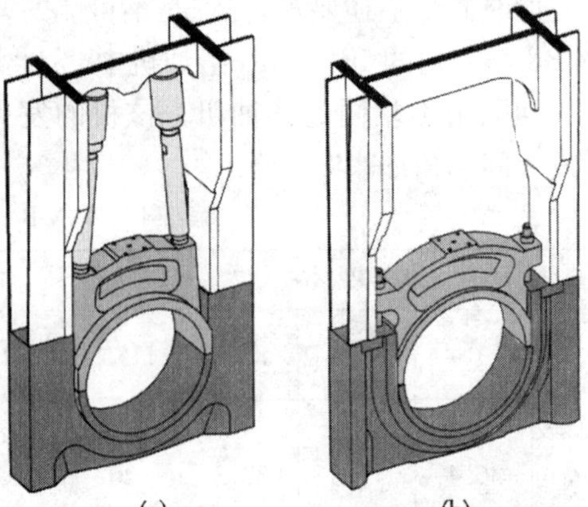

(a) (b)

图 2-51　正置式轴承

## 六、倒挂式主轴承的结构特点

现代筒形活塞式柴油机为了减轻重量，在结构上普遍采用无机座结构。即将汽缸体和机架做成一体，将轴承座布置在机体的横梁上，用螺栓把轴承盖倒挂在机体上以支承曲轴，这种结构称为倒挂式主轴承，如图 2-52 所示。采用倒挂式主轴承可以省去机座，机体底部只需装一个轻便的油底壳，这样可以减轻柴油机的重量和缩小柴油机的尺寸。这种结构广泛地应用在高、中速柴油机中，也是当前筒形活塞式紫油机的主流结构。由于轴承盖受到气体力和惯性力的作用，轴承盖和连接螺栓应该有足够高的疲劳强度。对于中、小型柴油机，倒挂式主轴承的轴承盖只采用倒挂的连接螺栓固紧。对于大功率中速机，轴承盖除用倒挂螺栓紧固到机体上之外，还用横向螺栓把轴承盖侧面与机架紧固到一起，使下部类似于封闭式结构，提高主轴承和机体的刚性，避免柴油机工作时机体下部张开而造成的较大塌腰变形，因此可以满足柴油机增压度提高的需要。倒挂式主轴承结构在拆装和维修曲轴时，需将整个机体倒置，故维修保养不太方便。

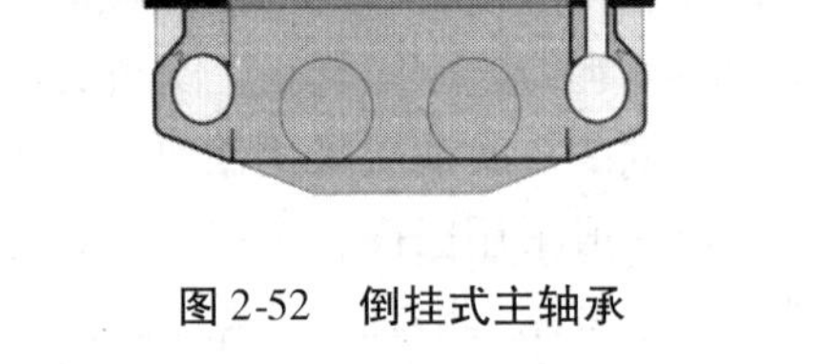

图 2-52　倒挂式主轴承

## 七、曲轴和轴承的摩擦磨损

柴油机曲轴的主轴颈与主轴承、曲柄销颈与连杆大端轴承都是表面做相对滑动的运动副。

### （一）曲轴与轴承的摩擦

1. 主轴颈与主轴承的摩擦

柴油机运转时，曲轴主轴颈与主轴承之间难以形成楔形油膜，实现液体动压润滑。图 2-53为液体动压油膜形成过程。当曲轴达到工作转速时，轴颈处于图 2-53(d)所示的位置，此时油膜内各点的压力，其垂直方向的合力与载荷 $F$ 平衡，其水平方向的压力自行抵消，轴颈在某一偏心平衡位置运转。其他条件相同时，工作转速越高，偏心距越小，油膜厚度随之变化。过高的负荷将使油膜破坏，轴与瓦发生金属直接接触。

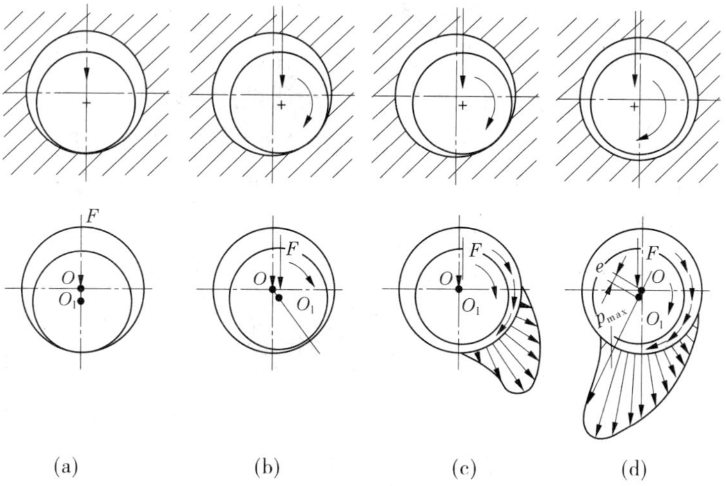


图 2-53　液体动压油膜形成过程

柴油机起动时运动副处于半干摩擦状态，转速太低，油膜也难以建立。柴油机频繁起动、停车会使主轴承磨损加快。曲轴转速高，容易形成楔形油膜，但过高的转速会使滑油温度升高，黏度下降，油膜受损，导致磨损加剧。如果在轴瓦上油膜对应部位开有油槽会使其承载能力下降，一般不在主轴承下瓦、连杆大端轴承上瓦上开油槽。

2. 曲柄销颈与连杆大端轴承的摩擦

曲柄销颈在摆动的连杆大端轴承内做相对回转运动。轴瓦与曲柄销颈之间存在间隙。当连杆大端轴瓦上瓦压在曲柄销上时，在曲柄销下方出现月牙状间隙。随着曲轴转动，黏附于曲柄销颈上的滑油被带入月牙间隙中形成楔形油膜，实现液体动压润滑。但曲柄销运动较复杂，润滑条件差，不易形成油膜。

**（二）曲轴和轴承的磨损**

曲轴在正常运转时，由于诸多因素的影响，运动副经常处于混合摩擦状态，必然会产生磨损。一般来说，轴的磨损较小，轴瓦磨损较大。

1. 曲轴磨损特点

（1）一般直列式柴油机的连杆轴承负荷较主轴承负荷大，所以曲柄销颈磨损较主轴颈大；V 型柴油机则是主轴颈磨损较大。

（2）曲轴轴颈在轴向和周向的磨损不均匀。曲轴轴颈在轴向不均匀磨损，产生圆柱度误差。一般曲柄销比主轴颈严重。产生轴颈轴向不均匀磨损的原因主要是连杆部件安装不正；连杆或曲轴的弯曲以及缸套的轴向偏斜等致使轴颈在轴向受力不均匀。曲轴轴颈在周向不均匀磨损，产生圆度误差。这是因为曲轴回转一周，作用在轴颈上的力的大小和方向均是变化的，同时还与润滑、间隙等因素有关。

2. 曲轴轴承的磨损

柴油机主轴承下瓦和连杆大端轴承上瓦均会发生较大磨损。引起轴承过度磨损的原因很多，如滑油污染变质、安装不良、对中不佳、过载、柴油机频繁起动停车、润滑不良等。尤其是滑油中断或油温过高会造成轴瓦熔化的重大事故，轮机员在对轴承的维护管理中应予以特别注意。

**(三)曲轴轴颈和曲轴轴承的润滑特点**

柴油机的曲轴通常采用压力润滑，主轴颈的润滑油都是经由滑油系统的润滑油总管供给的。大型柴油机曲轴曲柄销的润滑油目前大多来自十字头，经连杆中心孔往下输送，曲轴不钻油孔。中小型筒形活塞式柴油机和部分大型柴油机的曲轴则钻有输油孔道，由润滑油总管送入主轴承的滑油通过曲轴内的油孔送往大端轴承和活塞组。曲轴内油道的形式如图 2-54所示。中、小型柴油机的曲轴多采用如图 2-54(a)、(b)所示的斜油孔形式，大型柴油机曲轴多采用如图 2-54(c)所示的直油孔形式。

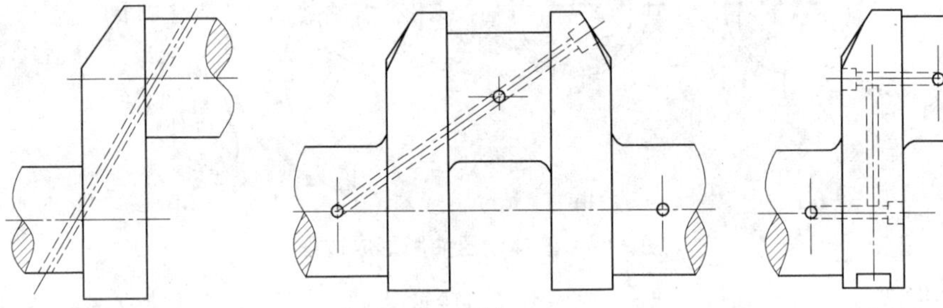

(a)　　(b)　　(c)

**图 2-54　曲轴的润滑油孔**

## 八、减少曲轴磨损的途径

在船舶条件下，减少曲轴磨损的途径主要有：

(1)柴油机应避免过载和频繁起动停车；运动副相对运动速度不宜长时间地过低或过高。

(2)注意保持滑油的品质，避免滑油污染变质，及时清洗滑油滤清器、更换滤芯等；尤其避免出现滑油中断或油温过高的情况。

(3)轮机员注意按要求检查运动副的间隙和几何形状误差的情况，一旦发现超差，应及时采取措施。

(4)柴油机检修时，注意保证运动部件的装配质量。

## 九、曲轴疲劳破坏的种类、发生的部位、时间及原因

疲劳损坏是机件在交变负荷作用下产生裂纹并逐渐扩展，随着裂纹的逐渐发展，截面逐渐减小，最后因截面尺寸不足而发生突然断裂。

疲劳损坏的形式可分为两种：弯曲疲劳损坏和扭转疲劳损坏，如图 2-55 所示。曲轴的疲劳损坏究竟是由弯曲应力还是由扭转应力或两者合成引起的，主要根据断面纹理判断。疲劳损坏的断面可分为三个区域，即初始裂纹区、渐断纹理区和突断区。这三个区域体现了疲劳损坏过程发展的三个阶段。初始裂纹区是断面纹理的发源地。渐断纹理区是由两断裂面间的摩擦形成的。断面纹理因为引起疲劳的原因不同有波浪线和螺旋线之分，如图 2-55 所示，在这个区域中，因有污物存在，颜色暗黑。突断区断开的截面具有冲击折断的特点，晶粒粗糙明亮，与暗的平滑纹理断面形成了明显的区别。

### （一）弯曲疲劳损坏

弯曲疲劳裂纹首先产生在曲柄销圆角或主轴颈圆角处，然后向曲柄臂发展。这是因为对于承受弯曲来说，曲柄臂比主轴颈和曲柄销弱。弯曲疲劳的断面是与轴线垂直的，裂纹线为波浪线，如图 2-56（a）所示。曲轴弯曲疲劳破坏，通常是由于轴颈不均匀磨损所造成的上轴承不同轴度而引起的。特别是某个主轴承过低，当柴油机工作时，这段轴就会产生过大的变形和过大的交变弯曲应力。由于轴承的不均匀磨损要经过一定的运转时间才会发生，因此弯曲疲劳损坏很少发生在未经长期使用的柴油机上。

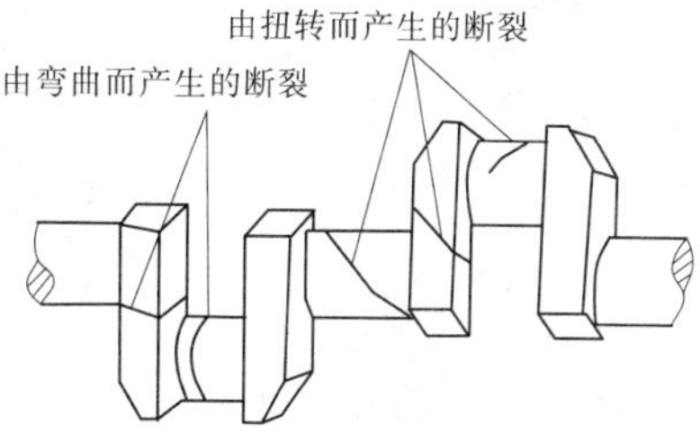

图 2-55　疲劳损坏的形式

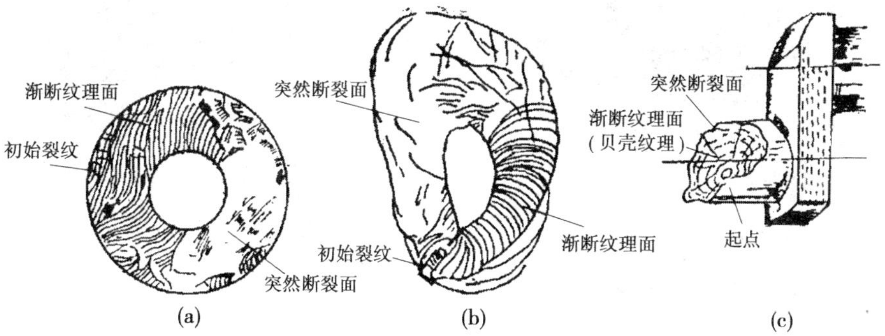

图 2-56　疲劳损坏断面示意图

### （二）扭转疲劳损坏

曲轴在驱动力矩作用下产生交变的扭转应力及曲轴的扭转振动产生的附加扭转应力，会引起曲轴发生扭转疲劳损坏。轴颈的疲劳裂纹多从油孔开始，然后向与轴线成 45°角的方向发展，所以往往出现两条对称裂纹。起始于过渡圆角处的扭转疲劳裂纹，由于轴颈的抗扭截面模数比曲柄臂的弱，因此裂纹多自圆角部位向轴颈发展，较少向曲柄臂上发展。如图 2-56（b）为扭转疲劳断面示意图，断面是倾斜的，与轴线成 45°，裂纹线近似为螺旋线。扭转疲劳损坏和弯曲疲劳损坏不同。扭转疲劳损坏一般出现在柴油机运转初期。但现在扭振的计算及测量技术比较成熟，只要扭振减振器不发生故障，不飞车，又不过于疏忽，通常不会出现扭转疲劳损坏；相反，弯曲应力复杂，难以计算精确，而且轴承磨损后能产生很大的附加弯曲应力，因此曲轴的弯曲疲劳损坏多于扭转疲劳破坏。

曲轴材料的缺陷也是疲劳损坏的原因之一。制造曲轴的材料可能有缩孔、气孔、收缩裂纹、夹渣、偏析等缺陷。当这些缺陷处在应力集中部位时，危险性就更大。若柴油机使用中滑油变质使圆角处腐蚀，或由于滑油中进水及停机后轴颈表面的凝结水（在潮湿空气中易出现）使轴颈油孔或圆角腐蚀，都有可能使曲轴发生腐蚀疲劳损坏。

## 十、防止或减少曲轴疲劳破坏的措施

为了防止曲轴疲劳损坏，在管理中要注意检查曲轴轴线的状态、轴颈与下瓦的贴合情况，以保证曲轴的良好对中。在操车时要尽快越过转速禁区，注意对扭转振动减振器的检查和保养,还要注意化验滑油和利用分油机分离滑油。如发现疲劳裂纹,要查明并消除引起裂纹的原因,并根据规范要求对裂纹进行处置。

# 第九节　轴承的检修

## 一、滑动轴承的形式

船用柴油机曲轴的主轴承、曲柄销轴承、十字头销轴承和活塞销轴承等均为滑动轴承。如图 2-57 所示的滑动轴承是由轴承座 1、下瓦 2、上瓦 3 和轴承盖 4 组成的。如图 2-58 所示的轴瓦是由瓦壳 1 和瓦衬 2(耐磨合金层)组成的。常见的滑动轴承轴瓦有以下三种形式。

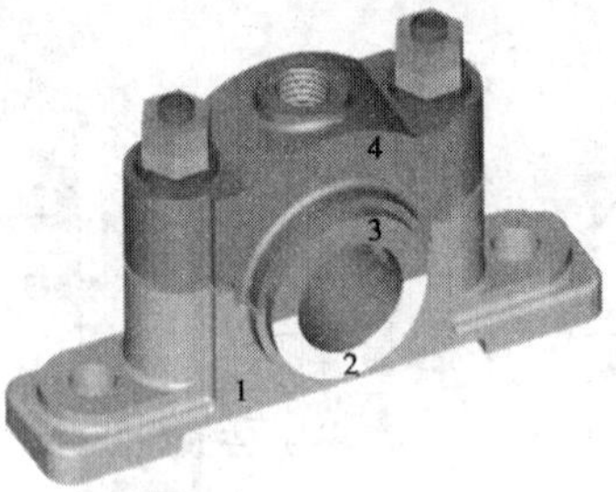


图 2-57　滑动轴承

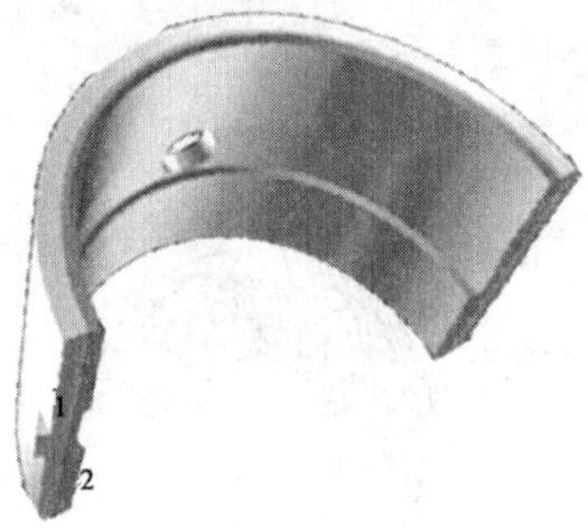


图 2-58　轴瓦

### (一)两半式厚壁轴瓦

如图 2-59(a)所示,轴瓦厚度较大,一般大于等于 0.065$D$($D$ 为轴承直径),合金层厚度为 3 ~ 6 mm。瓦壳材料可采用青铜、黄铜或铸钢,目前广泛使用铸钢瓦壳。瓦衬材料主要采用锡基或铅基巴氏合金。

这种轴瓦壁厚、刚度大,可以保证轴承孔的尺寸精度和几何精度。在上、下瓦之间有调节垫片,用以调整轴承径向间隙(油隙),轴瓦损坏后可以重浇合金或拂刮修复。厚壁轴瓦广泛应用于中、低速柴油机和一些辅机轴承上。

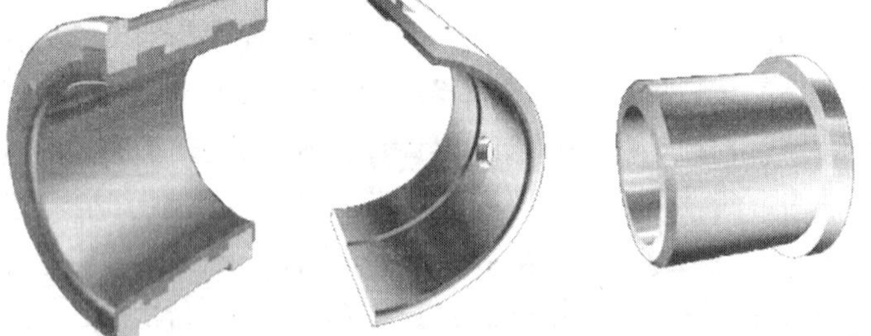

(a)　(b)　(c)

图 2-59　轴瓦形式

### (二)两半式薄壁轴瓦

如图 2-59(b)所示,此种轴瓦厚度较小,一般为(0.02 ~ 0.065)$D$($D$ 为轴承直径),各种材料的合金层厚度如表 2-5 所示。通常瓦壳采用低碳钢,瓦衬的材料有铜铅合金或铝基轴承合金等。薄壁轴瓦广泛用于中、高速柴油机和大型低速柴油机十字头轴承,甚至有的柴油机主轴承和曲柄销轴承也改用薄壁轴瓦。

表 2-5　薄壁轴瓦合金层厚度　（单位：mm）

| 合金材料 | 合金厚度 |
|---|---|
| 锡基、铅基轴承合金 | 0.25～0.5 |
| 铜基轴承合金 | 0.4～0.8（烧结）<br>0.4～0.8（连续浇注）<br>0.4～1.0（离心浇注） |
| 铝基轴承合金 | 0.3～0.9 |

薄壁轴瓦刚度低，容易变形。轴承孔的尺寸和几何精度由轴承座和瓦壁厚度加工精度来保证；轴瓦的互换性好，装入轴承孔后不允许拂刮，损伤后也不能修复，只能报废换新。

**（三）整体衬套式轴瓦**

如图 2-59（c）所示，通常采用青铜或低碳钢制成套筒式，或在衬套内表面上浇注 0.4～1.0 mm厚的耐磨合金层。中、小型柴油机连杆小端轴承、摇壁轴承广泛采用锡青铜或铝青铜衬套式轴瓦。

此外，轴瓦还可按金属的层数分为单层、双层、三层、四层轴瓦。单层轴瓦是由一种合金制成的整体衬套式；双层轴瓦为钢瓦壳上浇注或压上减摩和抗咬合的轴承合金层；三层轴瓦或称三合金轴瓦是在双层轴瓦上再镀覆一层极薄的表面镀层，以改善表面性能或抗疲劳性能，例如镀覆 0.02～0.04 mm 的铅、锡、铟等；四层轴瓦是由钢瓦壳、高疲劳强度的轴承合金层、表面性能良好的轴承合金层和表面镀层组成的。

## 二、轴承的检测

**（一）滑动轴承的安装要求**

为了保证滑动轴承安全可靠地运转，轴承的安装质量与轴的配合最为重要。在安装过程中应符合下列要求。

1. 轴瓦与轴承座孔的配合面应贴合良好

安装轴瓦时以下瓦的安装最为关键，应使下瓦外圆面与轴承座孔内圆贴合紧密和均匀接触，用 0.05 mm 塞尺插不进。配合面贴合紧密，运转时轴瓦工作可靠，不会产生变形和裂纹，而且利于散热。

（1）厚壁轴瓦下瓦的安装。下瓦装入轴承座内，其配合面贴合情况可用在瓦座面涂着色油后与轴瓦互研进行检查。若瓦背色油沾点少，说明接触不良。采用铜锤敲击或修锉轴承座面。要求在 25 mm×25 mm 面积内沾点不少于 3 点。小型柴油机的瓦背与瓦座接触面积不少于 85%，大、中型柴油机不少于 75%。

（2）薄壁轴瓦的安装。薄壁轴瓦与轴承座的紧密配合是通过轴瓦与轴承座孔的过盈配合来实现的。由于轴瓦装入轴承座孔内，上、下瓦结合面均高出轴承座结合面 Δ，也就是轴瓦外圆周长较座孔周长大 4Δ，如图 2-60 所示。在螺栓上紧前，在轴承剖分面处有 2Δ 的间隙；在螺栓上紧后，间隙消失，借助薄壁轴瓦的弹性形变和过盈量使轴瓦紧压在轴承座孔中，两者配合面紧密贴合。薄壁轴瓦在自由状态下具有一定的弹性，所以在瓦口处产生弹性变形，使瓦口处直径较轴瓦名义直径增大，二者之差为瓦口大扩张量。现行国标对瓦口扩张量的推荐值为:无翻边瓦 0.3~1.0 mm;翻边瓦 0.1~0.4 mm。轴瓦内孔尺寸越大,轴瓦壁越薄,弹性越好,扩张量应取上限。

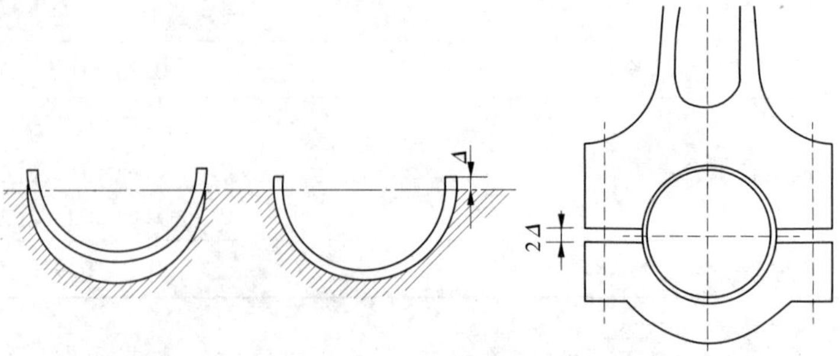


图 2-60 薄壁轴瓦与轴承座孔的过盈配合

2. 轴颈与轴承下瓦应在一定的角度内均匀接触

柴油机主轴颈与主轴承下瓦应在机体中心线两侧 40°~60°范围内均匀接触;曲柄销颈与连杆大端轴承上瓦应在连杆中心线两侧 60°~90°范围内均匀接触,如图 2-61 所示。

3. 轴承间隙应符合要求

轴与轴瓦之间的径向最大配合间隙称为轴承间隙。合适的轴承间隙是形成润滑油膜,实现液体动压润滑的重要条件。轴承间隙过小,油膜不能建立,轴与轴瓦金属直接接触,产生大量的热量,以致金属熔化;间隙过大,润滑油流失和产生冲击,使轴瓦合金层出现裂纹、破碎。所以,要求轴与轴瓦之间的轴承间隙 Δ 在安装间隙 $\Delta_{安}$ 和极限间隙 $\Delta_{极}$ 之间,即:

$$\Delta_{安} < \Delta < \Delta_{极}$$

柴油机说明书和柴油机修理技术标准中对主轴颈与主轴承、曲柄销颈与连杆大端轴承的轴承间隙均有具体规定。表 2-6 为柴油机主轴承间隙。

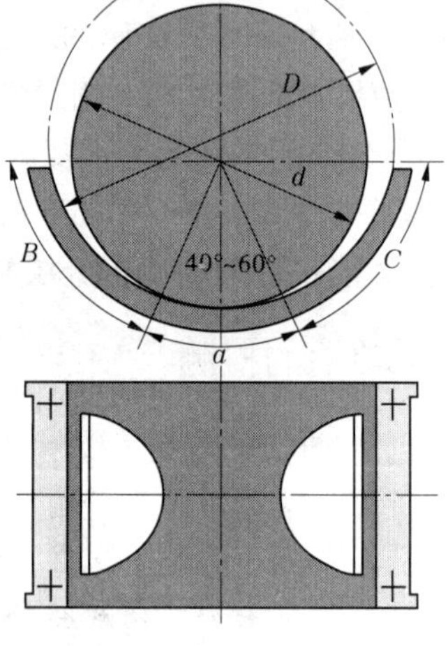


图 2-61 轴颈与轴承下瓦的接触角

**(二)轴承间隙的测量**

1. 塞尺法

用塞尺自轴承端面直接插于轴颈与轴瓦之间进行测量,如图 2-62(a)所示为塞尺法测量主轴承间隙。测量时拆去轴盖上的滑油进油管和盖内的油管,用长塞尺从端面插入进行测量。一般每运转 3 000 h 检测一次。塞尺平直,而轴承间隙为弧形,使测量值小于实际间隙,所以轴承间隙应为测量值加上 0.05 mm 的修正值。此法操作简单,但是精度不高且使用受轴承结构限制,所以只可作为轴承间隙的粗检。图 2-62(b)为 MAN B&W 型柴油机随机专用百分表测量主轴颈与主轴承的轴承间隙。

2. 压铅法

压铅法是利用轴承间隙处的铅丝在主轴承螺栓上紧后被压扁的厚度来确定轴承间隙大小的测量方法。此法精度高,但操作较麻烦,适用于厚壁轴瓦的轴承。具体测量步骤如下:

**表 2-6　柴油机主轴承间隙**　（单位:mm）

| 轴颈直径 | 十字头式柴油机 | | 筒形活塞式柴油机 <500 r/min | | 筒形活塞式柴油机 >500 r/min | | | |
|---|---|---|---|---|---|---|---|---|
| | | | | | 锡基轴承合金 | | 铜铅合金 | |
| | 装配间隙 | 极限间隙 | 装配间隙 | 极限间隙 | 装配间隙 | 极限间隙 | 装配间隙 | 极限间隙 |
| <100 | — | — | — | — | 0.06 ~ 0.08 | 0.20 | 0.08 ~ 0.10 | 0.20 |
| 100 ~ 125 | — | — | — | — | 0.08 ~ 0.11 | 0.25 | 0.10 ~ 0.12 | 0.25 |
| 125 ~ 150 | — | — | — | — | 0.11 ~ 0.15 | 0.30 | 0.13 ~ 0.16 | 0.30 |
| 150 ~ 200 | — | — | 0.14 ~ 0.18 | 0.30 | 0.16 ~ 0.20 | 0.40 | 0.17 ~ 0.23 | 0.40 |
| 200 ~ 250 | — | — | 0.18 ~ 0.22 | 0.40 | 0.20 ~ 0.24 | 0.50 | 0.24 ~ 0.28 | 0.50 |
| 250 ~ 300 | 0.17 ~ 0.21 | 0.40 | 0.22 ~ 0.26 | 0.50 | 0.24 ~ 0.28 | 0.60 | — | — |
| 300 ~ 350 | 0.21 ~ 0.25 | 0.50 | 0.26 ~ 0.30 | 0.60 | — | — | — | — |
| 350 ~ 400 | 0.25 ~ 0.30 | 0.60 | 0.30 ~ 0.34 | 0.70 | — | — | — | — |
| 400 ~ 450 | 0.30 ~ 0.35 | 0.70 | 0.34 ~ 0.38 | 0.80 | — | — | — | — |
| 450 ~ 500 | 0.35 ~ 0.40 | 0.80 | — | — | — | — | — | — |
| 500 ~ 550 | 0.40 ~ 0.45 | 0.90 | — | — | — | — | — | — |
| 550 ~ 600 | 0.45 ~ 0.50 | 1.00 | — | — | — | — | — | — |
| 600 ~ 650 | 0.50 ~ 0.55 | 1.10 | — | — | — | — | — | — |
| 650 ~ 700 | 0.55 ~ 0.60 | 1.20 | — | — | — | — | — | — |
| >700 | 0.60 ~ 0.65 | 1.30 | — | — | — | — | — | — |

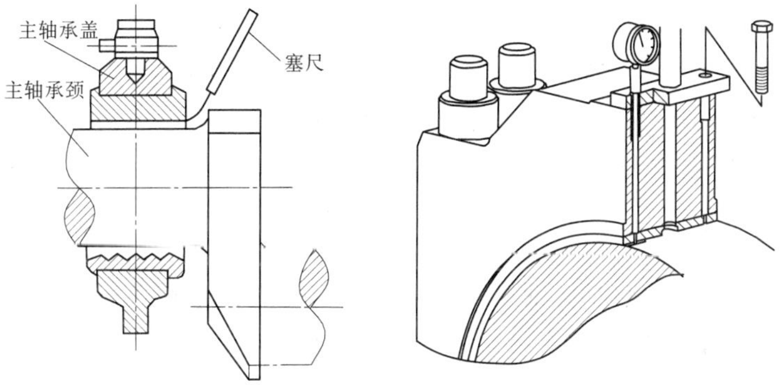


(a)　　(b)

**图 2-62　塞尺法和专用百分表法测主轴承间隙**

（1）拆去主轴承上盖及上瓦或拆去连杆大端轴承的下盖和下瓦。

（2）选直径为（1.5 ~ 2.0）$\Delta_{安}$（$\Delta_{安}$为轴承安装间隙）、长为 120° ~ 150°轴颈弧长的铅丝2 ~ 3条，沿轴向按首、中、尾位置放在轴颈上，并用牛油粘住，如图 2-63 所示。

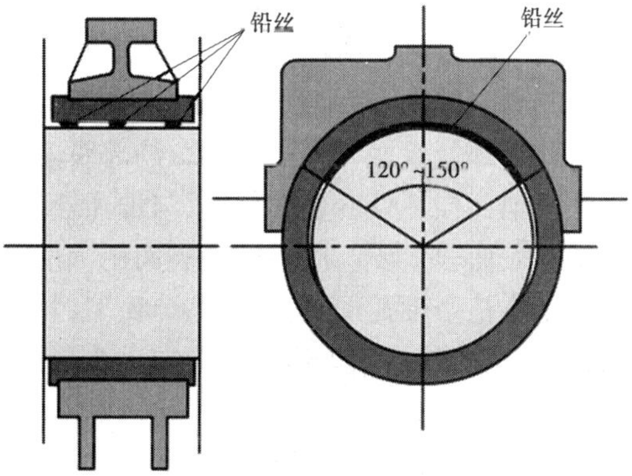


**图 2-63　压铅法测量主轴承间隙**

铅丝的塑性和直径对测量精度有很大的影响。铅丝直径若小于轴承间隙则不能被压扁，测不出轴承间隙；铅丝直径过大，在上紧螺栓后铅丝可能被压入内合金层内，也不能准确测量。因此，铅丝直径的选取尤为关键。例如，主轴承安装间隙为0.20 ~ 0.25 mm 时，依经验公式可选用0.3 ~ 0.5 mm

的铅丝直径。

(3)小心装好轴承上瓦及上盖,按规定上紧螺栓至规定位置,并记下螺母上紧位置,此时切勿盘车。

(4)打开轴承,取出铅丝进行测量并记录。注意,铅丝应与所测轴承及测量位置对应,切勿弄混。

(5)用千分尺测量铅丝的两端及中间位置的厚度。中间厚度为轴承径向间隙,两端厚度为轴承两侧间隙,通常小于径向间隙。两侧向间隙差不应超过 0.05 mm。

3. 比较法

中、高速柴油机上轴承和连杆大端轴承多采用薄壁轴瓦。通常用内、外径千分尺分别测量轴径与孔径,此两直径之差即为轴承径向间隙值。一般应测量对应于曲柄销在上止点、下止点位置时的轴、孔直径,且沿轴向首、中、尾三处测量其平均值进行比较。

**(三)轴瓦磨损量检测**

主轴承厚壁轴瓦下瓦磨损量,可用桥规测量主轴颈下沉量的方法,或直接通过测量下瓦厚度与新瓦厚度比较来确定。连杆大端轴承上瓦的磨损量可采用直接测量法确定。薄壁轴瓦当其轴承间隙超过说明书规定或标准时即表明其下瓦或上瓦磨损严重,无须测量磨损量,应报废换新。

**(四)听响法或渗透探伤法检测**

轴瓦合金层浇铸质量不高就会使结合面局部有裂缝,运转后就会产生合金层脱落现象。为此,对厚壁轴瓦备件可采用听响法或渗透探伤法进行检测。轴瓦工作表面可用放大镜或渗透探伤法检验有无裂纹。

## 三、轴瓦的修理

轴瓦的修理主要是针对厚壁轴瓦的修理,依损坏的形式和程度不同进行局部修刮、焊补和重浇合金的方法。厚壁轴瓦的合金层损坏可采用喷涂工艺进行修复,要求涂层与轴瓦结合牢固。

**(一)局部修刮**

轴瓦工作表面上的小面积擦伤、腐蚀或早期裂纹可用刮刀进行局部修刮,并使修刮处与周围瓦面平滑过渡。滑油中含水量较多时瓦面上生成的黑色氧化锡硬壳也可用刮刀刮去。

**(二)焊补**

轴瓦局部裂纹、局部合金剥落、局部腐蚀等均可采用焊补方法修理。焊补是用氢氧焰或焊烙铁将轴瓦损坏处合金熔化,用与轴瓦合金牌号相同的焊条焊补。为保证焊补质量,焊前清洁轴瓦表面很重要。应将轴瓦表面用汽油或煤油清洗、擦干并修刮露出金属光泽。焊烙铁焊补是将整个轴瓦加热至 160 ~ 180 ℃,用氯化锌($ZnCl_2$)和氯化氨($NH_4Cl$)的饱和水溶液涂抹损坏处,然后用焊烙铁熔化白合金焊条进行焊补。

焊烙铁焊补方法简单实用,是常用的一种修理轴瓦裂纹的方法。焊补后应进行退火以消除应力,最后机械加工达到要求的尺寸和形位精度。焊补修理不仅节约合金材料,而且可缩短修理工时。

**(三)重浇轴瓦**

具有下列情况之一者,均应熔去轴瓦上的合金,重新浇铸牌号相同的白合金。

(1)轴瓦合金烧熔。

(2)轴瓦过度磨损,合金层厚度小于2 mm时。

(3)轴瓦合金脱壳或大面积剥落。

(4)轴瓦合金龟裂,扩展到轴瓦端面,或裂纹深及瓦壳时。

## 四、主轴承下瓦的更换

柴油机运转中轴承损坏是不可避免的。其轴瓦损坏后,船上条件下只能更换备件。因此,换瓦是轮机员经常性的检修工作。换瓦是新瓦的安装工艺过程,其质量仍然是保证安全可靠运转的关键。薄瓦安装工艺较为简单,以下介绍厚壁瓦安装过程及应注意的问题。

### (一)新瓦的检验

检查下瓦有无变形和其他缺陷,如合金层与瓦壳的贴合情况、油槽和垃圾槽情况,测量并记录轴瓦厚度。

### (二)盘出下瓦

在船上换新轴瓦时不需将曲轴吊起,只要将下瓦盘出即可,并以同样的方法将新下瓦盘入瓦座。旧瓦盘出应向瓦口较厚的一端或有定位唇的一端盘出。下瓦自主轴颈的下瓦座盘出的方法很多,随机型而异。例如,小型柴油机利用曲轴主轴颈上的润滑油孔,在孔中插入销钉盘车即可顶出下瓦,如图2-64所示。还可利用专用工具取出主轴承下瓦,例如SULZER RD、RND型柴油机采用液压千斤顶抬高0.10～0.15 mm后转出下瓦。

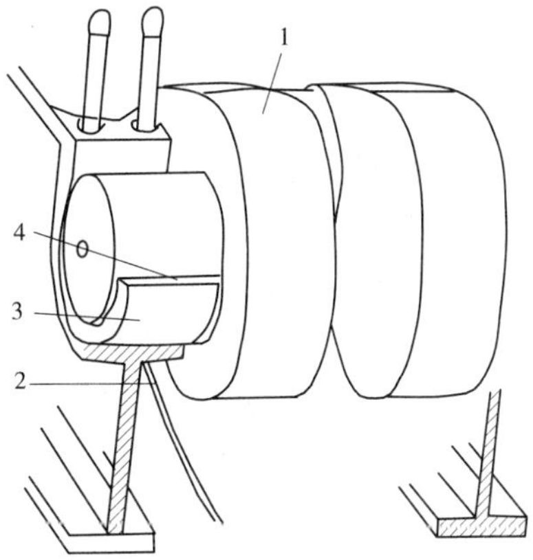

1—曲柄臂;2—压力油管;3—下瓦;4—销子

**图2-64　盘出主轴承下瓦的工具**

为了便于盘瓦,通常在新瓦瓦背上镀覆0.002～0.003 mm的锡或铜,或在新瓦瓦背上均匀涂以二硫化钼。

### (三)新瓦的安装

新瓦按照安装要求进行安装。安装前应先检查新瓦有无变形,因为轴瓦备件在放置过程中可能产生变形,如将其装入轴承座中将贴合不良。安装前先用色油检查,结果可能出现以下两种情况:

(1)在下瓦背的两侧有色油沾点,而瓦背底面无沾点,这说明下瓦瓦口产生向外张开的变形,在底部产生间隙,如图2-65(a)所示。此时新下瓦卡在轴承座上,没有"落底"。应采用修锉瓦背两侧或用铜锤敲击瓦口外侧使之收拢的方法修理。

(2)在下瓦背的两侧面无色油沾点,而在瓦背底面有沾点,这说明新瓦瓦口产生向内收拢的变形,在瓦口两侧产生间隙,如图2-65(b)所示。此时新下瓦在瓦座内"晃荡"。应采用木槌敲击瓦口内侧使瓦口均匀向外扩张。

### (四)主轴颈与主轴承下瓦接触检验

新的主轴承下瓦安装合格后,应检验主轴颈与之接触情况并符合要求。检验时,在轴上均匀涂上色油,使轴回转与瓦互研后,观察下瓦色油沾点的多少和分布。如不合格,用刮刀

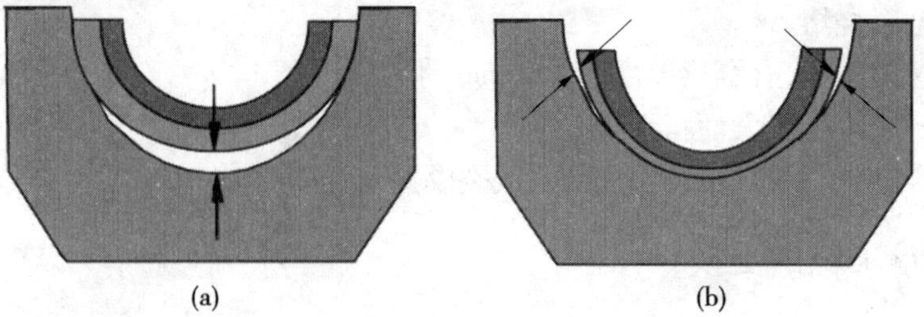


图 2-65　新瓦瓦口变形对其安装的影响

拂刮下瓦上的色油沾点，再次使轴回转，再次检查沾点和拂刮，直到符合要求为止。具体拂刮轴瓦的方法有以下几种。

1. 样轴拂刮轴瓦

样轴又称假轴，使其代替曲轴，轻便、容易操作、效率高。假轴采用铜管或铸铁管制成，其外径为主轴直径和轴承间隙之和，其长度等于机座全长或跨越 3 ~4 个主轴承的长度。此种刮瓦方法易于建立油膜，但必须制作专用样轴和吊出曲轴，适用于小船厂小批修理或船上小型柴油机的刮瓦。

2. 曲轴拂刮轴瓦

船厂和船上均可采用此法。依主轴颈与主轴承下瓦研配的沾点情况拂刮主轴承下瓦，直到符合接触角内均匀接触为止。此法方便，不需制作样轴和吊出曲轴，但下瓦盘出、盘入较麻烦。

3. 根据臂距差拂刮轴瓦

此法利用臂距差和色油沾点拂刮主轴承下瓦。首先在新换轴瓦的主轴颈前、后两个曲柄上分别安装曲轴量表，并在主轴颈上涂以色油。然后盘车测量两个曲柄的臂距差值。根据臂距差值和盘出下瓦观察到的主轴颈和新瓦上的沾点情况确定下瓦上应拂刮的部位。垂直平面内的臂距差检查瓦底，水平平面的臂距差检查瓦口。拂刮轴瓦时不可一次刮削很多，应少量刮削、多次拂刮、多次研配，逐渐达到要求；否则容易造成轴瓦报废。

注意下瓦两侧垃圾槽附近瓦口部位的拂刮：拂刮过量，造成漏油，影响油膜建立；拂刮不足，瓦口与轴颈接触，引起轴承发热，甚至在瓦口处咬死。所以，一般瓦口两侧与主轴颈之间要有 0.05 mm 的间隙。主轴承上瓦应先开油线，然后进行拂刮。

4. 轴承间隙的测量与调节

以上检验合格后应检测主轴颈与主轴承装配后的配合间隙，即轴承间隙。当所测轴承间隙与说明书或标准不符时，可抽减或增加上、下轴瓦配合面间的垫片（油隙调整垫片）进行调整。

油隙调整垫片是厚壁轴瓦上下瓦结合面间的一组黄铜或紫铜垫片，其形状与结合面形状相同且不应妨碍曲轴的回转及瓦口处的垃圾槽。垫片的厚度均为 0.05 mm 的整数倍，如 0.10 mm、0.15 mm 等，以便于间隙调整。基本原则是：①垫片数量尽量少；②两边的垫片数目和厚度相同。调整轴承间隙时，轴瓦两边要同时抽减或增加厚度和数目相同的垫片，以免安装后轴承上盖上瓦歪斜和轴承间隙变化。

# 第十节　曲轴臂距差

曲轴是柴油机的重要零件。曲轴的作用是把活塞的往复运动变成曲轴的回转运动，汇集并输出各缸的功率等。曲轴的形状复杂、刚性差，其重量占整台柴油机重量的7%～15%，造价占柴油机造价的10%～20%。曲轴的技术状态直接影响柴油机的正常运转、船舶的安全航行和经济性。所以，应加强曲轴的维护保养，减少损伤，尤其应减少曲轴的磨损，控制曲轴的变形和防止曲轴断裂。曲轴损伤形式主要有轴颈磨损、腐蚀、裂纹、折断和红套滑移等。对曲轴的变形、断裂可通过测量曲轴的臂距差予以控制。

曲轴是一个结构复杂、刚性差的重要零件，容易产生弯曲变形，即便自重也可使其产生弯曲变形。新造柴油机曲轴安放在机座主轴承上，因各道主轴承孔中心在同一直线上，坐落于主轴承上的曲轴轴中心线也呈直线状态。经长时间运转，在其他情况正常的情况下，仅各道主轴承下瓦产生不同程度的磨损，各道主轴承不等高，坐落其上的曲轴其轴线发生弯曲变形，使曲轴产生附加弯曲应力。因此，在柴油机正常运转情况下，曲轴轴线状态主要取决于主轴承下瓦的高低；反之，曲轴轴线状态也反映了各道主轴承的高低，也就是反映了各道主轴承下瓦的磨损情况。

## 一、曲轴臂距差的概念

### （一）曲轴的变形

运转中的柴油机主轴承高低不等，使坐落其上的曲轴产生弹性变形，整根曲轴的变形为宏观的整体变形，在每一个曲柄上的变形为局部的微量变形。曲柄微量变形是曲柄臂之间的距离在曲轴回转一周中产生的微量变化。

### （二）运转中的曲柄

研究曲轴变形时，为了便于分析曲柄的微量变化，简化问题，对运转中的曲柄进行以下的规定：

（1）主轴颈与曲柄臂之间为刚性连接，夹角为90°并保持不变。

（2）主轴颈、曲柄销颈和曲柄臂均为刚性件，运转中形状不变。

（3）曲柄销颈与两曲柄臂之间的夹角 $\alpha$、$\beta$ 不仅相等，而且变化相同，即保持 $\alpha=\beta$，如图2-66所示。

### （三）曲柄微量变形、曲轴整体变形与主轴承高低的关系

当曲轴发生整体变形，即发生轴线的弯曲变形时，分析图2-66中任一曲柄的微量变形。

如图2-67（a）所示，当曲柄的两个主轴承低于相邻主轴承时，该曲柄的两个主轴颈轴线向下弯曲，呈塌腰形。此时，将曲柄销转至上止点位置时，曲柄的两臂张开，臂距增大；曲柄销转至下止点时，曲柄的两臂收拢，臂距减小。同样，将曲柄销分别转至左、右水平位置时，曲柄臂距亦有相同的变化。

如图2-67（b）所示，当曲柄的两个主轴承高于相邻的主轴承时，该曲柄的两个主轴颈轴线向上弯曲，呈拱腰形。此时，将曲柄销转至上止点位置时，曲柄的两臂收拢，臂距减小；曲柄销转至下止点位置时，曲柄的两臂张开，臂距增大。同样，将曲柄销转至左、右水平位置时，曲柄臂距亦有相同的变化。

运转中的柴油机曲轴因主轴承高低不等而产生整体变形。曲轴回转一周时，曲轴上的每个曲柄都会随之产生不同的微量变形，曲轴整体弯曲变形越严重，曲柄的微量变形就越大。曲轴在安装状态下的整体变形即轴线弯曲度，难以直接测量，但曲柄的微量变形是可以直接测量的，所以可通过测量曲柄臂距的微量变化来了解曲轴整体的轴线状态。

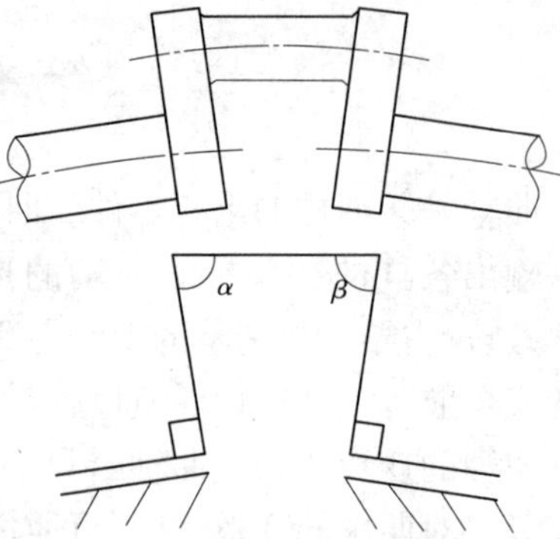

图 2-66　对运转中曲柄的规定

曲轴的两个曲柄臂之间的距离称为臂距值，用 $L$ 表示，俗称拐档值。曲轴回转一周中，曲柄销分别在上、下止点位置或左、右水平位置时，曲轴的臂距值变化称为臂距差，俗称拐档差，用符号 $\Delta$ 表示：

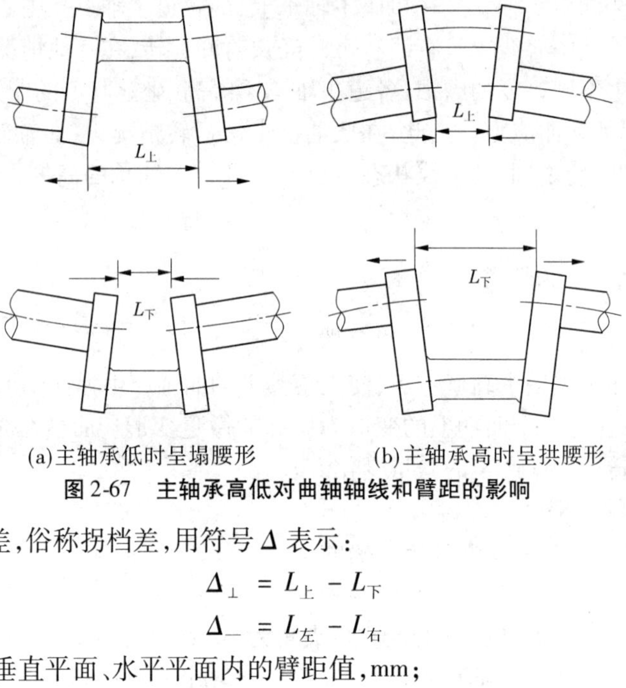

(a)主轴承低时呈塌腰形　　(b)主轴承高时呈拱腰形

图 2-67　主轴承高低对曲轴轴线和臂距的影响

$$\Delta_{\perp} = L_{\text{上}} - L_{\text{下}}$$

$$\Delta_{-} = L_{\text{左}} - L_{\text{右}}$$

式中　$\Delta_{\perp}$，$\Delta_{-}$——垂直平面、水平平面内的臂距值，mm；

$L_{\text{上}}$，$L_{\text{下}}$——曲柄销在上、下止点位置时的臂距值，mm；

$L_{\text{左}}$，$L_{\text{右}}$——曲柄销在左、右水平位置时的臂距值，mm。

根据图 2-67 可以得出：

$$\Delta_{\perp} = L_{\text{上}} - L_{\text{下}} > 0\text{，即 }\Delta = (+)$$

$$\Delta_{\perp} = L_{\text{上}} - L_{\text{下}} < 0\text{，即 }\Delta = (-)$$

结论：在垂直平面内，当曲轴的两个主轴承较低时，曲轴轴线呈塌腰形或下弧线弯曲，该曲柄的臂距差 $\Delta$ 为正值；当曲轴的两个主轴承较高时，曲轴轴线呈拱腰形或上弧线弯曲，该曲柄的臂距差 $\Delta$ 为负值。

$$\Delta_{-} = L_{\text{左}} - L_{\text{右}} > 0\text{，即 }\Delta = (+)$$

$$\Delta_{-} = L_{\text{左}} - L_{\text{右}} < 0\text{，即 }\Delta = (-)$$

结论：在水平平面内，当曲轴的两个主轴承位置偏右，曲轴轴线呈右弧线弯曲或右拱形，即呈“)”形时，该曲柄的臂距差 $\Delta$ 为正值；当曲轴的两个主轴承偏左时，曲轴轴线呈左弧线弯曲或左拱形，即呈“(”形时，该曲柄的臂距差 $\Delta$ 为负值。

曲轴臂距差的大小表明曲轴弯曲变形的程度；臂距差值的符号表明曲轴轴线弯曲变形的方向。

**（四）测量臂距差的目的**

柴油机运转中各道主轴承产生不均匀磨损，引起曲轴的整体与局部的变形。曲轴回转一周中曲柄臂的时张时合的微量变化，使曲柄销颈与曲柄臂连接处的过渡圆角部位产生时拉时压的交变应力。曲轴长期运转使之因无数次的重复变化而产生疲劳裂纹或断裂。微量变形越大，臂距差值越大，表明曲轴的弯曲变形越严重和附加弯曲应力也越大，当超过材料的许用应力时，曲轴就会产生裂纹或断裂。

测量曲轴臂距差就是为了了解和控制曲轴的变形和主轴承的磨损情况，以防止曲轴的疲劳破坏。所以，在轮机管理中轮机员应重视主、副柴油机曲轴臂距差的变化，按照要求定期检测、分析，使臂距差控制在说明书或规范的极限值内，也就是把曲轴变形控制在弹性变形范围之内，切勿产生塑性变形。所以，曲轴臂距差关系到曲轴的使用寿命。

## 二、曲轴臂距差的测量

**（一）测量点**

测量曲轴臂距差采用专门的量表——臂距表。测量前，根据曲柄臂距大小组装好臂距表量杆，并装于曲柄臂上的冲孔中，如图 2-68 所示。

如图 2-69 所示，曲轴臂距差测量点一般均设在距曲柄销轴线 $(S+D)/2$ 处（$S$ 为活塞行程，$D$ 为主轴颈直径）。为了便于迅速、准确地装表，一般在制造曲轴时在曲柄臂内侧中心对称线 $(S+D)/2$ 处打上冲孔，即图中 $A$ 点，作为固定的测量点。有的大型柴油机为了便于测量或避开轴孔套合处，将测量点设置在曲柄臂下边缘 $B$ 点。由于曲柄臂中心对称线上各点的臂距值不等，距曲柄销中心线越远的点，臂距值越大，所以 $B$ 点的臂距差大于 $A$ 点的臂距差。在 $B$ 点测量的臂距差 $\Delta_B$ 大于 $A$ 点的臂距差 $\Delta_A$。目前国内外均以 $(S+D)/2$ 为测量点计算臂距差标准，不适用于其他测量点测出的臂距差。所以，只有将 $B$ 点的测量值换算成 $A$ 点的值后方可使用标准计算。可按下式换算：

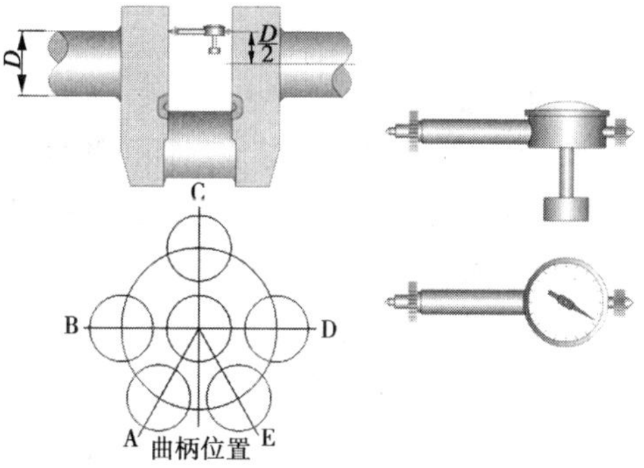

图 2-68　臂距表

$$\Delta_A/\Delta_B = L_{OA}/L_{OB}$$

式中　$L_{OA}$——曲柄销中心点 $O$ 至测量点 $A$ 的距离，mm；

$L_{OB}$——曲柄销中心点 $O$ 至测量点 $B$ 的距离，mm。

**（二）测量条件与要求**

1. 测量条件

为了测量准确，应尽量消除影响测量精度的因素，准确地反映曲轴轴线状态。要求在以下条件下进行测量：

（1）在柴油机冷态进行测量。柴油机热态是指刚停机时的状态。柴油机停机后立即测量，机件热态使臂距差的测量值不准确，且随着温度的不断降低，先后测量时的温度影响不同，所以测量值不稳定。而冷态，即环境温度下，测量值准确、稳定，也便于操作。

(2)夜间、清晨或阴雨天气测量。海水、气温直接影响船体变形，进而影响曲轴臂距差。轮机员测量曲轴臂距差时应注意环境温度的影响，避免船舶在太阳暴晒下测量。

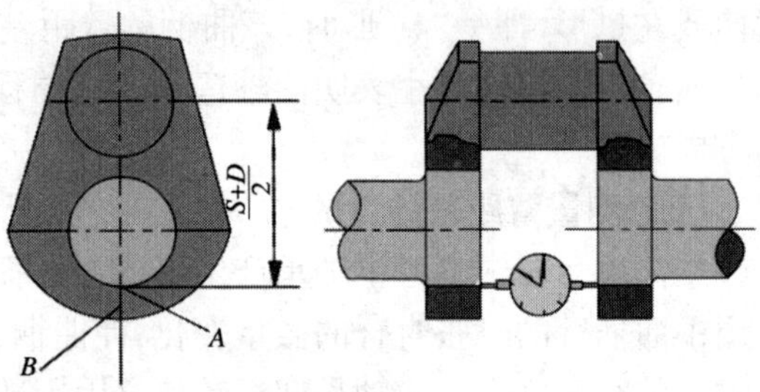

图 2-69　臂距表的安装位置

(3)在船舶装载条件相同的情况下测量。船舶装载条件不同，船体变形不同，如空载与满载时的曲轴臂距差不同。为了便于比较，应在相同的装载条件下进行测量。通常新造船舶和修理船舶都在空载条件下测量臂距差。

2. 测量要求

(1)一次装表完成所有测量。臂距表安装后，应完成曲轴回转一周中各要求位置臂距值的测量，测量过程中不允许改动臂距表的位置。通常曲轴臂距差的测量位置随柴油机安装完善程度而异。当曲轴未装活塞运动部件时，测量 0°、90°、180°、270°四个位置的臂距值，可自其中任一位置装表完成全部测量；当曲轴已安装活塞运动装置时，测量 0°、90°、165°、195°、270°五个位置的臂距值，自 195°位置装表完成全部测量。

(2)柴油机正车运转时进行测量。测量曲轴臂距差应按柴油机正车运转方向进行，使测量值符合实际情况，精度高。

**(三)测量与记录**

臂距表在曲柄臂冲孔装妥后即可测量。测量时，盘车使曲轴正常旋转一周，分别测量曲柄销在上、下止点位置和左、右水平位置的臂距值，从臂距表读出测量值，并记录在专门的表格中。

(1)曲轴未装活塞的测量装置。曲轴回转一周，测量曲柄销转至 0°、90°、180°、270°四个位置的臂距值并记录读数。

(2)曲轴已装活塞的测量装置。由于曲轴转至下止点时，活塞运动部件的位置恰好居中，不能安装臂距表来测量下止点的臂距值，故实际上用曲柄销位于下止点前后各 15°位置(以表不碰连杆为准)，如图 2-70 所示，即 195°和 165°位置的臂距值 $L'_下$ 和 $L''_下$ 的平均值 $(L'_下+L''_下)/2$ 代替下止点(180°)位置的臂距值 $L_下$，所以 $L_下=(L'_下+L''_下)/2$。盘车至 195°处装表，并将表的指针调至零值后依次测量 195°、270°、0°、90°、165°五个位置的臂距值和记录读数。

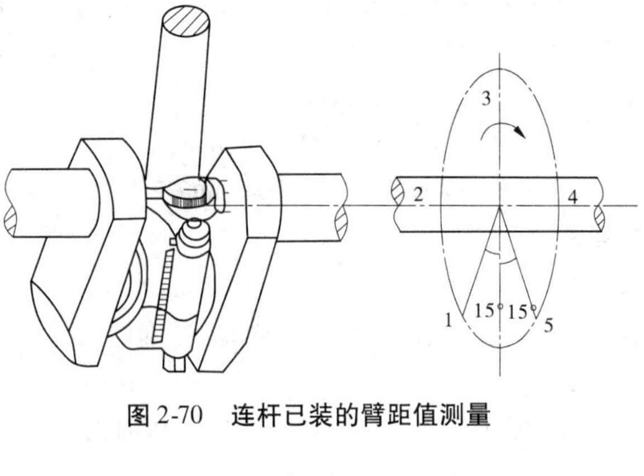

图 2-70　连杆已装的臂距值测量

现场记录测量读数依所选用的基准不同而有两种方式。

一是以曲柄销位置为准记录臂距值：

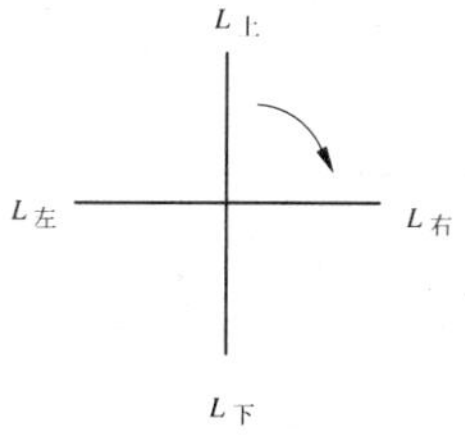


连杆未装

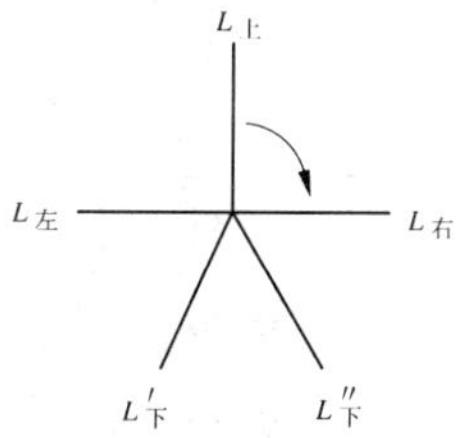


连杆已装

二是以拐档表位置为准记录臂距值：

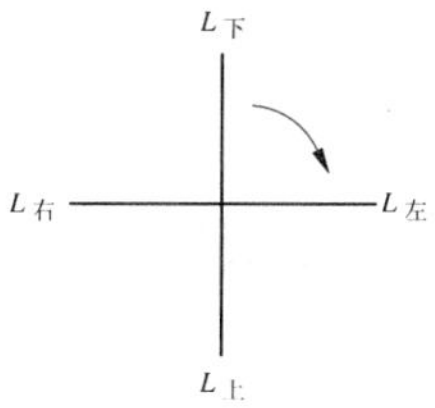


连杆未装

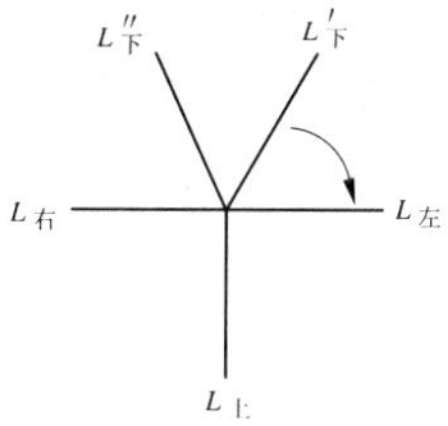


连杆已装

以上两种记录方式不同，但基本概念不变，均按 $\Delta_{\perp} = L_{上} - L_{下}$，$\Delta_{—} = L_{左} - L_{右}$ 计算，结果相同。曲轴臂距差的精度与臂距表的精度、表的安装精度、读数误差和测量技术等有关。将测得的上、下止点臂距值和左、右水平臂距值之和比较，两者差值在 ±0.03 mm 内，即：

$$-0.03\ \text{mm} < (L_{上} - L_{下}) - (L_{左} - L_{右}) < 0.03\ \text{mm}$$

表明测量基本准确。如果几次测量结果均超过 ±0.03 mm，表明曲轴存在严重变形。

必须指出，以上方法仅是测量者用来粗略判断自己测量的准确性，而非衡量臂距差的准确值，切勿混淆。

**（四）曲轴臂距差标准**

测量曲轴臂距差后，应对所测数值进行分析和判断。分析曲轴弯曲变形程度和变形方向，判断臂距值是否超过标准，确定主轴承高低和处理方法等。分析和判断的依据就是柴油机说明书和相关标准。

（1）柴油机说明书。曲轴臂距差随柴油机机型、结构、尺寸和计算方法不同而异。各类柴油机说明书中均对其曲轴臂距差测量方法、安装值和极限值有明确规定。MAN B&W 型柴油机测量点在 $(S + D)/2 - 10$ mm 处，表 2-7 为其冷态时的标准。

（2）中国船级社规定。在《海上营运船舶检验规程》中规定了曲轴臂距差测量点在 $(S + D)/2$ 处。曲轴与轴系连接后冷态下的臂距差标准如表 2-8 所示。

表 2-7　MAN B&W 型柴油机曲轴臂距差标准　（单位：mm）

| 机型 | 新机或刚修理过的主机的正常值 | | 须重新对中的推荐值 | | 最大允许值 | |
|---|---|---|---|---|---|---|
| | 1* | 2* | 1* | 2* | 1* | 2* |
| I50MC/MCE | 0.17 | 0.34 | 0.45 | 0.51 | 0.68 | 0.68 |
| S50MC/MCE | 0.23 | 0.46 | 0.61 | 0.69 | 0.92 | 0.92 |
| L60MC/MCE | 0.20 | 0.40 | 0.54 | 0.61 | 0.81 | 0.81 |
| S60MC/MCE | 0.27 | 0.55 | 0.73 | 0.82 | 1.10 | 1.10 |
| L70MC/MCE | 0.24 | 0.48 | 0.63 | 0.71 | 0.95 | 0.95 |
| S70MC/MCE | 0.32 | 0.64 | 0.85 | 0.96 | 1.28 | 1.28 |
| L80MC/MCE | 0.27 | 0.54 | 0.72 | 0.81 | 1.08 | 1.08 |
| S80MC/MCE | 0.36 | 0.73 | 0.97 | 1.10 | 1.46 | 1.46 |
| K80MC/MCE | 0.24 | 0.48 | 0.64 | 0.72 | 0.96 | 0.96 |
| L90MC/MCE | 0.30 | 0.60 | 0.81 | 0.92 | 1.22 | 1.22 |
| K90MC/MCE | 0.27 | 0.54 | 0.72 | 0.81 | 1.08 | 1.08 |

**注**：1—正常值；2—曲轴上装有扭振减振器、调频轮、弹性联轴器等时，首尾两个曲柄的允许值；*—也用于判断曲轴变形测量的正确性。

表 2-8　曲轴臂距差标准　（单位：mm）

| 状况 | Δ/S（每米活塞行程的臂距差） | |
|---|---|---|
| 经修理试车后 | 0.125 | |
| 营运中允许范围 | 0.125～0.25 | >0.25 应限期修理 |
| 最大极限 | ≤0.30 | >0.30 应立即停航修理 |

（3）中国修船标准。中华人民共和国船舶行业标准 CB 3364—1991、CB/T 3544—1994 分别对船舶副柴油机和船舶主柴油机曲轴臂距差做出规定。

CB 3364—1991 规定，曲轴臂距差测量点在 $(S+D)/2$ 处，曲轴与发电机连接后冷态臂距差标准如下：①正常值不大于 0.000 125$S$。②修理中飞轮端控制值不大于 0.000 15$S$。③飞轮端如为弹性连轴节可适当放宽至不大于 0.000 175$S$。

CB/T 3544—1994 规定，船用柴油机整体式和组合式曲轴臂距差应符合图 2-71 的要求。图中横坐标表示曲轴臂距差，纵坐标表示柴油机冲程 $S$，臂距差测量点在 $(S+D)/2$ 处。图中Ⅰ线左上方为在车床或平台上测量的最佳值；在Ⅰ、Ⅱ线之间为曲轴安装的优良值；在Ⅱ、Ⅲ线之间为柴油机运转中的合格值；Ⅲ线为柴油机运转中的最大允许值。

**（五）新造、修理和运营船舶柴油机曲轴臂距差的测量**

测量曲轴臂距差是对船舶大、中型柴油机曲轴状态的重要技术检验，而对于活塞行程小于 200 mm 的小型柴油机的曲轴则不必检验，因为其曲轴刚性较好。除此之外，无论是制造、安装、修理还是运转中的柴油机，此项检验均必不可少，且在各自不同的情况下进行测量。

(1)新造柴油机。在台架组装试验期间和在船上安装期间进行多次测量。例如,在机座安装后、活塞运动部件安装后、主机与轴系或副机与发电机连接后等。

(2)主、副柴油机进厂修理。随修理规模、类别的不同而不同情况下的测量。通常在修理前、曲轴与轴系或发电机脱开后、拆去飞轮后、拆去活塞运动部件后、松开贯穿螺栓和修理后、安装过程中的相应情况下测量曲轴臂距差。

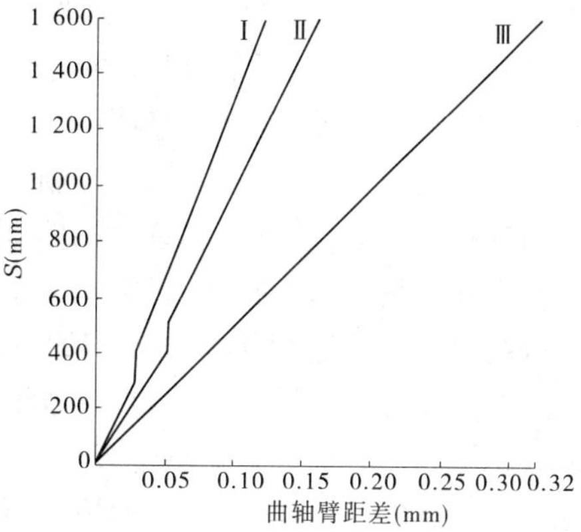


图 2-71 曲轴臂距差标准

(3)营运期间。按照说明书规定、ISM 规定以及中国船级社要求规定的在各种检验中进行的测量。

(4)特殊情况。在船舶发生搁浅、碰撞等海损事故或船体刚性差的船舶每次装载后,以及轴瓦拂刮或换新、贯穿螺栓或地脚螺栓重新预紧后等情况下均应进行测量。

## 三、影响曲轴臂距差的因素

运营船舶影响主柴油机曲轴臂距差的因素很多,影响的情况也各不相同。了解和掌握这些影响因素对减少和防止曲轴疲劳破坏和分析曲轴损坏原因,以及修理、安装等都有很大的意义。主要影响因素有以下几方面。

### (一)主轴承下瓦的不均匀磨损

机座上各道主轴承下瓦磨损程度不同使下瓦的高度不等,坐落其上的曲轴轴线发生弯曲变形,臂距差发生变化。各道主轴承因柴油机各缸功率、轴承负荷及轴承间隙、润滑等的不同,下瓦的磨损也不同,且无规律,所以主轴承下瓦磨损使曲轴轴线状态、臂距差和方向的变化也无规律。

### (二)机座变形和下沉

机座变形和下沉都会使曲轴轴线弯曲变形、臂距差发生无规律的变化。船体变形、机座地脚螺栓和贯穿螺栓松动或重新预紧等均会使机座产生无规律的变形。柴油机机座与底座间垫铁松动或磨损变薄等会使机座相应部位下沉,可用小锤敲击垫铁检查地脚螺栓、垫铁有无松动。新造船舶主柴油机在船上安装或船舶进厂修理时,不允许用调节地脚螺栓或贯穿螺栓预紧来调整曲轴臂距差。

### (三)船舶装载的影响

船体如弹性梁,受力产生变形,船体刚性差则变形就更加严重。货船装载不同,船体变形不同,曲轴轴线状态和臂距差也会随之变化。船体刚性随船龄增加不断降低,曲轴变形和臂距差变化也会随之变大。机舱、货舱在船上的位置不同,其装载对船体变形和臂距差的影响程度也不同。

(1)中机舱船舶。机舱位于船中部或靠近中部,货舱分布于机舱前后。装载后船体中部上拱,曲轴轴线朝拱腰形变化,臂距差向负值增大方向变化。如果空载时臂距差就为负值,轻、满载时负值继续增大;如空载时臂距差为正值,轻、满载时正值减小向负值变化。

(2)艉机舱船舶。机舱位于艉部,如油船、集装箱船等。船舶装载后的影响与中机舱基本相同，只是影响程度轻些，仅波及曲轴首端曲柄，臂距差也是朝着负值增大方向变化。

营运船舶应科学合理地配载，对于刚性差的船舶尤为重要。因装载引起船体变形过大，致使在每次装载后需测量曲轴臂距差，以检验船体和曲轴变形情况。当臂距差超过规定值时则需重新配载，重新装货。船厂在新造船舶时，主机安装中采用反变形安装工艺，即令安装曲轴时有一定的预变形，以克服船体结构带来的无法避免的影响。如中机舱船舶，安装曲轴时使其轴线呈塌腰形状态，以抵消装载后船体上拱变形的部分或全部影响。

**（四）活塞运动部件和爆发压力的影响**

活塞运动部件的重量使曲轴轴线朝塌腰形变化，大型柴油机的影响较为明显，如表2-9所示。船用二冲程柴油机汽缸爆发压力较高，通过活塞连杆作用于曲轴，使曲轴轴线朝塌腰形变化，且以曲柄销位于上止点时影响最大。以上两种因素均使曲轴轴线朝塌腰形变化，臂距差朝正值增大方向变化。

**表2-9　活塞运动部件对曲轴臂距差 $\Delta_{\perp}$ 的影响**

| 缸号 | 1 | 2 | 3 | 4 | 5 | 6(尾) |
|---|---|---|---|---|---|---|
| 活塞部件安装前 $\Delta_{\perp}$ | -0.015 | -0.015 | -0.03 | -0.065 | -0.04 | -0.02 |
| 活塞部件安装后 $\Delta_{\perp}$ | -0.015 | -0.005 | -0.015 | 0 | +0.01 | +0.01 |

**（五）飞轮的影响**

飞轮装于曲轴尾端，使曲轴尾部轴线朝拱腰形变化，臂距差向负值增大方向变化，而对曲轴曲柄的影响自尾向首逐渐减小。飞轮越重影响越大，对中小型柴油机影响更大。安装曲轴时亦可采用反变形工艺以减小飞轮的影响。

**（六）轴系连接误差的影响**

船舶主柴油机曲轴与轴系采用法兰刚性连接，轴系安装误差直接影响曲轴尾端轴线状态和臂距差的变化。要求曲轴尾端法兰与第一节中间轴首端法兰连接误差：偏移值不大于0.1 mm，曲折值不大于0.1 mm/m，以使曲轴尾端臂距差符合要求。

当轴系安装误差较大，使轴系轴线高于曲轴轴线、两法兰呈下开口时，连接后使曲轴尾端轴线呈塌腰形，臂距差朝正值方向增大，如图2-72(a)所示；当轴系轴线低于曲轴轴线、两法兰呈上开口时，连接后使曲轴尾端轴线呈拱腰形，臂距差朝负值方向增大，如图2-72(b)所示。此外，大气、海水温度和船舶进坞坐墩等对船体变形和臂距差的影响、主轴承安装质量对臂距差的直接影响等在轮机管理工作中均应注意。船舶航行期间应将曲柄臂距差始终控制在要求范围内，一旦超过标准应及时进行复测、全面分析并采取措施，以防造成曲轴裂纹和断裂的事故。

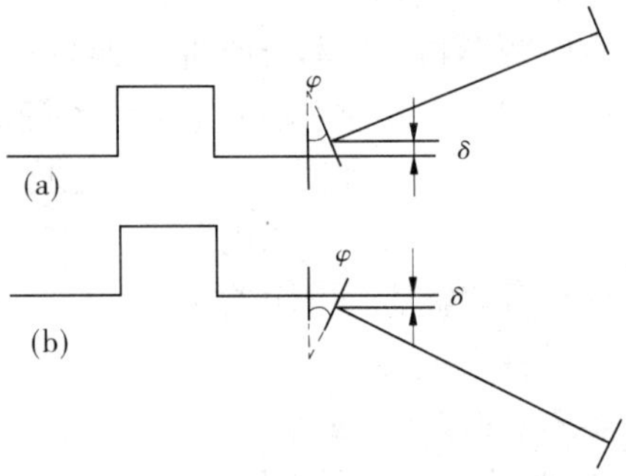


**图2-72　轴系连接误差对臂距差的影响**

# 第十一节　柴油机固定部件

柴油机的主要固定件包括机座、机架、汽缸、贯穿螺栓等。它们构成柴油机的骨架，用来支撑柴油机的运动机构和辅助设备，并形成柴油机工作和运动的空间。

汽缸、机架和机座构成整个柴油机的主体，它们的内部要安装运动部件的导承和支承——汽缸套、导板、主轴承等，形成运动部件（活塞、十字头、连杆、曲轴）和传动部件（传动齿轮、链轮）的运行空间，并布置冷却、润滑和扫气的水、油、气空间。它的外部则要安装喷油泵、调速器、起动与换向设备、增压器、扫气箱、各种系统的管道等。柴油机还要通过机座或机体上的支承安装到基座上。

柴油机的固定件承受着气体力和运动机件惯性力的作用，承担着全部机件的重量。动力转矩的输出使它产生倾覆；惯性力的作用使它产生振动；贯穿螺栓和连接螺栓的紧固使它受到安装应力；各处温度不同使它产生热应力；水、油、气的作用使它受到腐蚀。

为了保证柴油机的工作可靠性和使用寿命，机架、机座必须有足够的刚度和强度，以使各运动机件的支承和导承变形小，保证良好的配合和精确的位置，并避免运行中发生裂纹和损坏。在满足刚度和强度要求的前提下，要求机架、机座尺寸小、重量轻。此外，机架、机座的结构要便于内部运动机件的拆装和检修。机架和机座的各结合面、检修道门要密封性好，避免漏泄造成浪费、污染甚至出现事故。

## 一、筒形活塞式柴油机主要固定件的结构特点、功能和工作条件

筒形活塞式柴油机的汽缸体、机架和机座的组合形式多种多样，有三者分开制造用贯穿螺栓连接的结构；有机架与机座铸造在一起，汽缸体单独制造的结构；也有汽缸体与机架铸造在一起（称之为机体），去掉了机座代之以轻便油底壳的结构（见图 2-73）。前两种采用正置式主轴承结构，而第三种则采用倒挂主轴承结构。汽缸体与机架铸造在一起的机体结构具有结构紧凑、重量轻、刚性好等优点，但对于铸造和加工的要求较高。以前这种结构常用于尺寸较小的中、高速柴油机上，但随着铸造和加工技术的发展，现代新型中速船用柴油机也普遍采用这种结构，包括目前世界上缸径最大的 Wärtsilä64 型中速柴油机也采用这种结构。

筒形活塞式柴油机由于尺寸较小，对固定件的要求除了保证刚度和强度外，对于发动机尺寸重量方面的要求更加严格，以期获得最大的单位尺寸功率输出和单位重量功率输出。

图 2-72 为 Wärtsilä32 型中速柴油机机体。它由球墨铸铁铸造，所有各缸共用一个机体。机体的上部设有与汽缸数相对应的圆孔用以安装汽缸套。上部两侧还设有凸轮轴箱和进气总管。作为现代新型柴油机生产技术的一个重大改进，它将所有的油水管路设置在机体之内，避免了油、水、气的泄漏，使之成为外部光洁的、真正无管路的发动机。

主轴承盖也是由球墨铸铁铸造的，它从下部安装并把曲轴倒挂在机体上，轴承螺栓由液压上紧，在主轴承盖的侧面还有两根水平螺栓，也是由液压上紧的，用以提高主轴承盖的刚度。在柴油机的底部是一个很轻的由薄板焊接而成的油底壳，油底壳采用干式或湿式油底壳皆可。在每个主轴承的下方都有一个液压撑杆，可用来顶起或降下主轴承盖。润滑各主轴承及冷却活塞的滑油也是通过这些撑杆输送的。柴油机采用弹性支撑，确保柴油机的振

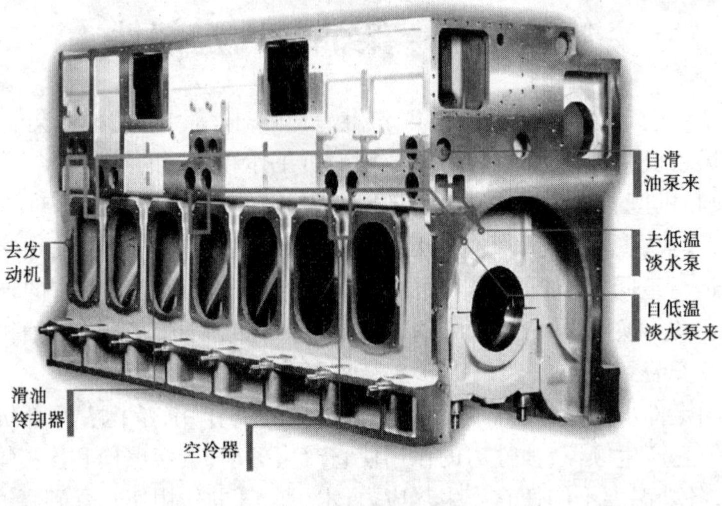


图 2-73　Wärtsilä32 型中速柴油机机体

动不会传到机外。

## 二、十字头式柴油机主要固定件的结构特点、功能和工作条件

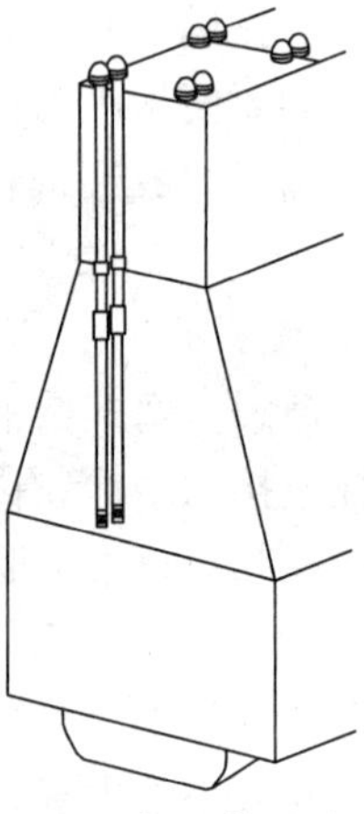

图 2-74　气缸体、机架、机座的连接

在十字头式柴油机中，汽缸、机架和机座是分开制造，然后由贯穿螺栓连成一刚性整体。这一刚性整体构成了十字头式柴油机的主体部分，如图 2-74 所示。

### (一)机架

机架是柴油机的支架，它与机座形成的曲轴箱空间是柴油机运动件的运动空间。机架分为 A 字形机架与箱形机架两种。

A 字形机架是单片式装配结构，通过在铸造的单片 A 字架上覆板制造而成。但由于加工制造复杂，刚性、密封性较差，目前已很少使用。

MAN B&W 公司的 S/K80ME/MC－C 和 K90ME/MC－C 柴油机机架采用了三角形的导板结构，如图 2-75 所示。导板背部由一块竖向整板作支撑，取代了从前的水平加强筋，从顶部到底部形成连续的三角形结构。这种结构使导板在垂向的刚性均匀，改善了滑块表面的工作条件。采用这种三角形导板结构，使结构应力降低，加工容易，制造成本降低。

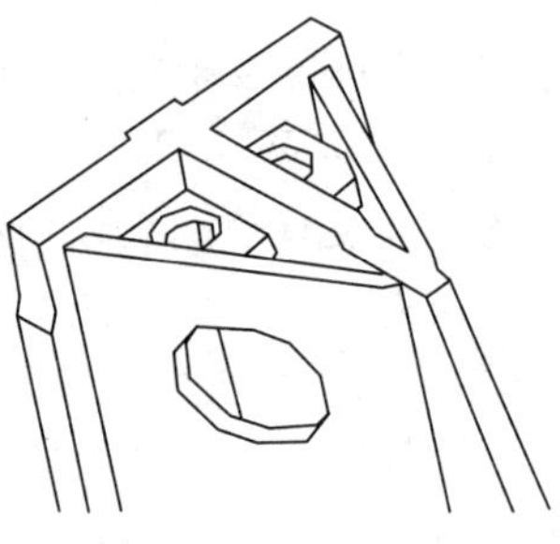

图 2-75　三角形导板结构

图 2-76 为 S－MC－C 型柴油机箱形机架。箱形机架由上面板 5、底板 6、横向隔板 2 和侧板 7 焊接而成，它具有结构紧凑、重量轻、刚性好的优点。在机架内设有十字头滑块导板，用以承受侧推力。在侧板上开有检修通道，通过它可以检查主轴承、曲轴及连杆大端轴承的工作状态。在机架的背面设有防爆门。由于整个机架为一刚性整体，结合面少，因此加工、制造容易，安

装简单,也改善了曲轴箱的密封性。MAN B&W 公司的 MC 系列柴油机和 Wärtsilä 公司的 Wärtsilä RTA 系列柴油机都采用箱形机架。

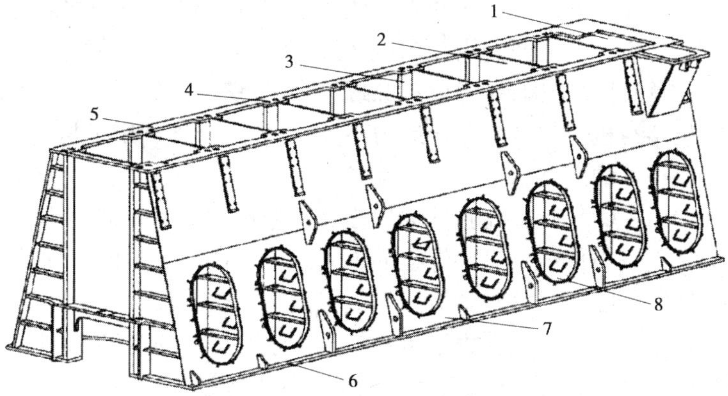


1—链条传动箱;2—横向隔板;3—滑块导板;4—贯穿螺栓孔;5—上面板;6—底板;7—侧板;8—道门

**图 2-76　S - MC - C 型柴油机箱形机架**

### (二)机座

机座是柴油机的基础。它和上面的机架共同组成曲轴箱,也是柴油机装配时的基准件。

目前在大型低速柴油机中主要采用的是单壁深型机座。图 2-77 为 S - MC - C 型柴油机机座,它主要由两侧的纵梁和带铸钢轴承座的横梁焊接而成。每侧纵梁为单层结构,横梁上焊有铸钢的主轴承座用以支撑曲轴。轴承盖用四个螺栓安装在轴承座上,螺栓由液压上紧。轴承座孔在机座中的位置较低,便于给主轴承盖定位。机座设计得较高,以提高刚性。在机座的首端安装有轴向减振器,用以控制轴系的轴向振动,这已是现代新型柴油机的基本配置。机座尾端还设有推力轴承和驱动链条空间用以安装推力轴承和驱动链轮。S - MC - C 型柴油机机座的主要改进之处在于取消了贯穿螺栓孔,使机座与主轴承座的焊接过程都得到了简化,另一个改进之处是在不增加机座宽度的情况下将地脚螺栓移至机座外侧,这样更有利于安装。

机座与船体的基座之间垫有环氧树脂或铸铁垫块,并由地脚螺栓固定。垫块用以调节机座上平面的高度和水平度。

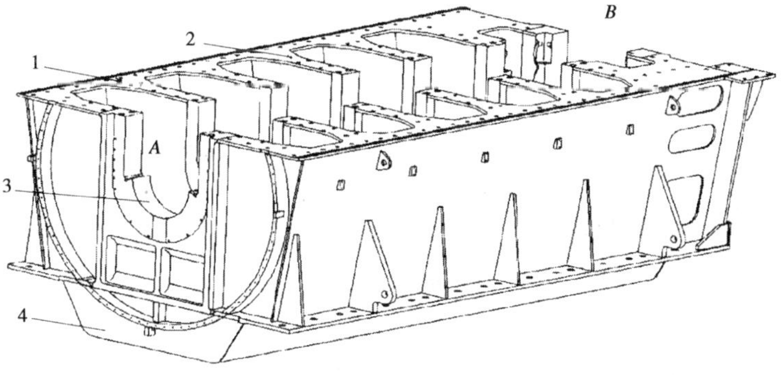


1—纵梁;2—横梁;3—主轴承座;4—油底壳;A—自由端;B—动力输出端

**图 2-77　S - MC - C 型柴油机机座**

**(三)贯穿螺栓**

在十字头式柴油机中,都采用贯穿螺栓把汽缸体、机架和机座连在一起。在大功率筒形活塞式柴油机中,大尺寸的固定机件之间也广泛采用贯穿螺栓连在一起。这是因为固定机件的结构比较复杂,如果在结合面处用短螺栓连接,在拉力作用下,各部分受力很不均匀,难以准确计算。采用贯穿螺栓结构,拉力由贯穿螺栓承担,螺栓的作用力可以准确计算。而且在安装后汽缸体、机架与机座三者只受压应力不受拉力,既合理利用了材料抗压不抗拉的性能,又提高了柴油机整体的刚度。

图 2-78 为 S－MC－C 型柴油机的贯穿螺栓。它的最明显特征是以双贯穿螺栓取代了传统的单贯穿螺栓,而且与传统的贯穿螺栓的不同之处还在于它不再一直插到机座底部,而是拧入到机座顶部的螺孔之中,这样就大大缩短了贯穿螺栓的长度。研究表明,采用这种双贯穿螺栓结构,可以减小主轴承座孔由于贯穿螺栓上紧所引起的变形,减少十字头导板的变形,并可改善滑块的滑动状态,简化机座和主轴承座的焊接过程。

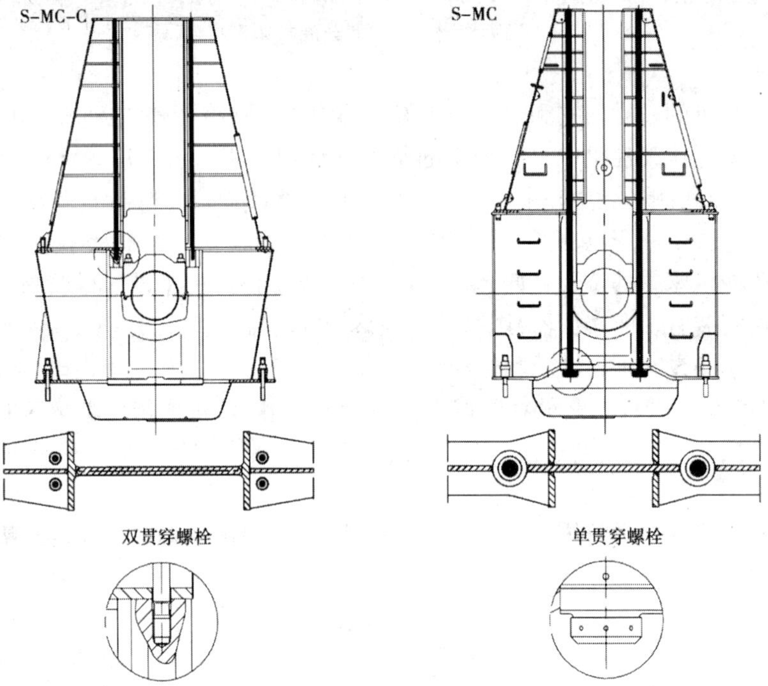


**图 2-78　S－MC－C 型柴油机的贯穿螺栓**

## 三、主要固定件的管理

(1)严防曲轴箱爆炸。曲轴箱上的防爆门(安全释放阀)要定期进行功能试验。运转中经常触摸曲轴箱,若发现过热要及时查找原因。

(2)曲轴箱各壁面道门和密封盖板很多,要及时处理各种泄漏现象,以免造成严重事故。特别是机座周围和油底壳泄漏,容易造成滑油流失和润滑系统失压,因此更要密切注意。这可通过曲轴箱及机座四周壁面上是否有泄漏现象和柴油机周围舱底水中含油多少进行判断。

(3)机座是整台柴油机的基础,承受很复杂的应力,容易出现疲劳裂纹。主轴承座孔周围形状复杂,易出现应力集中,更是裂纹的多发区。机座内表面和滑油接触,正常情况下滑油本身基本没有腐蚀性,但滑油污损变质后会使机座受到腐蚀。这种腐蚀在柴油机停止运转时由于污物停滞,比运转时更为严重。当发动机由热态变为冷态时,机座表面有凝水出现,也会产生腐蚀作用。腐蚀处应力集中、强度下降,成为裂纹发源地。焊接机座的焊接不良处、铸造机座的铸造缺陷区及由于船体变形使机座受到较大附加应力的地方,也都有可能出现裂纹。所以,对机座内、外表面要定期检查。

柴油机的不平衡力和力矩都要作用到地脚螺栓上,船体变形有可能使地脚螺栓受到剪切作用,所以还要定期检查地脚螺栓有无松动和断裂。

(4)贯穿螺栓断裂的事例并不罕见,除和制造质量有关外,还与安装时预紧力是否均匀有密切关系。贯穿螺栓都是用液压专用工具紧固的。为了防止贯穿螺栓受到附加弯曲应力,贯穿螺栓要与螺栓孔同心,两端螺母不能偏斜。上紧时要严格按图 2-79 所示的顺序进行,不准单根上紧或放松,一定要成对进行。紧固时要分两个阶段,每个阶段应达到的螺栓伸长量或液压专用工具的泵油压力要符合说明书的规定。对固紧情况要定期检查(新机一年一次,老机四年一次),贯穿螺栓预紧后应注意将其中部的连接套或止动螺钉固紧。

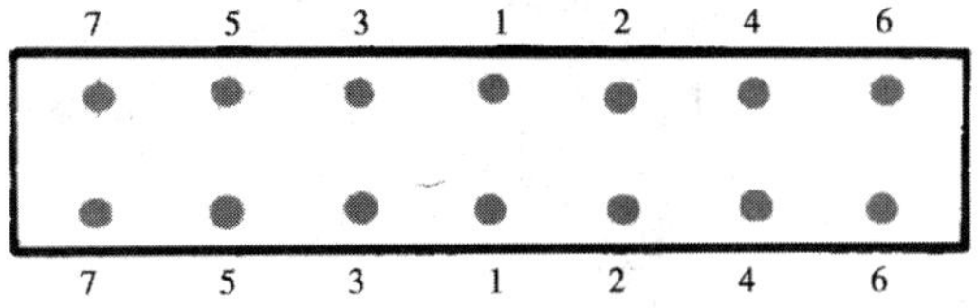


图 2-79 贯穿螺栓上紧顺序

## 四、液压拉伸工具的使用和管理要求

液压拉伸工具是目前船上广泛使用的一种能较为准确地控制预紧力和省力的螺栓上紧与松脱的装置,船上中、低速柴油机的汽缸盖螺栓、贯穿螺栓、主轴承螺栓和地脚螺栓等均普遍采用。液压拉伸工具由手动(气动)高压油泵 A、液压拉伸器 B、高压软管 C、压力表 M 和快速接头 4 组成,如图 2-80(a)所示。

### (一)液压拉伸器的结构和原理

如图 2-80(b)所示,液压拉伸器是由液压油缸 1、液压活塞 2、间隔环 3 等构成的。它是利用油压使螺栓受拉伸长和变细(直径减小),然后轻易地将螺母旋到预定的位置上或将螺母拆卸下来。

### (二)使用方法

使用时,将液压拉伸器安装在螺栓上,通过快速接头 4 与高压软管 C 连接,如图 2-81 所示。上紧螺母的方法如下:

(1)用扳手上紧螺母,测量螺栓外露长度并记录数值。

(2)安装液压拉伸器。

(3)手(气)动泵油,使高压油自快速接头 4 进入液压活塞下部 G 空间,驱除空气后上紧放气螺钉,使油缸封闭。在油压作用下液压活塞上行并带动螺栓 F 使其伸长,在螺母上方

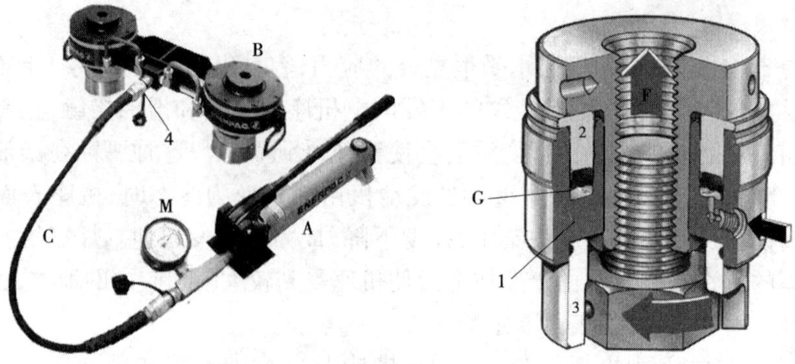


(a)　　(b)

图 2-80　液压拉伸工具的结构和原理

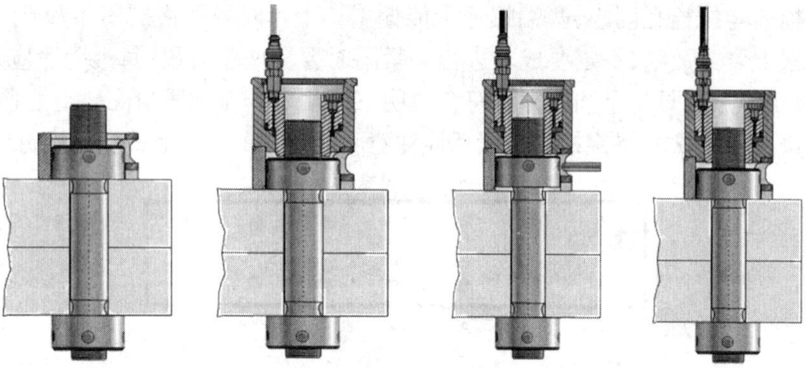

图 2-81　液压拉伸器的使用

出现间隙。

(4)待压力表 M 显示达到要求的油压时,用上紧杆上紧螺母,再次测量和记录螺栓外露长度,螺栓伸长量应与说明书的规定值相符。

(5)依上述方法进行第二次上紧螺母,求出螺栓伸长量且此值应符合说明书的规定值。

**(三)液压拉伸器的管理**

(1)使用液压拉伸器应按说明书规定的油压泵油,任何情况下均不得超过规定油压的10% 和不得超过螺栓的最大拉伸量。

(2)使用前,应检查下密封圈,因其容易损坏,故应及时检查,及时更换。安装时注意不可损伤密封圈。

(3)使用后,应释放油压,使液压活塞复位。

(4)液压系统中的所用液压油必须是纯净的液压油或透平油(如 SAE20 等),绝不可使用系统滑油或汽缸油,因滑油不仅黏度大,而且是碱性的,易使密封圈损坏。

(5)液压拉伸器不使用时,应仔细地涂抹油脂,保存于干燥的地方,以备再用。

# 第十二节　柴油机吊缸检修

吊缸检修就是将船舶柴油机的活塞或者连杆一起从缸套中吊出，然后测量更换活塞环，检查轴瓦、活塞环等部件的磨损程度，对平时检查不到的燃烧室部件内部进行检查和修理，防止船舶在海上航行时出现失去动力的情况。吊缸检修可分为定期吊缸检修和事故性吊缸检修。有时为检查汽缸、活塞组件的技术状态，或出现异常情况时，也进行临时性吊缸检修。

## 一、吊缸检修的拆装要求及准备工作

吊缸必须按照柴油机的拆装要求和顺序进行，遵守技术规则和安全规则，并做好准备工作。现摘其要点叙述如下。

### （一）吊缸应遵守柴油机拆装的技术规则

1. 拆装原则

（1）拆卸时应为后面的检修和装配作准备，注意机件之间的配合关系和相对位置，必要时在零件上做记号。注意观察各种损坏的迹象，必要时应保护现场以利于进行故障分析，为检修提供依据，并为顺利装配打下基础。

（2）根据确定的检修范围进行拆卸，不要随意扩大拆卸范围。

2. 拆卸程序

（1）先拆易损机件、附属机件，后拆主要部件。

（2）先拆外部、上部机件，后拆内部、下部机件。

3. 在装配过程中应遵守的主要技术规则

（1）对于形状相同但有位置和顺序要求的零件，如活塞、活塞环、连杆螺栓、连杆大端轴承等，应按原来的位置和顺序装配，不可任意调换。

（2）对有记号和安装方向要求的零部件，均应按原来的要求装配，不得装错或装反。

（3）防止漏装，一旦发现漏装，哪怕是一个螺丝钉也应及时查找漏装的部位。

（4）在装配过程中要随时检查零件间的灵活性和密封性，避免重装返工。

（5）配合件的工作表面不许有伤痕，装配时保持清洁并涂上滑油。

（6）在装配中，除完好的金属垫片可继续使用或经处理继续使用外，对纸质、软木、石棉等垫片和橡胶密封圈原则上应换新。

（7）重要的螺栓不准有损伤，上紧时应按规定的次序和预紧力进行。

（8）防松零件如开口销、锁片、弹簧垫圈等均应按规定的尺寸、规格装妥，不可用不同的规格代替。

### （二）吊缸应遵守柴油机拆装的安全规则

1. 正确使用工具

（1）应首选专用工具，再选通用工具。

（2）拆装螺母时，应首选梅花扳手、套筒扳手，尽量少用开口扳手和活络扳手。

（3）不允许随意加长扳手的长度，以防力臂过大伤人和力矩过大将螺栓扭断。

（4）使用扳手时不许用锤捶击扳手，尤其是活络扳手。

2. 起重设备安全规则

(1)禁止超重起吊。

(2)起吊重量应小于起重绳索允许荷重的20% ~40%。

(3)吊钩与绳索的悬挂中心应与机件的重心一致。

#### (三)吊缸前的准备工作

在拆卸前一定要熟悉全部有关图纸和有关技术文件，了解柴油机的用途、构造、工作原理，各零部件的作用、相互关系、连接方法及有关的技术要求等；准备拆卸时所用的物料、填料、工具、夹具、量具等；对电气元件和易氧化、易腐蚀的零件进行保护；对零件进行检验、清洗、润滑等。具体来说，可分为以下几点：

(1)要仔细检查起吊工具是否完好正常。若有损伤，禁止使用。

(2)准备好拆装工作使用的工具、量具及专用工具，对机器的易损件(活塞环、轴瓦等)在船上存有的数量(备件数量)及存放地点要心中有数。

(3)清理现场。拆卸用的放置零部件所需的支架、木垫、木盖、木楔等要提前做好准备。

(4)关闭空气瓶截止阀。切断柴油机燃油、空气、冷却水和润滑油的供给。

(5)在拆装检修的全过程中要在配电板和操纵台处悬挂“正在检修”的告示牌。

(6)如果一台多缸机只拆一个缸时，其他缸的示功阀应全部打开。这样在盘车时省力，同时也安全。

### 二、检测项目

#### (一)汽缸盖的拆检

首先要放掉柴油机的冷却水，拆下所有与汽缸盖连接的油、水、气管路及仪表，并将所有向上的管口、油孔用木塞封住以免杂物落入而堵塞管路，用拆装汽缸盖的专用工具(如气动扳手或液压拉伸器)，将汽缸盖上的螺帽按对角交叉顺序分数次逐一旋松取下。用起重环、钢丝绳和起重葫芦把缸盖拉起。如图2-82所示为中、小型柴油机汽缸盖的起吊，如图2-83所示为MAN KZ大型柴油机汽缸盖的起吊。

在吊汽缸盖时，对咬牢不动的缸盖不可用起吊工具硬拉，应先用楔子将缸盖一侧打松。注意避免损伤缸盖或缸套。

汽缸盖拆下后应做以下几项检查：

(1)检查汽缸盖与汽缸体的密封面是否平整。汽缸盖与汽缸体的密封面在使用中容易烧蚀，在拆装时又易碰伤，使密封面凹凸不平，使用中易造成燃烧室漏气。特别是柴油机运转中发生过漏气的缸盖，更应仔细检查密封面是否有不平直现象。

(2)检查汽缸盖有无裂纹。从汽缸盖裂纹的分析中得知，汽缸盖的裂纹多发生在底面上孔与孔之间和孔的圆角处。因此，要注意检查容易产生裂纹的部位，如喷油器孔、起动阀孔和安全阀孔等处。

(3)检查冷却水腔的情况。打开汽缸盖冷却水腔的盖板，检查冷却水腔内水垢和水锈。由于水垢和水锈的存在影响了热传导，从而大大降低了冷却效果，使热应力增加，因此汽缸盖易产生裂纹。当水垢和水锈的厚度达到2 mm以上时，必须对水腔进行清洗。通常有两种方法，即机械清洗法和化学清洗法。

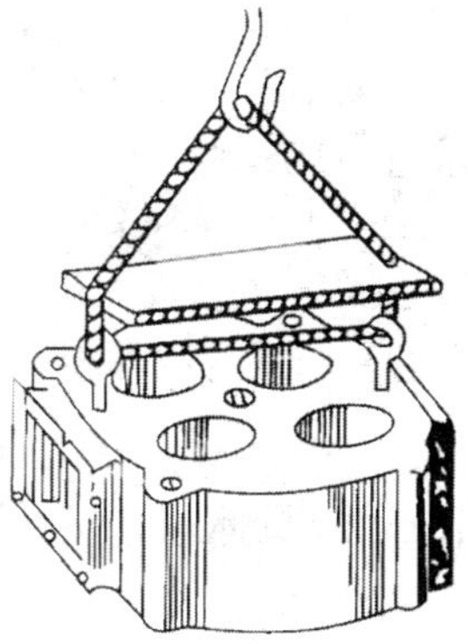

图 2-82　小型柴油机汽缸盖的起吊

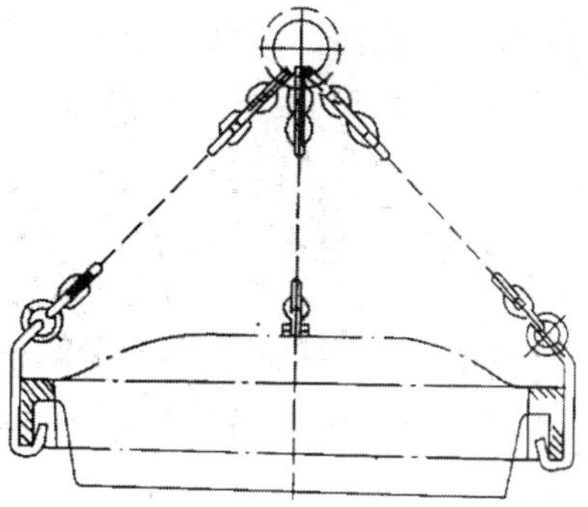

图 2-83　MAN KZ 大型柴油机汽缸盖的起吊

### (二)活塞组件的检查

在吊出活塞组件之前,刮净汽缸内的结炭,检查汽缸上部磨损后所形成的磨台,必要时用刮刀和油石修整,以免在吊活塞组件时拉动缸套或擦伤活塞组件,在活塞顶装上吊活塞的专用工具,将活塞从汽缸中吊出。

吊出活塞组件后,应做好以下几方面的检查:

(1)检查活塞顶部有无裂纹,活塞顶部起吊孔处和活塞销座处有无裂纹。

(2)检查活塞顶部有无烧蚀。烧蚀的外表特征为表面层状剥落,逐渐变薄,并出现麻点。

(3)检查活塞和活塞环的磨损,有无单面拉光现象,以及活塞环是否卡死和折断。

(4)对活塞环进行清洁除炭,并放入汽缸内检查搭口间隙是否正常,搭口间隙过大应换新,同时要进行弹性检查,对丧失弹性的应予换新。

### (三)汽缸套的检查

根据汽缸套磨损原因和规律(汽缸套磨损后在纵截面上呈现锥度,在横截面上呈现椭圆度),吊缸后都要对汽缸套进行检查测量。如果缸套超出磨损极限,应进行修复,无法修复时应换新。

在吊缸时要注意检查是否存在下述缺陷:

(1)汽缸套内表面有纵向拉痕、擦伤和裂纹。

(2)有拉缸现象。

(3)扫气口之间的筋条产生裂纹或断裂。

(4)润滑油槽磨损(变浅或磨平)和注油孔堵塞。

(5)排气口结炭。

如存在上述缺陷,应采取适当方法修复或换新。

### (四)盘根箱的拆检

活塞杆与盘根箱长时间的相对往复运动和环的径向运动,使刮油环、密封环的内圆面产生磨损、划痕、擦伤和端面磨损,致使各部位的环与环槽的配合间隙发生变化。当各部位的间隙接近或超过说明书的规定值时,填料函将失去其原有功能,一般在吊缸时拆检盘根箱。对即将失效或已经超限的刮油环和密封环换新。

(1)活塞的检修间隔期约为10 000 h,如果某次吊缸时不进行检修,只能等到下一次吊缸时才能拆下检修。所以,吊缸时必须检修盘根箱,以保证其处于良好的技术状态。

(2)盘根箱的拆装必须按照说明书规定的顺序和要求进行,并保证各部位配合间隙符合要求。

## 三、吊缸程序

### (一)柴油机拆卸应遵循的分解程序

(1)放掉柴油机机体内冷却水和机座内滑油,拆下与缸盖或机体相连接的所有传感器的导线。

(2)拆下摇臂罩壳。拆下摇臂罩壳螺钉并取下罩壳,注意罩壳里面滑油的黏着情况。

(3)拆除与缸头及缸头附件相连接的所有管子。拆除高压油泵与喷油器的连接管,与缸头连接的进气管、排气管,缸体与缸头间的冷却水连接管,起动空气总管与汽缸起动阀的连接管等。

(4)拆下汽缸盖。拆除汽缸盖螺丝,吊起汽缸盖。进一步拆卸汽缸盖上的附件,如摇臂机构、进气阀、排气阀、喷油器、汽缸起动阀、示功阀和安全阀等。

(5)吊出活塞连杆组件,拆除曲柄箱道门固定螺丝,取下曲柄箱道门。拆除曲柄销轴承的连杆螺栓,取下连杆大端瓦,由汽缸上部吊出活塞连杆组件。

(6)拆汽缸套。如有滑油导管应旋出,用缸套专用装配工具吊出汽缸套。

(7)按顺序放好所有拆卸的零部件,以备清洗、检查和测量。

### (二)柴油机吊缸后的装配

(1)装配前应进行清洗,检查所有零件有无缺陷,做水压试验找漏,更换密封件。

(2)严格按要求装配,保证各处间隙。

(3)装配后做好各项调整工作。

具体装配可按如图2-84所示的顺序进行。

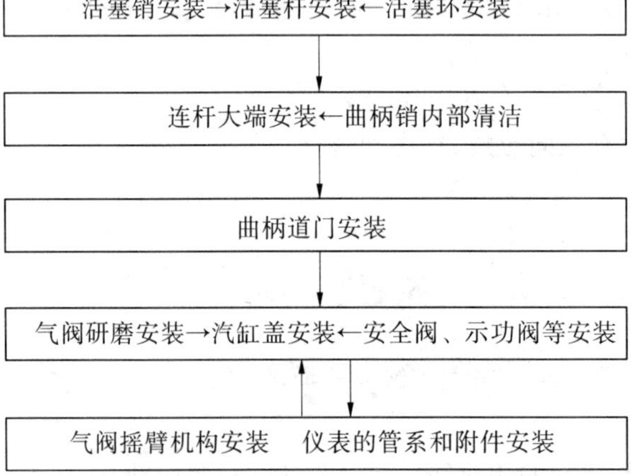


图2-84　柴油机吊缸后的装配顺序

### (三)装复时的注意事项

(1)将活塞组件装入汽缸套之前应摇动汽缸注油器,查看各注油点是否有油流出,并使其沿缸套工作表面分布开来，以免在起动后活塞组件与缸套形成干摩擦。

(2)所有拆下的紫铜垫片在装复前都应回火，使其恢复塑性。损坏的垫片必须换新，以免失去密封性。

(3)装复时，先在活塞杆下端装上锥形套作为引导器，以防活塞杆下端凸缘卡断填料函中的密封环。

(4)将装活塞环专用工具的锥形导套放置在汽缸上，并在活塞和活塞环及锥形导套内壁抹上清洁润滑油。将活塞环的搭口上下按要求错开。在慢慢降落活塞组件的过程中，要特别注意活塞杆和冷却水套管的定位。待活塞杆下端插进十字头孔后，上部可脱开吊钩，并将十字头与活塞杆装好，然后上紧连接螺母并锁紧。

(5)在装复汽缸盖之前，查看活塞顶部是否有异物落入和遗留下工具，然后装上汽缸盖并按装配汽缸盖的工艺要求上紧螺母。

**(四)装复后的注意事项**

全部装复好后，应把在吊缸过程中开闭过的阀门全部恢复原位，然后对冷却系统充水驱气并对高压油泵和喷油器进行泵油驱气。检查各处有无漏水、漏油等现象。最后进行吊缸后的盘车、试车。

## 四、活塞运动部件装复后的平台检验

柴油机固定件在船上安装和活塞运动部件平台试验合格后，将活塞运动部件吊运船上与汽缸固定件装配。安装时，先从机架道门将连杆和十字头组件吊入并与曲轴连接，再将活塞组件从上部吊入汽缸中，用海底螺帽或螺栓将这两部分连接在一起，构成活塞运动部件。

为了保证实现柴油机的设计性能和可靠运转，必须保证运动件与固定件的准确相对位置和要求的配合间隙，也就是要保证活塞运动部件的中心线与汽缸固定件中心线重合或平行，活塞与汽缸的间隙、导滑板间隙等符合说明书的规定。安装过程中，通过对活塞运动部件在汽缸中的横向和纵向位置的校中工艺来达到上述要求。

# 第三章　燃油喷射与燃烧

柴油机的燃油喷射系统是柴油机最重要的系统之一，其主要功能是为柴油机缸内混合气的形成与燃烧提供所需的燃料。它对柴油机的燃烧以及柴油机的动力性、经济性、可靠性、排放特性和起动性能等一系列性能指标具有直接的影响。自柴油机诞生以来，柴油机的燃油喷射与燃烧一直受到密切关注，人们对此进行了大量的研究。现代测试技术与测试手段的发展与使用，把柴油机的燃油喷射与燃烧研究提高到一个崭新的阶段，使人们对柴油机燃烧过程有了更深刻的了解，推动了柴油机开发与制造技术的发展。

船舶柴油机目前使用的燃料主要有轻柴油、重柴油、重油及渣油等四类。要使它们在缸内着火并燃烧并不困难，但要使其燃烧过程与活塞运动密切配合并获得较高的柴油机动力性及经济性却不是一件容易的事。

对柴油机燃烧的要求可大致概括为及时（在上止点前发火并迅速燃烧）、完全、平稳（燃烧过程柔和，无燃烧敲缸现象）和空气利用率高。由于柴油机燃烧过程的进行时间极为短暂，通常为毫秒量级，而且燃油在燃烧之前必须经历燃油喷射、雾化并与空气混合成可燃混合气等一系列复杂的准备过程，才能最后以气态形式发火燃烧，这就要求燃油雾化、空气运动及燃烧室三者之间合理匹配才能完成。

根据柴油机的压缩发火特点，欲完成一次缸内燃烧必须在压缩行程末期把燃油高压喷入汽缸并与缸内的新鲜空气混合成可燃混合气（内部混合），然后在足够高的温度下发火并燃烧。由此可见，影响柴油机燃烧的基本因素有燃油品质和喷射质量、缸内空气数量和运动状态以及压缩温度。在柴油机设计与管理中为保证柴油机具有良好的燃烧质量，均应保证上述因素最佳匹配。

## 第一节　燃　油

柴油机的燃油大多来自石油产品。天然石油提炼燃油的工艺主要是蒸馏，其次是热裂化、催化裂化和加氢裂化。蒸馏法是根据石油的不同组分有不同的沸点而在不同的温度下分馏出不同的油品。常压蒸馏（称直馏）在 360~370 ℃下进行，先后分馏出汽油、煤油、轻柴油和重柴油。剩下的重油（馏分在 350 ℃以上）再送入 410 ℃下减压蒸馏，并先后分馏出重柴油和润滑油。剩下的渣油称减压渣油，其含有高沸点成分及大量胶质和沥青质，可直接作为锅炉燃料油，也可掺和部分柴油作为内燃机燃料油。各种裂化法都是以重馏分（常压蒸馏的重油）作为裂化原料，在高温下使大分子裂化为小分子以获取更多的轻质油品。裂化过程剩余的渣油称裂化渣油。

组成石油的基本元素是碳和氢，按质量计算含碳 83%~87%、含氢 11%~14%。石油中尚存在少量的氧、硫、氮等元素，总质量只占 0.5%~5%。此外，石油中还含有微量其他元素，如氯、碘、磷、钾、钠、镁、钙、铜、铁、镍、砷、铅、钒等元素，它们也是以化合物形态存在于石油中。

组成柴油机燃油的烃按其分子结构不同，可分为脂肪烃、环烷烃与芳香烃三类。最适合柴油机使用的燃油是以脂肪烃为主的各种烃类的混合物。燃油中含有的芳香烃较多时会引起燃烧不完全、燃烧室部件表面积碳等现象。环烷烃的燃烧性能介于二者之间。

## 一、燃油的理化性能指标及其影响

燃油的质量是以其理化性能指标来衡量的,这些质量指标有多种,分别从不同方面反映燃油的质量。这些指标根据其对柴油机工作的影响大致可分为三类:影响燃油燃烧性能的指标,如十六烷值、柴油指数、热值和黏度等;影响燃烧产物成分的指标,如硫分、灰分、沥青分、残炭值、钒和钠含量等;影响燃油管理工作的指标,如闪点、密度、凝点、倾点、浊点、机械杂质和水分等。

### (一)十六烷值

十六烷值是评定燃油自燃性能的指标。其定义为在标准的四冲程柴油机上,将所试柴油的自燃性(通常以滞燃期长短计量)同正十六烷(十六烷值为100)与α甲基萘(十六烷值为0)的混合液相比较,当两者相同时,混合液中的正十六烷的容积百分比,即为所试验燃料的十六烷值。

柴油机对燃油的十六烷值有一定的要求。十六烷值过低时燃烧粗暴,甚至在起动或低速运转时难以发火;但如果燃油的十六烷值过高,不仅燃油费用高,而且因发火过快使燃油产生高温分解而生成游离碳,致使柴油机排气冒黑烟,经济性能下降。通常,高速柴油机使用燃油的十六烷值在45~60之间,中低速柴油机使用燃油的十六烷值在40~50之间。对于燃用重油的大型低速柴油机,其十六烷值应不低于25。

### (二)柴油指数

柴油指数也是衡量燃油自燃性的指标。它不必使用贵重试验设备而可以在实验室中用简单的方法测定,并按下式计算燃油的柴油指数(DI):

$$DI=(1.8t+32)(141.5/d-131.5)\times 1/100$$

式中　$d$——燃油比重(温度为60°F时同体积燃油与水重量之比);

　　$t$——苯胺点,℃。

柴油指数和十六烷值在数值上相近。一般柴油指数较十六烷值略高几个单位,两者的换算公式为:

$$\text{十六烷值}=2/3\times\text{柴油指数}+14$$

### (三)碳芳香指数

由于燃料油的自燃性能很差,用普通的方法测量其自燃性能比较困难。碳芳香指数是专为衡量燃料油的自燃性能而提出来的一种计算方法,也称为计算碳芳香指数CCAI(Calculated Carbon Aromnticity Index),它是燃油黏度和密度的函数,计算公式为:

$$CCAI=D-140.7\lg\lg(v+0.85)-80.6$$

式中　$D$——燃油密度,$g/cm^3$(15 ℃);

　　$v$——燃油黏度,cSt(50 ℃)。

### (四)馏分与馏程

馏分与馏程是燃油蒸发性的指标。把燃油放在蒸馏装置中蒸馏,馏出第一滴油的温度称为初馏点,蒸馏最后达到的最高温度称为干点(或终馏点)。在一定温度范围内燃油所能蒸发的百分数称馏分。每个馏分的初馏点和干点称为该油品的馏程。轻馏分(250 ℃以下馏出的成分)蒸发快,易与空气混合和发火。但轻馏分过多(超过15%)时易发生燃烧粗暴。重馏分(350 ℃以上馏出的成分)蒸发慢,燃烧不完全且易结炭。因此,从燃油燃烧质量出发,并不是轻馏分越多越好。品质好的燃油应是轻馏分与重馏分都比较少,而在250~350 ℃之间蒸发。

**(五)热值**

1 kg燃油完全燃烧时放出的热量称为燃油的热值,单位用kJ/kg表示。其中,不计入燃烧产物中水蒸气的汽化潜热者称低热值,用符号$H_u$表示。重油的基准低热值$H_u$=42 000 kJ/kg;轻油的基准低热值$H_u$=42 700 kJ/kg。

**(六)黏度**

黏度是液体内分子摩擦的量度,即燃油流动时分子间阻力的大小,是评定燃油流动性的指标,是燃油最重要的特性之一。燃油在管路中输送的流量和压差、燃油在喷射时的雾化质量、燃油对喷油泵偶件的润滑能力等都与黏度有密切关系。

液体的黏度值有绝对黏度和条件黏度(又称相对黏度)两种表示法。绝对黏度表示内摩擦系数的绝对值,相对黏度是在一定条件下测得的相对值,并因测定仪器而异。属于绝对黏度的有动力黏度和运动黏度;属于相对黏度的有恩氏黏度、赛氏黏度和雷氏黏度。

(1)动力黏度。动力黏度是两个相距为1 cm、面积为1 $cm^2$的液层,相对运动速度为1 cm/s时所产生阻力的数值。工程单位制为g/(cm·s)(泊),国际单位制为Pa·s(帕·秒),1 Pa·s=10 g/(cm·s)。

(2)运动黏度。运动黏度是动力黏度与同温度下液体密度之比。国际单位制为$m^2/s$或$mm^2/s$。通常在实际中使用厘斯(cSt——工程单位),1 cSt=$10^{-6}m^2/s$=1 $mm^2/s$。

(3)恩氏黏度。恩氏黏度是200 $cm^3$液体在特定温度下,从恩氏黏度计流出所需的时间与蒸馏水在20 ℃时流出相同体积所需的时间之比。它是一个无因次量,符号为°E。恩氏黏度曾是我国和欧洲部分国家常用的黏度表示法。

(4)赛氏黏度。赛氏黏度是液体在37.8 ℃(100 °F)温度下从赛氏黏度计流出60 $cm^3$所需的时间(s)。

(5)雷氏黏度。雷氏黏度是液体在37.8 ℃(100 °F)温度下从雷氏黏度计流出50 $cm^3$所需的时间(s)。

赛氏黏度和雷氏黏度是美、英等国常用的黏度表示法。各种黏度表示法的换算关系如下:

$$\text{恩氏黏度}(°E)=0.132\times\text{运动黏度}(mm^2/s)$$

$$\text{雷氏黏度}(s)=4.05\times\text{运动黏度}(mm^2/s)$$

$$\text{赛氏黏度}(s)=4.62\times\text{运动黏度}(mm^2/s)$$

ISO组织规定,自1977年10月开始采用50 ℃时的运动黏度值($mm^2/s$)作为燃油的黏度值。

压力和温度对燃油的黏度有很大影响。燃油的黏度随压力的增大而增加,随温度的升高而降低。燃油的黏度随温度变化的特性称黏温性能。

**(七)硫分**

燃油中所含硫的质量百分数叫硫分。燃油中含硫的危害如下:其一,液态的硫化物(如硫化氢等)对燃油系统的设备有腐蚀作用;其二,燃烧产物中的$SO_3$和水蒸气($H_2O$)在缸壁温度低于其露点时,会生成硫酸附着在缸壁表面,产生强烈的腐蚀作用,由于这一腐蚀只发生在低温条件下，故称为低温腐蚀；其三，燃烧产物中的 $SO_3$能加速碳氢化合物聚合而结炭，而且此结炭较硬，不易清除；其四，硫燃烧后产生的 $SO_2$是柴油机排放的主要有害成分。

燃油中的硫分主要与原油产地有关，同时也受加工炼制工艺方法的影响。虽然可以通过燃油脱硫显著降低燃油中的硫分，但燃油的价格将大幅度上涨。目前，为了控制船舶的 $SO_x$ 排放，国际海事组织对船用燃油中硫分的含量进行了严格的限制。

**(八)灰分**

灰分是在规定条件下燃油完全燃烧剩余物的质量百分数。燃烧后残存的灰分中含有的各种金属氧化物，可造成燃烧室部件的高温腐蚀和磨料磨损，加剧汽缸的磨损。

**(九)钒、钠含量**

燃油中所含钒、钠等金属的质量浓度用 $10^{-6}$(ppm)表示。钒以金属有机化合物形式存在于原油中。这些金属有机化合物是油溶性的，净化系统无法除去。在炼制过程中也不蒸发，因而大部分浓集到残渣油中，燃烧后生成金属氧化物。钠是原油中的有害金属元素。燃油中的钒和钠是非常有害的成分。钒与钠燃烧后生成低熔点的化合物，如 $Na_2O \cdot V_2O_4 \cdot 5V_2O_5$的熔点为 625 ℃，5 $Na_2O \cdot V_2O_4 \cdot 11V_2O_5$的熔点为 535 ℃。尤其是由 $V_2O_5$与 $Na_2SO_4$形成的共熔混合物，在两者的比例约为 4∶6 时，其熔点最低，仅为 300 ℃。当排气阀和缸壁温度过高而超过这些化合物的熔点时，它们就会熔化附着在金属表面上，与金属表面发生氧化还原反应而腐蚀金属。由于这种腐蚀只发生在高温条件下，故称为高温腐蚀。由此，为了控制此种腐蚀，应限制排气阀和缸套表面的最高温度。

**(十)机械杂质和水分**

燃油中所含不溶于汽油或苯的固体颗粒或沉淀物的质量百分数称为机械杂质。轻质燃油不允许含机械杂质，重质燃油允许含有少量机械杂质。燃油中的机械杂质主要来自储运、使用及加工过程中混入的非油溶性固体物质。如尘土、铁锈、漆皮、金属末以及残存的添加剂等。机械杂质会加剧喷油设备偶件的磨损和喷油器喷孔堵塞、滤器堵塞。

燃油中的水分以容积百分数表示。燃油中的水分主要来自在储运过程中进入的水或燃油与大气或水接触时吸收和溶解的水，以及使用中管道泄漏进入的水等。燃油中的水分能降低燃油的低热值，破坏正常发火，甚至导致柴油机停机。如含有海水将会造成腐蚀，加剧缸套磨损。因此，应限制燃油中的水分，尤其对轻柴油应限制其水分不大于痕迹(不大于0.025%)。

在船舶上可以使用燃油净化措施降低燃油的机械杂质和水分。

**(十一)沥青分**

沥青分表示沥青占燃油质量的百分数。沥青是多环的大分子量芳香烃，悬浮在油中呈胶状。沥青不易燃烧，导致滞燃期长，产生后燃，冒黑烟；使用中易形成沉积胶膜和结炭，增加磨损并使喷油器偶件咬死。

**(十二)残炭值**

燃油在隔绝空气条件下加热干馏，最后剩下的一种鳞片状炭渣物称残炭。残炭占试验油质量的百分数称残炭值。残炭值表示燃油燃烧时形成结炭、结焦的倾向，并不表示形成结炭的数值。残炭值中包括了机械杂质和灰分。当燃用残炭值较大的燃油时，将在燃烧室产生较多的结炭，使热阻增加，引起过热、磨损，缩短柴油机的维修周期。

**(十三)闪点**

燃油在规定条件下加热到它的蒸气与空气的混合气能同火焰接触而发生闪火时的最低

温度称闪点,根据测试仪器的不同,分为开口闪点和闭口闪点。闭口闪点低于开口闪点。闪点是衡量燃油挥发成分产生爆炸或火灾危险性的指标。按国内外船舶建造规范规定,船舶使用的燃油闭口闪点不得低于60 ℃。从防爆、防火的观点出发,在低于燃油闪点17 ℃的环境温度下倾倒燃油或敞开容器才比较安全。

**(十四)凝点、倾点和浊点**

凝点、倾点和浊点都是说明燃油低温流动性和泵送性的重要指标。

燃油在试验条件下冷却至液面不移动时的最高温度称凝点。燃油的凝点取决于它的成分和组成结构。对于含石蜡较多的燃油,在低温下由于石蜡结晶而形成网状晶架,从而使燃油失去流动性,称结构凝固;对于含石蜡较少的燃油,在低温下由于黏度增大而失去流动性,称黏温凝固。

燃油尚能够流动的最低温度称倾点。

燃油开始变混浊时的温度称浊点。

通常,燃油的浊点高于凝点5~10 ℃;倾点高于凝点3~5 ℃。燃油的温度低于浊点时将使滤器堵塞,供油中断。燃油温度低于凝点时,将无法泵送。从使用观点,浊点是比凝点更重要的指标。燃油的使用温度至少应高于浊点3~5 ℃。

**(十五)密度与相对密度**

燃油在温度$t$(℃)时单位体积的质量称密度,常用单位是kg/m$^3$或g/cm$^3$。在20 ℃时的密度称标准密度$\rho_{20}$。

燃油在20 ℃(国外为15.6 ℃)时的密度与4 ℃(国外为15.6 ℃)时水的密度的比值称相对密度。

燃油的密度与它的化学成分和馏分组成有关。烷烃的密度最小,环烷烃的密度稍大,芳香烃的密度较大,含硫、氧、氮的胶质和沥青质密度最大。燃油的密度随馏分温度的增高而增大。

燃油的密度随温度而变,通常应按温度的变化对密度进行修正。燃油密度的温度修正公式如下:

$$\rho_t=\rho_{20}-\gamma(t-20)$$

式中 $\rho_t$——燃油在温度$t$时的密度,g/cm$^3$;

$\gamma$——燃油密度温度修正系数,g/(cm$^3$·℃)。

密度对燃油的使用有很大意义。其一,在装载燃油时应根据燃油的密度和油舱的舱容计算装载量(应按装油温度对密度进行修正);其二,应根据燃油密度的变化正确选择分油机的比重环,一般的分油机允许的最高分离密度是0.991 g/cm$^3$;其三,当换用不同密度的燃油时,油量调节机构不变而喷油泵的循环供油量不同,柴油机的转速将相应变化。

## 二、燃油的规格与选用

**(一)国内柴油机燃油的分类**

根据我国有关国家标准,柴油机燃油分为轻柴油和船用燃油。

1.轻柴油

国产轻柴油是由直馏(常压蒸馏)柴油馏分及二次加工的柴油馏分所制成的。其主要性能及质量指标取决于原油品质与炼制方法。轻柴油以其凝点数值作为柴油的牌号,有

10、5、0、-10、- 20、-35、-50 七个牌号。轻柴油是质量最好、价格最贵的柴油机燃料，在船舶上用做高速柴油主机、高速柴油发电机组、应急设备柴油机和救生艇柴油机等使用的燃油。轻柴油技术标准如表 3-1 所示。

**表 3-1　轻柴油技术标准(GB 252—2000)**

| 项目 | | 10 号 | 5 号 | 0 号 | -10 号 | -20 号 | -35 号 | -50 号 | 试验方法 |
|---|---|---|---|---|---|---|---|---|---|
| 色度，号 | 不大于 | 3.5 | | | | | | | GB/T 6540 |
| 氧化安定性(总不溶物)，mg/100 L | 不大于 | 2.5 | | | | | | | SH/T 0175 |
| 硫含量，%(*m*/*m*) | 不大于 | 0.2 | | | | | | | GB/T 380 |
| 酸度，mgKOH/100 mL | 不大于 | 7 | | | | | | | GB/T 258 |
| 10%蒸余物残炭，%(*m*/*m*) | 不大于 | 0.3 | | | | | | | GB/T 268 |
| 灰分，%(*m*/*m*) | 不大于 | 0.01 | | | | | | | GB/T 508 |
| 铜片腐蚀(50 ℃，3 h)，级 | 不大于 | 1 | | | | | | | GB/T 5096 |
| 水分，%(*V*/*V*) | 不大于 | 痕迹 | | | | | | | GB/T 260 |
| 机械杂质 | | 无 | | | | | | | GB/T 511 |
| 运动黏度(20 ℃)，$mm^2/s$ | | 3.0~8.0 | | | | 2.5~8.0 | 1.8~7.0 | | GB/T 265 |
| 凝点，℃ | 不高于 | 10 | 5 | 0 | -10 | -20 | -35 | -50 | GB/T 510 |
| 冷滤点，℃ | 不高于 | 12 | 8 | 4 | -5 | -14 | -29 | -44 | SH/T 0248 |
| 闪点(闭口)，℃ | 不低于 | 55 | | | | | 45 | | GB/T 261 |
| 十六烷值 | 不小于 | 45 | | | | | | | GB/T 386 |
| 馏程： | | | | | | | | | GB/T 6536 |
| 50%回收温度，℃ | 不高于 | 300 | | | | | | | |
| 90%回收温度，℃ | 不高丁 | 355 | | | | | | | |
| 95%回收温度，℃ | 不高于 | 365 | | | | | | | |
| 密度(20℃)，$kg/m^3$ | | 实测 | | | | | | | GB/T 1884<br>GB/T 1885 |

2.船用燃油(GB/T 17411)

为了与国际接轨，我国目前的船用燃油标准是根据国际标准化组织 1996 年的船用燃料油标准 ISO 8217:1996(E)来制定的，将船用燃油分为两种规格，即船用蒸馏燃油和船用残渣燃料油，分别对应于 ISO 8217:1996(E)的 DM 级、RM 级船用燃料油。目前，ISO 船用燃料油标准又经 2001 年、2005 年、2010 年修订，正在执行的标准为 ISO 8217:2010 (E)，而我国船用燃油目前执行标准仍为 GB/T 17411。

**(二)国际柴油机燃油的分类与选用**

长期以来，国外船用燃油基本上分为四类，主要包括：轻柴油(Marine Gas Oil，简称 MGO)，常用于救生艇柴油机和应急发电柴油机；船用柴油(Marine Diesel Oil，简称 MDO)，常用做发电柴油机和柴油机主机机动操纵时的燃料；中间燃料油(Intermediate Fuel Oil，简IFO)，是渣油与柴油调制而成的掺和油，可用于各类大功率中速及低速柴油机；船用燃料油(Marine Fuel Oil，简称 MFO)，也叫 C 级燃油，主要用于锅炉，也可用于最新型的大功率中速柴油机及大型低速柴油机。

燃油的品质在很大程度上取决于原油产地以及所用的提炼技术和流程。由于世界各国所用的原油和炼油技术不同，因此各国对燃油分类和规格标准都有不同的规定，而且执行规定也不严格。为了改变世界供油市场上这种混乱状况，国际标准化组织在 1987 年 9 月制定了船用燃料油标准，即 ISO 8217。IS08217 将船用燃料油分为 DM(Marine Distillate Fuel)级和 RM (Marine Residual Fuel)级两个大的等级。这一标准在黏度等级和含硫量限制方面普遍被海事组织认可。ISO8217 在 1996 年、2001 年、2005 年和 2010 年进行了 4 次修订，现在执行的是 2010 年修订的标准。

DM 级是指蒸馏燃油，也称直馏油或船用柴油。在 ISO 8217 船用燃油标准中，将该类燃油分为四种规格，即 DMX、DMA、DMZ 和 DMB。ISO 8217。DM 级船用燃油标准见表 3-2。2010 年修订版与 2005 年版在 DM 级油上的主要不同在于增加了 DMZ 级油，而将 DMC 级油降 1 级为 RMA10 级油，同时增加了对硫化氢、氧化稳定性和润滑性的要求。

**表 3-2　DM 级船用燃油的规格 ISO 8217(2010)**

| 性能 | | 单位 | LIMIT | DMX | DMA | DMZ | DMB |
|---|---|---|---|---|---|---|---|
| 运动黏度(40 ℃) | | $mm^2/s$ | max | 5.500 | 6.000 | 6.000 | 11.00 |
| | | | min | 1.400 | 2.000 | 3.000 | 2.000 |
| 密度(15 ℃) | | $kg/m^3$ | max | — | 890.0 | 890.0 | 900 |
| 十六烷指数 | | — | min | 45 | 40 | 40 | 35 |
| 硫分 | | mass% | max | 1.00 | 1.50 | 1.50 | 2.00 |
| 闪点 | | ℃ | min | 43.0 | 60.0 | 60.0 | 60.0 |
| 硫化氢 | | mg/kg | max | 2.00 | 2.00 | 2.00 | 2.00 |
| 酸值 | | mgKOH/g | max | 0.5 | 0.5 | 0.5 | 0.5 |
| 热过滤总沉淀物 | | % | max | — | — | — | 0. 10 |
| 氧化稳定性 | | $g/m^3$ | max | 25 | 25 | 25 | 25 |
| 10% 蒸余物残炭 | | mass% | max | 0.30 | 0.30 | 0.30 | — |
| 残炭 | | mass% | max | — | — | — | 0.30 |
| 浊点 | | ℃ | max | -16 | — | — | — |
| 倾点 | 冬季 | ℃ | max | -6 | -6 | -6 | 0 |
| | 夏季 | ℃ | max | — | 0 | 0 | 6 |
| 外观 | | | | 清澈透明 | | | |
| 水分 | | volume% | max | — | — | — | 0.30 |
| 灰分 | | % | max | 0.010 | 0.010 | 0.010 | 0.010 |
| 润滑性，修正磨痕直径(wsdl.4)(60 ℃) | | μm | max | 520 | 520 | 520 | 520 |

DMX 为船用应急柴油，该类柴油的自燃性指标，即十六烷值(Cetane Number)较高，且

浊点最高为-16 ℃,因此在环境温度低至-15 ℃时,无须对其进行预热处理。此油品适用于救生艇引擎、应急设备柴油机和高度自动化燃油锅炉。

DMA 为船用轻柴油,通常称之为轻柴油,这是一种高品质蒸馏燃油,不含渣油成分,其主要性能指标(密度、黏度、倾点、水分)明显好于船用柴油 DMB 和船用重柴油 DMC。此油品适用于中、高速柴油机和生活用炉灶。

DMZ 级油与 DMA 级油基本相同,只是最低黏度稍高。

DMB 为通用柴油,习惯称之为船用柴油,此油品含有极少的渣油成分,其黏度与倾点的允许值分别达 11.0 cSt/40 ℃和 6 ℃/夏季。因此,该油品在环境温度较低时,需要进行预热处理,并采取沉淀、过滤、分离等方法,除去油品中的水分和机械杂质,减少危害程度。

RM 级是指残渣燃料油,也称船用渣油或重油。其中 RMA 10 是以前的 DMC 级油,为船用重柴油,也称掺和(船用)柴油。该油品的主要成分仍然是直馏油,但含有一定比例的燃料油。其他 RM 级燃料油的主要成分有:①蜡(Wax);②沥青质(Aaphaltenes);③树脂(Resins);④油(Oil)。ISO 8217 的 2010 年修订版对 RMF、RMG、RMH、RMK 级的燃料油进行了重新分级,定为 RMG 和 RMK 两级,RMG 级油的密度为 991 $kg/m^3$, RMK 级油的密度为 1 010 $kg/m^3$,对于这两级燃油的黏度进行了细化。船用燃料油主要用于低、中速柴油机和辅助锅炉。

RM 级燃油中的硫分应符合有关法规,如 MARPOL 公约附则Ⅵ的要求,所以在 ISO 8217 中不再提及,但为了保护小型高速柴油机,仍然给出了 DM 级燃油的硫分要求。

## 三、燃油燃烧的热化学

柴油机燃料的化学成分主要是 C、H、O,常用质量百分比表示其含量。若忽略其他含量很小的元素,则有:

$$C+H+O=1$$

一般 C=0.885~0.865,H=0.125~0.135,其余为 O。

燃油的燃烧是其中可燃元素 C、H 同空气中的 O 所发生的剧烈氧化反应,在氧化的同时将产生大量的热量。由于在汽缸内的实际燃烧过程极其复杂,所以在讨论中忽略其实际中间过程,只考虑燃油中的元素氧化的最后化学反应,即燃油中的 C、H 生成最终燃烧产物 $CO_2$、$H_2O$。采用这种简化所分析与计算出的结果与实际情况基本符合。

### (一)完全燃烧 1 kg 燃油所需的理论空气量

按化学方程式算得 1 kg 燃油完全燃烧时所需的空气量称理论空气量 $L_0$(kg/kg 燃料)。它是 1 kg 燃料完全燃烧所需的最低限度的空气量。按 C、H 和 O 的化学反应方程式,考虑到 1 kg 燃料中已含有 O/32 kg mol 氧,以及空气中的氧和氮的体积百分比分别近似为 0.21 和0.79,得到:

$$L_0=\frac{28.93}{0.21}\left(\frac{m_C}{12}+\frac{m_H}{4}-\frac{m_O}{32}\right)$$

若取 C=0.86、H=0.13、O=0.01,则有:

$$L_0=14.3\ \text{kg/kg 燃料}$$

### (二)燃烧过量空气系数 $\alpha$

在实际柴油机中,因为按内部混合方式形成可燃混合气,混合的时间很短;另外,由于结构的限制，雾化燃油不可能在燃烧室内均匀分布，使油气混合不均匀，因此按理论空气量向汽缸内提供空气不能保证燃料的完全燃烧。所以，为得到完全燃烧，向汽缸供给的实际空气量必须大于理论空气量 $L_0$。充入汽缸内的实际空气量 $L$ 与进入汽缸内的燃油完全燃烧所需的理论空气量 $L_0$ 之比称为燃烧过量空气系数 $\alpha$，即：

$$\alpha = L/L_0$$

显然，在柴油机中 $\alpha>1$。

燃烧过量空气系数 α 对柴油机的工作性能有很大影响。这主要表现在：

(1) 反映汽缸容积的利用程度和燃油与空气的混合质量。当汽缸容积、进气状态和充气效率一定时，每循环充入汽缸的空气量一定。$\alpha$ 小意味着每循环能燃烧的油量多，发出的功率也大，但应以燃烧良好为前提，故只有在燃油与空气混合好的前提下才能实现。因此，柴油机在标定功率下能以较小的 $\alpha$ 良好运行，说明汽缸容积的利用程度高，混合质量好。

(2) 对经济性的影响。$\alpha$ 加大，空气量相对较多，燃烧较完全，可改善经济性。但 $\alpha$ 过大时，则由于混合其浓度过低，燃烧速度很慢，后燃加多，排气带走的热量相对增加，燃油消耗反而增加。应该指出，为获得同样的燃烧质量，混合质量不同，可以有不同的 $\alpha$，混合质量好时，$\alpha$ 可小些，反之应加大。

(3) 与柴油机的热负荷和排放有关。$\alpha$ 减小，每循环燃烧的油量增多，循环平均温度、最高燃烧温度和排气温度提高，废气中的氧化氮的含量因最高燃烧温度的提高而增加。

$\alpha$ 与柴油机的型号、尺寸、增压程度、转速和燃烧室形式有关。从提高柴油机的强载度出发，希望 $\alpha$ 值能够较小，但非增压小型高速柴油机受燃烧完善程度的限制，增压中、低速柴油机受热负荷的限制。

一般情况下，二冲程柴油机的 $\alpha$ 大于四冲程机（降低二冲程柴油机的热负荷）；大型柴油机的 $\alpha$ 大于小型柴油机（小型柴油机的单位汽缸容积的散热面 $F/V$ 大）；增压柴油机的 $\alpha$ 大于非增压机（降低增压机热负荷）。在标定工况下，不同机型的 $\alpha$ 值通常在下列范围：

非增压高速四冲程小型柴油机：$\alpha = 1.2 \sim 1.7$；

增压、高速四冲程小型柴油机：$\alpha = 1.5 \sim 1.9$；

非增压、低速二冲程大型柴油机：$\alpha = 1.8 \sim 2.1$；

增压中低速二冲程大型柴油机：$\alpha = 2.0 \sim 2.3$。

应当指出，上述资料是标定工况时对整个汽缸空间并按时间的平均值。实际上工况变化时 $\alpha$ 会随之改变，如负荷减小，$\alpha$ 增大。另外，由于燃油分布不均匀，所以其局部的 $\alpha$ 值也是不同的。在油束内部因空气很少或无空气，其 $\alpha \approx 0$；在油束外缘油气与空气混合，随距油束中心距离的增加，其 $\alpha$ 逐渐增大；而在燃烧室周边无油区，其 $\alpha \approx \infty$。

欧美等国家和地区习惯上使用空燃比或燃空比表示燃烧时空气量（燃油量）与燃油量（空气量）的配比关系，与燃烧过量空气系数 $\alpha$ 有相似的含义，但定义不同。空燃比是实际空气量与喷入汽缸的燃油量之比，用符号 AF 标记；燃空比是喷入汽缸的燃油量与实际空气量之比，用符号 FA 标记。显然，两者互为倒数。

## 第二节　燃油的喷射和雾化

在柴油机中，燃油必须在压缩行程末期通过喷油设备喷入汽缸，经雾化、蒸发与空气混合成可燃混合气，才能发火燃烧。燃油的喷射过程是一个复杂的物理过程。在喷射过程中，从喷油泵出油阀到喷油器针阀这一高压系统内所进行的物理过程，受燃油的可压缩性、高压油管的弹性、系统的节流以及燃油运动的惯性等因素影响。这些影响因素使燃油在喷射过程中产生时间延迟和压力波动，进而影响燃油的喷射质量。

## 一、喷射过程的三个阶段

如图 3-1 所示，可把从供油始点到喷油终点的喷射过程划分为三个阶段：

(1) 喷射延迟阶段 Ⅰ (从几何供油始点 $A$ 到喷油始点 $B$)。

(2) 主要喷射阶段Ⅱ(从 $B$ 到供油终点 $C$)。

(3) 尾喷阶段Ⅲ(自由膨胀阶段，从 $C$ 到针阀落座 $D$)。

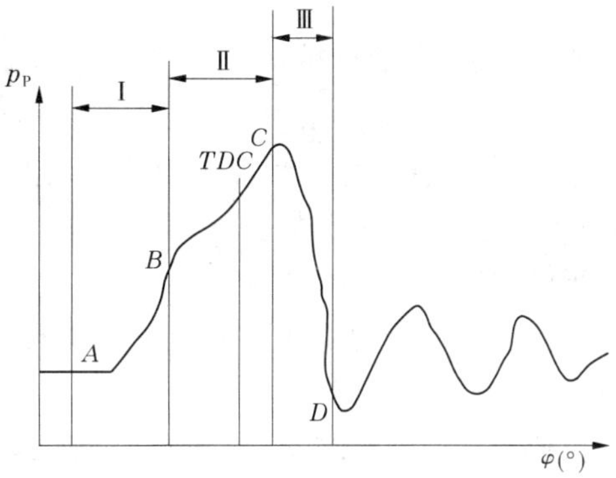


图 3-1　喷射过程

## 二、供油规律和喷油规律

### (一) 几何供油规律和喷油规律

几何供油规律是指从几何关系上求出的单位凸轮转角(或单位时间)喷油泵供入高压油路中的燃油量随凸轮转角 $\varphi$(或时间 $t$)的变化关系。它完全由柱塞的直径和凸轮型线的运动规律决定。

喷油规律是指在喷油过程中，单位凸轮转角(或单位时间)从喷油器喷入汽缸中的燃油量随凸轮转角 $\varphi$(或时间 $t$)的变化关系。

供油规律可以根据喷油泵几何参数计算得出，而喷油规律则由喷油系统的几何参数和燃油在高压作用下的液力特性综合作用所决定，它们之间有一定的内在联系，喷油规律受供油规律的影响，喷油始点迟于供油始点，喷油持续时间大于供油持续时间，喷油速率的峰值小于供油速率的峰值。

喷油规律在一定程度上控制着燃烧过程，对柴油机性能有重要影响。借助喷油规律曲线可分析、判断：

(1) 喷油始点、终点和喷油持续角是否合适；

(2) 有无二次喷射、断续喷射等不正常喷射现象；

(3) 喷油规律是否符合理想的燃烧过程和放热规律的要求。

### (二) 喷油规律的影响因素

喷油规律与燃油喷射系统的结构特点和柴油机的运转工况等许多因素有关。其主要影响因素如下所述。

1. 凸轮型线和有效工作段

在喷油泵柱塞行程和供油始点相同的前提下，凸轮型线有陡缓之分。型线越陡，凸轮转过相同角度时柱塞升程越大，喷射延迟角和喷油持续角越小。在同一凸轮型线上还可以通过供油定时的调节改变其凸轮有效工作段，即改变柱塞供油有效行程所对应的那段凸轮型线所处的位置。一般把凸轮的有效工作段选在柱塞速度的高速部分，以提高喷油速率，减小喷油持续角，提高雾化质量。

2.柱塞直径与喷孔直径

在不改变柱塞行程而增大柱塞直径时,供油速率增大,喷射延迟角和喷油持续角均减小。但因提高了初期的喷油速率,在改善柴油机经济性的同时可能使燃烧粗暴。在增压柴油机中,通常加大柱塞的直径,以增加循环喷油量,缩短喷油持续期。此时,为了防止燃烧粗暴,应采取相应的调整措施,如减小喷油提前角等。

喷油器的喷孔数不变而喷孔直径减小时,由于喷油阻力的增加,喷油持续角加大,喷油速率减小;由于高压油管中压力的增加,容易引起异常喷射。

3.高压油管尺寸

油管越长,压缩容积越大,喷射延迟角越大,而喷油持续角不变,即喷油提前角变小。油管内径越小,燃油流动阻力越大,喷射延迟角越大。所以,多缸柴油机各缸高压油管应遵循等尺寸原则,以保持各缸喷油规律的一致性。

4.柴油机负荷与转速

当柴油机转速及喷油定时不变而增加负荷时,其喷油始点基本不变,而喷油终点改变,并且增加了后半期的喷油速率。当柴油机负荷及喷油定时不变而改变转速时,随着转速的增加,对应单位凸轮转角的时间缩短,喷射延迟角和喷油持续角均加大,而喷油速率减小。对于负荷与转速同时改变的柴油机工况,其喷油规律的改变应做综合分析。

### 三、异常喷射

燃油喷射系统正常喷射的特点是:对应柴油机每一工作循环的喷射过程中,喷油器针阀只启闭一次,针阀升程曲线基本呈梯形,高压油管中的剩余压力基本相同。与正常喷射不同的喷射称为异常喷射。常见的异常喷射有二次喷射、断续喷射、不稳定喷射和隔次喷射、滴油等。

### 四、最低稳定转速

在多缸柴油机中,由于各缸喷油泵柱塞偶件、喷油器针阀偶件的间隙和喷孔孔径间的差别,以及油泵调节杆安装间隙的不同,船用主柴油机在低转速(低负荷)运转时,各缸供油量显著不均。严重时,个别缸不能发火而使转速不稳,甚至自动停车。因而,船用主柴油机都有一个缸能够均匀发火的最低转速,称最低稳定转速(最低稳定转速指柴油机油门在出厂的标定功率位置上带负荷运转所达到的稳定转速。船用主机则指按推进特性运转时的最低稳定转速)。

按我国有关规定,船用低速主柴油机的最低稳定转速不高于标定转速 $n_b$ 的 30%,中速柴油机不高于 40%$n_b$,高速机不高于 45%$n_b$。

## 第三节　喷油设备

### 一、喷油设备的组成和要求

**(一)燃油喷射系统的类型**

柴油机的喷射系统形式有四种。早年的柴油机采用空气喷射系统(用压缩空气把燃油吹入汽缸)。自1920年开始发展了无气喷射系统,这种喷射系统(主要由喷油泵与喷油器组成)逐渐完善、扩大,发展成现代柴油机喷射系统。

1.柱塞泵式喷射系统

这种喷射系统是现代船用柴油机最基本的一种喷射系统,它以螺旋槽柱塞旋转方式调整供油量的机械式喷油泵为核心,其基本组成是高压喷油泵、喷油器及高压油管。

2.泵-喷油器式喷射系统

这种喷射系统取消高压油管,把喷油泵与喷油器组合成一体,从而排除了高压油管对喷射过程的不良影响,适用于顶置式凸轮轴的小型高速柴油机。

3.蓄压式喷射系统

这种喷射系统的喷油设备有多种形式。其共同特点是:用来实现喷射的能量积蓄过程发生在喷射过程发生之前。如喷油泵产生的高压燃油不直接作用在喷油器上,而是预先储存在一个高压蓄压器中,保持恒定高压。喷油器的启闭由其他控制单元控制。由此,这种喷射系统具有以下优点:喷射压力高,喷油持续期短;喷射压力波动小,有利于消除压力波动对喷射的不利影响;柴油机的喷射压力与柴油机转速无关,可改善低速运转性能。但由于设备复杂,可靠性差,在船用柴油机中使用较少。

4.电控制喷射系统

这种喷射系统始于20世纪70年代。它也是一种蓄压式喷射系统,但它摒弃了传统的机械控制,而采用了当代先进的电子控制技术控制燃油的喷射过程。这种喷射系统利用多种电子传感器监测柴油机在各种工况下的运行参数,如转速、压力、温度、油泵状态、针阀升程、流量等,并把这些参数输入微处理机中,与预先储存的各种参数值进行对比,并对其变化规律进行分析,然后按最佳方案控制执行机构动作,对柴油机的喷油定时、喷油量、喷油压力等进行控制,保证柴油机始终在最佳工况下工作。由此,这种喷射系统有以下优点:提高所有运转工况的经济性;提高对不同燃油品质的适应能力;改善柴油机的低速运转性能及操纵性能(如起动、换向、调速等);降低柴油机排气中的有害成分。其中,电控共轨喷射系统代表柴油机燃油喷射系统未来的发展方向,这在国内外已成为共识。电控喷射系统在20世纪末和21世纪初已基本成熟,并开始在船舶领域广泛应用。电控喷射系统的出现与发展,使柴油机的全面电子化、智能化控制成为可能,也使柴油机技术发展到一个崭新的阶段。

**(二)燃油喷射系统的组成**

船舶柴油机使用的喷射系统大多属于柱塞泵式直接喷射系统。其主要组成部件是喷油泵与喷油器。图3-2为典型的柱塞泵式喷射系统简图。

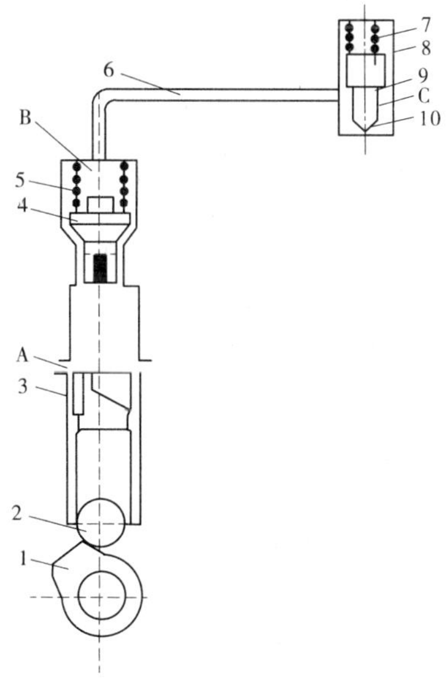


1—凸轮;2—滚轮;3—柱塞;4—出油阀;5—出油阀弹簧;6—高压油管;7—喷油器弹簧;8—喷油器;9—针阀;10—喷油孔

**图3-2　典型的柱塞泵式喷射系统简图**

这种喷射系统的基本组成部件是高压喷油

泵、喷油器及高压油管,称之为泵-管-嘴系统。柴油机工作时,柱塞 3 由喷油泵凸轮 1(又称燃油凸轮)经滚轮 2 驱动。凸轮 1 固定在凸轮轴上,并通过曲轴带动凸轮轴传动机构(图上未示出)。凸轮按一定时刻顶动滚轮,从而保证了喷射定时要求。柱塞 3 上行至其上端面封闭孔 A 时,泵腔中的燃油受到压缩,此为供油始点;当油压升高到克服出油阀弹簧 5 的弹力和高压油管中的残余压力时,出油阀 4 开启,压力油泵入出油阀空间 B;高压燃油沿高压油管 6 传递至喷油器 8 端空间 C,当其油压大于喷油器弹簧 7 的预紧力时针阀向上跳起,高压燃油经喷油孔 10 喷入汽缸。当柱塞 3 下部的斜槽边缘开启油孔 A 时,泵腔高压燃油经斜槽回油至进油空间,出油阀相继落座,此为供油终点。此后当空间 C 的油压低于喷油器弹簧 7 的预紧力时,针阀落座,喷油结束。柱塞下行时泵腔内为充油过程。

在这种系统中,每个柱塞组件对应一个汽缸,小型多缸柴油机所用的柱塞数和汽缸数相等且合为一体,构成组合式喷油泵;对小型单缸机和大型多缸机,常采用每个柱塞组件独立组成一个喷油泵,称之为单体喷油泵。在上述泵-管-嘴系统中,由于高压油管的存在,喷油系统在柴油机上的布置比较方便灵活,加上已积累了长期的制造与匹配的理论与经验,因此迄今仍在各种柴油机上得到广泛的应用。但是,也正是由于高压油管的存在,降低了喷射系统高压部分的液力刚性,难以实现高压喷射与理想的喷油规律,因此这种传统喷射系统的应用前景受到了一定的限制。

**(三)对喷油设备的要求**

柴油机是在汽缸内部形成混合气,即在活塞接近上止点时,燃油喷射系统将燃油在极短的时间内以高压喷入汽缸,实现燃油与空气的混合和燃烧。因此,无论是在制造与调整精度,还是在与整机的匹配方面对燃油喷射系统的要求都十分严格。对喷射设备的基本要求是:正确的喷油定时、精确的循环供油量、良好的雾化质量和喷油规律,可简单地概括为“三定”,即定时喷射、定量喷射和定质喷射。

(1)定时喷射。在柴油机运转工况范围内,尽可能保持最佳的起始喷油时刻、喷油持续时间和喷油规律,以保证良好的燃烧并取得优良的综合性能,而且此喷射定时系统应能进行总调(整机同时调节)和单调(个别缸单独调节)。

(2)定量喷射。对每一个柴油机运转工况(一定的转速和负荷组成一个工况),精确控制每循环喷入汽缸的燃油量,且喷油量能随工况变化而自动变化。在工况不变时,各循环之间的喷油量应当一致。对多缸柴油而言,各缸的喷油量应当相等。

(3)定质喷射。燃油喷射系统应能产生足够高的喷油压力,以保证燃料良好的雾化混合和燃烧,且燃油油束需与柴油机燃烧室和气流运动相匹配,保证油气混合均匀。另外,还应有最合适的喷油规律来满足燃烧过程的要求。

此外,还要求喷射系统稳定可靠、无泄漏、便于管理。

船舶柴油机使用的喷射系统大多属于柱塞泵式直接喷射系统。其主要组成部件是喷油泵与喷油器。

## 二、回油孔调节式喷油泵

回油孔式喷油泵又称斜槽式喷油泵或 Bosch 喷油泵。

喷油泵为柱塞泵,它是喷射系统的核心部件。它的作用除了产生喷射高压外,还有对供油量的定时与定量。其定时供油由凸轮轴上的凸轮安装位置控制,凸轮轴与柴油机曲轴的传动相位确定了整机各喷油泵的供油定时;喷油泵的定量供油取决于柱塞上行时有效供油行程的大小。此有效行程的大小可在柱塞的上行行程中借助于调节机构使一部分燃油回流至低压空间加以调节。此种油量调节原理可有三种调节方式:始点调节式(调节供油始点而终点不变);终点调节式(供油始点不变而供油终点可调);始终点调节式(始点和终点均可调节)。

柱塞式喷油泵的基本组成部分有柱塞与套筒(称柱塞偶件)、凸轮与滚轮、进油阀和出油阀以及调节机构等。根据调节机构的特点可分为回油孔式与回油阀式两种喷油泵。

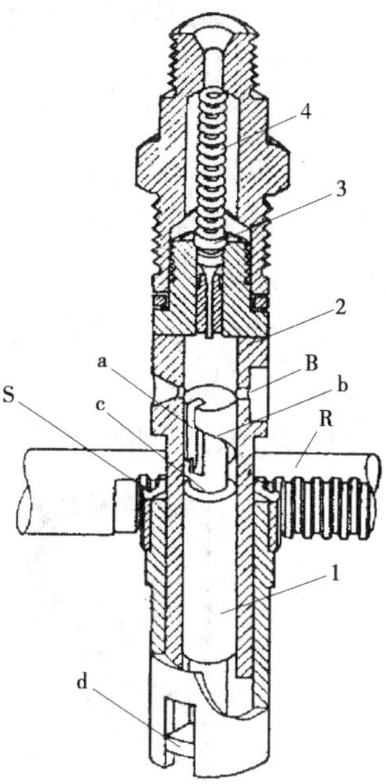


1—柱塞;2—套筒;3—出油阀;4—出油阀弹簧;R—齿条;S—齿圈;B—回油孔;a—直槽;b—斜槽;c—环形槽;d—横销

**图 3-3　回油孔式喷油泵基本结构**

### (一)结构特点

回油孔式喷油泵按各缸喷油泵单元组合方式可分为单体式和组合式两种,两者的基本结构相同。图 3-3 是回油孔式喷油泵基本结构。

回油孔式喷油泵的主要部件是柱塞 1 与套筒 2、调油机构(齿条 R 与齿圈 S)、出油阀 3 及出油阀弹簧 4。柱塞头部有直槽 a、斜槽 b、环形槽 c,柱塞下方有横销 d,套筒上部有回油孔 B。拉动齿条可通过齿圈使柱塞转动。

### (二)工作原理

柱塞与套筒组成一对偶件。柱塞在套筒内由凸轮顶动上下往复运动。当柱塞位于凸轮基圆时位置最低,此时套筒上部进(回)油孔开启,燃油进入泵腔,见图 3-4(a)。柱塞由凸轮顶动上行,在柱塞顶端未关闭回油孔时,泵腔内燃油经回油孔流回进油空间直到柱塞上部端面刚好关闭回油孔时,泵腔燃油开始受压缩,此即几何供油始点,如图 3-4(b)所示。

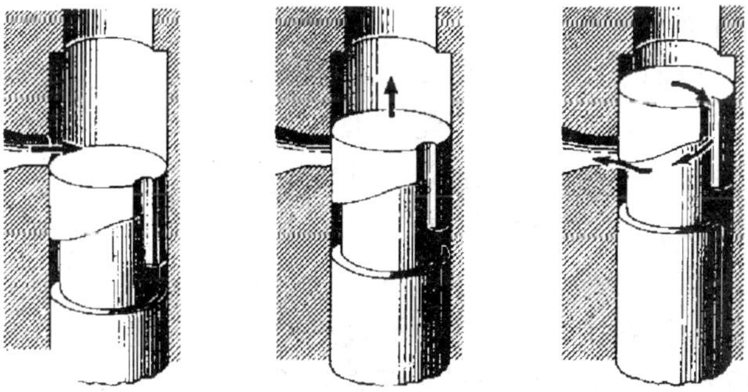

(a)　　(b)　　(c)

**图 3-4　柱塞泵工作原理图**

柱塞继续上行,当柱塞头部的斜槽打开回油孔时,柱塞上方的高压燃油经柱塞头部的直槽和环形槽与回油孔相通而流回进油空间,此即几何供油终点,如图 3-4(c)所示。从供油始点到供油终点柱塞上行的供油行程称为柱塞的有效行程 $S$(如图 3-5 中的 $S$)。此后柱塞继续上行至最高位置,燃油一直流回进油空间。柱塞下行时泵腔经回油孔充油。若在柱塞的往复运动中通过调节机构逆时针转动柱塞,则供油始点不变,而供油终点延后,即柱塞有效行程增大,供油量增加,为终点调节式;反之,顺时针转动柱塞,则柱塞有效行程减小。当柱塞头部的直槽对准回油孔时,泵腔中的燃油在柱塞的全部上行行程中都经回油孔流回进油空间,此即为停油位置,即停车位置。

图 3-5 为三种油量调节方式及柱塞头部结构。图 3-5(a)为始点调节式,柱塞头部斜槽在上部,下断面为平面,在转动柱塞调节供油量时,其供油始点变化而终点不变(为柱塞头下部断面环形槽处)。图 3-5(b)为终点调节式,此种柱塞头部上断面为平面,斜槽在下部,在转动柱塞调节油量时,供油始点不变而终点变化。这种方式使用最为广泛。若在柱塞头部上、下均有斜槽,如图 3-5(c)所示,则为始终点调节式。

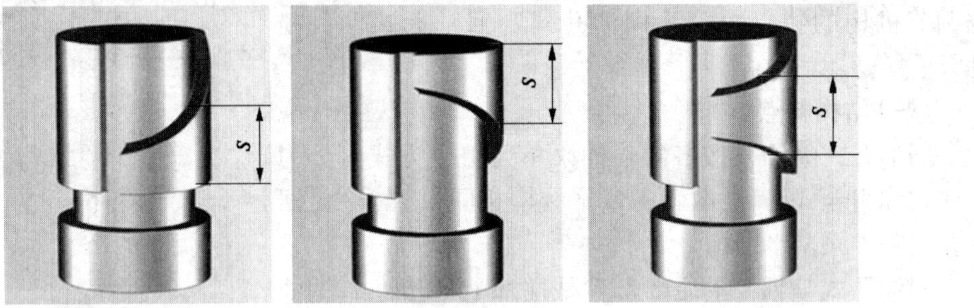


图 3-5 三种油量调节方式及柱塞头部结构

### (三)典型结构介绍

回油孔式喷油泵在其结构特点和工作原理相同的前提下,种类繁多。

1.Wärtsilä32 型柴油机喷油泵

图 3-6 为这种喷油泵的结构,喷油泵的主要零件是由柱塞 4 和套筒 5 所构成的偶件。柱塞上设有直槽、斜槽和环槽,套筒上开有两个圆孔。柱塞中部与调节齿圈 7 用键连接,齿圈与齿条 6 啮合,拉动齿条可转动柱塞以调整柴油机的循环供油量。柱塞下端接上下弹簧盘 8、10 及柱塞弹簧 9。喷油泵供油通过凸轮顶头顶动柱塞 4 上行完成,而柱塞的吸油动作则靠弹簧使柱塞下行来完成。套筒上端与上端盖 1 紧密结合,在上端盖上设有两个出油阀 2、3,当供油初期,少量燃油通过引喷出油阀使少量进入喷油器,而在主喷射阶段则通过主出油阀使大量燃油迅速喷入汽缸,这样既可以使燃烧初期工作比较柔,又可以控制整个喷射和燃烧过程不至太长。调节齿条 6 上有刻线,指示喷油泵供油量。在多缸柴油机中各缸喷油泵齿条 6 通过某种联结方式与油门拉杆相接,通过燃油手柄(或调速器)拉动油门拉杆可实现对供油量的总调;在油门手柄不动时,调节油泵齿条 6

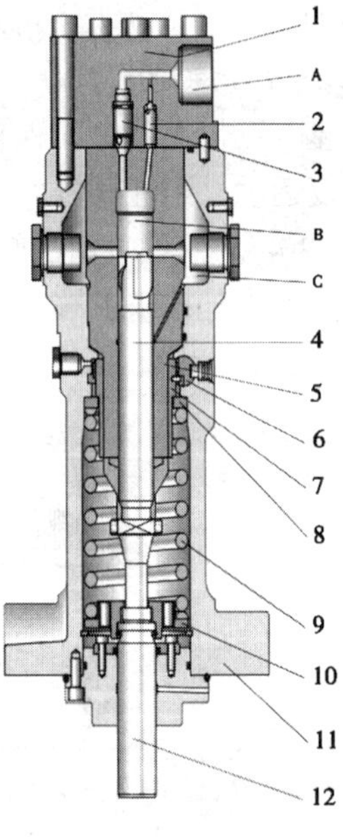


1—上端盖;2—引喷出油阀;3—主出油阀;
4—柱塞;5—套筒;6—齿条;
7—调节齿圈;8—上弹簧盘;9—弹簧;
10—下弹簧盘;11—泵体;12—顶头;
A—高压油管接口;B—高压腔;C—低压腔

图 3-6 Wärtsilä 32 型柴油机喷油泵

与油门拉杆的连接位置可实现对喷油泵供油量的单缸调整。

2.MAN B&W 6S50MC-C8 型柴油机的高压油泵

1)结构特点

6S50MC-C8 型柴油机的每个汽缸都单独设有柱塞式高压油泵,将传统的出油阀改为一个独立的吸油阀和一个用来停车的独立的空气刺破阀,因此 6S50MC-C8 型柴油机的高压油泵的主要构件就是柱塞套筒偶件、吸油阀偶件和空气刺破阀偶件。如图 3-7(a)是这种喷油泵的装配图,图 3-7(b)是刺破阀 652 组件和吸油阀 436 组件剖视图,图 3-7(c)是高压油泵的剖视图。

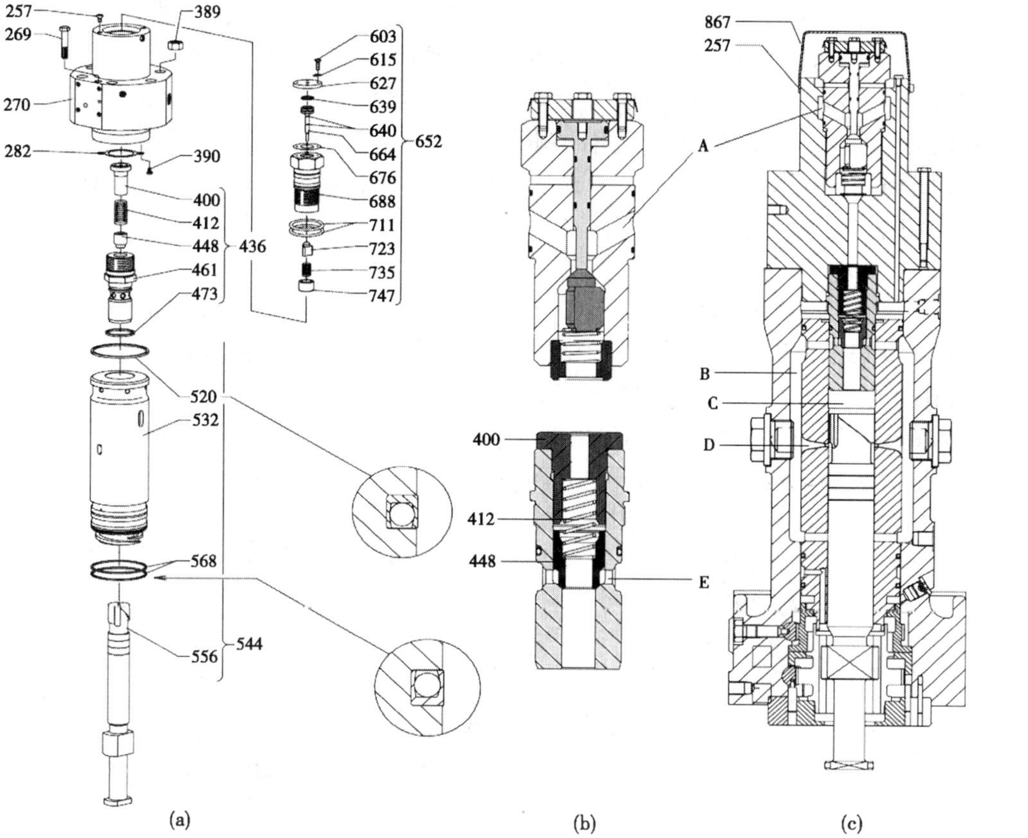


图 3-7 MAN B&W 6S50MC-C8 型柴油机的高压油泵

(1)柱塞套筒组件:包括柱塞 556、套筒 532、密封圈 520 和 568,套筒中部有对称布置的回油孔。

(2)吸油阀组件:包括吸油阀座 461、滑动吸油阀 448、弹簧 412 和弹簧导套 400,吸油阀座中部有一圈数个吸油孔和进回油腔相连。

(3)空气刺破阀组件:包括阀体 688、空气活塞 664、滑阀 723、弹簧 735 和弹簧座 747 及密封圈等,刺破阀位于高压油泵顶部,空气活塞上方空间和柴油机控制空气系统相连。

2)工作原理

(1)正常工作时,刺破阀中空气活塞上方没有控制空气,在弹簧 735 的作用下,滑阀 723 上行关闭,隔断高压油泵上方的空间和燃油循环冷却回路。

当柱塞下行时,柱塞将套筒上的回油孔 D 关闭,柱塞上方空间增大,压力降低。进/回油空间中压力为0.7 MPa的低压燃油经吸油阀体上的油孔E作用在滑阀448下方的环形受压面上,燃油对滑阀施加向上的力,并克服弹簧412向下的弹力和滑阀自身的重力,将滑阀448向上推开,燃油进入柱塞上方空间。

柱塞运动到底部时,柱塞上部空间C燃油压力和进/回油空间B的压力相等,滑阀448在弹簧412的作用下关闭,隔断柱塞上部燃油空间C和进/回油空间B。当柱塞上行时,柱塞上方空间燃油压力增加,向高压油管和喷油器供油。当柱塞头部的斜槽打开套筒上的回油孔D时,供油结束。

(2)柴油机停车时,空气刺破阀中空气活塞664上方通入控制空气,推动其下行,克服弹簧735的弹力将滑阀723向下顶开,柱塞上方空间的高压燃油经刺破阀阀体上的通道A回到燃油循环冷却回路中,柱塞的上下运动不再压缩燃油,柴油机停车。此时进回油空间的燃油经套筒上的进/回油孔D和开启的刺破阀与循环油路A相连通。低压燃油自D孔流入,经通道A流出,燃油在系统中一直循环流动,可以防止燃油凝结,并在停车期间对高压油泵和喷油器进行预热。

3)优点和缺点

(1)优点。这种结构可以保证柴油机在任何航行或停泊状态下始终使用燃油而无须换油,在停泊状态下可以利用燃油在其中的循环来预热油泵和喷油器。这样可以最大限度地减少轮机工作人员的工作量。在紧急情况下可以利用空气刺破阀来迫使柴油机紧急停车。

(2)缺点。这种喷油泵由于不设出油阀,供油结束时,当柱塞上的斜槽打开进/回油孔D的瞬间,高压油管中的高压燃油迅速回流,会造成进/回油空间B的压力剧烈波动。为减小工作中燃油油压波动,必须在高压油泵泵体上装设减振油缸。这将使高压油泵的结构变得复杂庞大。为减少燃油对高压油泵和泵体造成的冲刷腐蚀,在与进/回油孔对应的泵体上装有可以更换的防腐旋塞。

## 三、出油阀和阀座的作用及卸载方式

多数喷油泵在其出口处均装有出油阀,出油阀与阀座是喷油泵中的第二对精密偶件。出油阀偶件有蓄压、止回和减压(卸载)作用。蓄压作用指在柱塞供油行程中使供油压力逐渐累进。止回作用指柱塞吸油行程中出油阀自动落座,可防止高压油管内燃油倒流,缩短喷射延迟阶段,也有利于排除系统中的空气。减压作用指通过出油阀的卸载容积可有效地控制喷射结束后高压油管中的剩余压力,有助于消除因高压油管剩余压力过高而引起的重复喷射现象。按出油阀卸载方式可分为等容卸载式和等压卸载式两种。

### (一)等容卸载式出油阀

该阀偶件结构如图3-8(a)所示。图中$h$为出油阀的卸载行程,阀在落座前$h$距离时已把高压油管与油泵的工作空间隔断。因阀在落座前又下行$h$距离,高压油管中的容积增大,使管中燃油压力因容积增大而迅速降低,从而能缩短燃油喷射过程的尾喷阶段。等容卸载式出油阀的结构

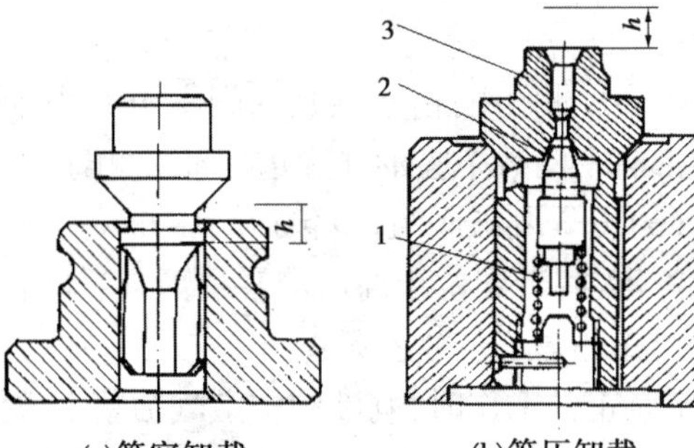


1—卸载弹簧;2—卸载阀;3—出油阀

图3-8　出油阀偶件

简单，可以通过选择适应的结构形式和参数来修正供油特性以适应柴油机工作的需要，因此得到广泛应用。其缺点是由于卸载容积一定，高压管中的剩余压力随柴油机工况而变化。尤其当在低负荷运转时，容易因卸载过度而引起空泡和穴蚀。长时间使用后，等压卸载式出油阀密封柱面将会磨损，造成其卸载容积减小，卸载能力变弱。

**（二）等压卸载式出油阀**

图 3-8（b）为等压卸载式出油阀。在出油阀上无减压环带，但在其内部设有一个由卸载弹簧 1 控制的锥形卸载阀 2。当出油阀关闭后，如果高压油管中的油压高于卸载阀的开启压力，卸载阀就开启，燃油便倒流入喷油泵的工作空间，直到同卸载阀的关闭压力相等时为止。高压油管中燃油的回流速度可由卸载弹簧的张力和卸载阀的尺寸来控制。等压卸载式出油阀不存在卸载容积，而是利用卸载阀对高压油管中的燃油起着降压作用，使高压油管中压力波的幅值减小。如卸载阀开启压力调节适当，既可避免重复喷射，又可避免穴蚀的发生。等压卸载式出油阀长时间使用后，弹簧变软，会使其卸载能力变强。

某些大型柴油机（如 B&W 型）的喷油泵出口处未装出油阀偶件，而在泵腔顶部装进油阀。显然，此种结构在供油结束时高压油管中的压力可迅速降低，从而避免重复喷射的发生，而且借助于较高的进油压力（约 0.7 MPa）可保证泵腔及高压油管始终充满燃油，并实现对喷油器的循环冷却。但此种结构在柱塞回油时，将使进油空间产生较强烈的压力波动。为了缓和此压力波动，可在泵体进油空间处装设弹簧缓冲器。

回油孔式喷油泵结构简单，工作可靠，价格低廉，因而广泛用于大、中、小型柴油机中。但此种油泵柱塞因有斜槽、直槽，故密封性差，而且在直槽和斜槽中的压力油对柱塞产生一侧推力，使柱塞发生单面磨损。为避免此单面磨损，可采用具有两条对称布置斜槽的柱塞，以使侧推力互相抵消。

## 四、回油孔式喷油泵的检查调整

在船用柴油机中，喷油设备的工作对燃油的燃烧过程具有重要作用。因而，对喷油设备进行正确的维修保养，使之在最佳状态下工作是十分重要的。这种维修工作主要包括对喷油泵、喷油器的定期检查与调整。喷油泵在喷射过程中的作用有供油定时、定量及产生高压，因而对喷油泵的检查与调整也主要包括这三项内容。

**（一）供油定时的检查与调整**

1.供油定时的检查

供油定时的检查方法因机型而异，在柴油机说明书中均有专门说明。以下介绍几种在船舶上使用的方法：

（1）冒油法。如图 3-9 所示，首先将柴油机盘车至喷油泵供油点附近，检查时拆下喷油泵上的高压油管，并接上有助于清晰观察液面变化的玻璃管接头。然后将燃油手柄置于标定供油位置，手动喷油泵柱塞使燃油在玻璃管中上升到一定可见高度。缓慢盘车，同时注视玻璃管中液面位置。液面刚上升的时刻即为供油时刻，此时停止盘车。曲轴飞轮上的指示刻度即为相应的供油提前角。对多缸机可按发火顺序依次检查。

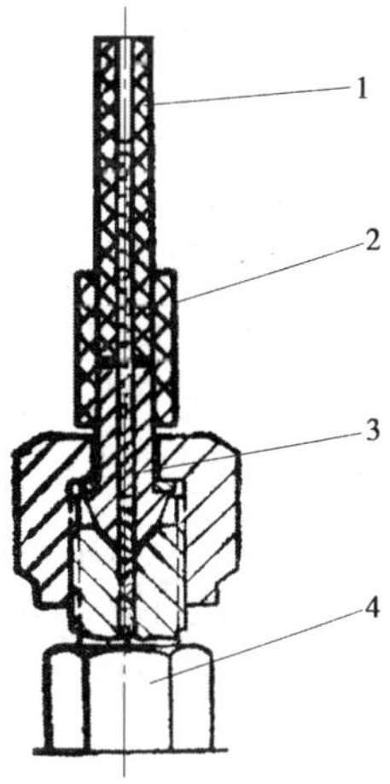


1—玻璃管；2—胶套接头；
3—球状接头；4—喷油泵接头

**图 3-9　冒油法测量供油定时**

(2)照光法。如图 3-10 所示,对于大型回油孔终点调节式喷油泵,若套筒上进、回油孔高度相等时,可拆下泵体上与之相对的螺钉缓慢盘车,从油孔中观察柱塞的运动,并在对侧的螺孔处用手电筒照明。当柱塞上行到刚将回油孔封住而看不到光线时立刻停止盘车。此时飞轮上的刻度为该泵的几何供油始点。

(3)标记线法。如图 3-11 所示,有些柴油机油泵的泵体上有一条固定标线,而柱塞导程筒上有一条滑动标线。盘车时滑动标线由下向上移动与固定标线重合的瞬时即为喷油泵的几何供油始点。

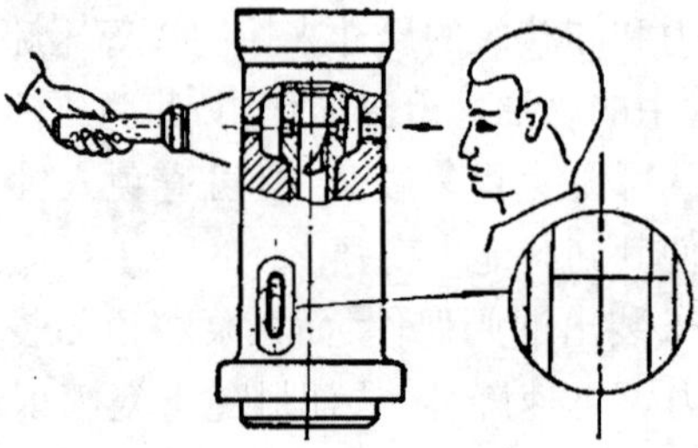

**图 3-10　照光法测量供油定时**

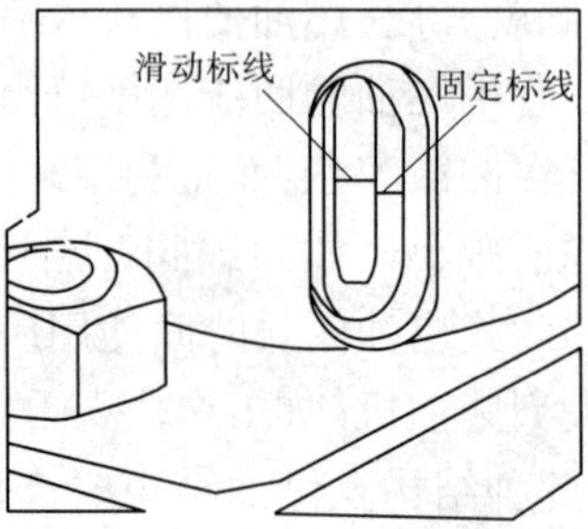


**图 3-11　标记线法测量供油定时**

2.供油定时的调整

根据喷油泵的工作原理和喷油泵的传动结构,改变喷油泵供油定时的调整方法一般有下列三种。

(1)转动凸轮法。各种类型的柴油机,安装凸轮的凸轮轴与曲轴按固定速比(1 : 1 或 1 : 2)传动;无论是齿轮传动还是链传动,只要改变两轴的相位,即改变了燃油凸轮的相位,喷油泵的供油定时也发生改变。对于整体式凸轮轴(小型柴油机)调节整机的供油定时,可松脱油泵凸轮轴连接法兰盘,转好调节角后再重新连接。此做法的规律是:凸轮轴相对曲轴超前时,供油提前;反之,则滞后。对于装配式凸轮轴(大中型柴油机)调节单缸的供油定时,可直接转动燃油凸轮的安装相位。沿凸轮轴正车方向转动凸轮,定时提前;反之,定时滞后。

(2)升降柱塞法。此法多用于中小型柴油机回油孔调节式喷油泵。柱塞上升时定时提前;反之,则滞后。柱塞的升降是通过调节顶动柱塞的顶头高度来实现的:在顶头上装有调节螺钉,螺钉的旋入或旋出改变了顶头的高度。调节前后需松动或紧固锁紧螺母。

(3)升降套筒法。此法多用于大中型柴油机回油孔调节式喷油泵。套筒上升时定时滞后;反之,则提前。套筒的升降有三种途径:一是套筒上端设有一组调节垫片,减少垫片即升高套筒,供油定时滞后;二是在泵体下端设置多个调节垫片,增加垫片或增厚垫片使套筒升高,供油定时滞后;三是在套筒下部设螺旋套,用定时齿条拉动使套筒升降。

上述三种供油定时的调节方法,均未改变柱塞的有效行程,这也是供油定时调节的基本原则。它们对凸轮有效工作段的影响不同:转动凸轮法未改变凸轮的有效工作段,喷油泵供油规律不变;而升降柱塞法及升降套筒法均相应改变了凸轮的有效工作段,喷油泵供油规律相应改变。

需要说明的是,除了转动凸轮法适用于所有类型的喷油泵外,应用升降柱塞法和升降套筒法时,应根据不同类型的喷油泵并参照其说明书进行。

**(二)供油量的检查与调整**

在多缸柴油机中,当油门手柄置于某固定位置时(标定油门)各缸供油量应该均等,以保证各缸负荷均匀。此要求已在柴油机出厂调试中予以保证。按有关规定,在全负荷时各缸供油量的不均匀性应小于5%。在柴油机长期运转后或柴油机的喷油系统拆检后,各缸供油均匀性将发生变化,需进行调整。通常,供油量的检查包括停油位置和供油均匀性检查。

1.停油位置检查与调整

停油位置或"0"位检查是当油门手柄处在停车位置时,各缸喷油泵的供油量应为零,以保证可靠停车。回油孔式喷油泵的油量调节齿条上有刻度,表示供油量多少。只要喷油泵安装正确,当齿条在小于刻度位置"2"时,就能保证喷油泵供油量为零。因此,在燃油手柄放在停车位置时,各缸喷油泵齿条都应处在刻度范围"0~2"内。如齿条刻度不符合要求,可通过转动齿条与油量调节杆连接处的调节螺栓调节。

2.供油均匀性检查与调整

燃油手柄置于标定油门,测量并保证各泵柱塞的有效行程相等并符合说明书规定。

回油孔式喷油泵齿条刻度相应地表示柱塞有效行程的大小。当燃油手柄置于标定位置,检查并调整各泵齿条刻度,使之与说明书规定值相等。对于中小型柴油机所使用的组合式喷油泵,应在油泵试验台上测定各泵连续泵油规定次数(如100次)时在专用计量筒中的累计供油量,然后酌情进行调整。这种测定方法准确,但需专用喷油泵试验台。

## 五、回油阀调节式喷油泵

### (一)结构特点

图3-12所示为回油阀调节式喷油泵结构简图。可以看出,回油阀调节式喷油泵的柱塞3上不设直槽、斜槽与环槽,在泵体中设有进、回油阀7以调节柱塞的有效行程。进、回油阀由柱塞通过摆杆10驱动。

### (二)工作原理

图3-12(c)为始终点调节式。其回、进油阀分列在偏心轴11(支点)左右两侧,由柱塞通过摆杆10和顶杆8顶动。柱塞位于凸轮1基圆时,右侧进油阀被顶杆8顶开,而左侧回油阀关闭,泵腔经进油阀进油。柱塞上行初期泵腔内燃油经开启的进油阀回油,出油阀6不开,无供油排出。当柱塞上行到进油阀落座时刻(此时回油阀尚未打开)即为泵油始点,出油阀开启对外供油。当柱塞上行至回油阀开启时刻,泵腔内燃油经回油阀回油,为泵油终点。此期间内柱塞上行的行程为柱塞的有效泵油行程。此后,柱塞上行至最高位置,泵腔内燃油经回油阀回油。柱塞下行,泵腔经进、回油阀充油直至柱塞最低位置(凸轮基圆)。转动偏心轴11可同时改变进油阀关闭时刻与回油阀开启时刻,即同时改变了供油始点与终点,故此种喷油泵为始终点调节式。

若去掉偏心轴11左侧的回油阀,保留右侧的进油阀,如图3-12(a)所示,则当转动偏心轴时供油始点变化而供油终点(柱塞最高位置)不变,即为始点调节式。同理,若保留回油阀而去掉右侧的进油阀,如图3-12(b)所示,则为终点调节式。

若把各泵的偏心轴11用一拉杆与油门手柄连接,则拉动油门手柄可同时调节各缸的供油量,此为总调;在油门手柄固定不动的情况下,调整调节螺钉9的高度即改变顶杆8与进、回阀之间的间隙,可改变供油始点或终点,即改变单缸供油量,此为单调。若转动偏心轴使进、回油阀在柱塞的上行行程中均不能同时关闭,则为停车位置。

回油阀调节式喷油泵柱塞偶件密封性好,磨损小,但结构复杂、管理麻烦,通常用于大型低速柴油机上。如Sulzer低速柴油机多使用此种喷油泵。

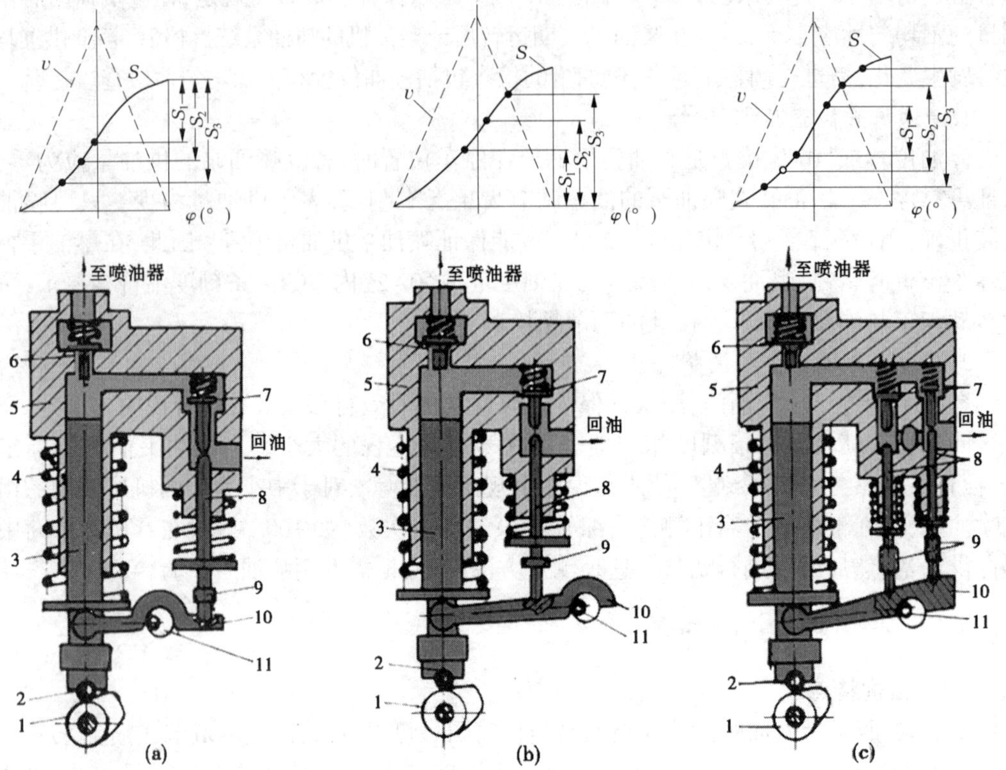


1—凸轮;2—滚轮;3—柱塞;4—弹簧;5—泵体;6—出油阀;
7—进、回油阀;8—顶杆;9—调节螺钉;10—摆杆;11—偏心轴

**图 3-12　回油阀调节式喷油泵结构简图**

### (三)三种调节方法的比较与应用

图 3-12 分别给出了三种调节方式的供油始点、供油终点、有效行程及供油提前角的变化特点,并分别给出了三种调节方式下供油速度 $V$ 及有效行程 $S_1$、$S_2$、$S_3$ 的变化特点。可知,始点调节式供油始点可调,供油速度较高,终点不可调,供油速度低;终点调节式,供油始点不可调,供油速度较低,终点可调,速度较高;始终点调节式,供油始点和终点均可调,速度均较高,喷油压力较高。

根据燃烧理论,供油提前角对柴油机的燃烧质量有显著影响,而且最佳供油提前角应随柴油机转速增高而相应加大,以保证燃烧前有足够准备时间。由此,对船用发电柴油机因其负荷变化而转速基本不变,故应采用终点调节式喷油泵较合理。此时,当负荷增加时,转速不变,供油定时不变,供油终点延后,供油量增加。而对于变速变负荷的船用主机,则应采用始点调节式或始终点调节式。此时,负荷增加,转速升高,供油始点提前(或终点延后),供油量增加,既满足负荷对供油量的要求,又满足转速对供油定时的要求。当船用柴油主机采用高增压时,通常均采用减小供油提前角的调整措施。此时,在标定负荷时供油提前角已经很小,如仍采用始点调节式喷油泵,则在低负荷时供油提前角的变化无法保证柴油机仍然有一个正常的燃烧过程。由此,应采用始终点调节式较为合理。如 Sulzer RND、RND-M 型均采用始终点调节式喷油泵。但在使用中发现,如固定始点(不与油门手柄连接)仅使用终点调节更好,由此现代高增压船用主机以采用终点调节式居多。

### (四)回油阀式喷油泵的检查和调整

1.零位的检查和调整

回油阀喷油泵的供油量取决于进、回油阀同时关闭的时间长短。当燃油手柄置于停车位置时,只要在柱塞上行的全行程中进、回阀不同时关闭,即可实现停车。为此,对此种喷油泵的零位检查应首先测定进、回油阀的关闭和开启时刻,然后检查其零位。下面以始终点调节式喷油泵为例,说明其零位检查与调整的步骤。

(1)拆下进、回油阀上方的弹簧,拆出柱塞上方的出油阀。

(2)将燃油手柄置于停车位置,盘车至凸轮最高位置,在进油阀上方装专用千分表并把表的读数调为"0"(进油阀关闭位置),见图3-13中①。

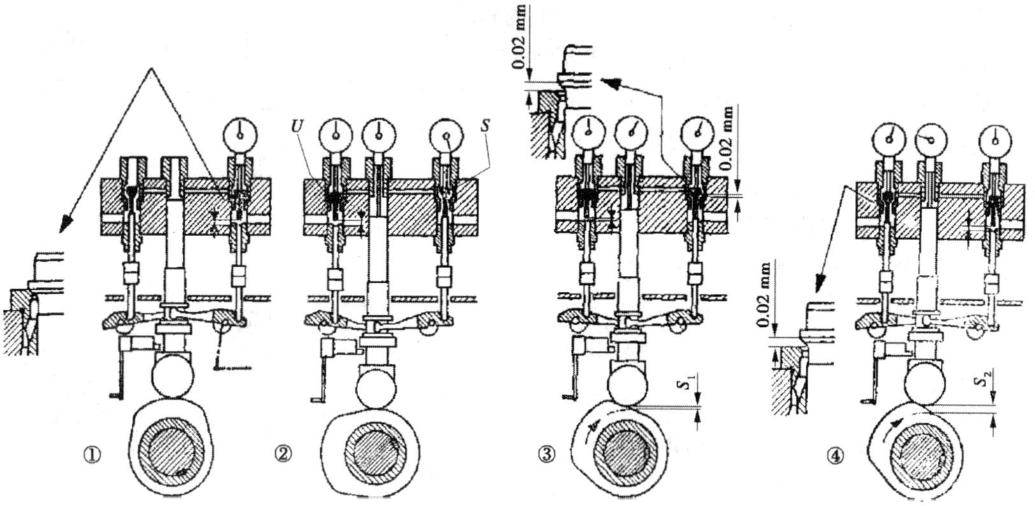


图3-13 回油阀始终点调节式喷油泵供油量检查示意图

(3)继续盘车至凸轮基圆,在回油阀及柱塞上方装专用千分表,并把读数调"0"(回油阀关闭,柱塞处于最低位置),见图3-13中②。

(4)正向盘车,当进油阀千分表读数为0.02 mm时为进油阀关闭时刻,停止盘车。

(5)检查回油阀上方千方表,其读数应为某规定数字(如0.8 mm以上),表示该油泵零位正确。如零位不正确(回油阀千分表读数小于规定值),应酌情调节进、回油阀杆下方调节螺钉9(见图3-12)。

由上可知,若需检查回油阀式喷油泵的进油始点,则在进油阀上方使用一个千分表即可;若需检查回油阀式喷油泵的停车位置,则需要在进、回油阀上方各使用一个千分表。

2.供油均匀性检查与调整

将燃油手柄置于标定油门,测量并保证各泵柱塞的有效行程相等且符合说明书规定。

回油阀式喷油泵按说明书规定,以测定各泵柱塞的有效行程 $S_e$ 来检查其供油均匀性。以下仍以始终点调节式为例,说明供油量均匀性的检查方法:

(1)按上述零位检查中(1)、(2)、(3)步骤在进、回油阀、柱塞上方装专用千分表并调零。

(2)正向盘车,当进油阀千分表指示0.02 mm时为供油始点,停止盘车。此时柱塞上方千分表读数 $S_1$ 为无效行程,如图3-13中③所示。此时,飞轮上的刻度即为供油提前角。

(3)继续盘车至回油阀上方千分表读数为0.02 mm时为供油终点(回油阀开启),停止盘车。柱塞上方千分表读数为 $S_2$，如图 3-13 中④所示。飞轮处刻度即为供油结束角。

（4）柱塞有效行程 $S_e=S_2-S_1$。各缸喷油泵柱塞有效行程 $S_e$ 的差值应小于 0.2 mm，才能保证各缸供油均匀。

如 $S_e$ 值不符合规定值，应视供油始、终点的变化酌情调节进、回油阀杆下方的调节螺钉 9（见图 3-12）。由上可知，若需检查回油阀式喷油泵的供油均匀性，则需要三个千分表。

## 六、喷油器的结构及工作原理

喷油器的作用是把喷油泵排出的高压燃油以雾状喷入汽缸，以利于形成可燃混合气。喷油器的结构和参数决定着喷雾的质量。喷雾油束要与燃烧室形状匹配，以利于形成可燃混合气。喷油器头部与高温燃气接触，工作条件极为苛刻。对喷油器的要求主要有：保证良好的雾化质量和合理的油束形状；喷油开始和结束应利落，无滴漏和二次喷射等异常喷射现象。

喷油器分为开式和闭式两大类。开式喷油器结构简单，但雾化质量和喷射性能较差，目前已很少使用。闭喷油器利用液压起阀原理，当作用在喷油器针阀承压锥面上的油压超过喷油器弹簧预紧力时针阀开启，高压燃油从喷孔中喷入汽缸雾化。由此，闭式喷油器可保证良好的雾化质量，停油时又能迅速断油防止燃油滴漏。因而，船用柴油机多使用闭式喷油器，又称液压起阀式喷油器。

### （一）喷油器的结构及工作原理

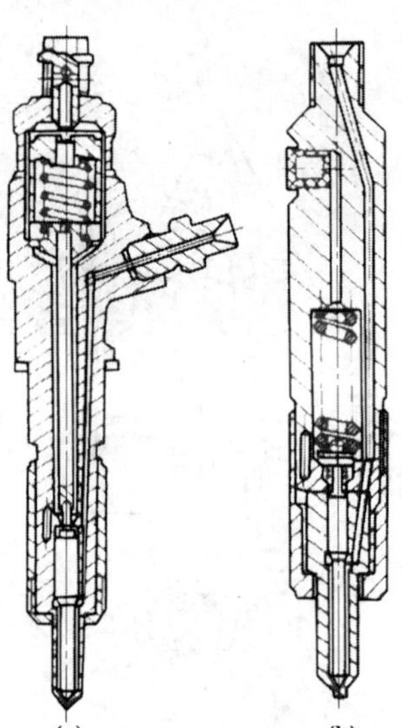
(a)　(b)

图 3-14　喷油器的结构

喷油器中的主要部件是针阀偶件，它由针阀和针阀体组成。如图 3-14 所示，图 3-14（a）为普通喷油器，图 3-14（b）为低惯量喷油器。针阀由弹簧预紧。当作用在喷油器针阀承压锥面上的油压超过喷油器弹簧预紧力时，针阀开启，高压燃油从喷孔中喷入汽缸雾化，此燃油压力称启阀压力。当作用在喷油器针阀承压锥面上的油压低于启阀压力时，针阀关闭。喷油器针阀密封座面以下的容积称为压力室容积。喷油结束时，针阀座关闭，但压力室中存有燃油，且此部分燃油靠高温蒸发在无喷射状态下进入燃烧室内燃烧，燃烧不完全，使经济性、排放指标恶化。因此，压力室容积应尽量小。

针阀结构如图 3-15 所示。图 3-15（a）为单孔式喷油器针阀，图 3-15（c）为轴针式喷油器针阀。单孔式喷油器因雾化质量较差，油束分布不均，一般只用于对喷射质量要求不高的涡流室式和分隔式燃烧室中。图 3-15（b）为多孔式喷油器针阀，所有开式燃烧室柴油机均采用多孔喷油器。

对于强化程度较高的中、低速柴油机，大多使用冷却式喷油嘴。这种喷油嘴在针阀体内部布置有冷却液通道用以冷却，这种冷却方式称为内部冷却。冷却液通常采用淡水或燃油。淡水导热系数大，冷却效果好。用燃油冷却无须专门密封，系统较为简单。目前，新型大、中型柴油机普遍采用燃油冷却。

### （二）喷油器的调整参数

喷油器针阀由调压弹簧紧压在针阀体密封座面上，压紧力由预紧力和弹簧刚度决定，燃油

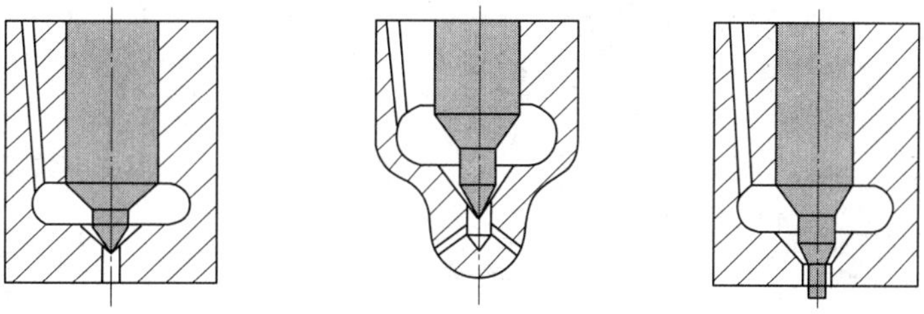

(a)单孔式　(b)多孔式　(c)轴针式

**图 3-15 针阀结构示意图**

压力作用于针阀在盛油槽内的承压面上。当燃油压力达到开启压力 $p_0$时,针阀上升而开启。

当喷油接近结束时,盛油腔内的油压下降,针阀又在弹簧预紧力的作用下下行,针阀落座,停止喷油。

在喷油系统其他参数一定的条件下,喷油器开启压力 $p_0$越大,则高压油管内的峰值压力 $p_N$越高,峰值压力 $p_N$一般是 $p_0$的 2~4 倍。对轴针式喷油器,开启压力 $p_0$一般在 12~15 MPa,对中、小功率柴油机用多孔喷油器,$p_0$一般为 18~25 MPa;对大功率柴油机用多孔喷油器,$p_0$一般在 30 MPa 以上。

### (三)典型结构介绍

现代船用二冲程长(超长)行程柴油机使用了一种燃油循环冷却、尺寸小、重量轻的喷油器。如 MAN B&W L(S)MC/MCE 型和 Sulzer RTA 型柴油机使用的喷油器,这两种机型使用的喷油器在具体结构上有所不同。

图 3-16 所示是 MAN B&W 柴油机使用的一种非冷却多孔式喷油器。这种喷油器的特点是可以使燃油系统中的燃油经喷油泵进入喷油器本体内循环冷却,最后排至混油柜。在该缸喷射期间,高压的燃油首先使燃油循环回路中断,然后高压燃油进入针阀的油腔内,待达到起阀压力时针阀开启进行喷油。供油结束,油压降低,针阀落座。当油压降低至某规定值时,上述燃油循环回路重新接通,喷油器本体的燃油循环重新恢复。这种结构不但省略了单独的冷却系统,而且这种燃油循环在柴油机备车期间可对喷油器进行预热,在运转期间对喷油器冷却并兼有驱气作用。

如图 3-17 所示,喷油器内有两个阀,上部是止回阀,由止回阀体 D、止回阀 E、止推座 F 和压力弹簧 G 组成。下部是喷油针阀,由针阀体 A、针阀 B 和止推座 C 组成。燃油由喷油器顶部进入。当柴油机不喷射时,燃油由电动输油泵供给,如图 3-17(a)所示,此时由于燃油压力较低,止回阀关闭,即其止回阀 E 封闭燃油下行信道,在止推座 F 的下部有一个旁通孔 H 开启,燃油经此旁通孔在喷油器体内循环后排出。在喷油期间,如图 3-17(b)所示,燃油由高压喷油泵供给,油压大于 1 MPa 时,止回阀被油压抬起 $D_1$,旁通孔 H 关闭,燃油向下进入下部针阀的油腔内。在燃油压力达到起阀压力时,针阀 B 被油压抬起 $D_2$,即针阀的升程。燃油喷入汽缸,见图 3-17(c)。喷油器起阀压力由弹簧的安装预紧力和有关零件尺寸预先确定,使用中不能进行调节。如需调节,则应解体喷油器并换用专用弹簧垫片。

喷油器针阀下部的燃油切断杆可以将压力室消除,可以有效地减少有害气体排放和提高经济性。

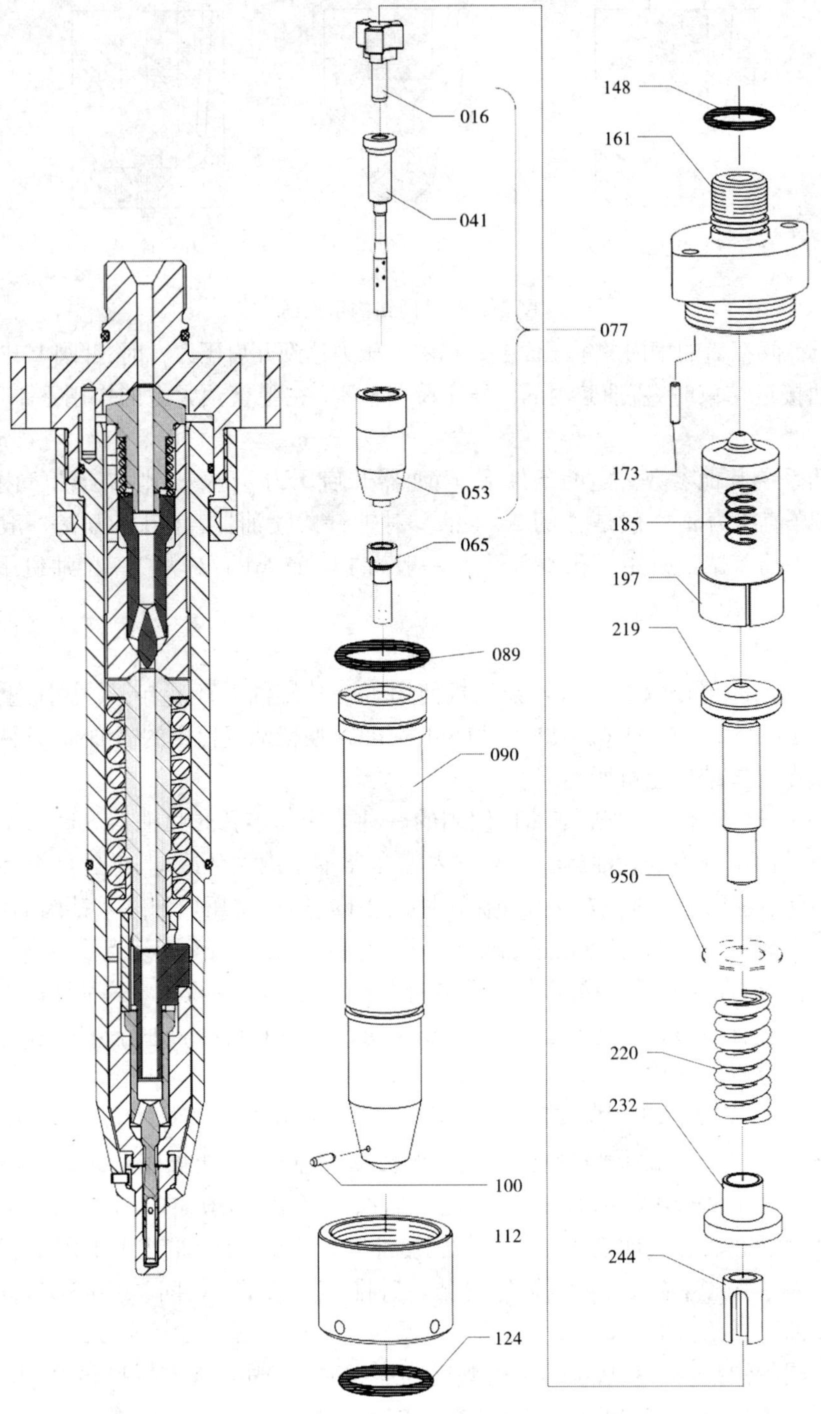


图 3-16　MAN B&W MC-C 型柴油机喷油器简图

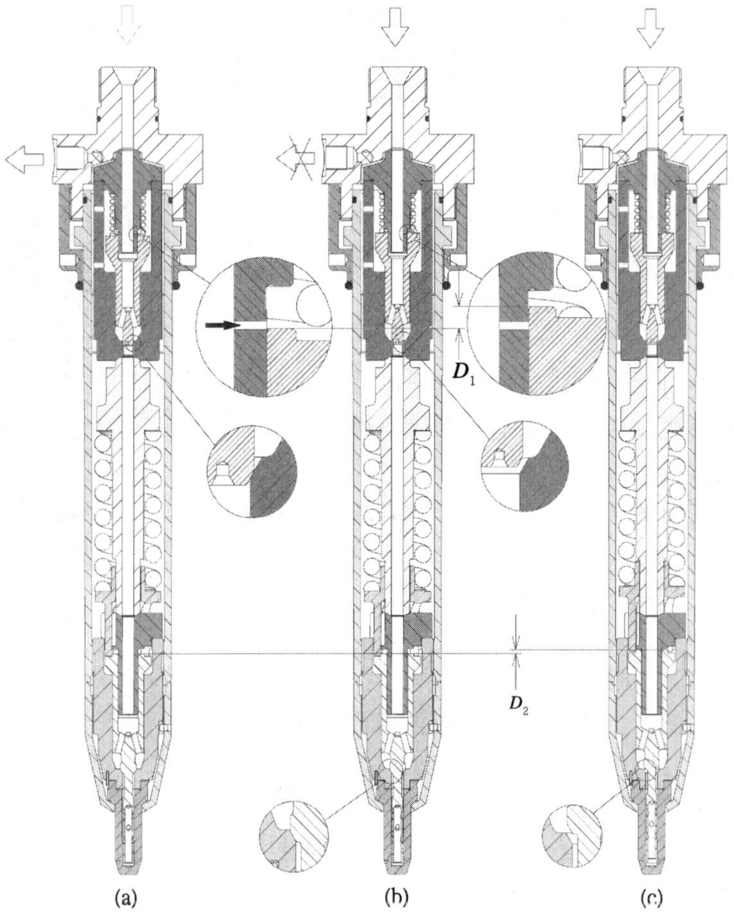


图 3-17　MAN B&W MC-C 型柴油机喷油器工作原理图

图 3-18 为 Wärtsilä 38 型柴油机喷油器，高压油管从喷油器中部接入，在喷油器上设有循环油路，确保柴油机在停车状态下燃油的循环流动，这样就可以使柴油机在停车和机动航行工况下一直使用重油。

## 七、主要零件及其故障

喷油设备主要包括喷油泵的柱塞偶件、出油阀与阀座偶件、喷油器的针阀偶件，对某些大型船用喷油器头。

### （一）柱塞与套筒

柱塞与套筒是一对精密偶件。柱塞应在套筒中自由往复运动并在高压下保持良好的密封性，但允许有微量漏油以润滑其配合面。在工作中，柱塞偶件受到燃油的腐蚀作用及燃油中所含杂质的擦伤。所以，要求制造柱塞偶件的材料硬度高，耐磨、耐腐蚀，加工尺寸稳定性好。

这些要求可通过正确选用材料（镍钢、镍铬钢），进行热处理（如淬火、表面氮化、表面渗碳等）以及采用精密的加工工艺（配合间隙可达 0.002～0.003 mm）等来满足。此偶件不能互换，如需更换，应成对换新。

柱塞偶件的主要故障有过度磨损、拉毛、卡紧、咬死以及穴蚀等。

过度磨损使偶件密封性下降，造成偶件漏油，喷油压力下降，雾化不良，以致使各缸供油不均、转速不稳等。过度磨损除与偶件材料及加工有关外，主要取决于燃油质量，如黏度、硫分和机械杂质含量等。当硬质杂质进入偶件配合面时，容易造成偶件拉毛。过度磨损及拉毛多发生在柱塞头斜槽上部配油部位及套筒进、回油孔附近。

卡紧和咬死会引起该喷油泵停止供油而使该缸停止燃烧。卡紧和咬死的主要原因是使用劣质燃油时燃油中所含杂质太多或燃油温度突变。

穴蚀使柱塞表面的金属受到破坏，外形改变，柴油机性能下降，甚至柱塞损坏。柱塞穴蚀多发生在斜槽的上方，而且以在常用负荷时与回油孔相对的柱塞表面处最严重。发生穴蚀的机制与前述的缸套外表面穴蚀相同。在柱塞的斜槽打开回油孔的瞬时，柱塞上方的高压燃油与回油孔外的低压燃油相通，此时燃油以极高流速冲入回油孔，过大的压力降使燃油汽化形成气泡。此气泡在随后的压力升高时发生破裂而在柱塞表面和套筒表面产生穴蚀。该穴蚀现象还可能发生在出油阀偶件、高压油管内表面以及喷油器针阀偶件表面。

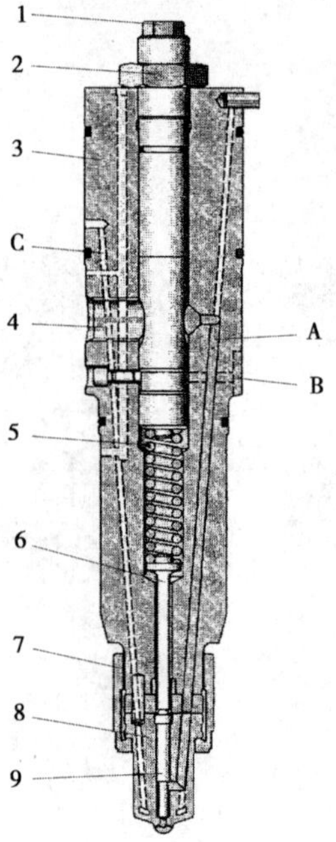


1—调节螺钉；2—锁紧螺母；3—喷油器体；4—高压油管接头；5—弹簧；6—顶杆；7—紧固螺母；8—针阀体；9—针阀

**图 3-18 Wärtsilä38 型柴油机喷油器**

防止喷油设备穴蚀的主要措施有：

(1)选择具有合适形式与参数的出油阀。如采用等压卸载出油阀或优化等容卸载出油阀的结构。

(2)合理控制卸载速度。如提高低压腔进油压力，或在喷油泵回油系统中设置缓冲器以吸收回油系统中的压力波。

**(二)阀与阀座**

喷油泵中的阀与阀座偶件有两种：一种是出油阀偶件；另一种是进、回油阀偶件。阀与阀座偶件除应保证密封外，阀还应能在阀座上自由滑动，以保证及时启闭。阀与阀座在工作中除受到落座时的强烈冲击外，还受到燃油的腐蚀与冲刷作用。因而，要求阀件有足够的表面硬度和抗冲击性能，一般选用优质合金钢并进行渗碳或氰化表面处理。

阀偶件的密封面应进行配对研磨，不允许互换。其密封带宽度不应大于 0.4～0.5 mm。阀与阀座的主要故障有密封面磨损、阀杆卡紧或咬死。

进、回油阀磨损泄漏时，喷油压力降低，影响雾化和燃烧并使供油量减少；出油阀泄漏时，将使循环供油量减少和喷油延迟。密封面磨损可通过研磨修复。进、回油阀杆卡紧或咬死的后果因阀的种类及卡紧或咬死的位置而异。如阀杆在开启位置咬死，则进、回油阀不能关闭而导致喷油泵停止供油，单缸熄火。阀杆卡紧或咬死可能由润滑不良、受热不均或阀杆、导套变形所致。

### (三)针阀与针阀体偶件

针阀偶件是喷油器中的精密偶件。其工作条件除与喷油泵的柱塞偶件相同外,还受燃烧室高温及针阀落座时的撞击。针阀在针阀体中应能自由上下运动,并有可靠的密封性,允许针阀与针阀体之间有微量漏油以进行润滑。针阀偶件一般采用耐磨性好、韧性好、疲劳强度高以及高温下有足够硬度的材料制成,如滚珠轴承钢、低碳合金钢等。其加工工艺要求高,以保证精确的配合间隙(一般为0.02~0.04 mm)。另外,针阀与针阀座之间也应有良好的密封性,其密封锥面上的密封环带宽度不宜太宽或太窄,通常以0.3~0.5 mm为最佳,而且此环带应位于针阀锥面的上边缘,以保证针阀升起时有足够大的燃油流通面积,避免节流损失。若针阀座使用中磨损下沉,则在针阀升起初期燃油从狭缝中漏出,节流损失大,雾化不良。同时,阀座下沉也引起针阀升程增大(针阀升程一般为0.4~1.3 mm),使针阀落座时撞击增大。

针阀偶件的故障主要有密封面磨损及针阀卡紧或咬死等。

针阀偶件的密封面有四个,即针阀与针阀体圆柱面、针阀与针阀座锥面、针阀体与喷油器本体端平面以及针阀体与喷油嘴配合平面等。针阀圆柱面磨损引起喷油压力降低、雾化不良、各缸喷油不均、转速不稳等,主要由燃油质量不佳引起。在有些大型柴油机的喷油器上端面有专设的回油管,管理中可通过此管的回油量判断针阀圆柱面的磨损程度;针阀密封锥面磨损将引起燃油滴漏、喷孔结炭,该密封锥面磨损的原因与出油阀磨损相同,在管理中可通过喷油器的雾化检查加以判断;针阀体与喷油器本体端平面磨损主要由冷却水腐蚀引起,此时高压燃油漏往冷却水可引起雾化不良,管理中可通过喷油器冷却水箱中有无燃油加以判断。上述磨损除针阀圆柱面磨损外,其他各处磨损均可用研磨法修复。

针阀在针阀体中卡紧或咬死时,针阀不能及时启闭或不能启闭,此时该缸发火不正常,甚至单缸熄火,转速下降。若针阀在关闭状态下咬死,将同时使喷射系统中油压剧增,高压油管脉动强烈,高压油管接头漏油或破裂,喷油泵发热并有异常响声。若针阀在开启状态下咬死,将同时伴有高压油管无脉动,燃油未经雾化喷入汽缸。在管理中可通过上述迹象,尤其通过高压油管的脉动状态加以判断。针阀卡紧咬死的主要原因有燃油中含有机械杂质、油温突变、喷油器冷却不良而过热以及安装不良等。

### (四)喷油嘴

喷油器下端钻有喷孔并伸入燃烧室的零件称喷油嘴或雾化头。它不但受到燃油的冲刷、腐蚀,而且受到缸内的高温燃气作用。中小型柴油机喷油器的喷油嘴多与针阀体一体,如图3-17所示;大型柴油机的喷油嘴多与针阀体分开制造,如图3-18所示。喷油嘴中喷孔的数目与位置应与燃烧室匹配,以保证燃油雾化良好并与空气混合均匀。

喷油嘴的主要故障有喷孔堵塞、磨损以及裂纹等。

喷孔在使用中将因燃油的冲刷及腐蚀使直径增大,此时将破坏油束与燃烧室的匹配。当孔径增加10%时(用专门的器具测量),该喷油嘴应予以换新;喷孔堵塞大多由结炭引起。喷孔内外结炭主要是由雾化头过热引起的。喷孔结炭不仅破坏了油束与燃烧室的匹配关系,而且此结炭引起火焰逐渐移近喷孔,并加速了喷孔的堵塞,形成恶性循环,最后使喷孔堵塞。喷孔堵塞会使喷射持续期加长,后燃严重并出现二次喷射。喷油器冷却不良而过热是喷孔结炭堵塞的主要原因。如喷油嘴过热,当燃油流经喷孔时在孔内必生成结炭。喷孔外喷油嘴表面结炭大多与针阀密封不良或关闭不及时而形成滴漏有关。

喷油嘴裂纹主要由高温引起。

## 八、喷油设备的检查与调整

### (一)喷油泵的密封性检查

喷油泵密封性检查包括柱塞偶件、出油阀偶件及进、回油阀偶件的密封性检查。如其中之一密封不良,则影响喷油泵的高压供油性能及供油量。通常,密封性检查可按以下顺序进行:

(1)综合检查。在喷油泵高压油管接头处装压力表,手动泵油至达到说明书规定的泵油力时停止泵油,按住泵油手柄不动,观察压力表指标。此压力读数若能在说明书规定的时间(一般不小于 30 s)内保持不降,则认为密封性良好;否则,应按以下顺序继续检查。

(2)出油阀密封性检查。操作过程基本同上,区别在于停止泵油时应放松泵油手柄。由于泵油手柄松动,柱塞自然下行。这时若压力表读数基本不变,则认为出油阀密封性良好;否则,出油阀应予换新或取出出油阀。

(3)进、回油阀密封性检查。取出出油阀后重复第(1)项检查。若压力下降很快,则说明进、回油阀或柱塞偶件漏油。鉴别方法是在研磨进、回油阀并取得满意效果后再重复此项检查。若密封性明显改善,则说明原进、回油阀密封性不良;若密封性仍无改善,则说明柱塞偶件密封性不良,柱塞偶件应予换新。

通常,阀偶件密封不良可用研磨法修复;出油阀座和柱塞套筒之间的配合面如密封不良,可分别在水平的玻璃板或平台上研磨,使密封性恢复。此外,套筒与泵体之间的密封性亦不可忽视,此处漏油可在泵体下部查出。

### (二)喷油器的检查与调整

根据柴油机的运行状况,对喷油器必须坚持进行定期的预防性检查和不定期的诊断性检查。检查中如发现有不适之处,必须随时加以维修和调节,以保证喷油器始终能提供良好的喷油质量。检查内容包括启阀压力、雾化质量和密封性。

#### 1.启阀压力检查

启阀压力是喷油器开始喷射时的最低压力,对雾化质量影响很大,所有柴油机说明书中都规定了喷油器的启阀压力。对不同类型的柴油机,其值一般在 20~35 MPa 之间。喷油器长期使用后,启阀压力可能因调节螺钉松动、弹簧折断或卡滞、顶杆与针阀磨损或卡滞等而变动,因此必须经常进行检查。检查所用设备是喷油雾化试验台。检查前,必须先检查设备本身的密封性,即当关闭试验油泵的出口压动试验油泵使油压升至启阀压力以上时,油压应缓慢降落而不骤降。检查时接上试验的喷油器,先排除空气,然后观察开始喷油时的压力即启阀压力。如此值与规定值不符,则拧动调节螺钉,直到满意为止。

#### 2.雾化质量检查

此项检查也是利用喷油器雾化试验台。当手动泵油时细心观察喷柱的形状、数目、油滴细度和分布情况,注意察看在启阀压力之前和喷射之后喷孔处是否有燃油滴漏。良好的雾化质量应是喷柱符合要求,并且无油滴涌出或渗漏,整个喷射过程伴有清脆的“吱吱”声。对于雾化质量不佳的喷油器,如确系针阀锥面密封性不良所致,可用少许研磨剂调和机油仔细涂在锥面处研磨。当喷孔堵塞时可先用煤油浸泡,然后用略小于喷孔直径的钢探针疏通,必要时换新喷油嘴。

3.密封性检查

喷油器密封性检查包括针阀与针阀体圆柱面和针阀与阀座两处密封性检查。此项检查也是在喷油器雾化试验台上进行的。试验时泵油油压控制在略低或略高于启阀压力，停止泵油后观察油压降落的速度。如某机型要求泵压至启阀压力（调弹簧预紧力）在5 s内压降不大于5 MPa。若大于该值，说明针阀与针阀体圆柱面间隙大，因密封不良而产生漏油，致使压降较快。在检查圆柱面密封性的同时，亦可检查锥面的密封性，即在上述停止泵油时，若喷孔处只有轻度潮湿而无燃油滴漏者为密封性良好。

## 九、喷油设备的维护与管理

前述喷油泵和喷油器的检查与调节应属喷油设备日常管理的最重要内容。此外，尚应注意下列事项：

(1)对喷油设备需要适时进行拆检和试验，查出隐患和缺陷，及时排除。拆检时，须注意清洁，清洗只准使用轻柴油（或煤油），擦拭时不得使用棉纱。装复时注意正确定位，注意各密封面处的结合，并注意有关装配记号。

(2)备车时应对各缸油泵逐个进行手动泵油，以便润滑柱塞偶件和一并观察柱塞及其相关运动件的灵活性。此外，还应检查喷油泵油量调节机构动作的准确性和可靠性。

(3)长期停车之后或喷油设备经拆检重新装复之后，应注意喷油设备及燃油系统放气。喷油设备各处不得有燃油渗漏。

(4)运转中应注意高压油管的脉动状态。脉动突然增强，喷油泵有异响发出，则多为喷油器喷孔堵塞或针阀在关闭位置咬死所致；若高压油管无脉动或脉动微弱，则系柱塞或针阀在开启位置咬死或喷油器弹簧折断所致；若脉动频率或强度不断变化，则柱塞有卡滞现象。

(5)在柴油机运转中如需单缸停油，则应使用喷油泵专门停油机构抬起该油泵柱塞。不可关闭喷油泵燃油进出口阀，以免柱塞偶件断油缺乏润滑而卡死。

(6)应注意喷油器冷却系统的工作状况，确保喷油器可靠冷却，防止过热。定期检查喷油器冷却水循环柜内的水质变化，如混有柴油，则表示喷油器内有漏油现象。

(7)喷油器装入汽缸盖前应检查与缸盖配合座面的密封性，必要时需清洁与研磨，以防止燃气漏出烧毁喷油器；喷油器在缸盖上的固紧螺母不可预紧过度，应按说明书规定的预紧力或按固紧螺母上的标线预紧。

(8)注意缸内燃烧过程的变化。如从排烟颜色、排气温度、示功图等的不正常变化，判断喷油设备的工作状况。必要时，应酌情进行调整。

## 十、喷油设备精密偶件的失效形式与修理

### （一）精密偶件的主要损坏形式

1.柱塞-套筒偶件

柱塞-套筒是高压油泵中的一对重要偶件，其作用是保证高压油泵能准确地定时、有足够的供油压力、精确地供油和可靠地工作。高压油泵工作一段时间后，柱塞和套筒偶件主要产生下述损坏。

1）圆柱配合面的过度磨损

柱塞-套筒的工作表面产生磨损，柱塞螺旋槽附近的工作表面磨损尤为严重，如图3-19

所示。配合面的磨损将使配合间隙增大,泵油压力降低,进而影响喷油压力,导致雾化不良,燃烧恶化;各缸油泵的柱塞套筒偶件的磨损不同,泵油压力不同,各缸喷油量不等,以致各缸功率不等,柴油机各缸功率不平衡。

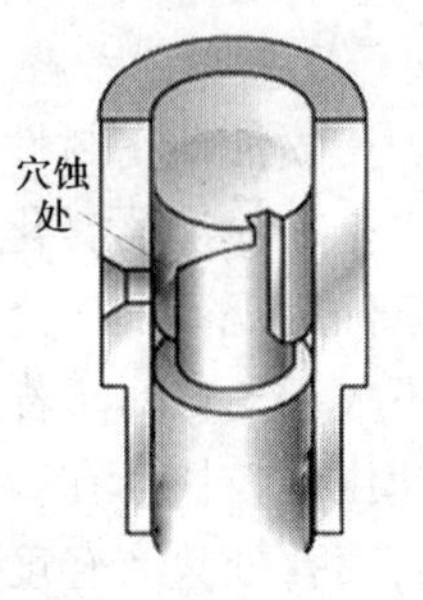


图 3-19　柱塞-套筒偶件的磨损

2)柱塞工作表面的穴蚀

柱塞螺旋槽附近的工作表面上发生穴蚀,如图 3-19 所示。穴蚀是由于燃油喷射终了时,螺旋槽的边缘将回油孔打开的瞬间,套筒内的高压油急速冲出,使套筒内压力骤然降低。螺旋槽边缘的油压低到该处温度对应的燃油蒸发压力时燃油汽化形成气泡。随后的高压燃油或其压力波使气泡溃灭,强大的冲击波作用使螺旋槽附近的工作表面金属剥落,即产生穴蚀。

3)圆柱配合面上的拉痕及偶件咬死

柱塞-套筒偶件圆柱配合面还会产生纵向拉痕、偶件卡紧甚至咬死。该损坏主要是由燃油净化不良、燃油中含有较多坚硬的机械杂质、配合间隙过小和偶件材料热处理不当引起的。

2.出油阀与阀座偶件

出油阀-阀座是高压油泵中的另一对精密偶件,在高压油泵中起着蓄压、止回和减压的作用。等容卸载式出油阀偶件的结构如图 3-20所示。出油阀与阀座偶件的主要损坏形式为:

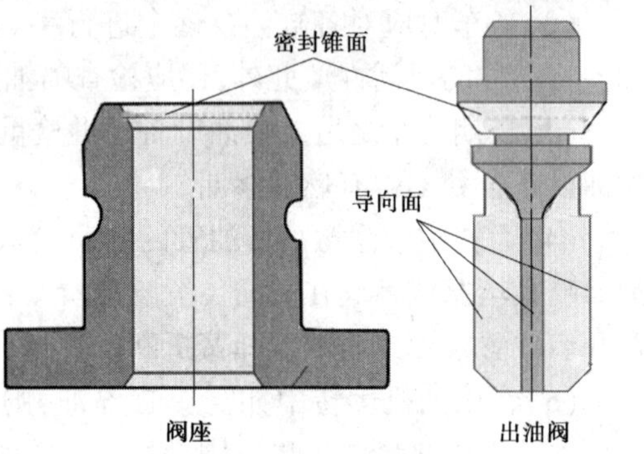


图 3-20　出油阀-阀座偶件

(1)工作表面过度磨损。出油阀导向面、减压凸缘、密封锥面产生过度磨损;出油阀座的密封锥面和内孔产生过度磨损。偶件配合面的过度磨损将使配合间隙增大,泵油量增多,造成不完全燃烧的后果。密封面磨损使密封性能下降,高压油回流,喷油压力下降。

(2)出油阀偶件出现出油阀卡紧、咬死或关闭不严而使出油阀处于常开状态的故障。

3.针阀-针阀体偶件

1)圆柱配合面和锥面配合面的过度磨损

针阀偶件圆柱配合面过度磨损,使配合间隙增大、喷油压力降低和雾化不良。各缸喷油器针阀偶件磨损程度不同,使各缸喷油量不等,从而影响柴油机功率平衡和低负荷运转的稳定性。针阀偶件的锥部配合面是重要的密封面。在正常工作时,为了密封和切断燃油迅速,要求:①针阀的锥角 $\theta'$ 较针阀体座面的锥角 $\theta$ 大 0.5°~1°,如图 3-21(a)所示为其配合角度的要求。②偶件锥面配合面上狭窄的环形密封带(称为阀线)的宽度为 0.3~0.5 mm,如图 3-21(b)所示为正常配合。环形密封带越窄,压强越大,锥面的密封作用和燃油喷射终了时切断燃油的性能就越好。

柴油机运转一段时间后,针阀偶件的锥面配合面会产生过大的磨损,使针阀下沉、环形密封带变宽或不连续或模糊不清,针阀升程加大,针阀与阀座的撞击力增加,使锥面配合面的磨损与损伤更加严重。锥面过度磨损后使针阀下沉,即针阀位置下移,如图 3-21(c)所示为密封锥面磨损后的配合。

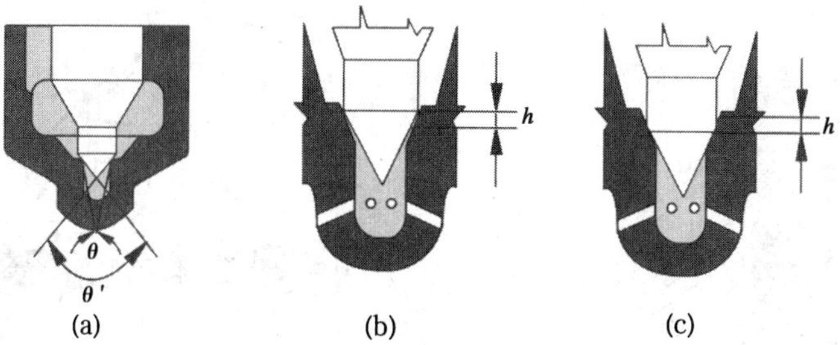


图 3-21　针阀-针阀体偶件的配合

2)针阀体端面腐蚀

针阀体的结构不同,有的针阀体头部带喷孔,另一端为平面,与喷油器本体端面相结合;有的针阀体两端均为平面,一端平面与带喷孔的喷油嘴结合,另一端平面与喷油器本体结合。针阀体端面长期使用会因燃油、冷却水使其发生微观电化学腐蚀,从而使其与喷油器本体或喷油嘴结合面处的密封性下降,产生燃油泄漏和油压降低、雾化不良等。针阀体端面腐蚀可以从喷油器冷却水循环水箱中有油星、油迹等现象进行判断。

3)喷孔磨损与堵塞

针阀体或喷油嘴头部分布着细小的喷油孔,孔径一般为 0.12~1.0 mm,喷孔数目为 1~12 个。喷油器的喷油孔直径、数目和分布随机型而异。喷油器工作一段时间后,由于高速、高压燃油的冲刷使喷孔磨损,孔径变大,雾化质量下降;当汽缸内燃烧不良、积炭严重时会使喷孔堵塞,孔径变小,甚至堵死。所以,无论是喷孔磨损还是堵塞,均破坏了燃油雾化及与燃烧室的配合,影响燃油与空气的混合。

针阀体喷孔周围积炭严重时形成炭花,如图 3-22(a)所示。这是由于针阀偶件锥面磨损后密封不良或针阀关闭不及时,导致喷孔滴油、漏油并黏附于喷孔四周,在高温下形成炭花。喷孔周围积炭影响燃油雾化质量,并使针阀体过热损坏。

**(二)精密偶件的检验**

在精密偶件的各种损坏形式中最常见的是磨损失效。对精密偶件磨损的检验,由于偶件极为精密,难于用测量尺寸变化量来掌握磨损程度,同时一些部位也难以进行测量。所以,对于精密偶件是通过密封性检验来了解其磨损程度和判断能否继续使用的。精密偶件检验前应仔细拆卸和清洗。偶件不具备互换性,不能分开乱放。

1.偶件的清洗

采用轻柴油或煤油清洗偶件,并应注意以下几点:

(1)针阀体或喷油嘴的外表面积炭采用钢丝刷清除。清除喷孔周围积炭时切勿损伤喷嘴,如喷孔被积炭堵塞,应采用专用通孔工具或钻头疏通喷孔。通孔时,切勿用力过猛,以免通针或钻头断在喷孔内。图 3-22(b)为喷孔的通孔工具——通针。

(2)偶件配合面应使用软毛刷或软布进行擦洗。清洗干净后用清洁纸或丝绸擦干,不可用棉纱头和破布擦洗,以免灰尘或棉纱黏附在偶件工作面上。

(3)清洗后的偶件放于清洁的专用容器中保存。

2.一般性检查

借助放大镜仔细观察工作表面有无严重磨损、擦伤的痕迹,针阀锥面有无沟槽,喷孔有无变形等,柱塞直槽和斜槽边缘有无剥落和锈蚀,柱塞、套筒有无裂纹等。对于出油阀,主要

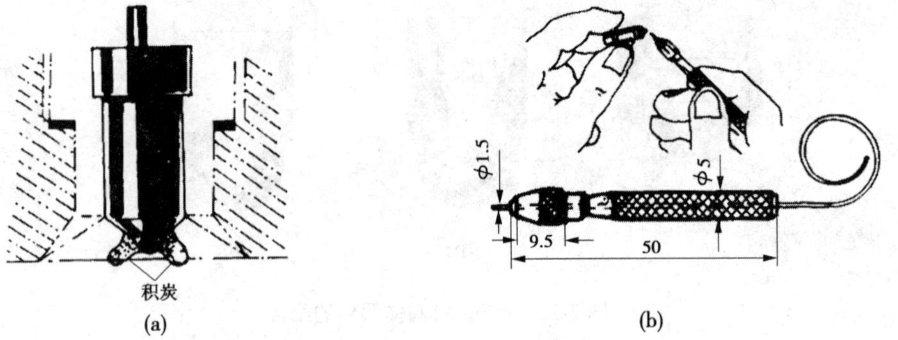


图 3-22　针阀体喷孔积炭和通孔工具　（单位:mm）

检查减压凸缘、锥形面有无严重磨损痕迹,出油阀体和座面有无裂纹。如果偶件表面有缺陷,应根据实际情况决定修复或报废。当针阀体喷孔磨损使直径增大10%时,应予以换新。

3.偶件的磨损检验

偶件配合面磨损会使其配合精度下降,燃油泄漏,压力降低。生产中可以通过检查偶件的密封性和燃油雾化质量来了解偶件的磨损部位与磨损程度。

1)偶件密封性检验

(1)滑动试验法。它是检查偶件密封性的最简便的方法,用以检验柱塞与套筒、针阀与针阀体的圆柱配合面密封性。先用滤清的轻柴油清洗和润滑偶件,然后使偶件与水平面成45°倾斜放置,针阀自针阀体中拉出1/3长度后,针阀在自重作用下缓慢落入阀座;柱塞自套筒内拉出1/3配合面长度后,柱塞在自重作用下缓慢地匀速滑下,不得有阻滞现象。若下滑速度缓慢、均匀,表面配合面无明显磨损,密封性较好;若下滑速度太快,则说明偶件圆柱面配合间隙过大,密封性差。对于柱塞可再次试验,但应将柱塞转动90°。如下滑速度缓慢而均匀,说明柱塞偶件状态良好。

(2)油液降压试验法。油液降压试验法也称为采用燃油漏损定量法,是检验偶件密封性的一种方法。此外,还有油液等压试验法。油液降压试验法是用在一定时间内燃油的漏损量作为检验密封性的标准,或者用燃油压力下降一定值时所需的时间作为检验标准。柱塞偶件油液降压试验法要求油泵在相当于额定供油量时,油压从30 MPa降至5 MPa的时间应不少于20 s,这表明柱塞偶件圆柱面密封性良好。

针阀偶件圆柱配合面密封性油液降压试验法:试验前必须进行数次喷油,以排尽系统内的空气。试验时燃油进入喷油器,允许将喷油器起阀压力调整到比规定值高2~3 MPa。在起阀压力的油压作用下检查针阀偶件的渗油现象,以手背擦拭针阀头部喷孔周围,手背应无油,这表明针阀偶件圆柱面密封良好。

针阀偶件锥面密封性油液降压试验法:试验时,要求在燃油压力比规定的起阀压力低2 MPa的油压作用下,在10 s内不得有渗漏,允许针阀体孔周围稍微潮湿,但不允许有油液聚集现象。针阀偶件圆柱配合面密封性油液降压试验可与针阀偶件锥面密封性油液降压试验同时进行。

偶件配合面密封性试验是在船上利用喷油器试验装置来完成的,如图3-23所示。检验柱塞偶件时,将高压油管3通过接头2接到待检验油泵出口上。检验针阀偶件时,将待检验喷油器1装于试验装置中。试验时,用手压动手柄7使高压油泵6供油。

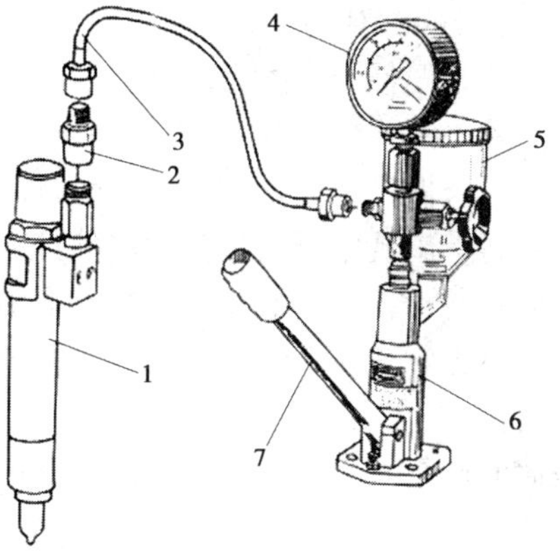


1—喷油器;2—接头;3—高压油管;4—压力表;5—储油杯;6—高压油泵;7—手柄

**图 3-23　喷油器试验装置**

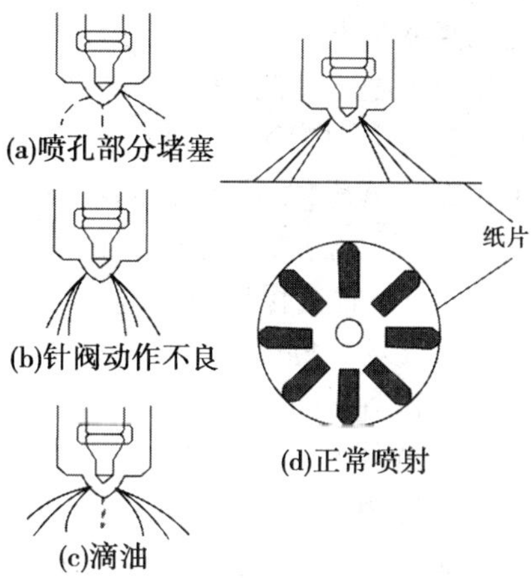


**图 3-24　喷油器雾化试验的几种情况**

2)雾化检验

喷油器雾化检验是对其偶件密封性的综合检验,可与上述密封性检验同时进行。检验时,将起阀压力调至规定值,然后以 40~80 次/min 的速度进行喷雾试验,喷雾质量应符合以下要求:

(1)喷出的燃油应呈雾状,无肉眼可见的飞溅油粒的连续油柱和局部浓稀不均匀的现象。

(2)喷油开始和终了时声音清脆,喷油迅速、利落。

(3)喷油开始前和终了后不得有渗漏,允许针阀体孔周围有稍微潮湿现象。当针阀直径大于 10 mm 时,允许喷孔周围有油液聚集现象,但不得有油滴漏。

喷油器雾化检验十分重要,根据试验时燃油雾化的形状、分布等检验喷油器的质量和分析故障原因。图 3-24 的雾化状况分布反映了不同的成因。图 3-24(a)为喷孔部分堵塞,造成雾化不良;图 3-24(b)为针阀动作不良,造成喷雾油粒粗大;图 3-24(c)为针阀锥面磨损,密封性差,在喷雾的同时有滴油现象;图 3-24(d)为正常喷射,雾化良好,雾花均匀分布,喷孔周围无滴油现象。

**(三)精密偶件的修理**

1.柱塞偶件的修理

柱塞偶件配合面磨损后一般采用以下 3 种方法修复。

(1)尺寸选配法。将一批磨损的柱塞和套筒分别进行精加工和研磨,消除几何形状误差后按加工的尺寸分组配对,互研成新偶件。由于加工后柱塞外径减小、套筒内径增大,重新选配率较低,在同型号、同尺寸可修复的一批偶件中,真正能够重新选配的不足 20%。因此,在船上或当可修复件少时均不宜采用此法,但因其毕竟能使部分报废零件重新使用,故还是有意义的。

(2)修理尺寸法。将偶件之一精加工,然后按修理尺寸配制另一零件以恢复偶件的配合间隙。此法亦可恢复旧零件的使用,较为经济。通常是保留套筒,通过机械加工消除几何形状误差,按套筒的修理尺寸配制柱塞。因为套筒加工困难,而柱塞容易制造,且柱塞的螺旋槽磨损后难以修复,故用旧套筒配制新柱塞。

(3)镀铬修复。采用镀铬工艺修复偶件使其恢复要求的配合间隙,常采用偶件之一进行镀铬,即将套筒内孔加工获得修理尺寸,使柱塞外圆面镀铬达到修理尺寸,互研成对,保证恢复要求的配合间隙和性能。此法效率高,可使 90%的偶件恢复使用。套筒端面密封不良时可在平板上按"8"字形研磨。

2.针阀偶件的修复

针阀偶件圆柱配合面磨损后,可采用修复柱塞偶件的方法修复。若磨损严重或配合面上有较深的拉痕,则应报废换新。

针阀偶件锥面正常磨损后,锥面上仍保持有环形密封带。若磨损不均匀,则锥面上的环形密封带出现中断或模糊不清。此时可用少量极细的研磨膏涂于针阀锥面上,使之与针阀座面互研,直至配合面上产生新的环形密封带为止。然后不加研磨膏继续互研,到环形密封带恢复正常为止。清洗后进行密封性检验。有时针阀偶件虽经多次研磨修复,但每次又很快磨损,失去密封性,这可能是材质不佳或热处理不当造成的。针阀体端面腐蚀亦可采用平板研磨修复。

## 十一、可变喷油定时机构

当代新型船用柴油机近十多年来,在提高经济性方面取得了巨大的成效,发展了多种节能措施。在这些措施中,最重要的是提高最高爆发压力。一般地说,最高爆发压力 $p_{max}$ 与燃油消耗率 $b_e$ 密切相关,$p_{max}$ 上升则 $b_e$ 下降。目前 $p_{max}$ 已增大至 13~15 MPa,甚至 18 MPa。通常这么高的爆发压力只有在标定负荷时才能达到,而在部分负荷时,由于供油量减少,最高爆发压力也随之降低,使其经济性相应下降。而作为船舶主机,考虑到航速及功率储备,其在标定转速下的装配功率为 80%~90%标定功率,也就是说,柴油机在船上的常用续航负荷并不是额定负荷,而是部分负荷,这就意味着在续航负荷下柴油机的经济性有所下降。为此,当代新型船用二冲程柴油机的喷油泵均配备了可变喷油定时机构(Variable Injection Timing Unit,VIT),保证当负荷改变时,随着喷油泵喷油量的改变能自动调整其供油提前角,使柴油机在部分负荷运行时仍有较高的最高爆发压力,以改善部分负荷的经济性。同时,在高负荷运行时又能控制其最高爆发压力不超过标定值。

显然,VIT 机构将随着喷油泵的不同而有不同类型,但其工作规律都是相同的,即该机构受柴油机调速器输出轴的控制,在调节喷油泵供油量的同时,自动地按最高爆发压力的要求调节其供油定时。目前,船用低速柴油机的 VIT 机构主要有以下 3 种。

**(一)MAN/B&W MC/MCE 柴油机使用的定时齿条机构**

这种定时齿条机构实际上是采用升降套筒法,通过喷油泵中套筒的上升或下降来改变供油定时。

这种定时齿条机构主要由位置传感器、位置服务器和定时齿条等组成,如图 3-25(a)所示。该机型使用回油孔终点调节式喷油泵,其喷油泵调节机构有两根齿条:其一在油泵下部,为油量调节齿条;其二在油量调节齿条上方,为定时调节齿条。此两根齿条均由调速器调节轴控制。当调速器输出调节动作时,在拉动油量调节齿条调节供油量的同时,通过杆件改变位置传感器来控制空气输出压力(该控制空气由气源单独供应),该输出控制空气使位置服务器(每缸一个)中的活塞动作,从而拉动定时调节齿条动作。定时齿条与油泵下部的齿套螺母外部啮合,齿套螺母内有梯形螺纹与喷油泵套筒下部的梯形螺纹啮合。所以,在定时齿条移动的同时,通过齿套螺母使喷油泵套筒上升或下降,从而改变了供油定时。

这种机构的调节特性如图 3-25(b)所示。在柴油机 50%$P_b$(标定功率)以下时,喷油提前角 $\theta$ 最小,VIT 机构不起作用,当负荷由 50%$P_b$ 增加至 78%$P_b$ 时,$\theta$ 相应增大,在 78%$P_b$ 时最高爆发压力 $p_z$ 达最大值 $p_{zmax}$(标定值),此时的 $\theta$ 亦达最大值,当负荷由 78%$P_b$ 增至 100%$P_b$ 时,为保持最大爆发压力 $p_{zmax}$ 不变,$\theta$ 逐渐减小,至 100%$P_b$ 时,$\theta$ 恢复至标定值。

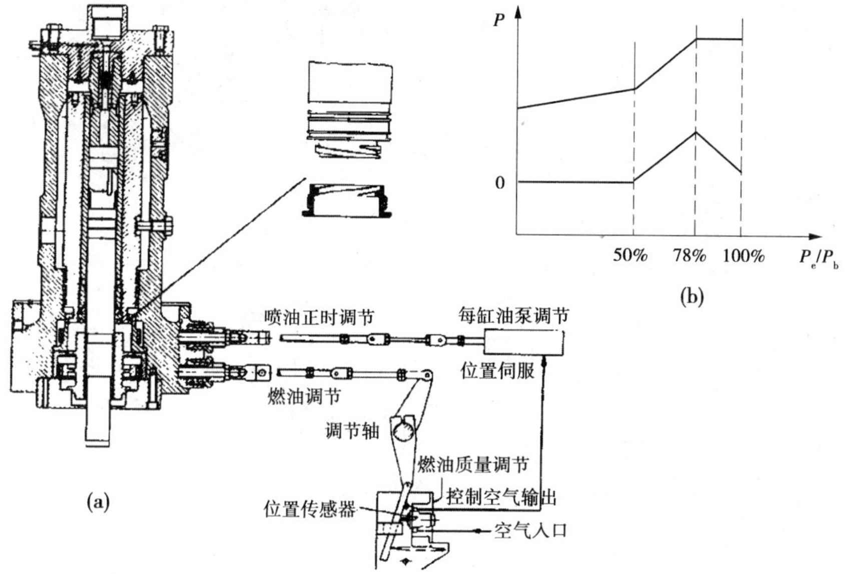


图 3-25　LMC 柴油机的 VIT 机构

**(二) Sulzer RTA 型柴油机使用的 VIT 凸轮机构**

这种调节机构是通过调节进油偏心轴的位置来调整喷油泵的供油定时的。

该机型使用始终点调节式喷油泵。其 VIT 机构主要由 VIT 凸轮和燃油质量调定杆组成，如图 3-26(a)所示。VIT 凸轮设在以喷油泵进油阀偏心轴单臂端为支点的十字摇臂的一端。十字摇臂的另外三个端点分别与调速器油量调节轴、喷油泵回油阀偏心轴、拉伸弹簧相接。VIT 凸轮设有精心设计的曲线槽，凸轮的工作位置取决于调速器油量调节轴和固定在燃油质量调定折角摇臂上且控制凸轮曲线槽的导销的位置。柴油机负荷改变时，调速器油量调节轴带动十字摇臂转动，使喷油泵进、回油阀偏心轴同步转动，从而使供油始、终点受到叠加控制。当由全负荷降低负荷时，在降低循环供油量的同时，通过 VIT 凸轮使进油阀提前关闭，即供油定时提前，且供油终点大幅度提前，保证循环供油量减少以适应负荷变化的需要。当降低至 85%负荷时，供油提前角最大。此后负荷再降低，供油提前角相应减小。当柴油机使用劣质燃油时，手动燃油质量调定杆，通过折角摇臂上的导销改变 VIT 凸轮的工作位置，以达到改变供油定时的目的。RTA58 柴油机采用 VIT 机构前后的性能对比见图 3-26(b)。

可以看到，随着负荷的增加，采用该机构的 RTA 柴油机其爆压 $p_z$ 上升得较快。当 $P_e=85\%P_b$ 时，$p_z$ 已达 $100\%p_{zmax}$，但此后 $p_z$ 不再增加。$p_z$ 上升较快的原因就在于随着 $P_e$ 增加而加大了喷油提前角。提高爆压又限制爆压是改善柴油机经济性和可靠性的重要措施。RTA 柴油机采用了该机构，明显地改善了部分负荷的经济性，尤其是在常用负荷的 $85\%P_b$ 下运行时，可获得最好的经济性。

**(三) 柱塞头部的特殊线形**

在 L-MC 系列缸径最小的两种柴油机上(L35MC 和 L42MC)，因结构所限，没有采用单独的 VIT 机构，而在柱塞头部上边缘使用特殊双斜槽，使得在转动柱塞调节供油量的同时改变供油定时，以满足 VIT 机构的需求，如图 3-27 所示。这种 VIT 机构也被其他一些中、小型回油孔式喷油泵所采用。

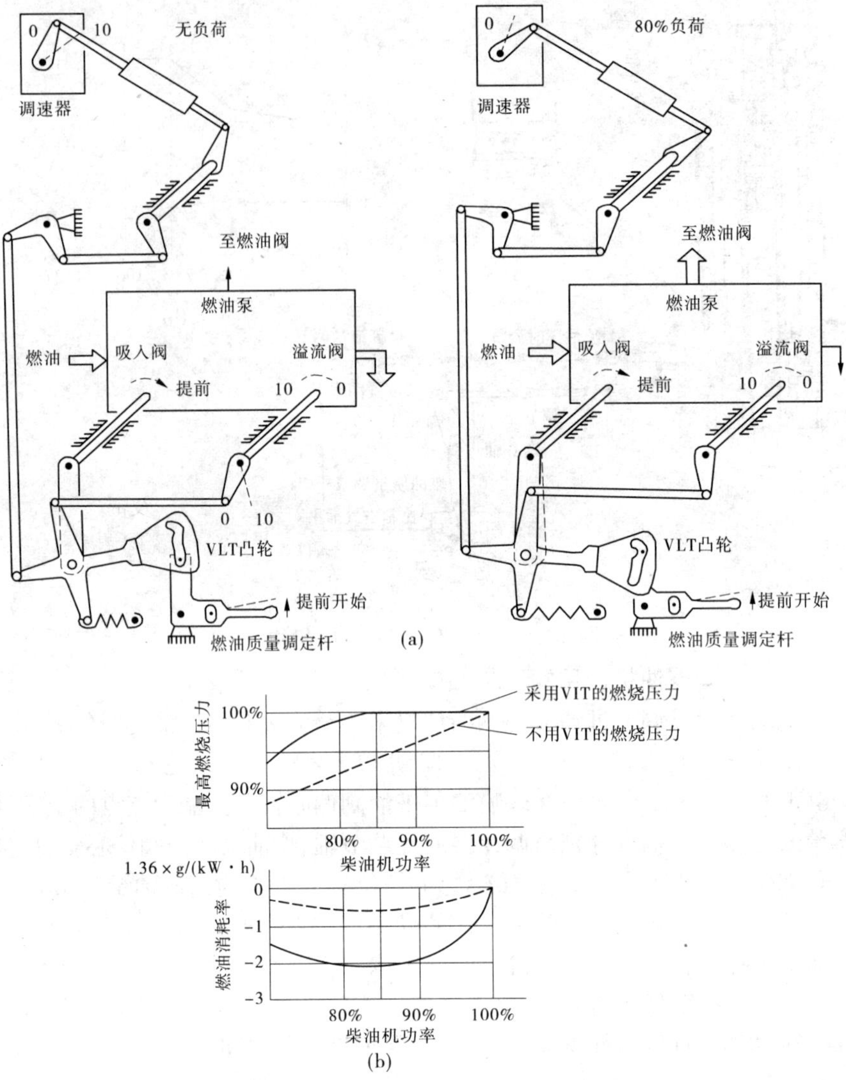


图 3-26　RTA 型柴油机的 VIT 机构及调节特性

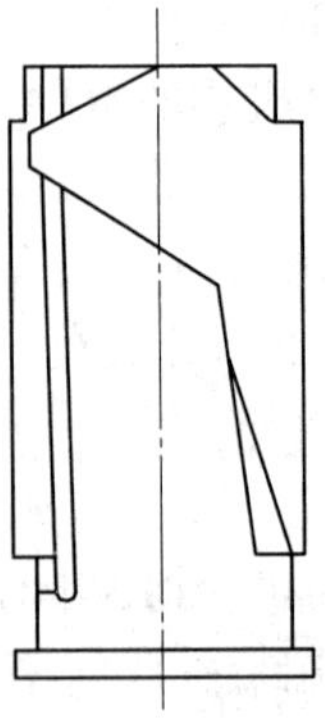

图 3-27　双斜槽 VIT 机构

# 第四章　柴油机的换气、换气机构与增压

## 第一节　柴油机的换气过程及换气质量评定参数

在柴油机的工作过程中,每完成一个工作循环都必须排除废气和充入新气。从排气过程、扫气过程到进气终止的整个气体更换过程称为换气过程。它的作用是将已燃气体排除并为下一循环吸入新鲜空气,为下一个循环的工作提供必要的条件。

换气过程的完善程度对柴油机的性能有重大影响。如果换气过程进行得完善,压缩过程开始时汽缸内残留的废气量少,新鲜空气量多,这就为燃油的完全、及时燃烧创造了条件。燃油完全而及时燃烧不但可使柴油机发出更大的功率,提高其动力性,使柴油机有高的热效率,提高经济性,而且完全燃烧还意味着结炭减少,减少排气污染。另外,及时燃烧还意味着较低的循环平均温度,从而提高柴油机的可靠性。因此,换气过程的质量直接影响柴油机的动力性、经济性、可靠性及排放特性,是柴油机工作优劣的先决条件。

换气过程进行得好坏是以废气排除干净与否及新鲜空气充入量多少和新鲜空气的消耗量为标志的。它可以用充量系数、扫气效率等参数来评价。

### 一、四冲程柴油机的换气过程

图 4-1 是四冲程柴油机在换气过程中,汽缸压力、排气管中的压力随曲轴转角的变化情况以及相应的低压示功图($p$—$V$ 图),从图中可以看出,排气阀开启后,废气从汽缸急速流入排气管,汽缸压力很快下降,直到排气上止点后的某一位置排气阀关闭为止。进气阀在上止点前开启,新鲜空气流入汽缸,直到进气下止点后的某一位置关闭为止。在排气上止点附近,进、排气阀同时开启。四冲程柴油机的换气过程可分为自由排气、强制排气、进气、气阀重叠四个阶段。

#### (一)自由排气阶段

由于受配气机构的结构限制,气阀在开启过程中只能逐渐加大其流通截面。如果排气阀刚好在膨胀行程下止点时开启,则排气阀流通截面增加过缓,活塞在向上止点回行时造成较大的反压力,增加排气行程所消耗的功。所以,柴油机的排气阀往往都在膨胀行程到达末期前,即活塞到达下止点前的某一位置提前开启,称为排气提前角。排气提前角一般为 30 ℃A~80 ℃A。

当排气阀在下止点前打开时,汽缸压力远远高于排气管压力,废气在很大的压力差作用下排出汽缸。随着排气阀开度的增大,大量废气由汽缸排到排气管,使汽缸压力急剧降低,排气管压力迅速升高,直到下止点后汽缸压力接近排气管压力为止。

在这一阶段,缸内压力与排气管压力始终存在较大的压差,汽缸废气主要在这个压差的作用下排出,故称为自由排气阶段。根据排气管压力和缸内压力之比的大小,自由排气阶段可分为超临界阶段与亚临界阶段。如果排气管压力与汽缸压力之比小于临界值,即 $p_r/p<$

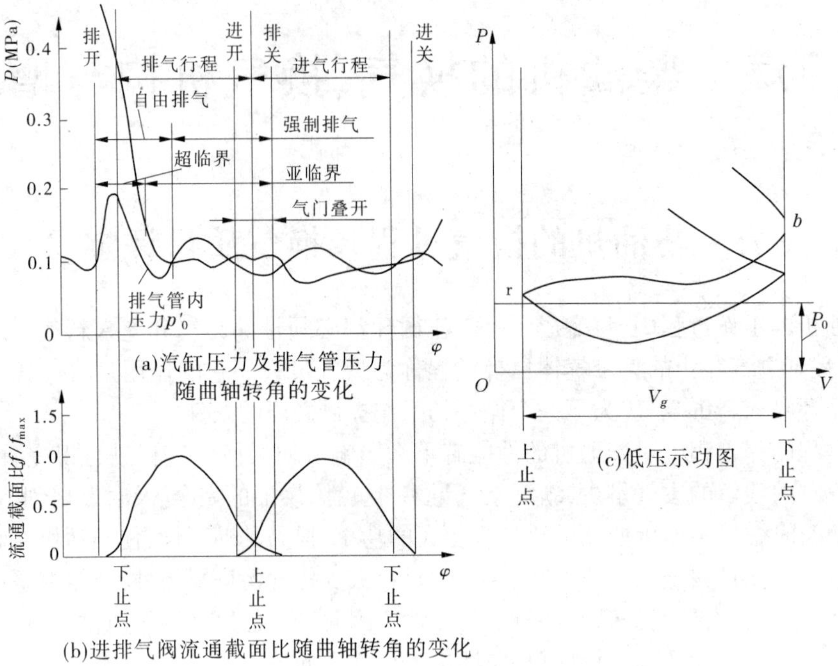


**图 4-1　四冲程柴油机换气过程有关参数的变化**

$(2/k+1)^{k/k-1}$,则为超临界状态,废气以当地音速排出汽缸。随着排气的进行,排气阀流通截面积逐渐加大,汽缸压力下降,排气管压力上升,使汽缸压力与排气管压力的压差减小。当排气管压力与汽缸压力之比大于临界值时,气流的流动状态转为亚临界状态(废气以亚音速排出汽缸)。

自由排气阶段虽然占整个排气时间的比例不大,但由于废气流速很高,排出的废气量可达 60%以上,一般持续到下止点后 10°CA~30°CA 结束。

**(二)强制排气阶段**

自由排气阶段结束后,汽缸内的废气被上行活塞强制排出,直到排气阀关闭,这一过程称为强制排气阶段。由于气体在流动过程中要克服排气阀、排气道等处的流动阻力,缸内的气体压力要略高于排气管内的平均压力,而且气体流速越高,压力差也就越大。

随着活塞的上行,排气阀截面积开始逐渐减小,气体流经气阀的节流作用加强,因而在上止点附近,汽缸压力再次升高。其直接后果是,排气所消耗的功与缸内的残余废气量都增加了,这对换气与燃烧都不利。因此,排气阀不允许刚好在活塞到达上止点时关闭,而应当在上止点后一定角度时关闭,这被称为排气迟闭。排气迟闭期间,可以利用缸内气体流动惯性从汽缸中抽吸部分废气,实现过后排气。但由于到达上止点后活塞已经开始下行,汽缸容积不断增加,过大的排气迟闭会导致废气倒流。当废气从汽缸流出的流动刚好停止时,就是最理想的排气阀关闭时刻。排气迟闭角一般为 10°CA~70°CA。

**(三)进气阶段**

从进气阀开启至关闭的全过程都是进气阶段。为了使在进气过程开始时,进气阀有一定的流通截面,以减小进气过程的阻力,增加进入汽缸内的新鲜空气量,进气阀也在上止点前提前开启,称为进气提前。进气提前角一般为 10°CA~40°CA。

在进气过程中进气压力是基本不变的。但进气阀刚打开时,汽缸压力高于进气压力。由于进气阀开度很小,汽缸压力只略高于进气压力,并且在汽缸中存在一个排气流,所以一般废气不会倒流入进气管。只有缸内压力低于进气管压力时才开始进气。进气过程刚开始时,由于活塞的下行造成汽缸内体积的膨胀,加上气阀开启还不充分,缸内压力有一段短时间迅速降低,这为新鲜空气的顺利流入创造了条件。随着进气阀流通截面积的加大,进入汽缸的新鲜空气不断增加,汽缸压力逐渐升高。为了利用在吸气过程中形成进气管内气流的流动惯性,实现汽缸的过后充气,进气阀不在下止点关闭,而是在下止点过后的一定角度关闭,即进气迟闭。这样有可能在进气过程终了时,缸内压力等于或略高于进气管压力。进气迟闭角一般为20°CA~60°CA。

尽管利用过后充气可以有效地增加进入汽缸的空气量,但过大的进气迟闭角可能会发生新鲜空气倒流,进入进气管,并且使有效压缩比减小。因此,合理的进气定时是非常重要的。

#### (四)气阀重叠阶段

通过上述分析可以发现,从进气阀的提前开启到排气阀延迟关闭,从时刻上看都位于排气上止点前后,这样就会在排气上止点附近出现进、排气阀同时开启的特殊现象,通常将这一现象称为气阀重叠,相应的角度称为气阀重叠角,它是排气迟闭角与进气提前角之和。

在气阀重叠期间,进气管、汽缸、排气管三者直接连通。这时由于进气压力高于排气压力以及排气气流的抽吸作用,新鲜空气在正向压力差的作用下由进气管进入燃烧室,与缸内残余废气混合后,部分可以直接排入排气管中。这样,一方面有利于扫除燃烧室中残存的废气,增加汽缸中的新鲜空气,达到扫气的目的;另一方面,新鲜冷空气又可以降低燃烧室壁面的温度。尽管带走的热量不多,但这对受热严重且冷却水难以冷却到的燃烧室壁面(尤其是排气阀阀头)是十分可贵的。在气阀重叠期间新鲜空气对燃烧室的清扫称为燃烧室扫气。

应该指出的是,气阀重叠角并不是越大越好。进气阀开启过早,会造成废气倒冲入进气管,排气阀关闭过迟,过量的扫气空气会降低涡轮前的排气温度,减少增压器涡轮获得的可用能。统计结果表明,一般非增压柴油机气阀重叠角为20°CA~50°CA,增压柴油机气阀重叠角为80°CA~140°CA。

由上述可知,四冲程柴油机的进、排气过程分别在两个行程中完成,新鲜空气和废气互不掺混,因而其换气质量较高。

### 二、二冲程柴油机的换气过程

二冲程柴油机和四冲程柴油机同样具有进气、压缩、燃烧、膨胀和排气过程,不同的是这些过程只用两个活塞行程来完成,其中差别最大的是换气过程。

#### (一)二冲程柴油机的换气过程

以直流扫气二冲程柴油机为例,其换气过程的工作顺序是:在膨胀行程的末期,活塞下行,首先打开排气阀,开始排气,其次扫气口开启,具有一定压力的新鲜空气由扫气口流入汽缸,并强迫废气由排气阀流出,进行充量交换,然后活塞到达下止点后又上行,将扫气口关闭,最后排气阀关闭,换气过程结束。图4-2是二冲程柴油机换气过程示意图。

根据换气过程中汽缸的压力变化特点,通常把二冲程柴油机换气过程分为三个阶段,即自由排气阶段、强制排气和扫气阶段以及过后排气阶段。

1. 自由排气阶段($B$—$R$)

从排气阀的开启点 $B$ 到开始进气的点 $R$(此时汽缸内的压力与扫气压力 $p_k$ 相等)为止称为自由排气阶段。在这一阶段里,汽缸内的废气借助于缸内与排气管中的压力差($p-p_r$)经开启的排气阀高速流入排气管中,使汽缸内的压力急剧降低。一般来说,当活塞下行到点 $D$ 开启扫气口时,汽缸内的压力 $p_d$ 仍略高于扫气压力 $p_k$。但因扫气口的节流和排气的流动惯性,不会发生废气经扫气口倒冲至扫气箱去。但若因排气口堵塞而使 $p_d$ 超过 $p_k$ 很多时,则有可能发生废气倒冲现象,甚至引起扫气箱着火。

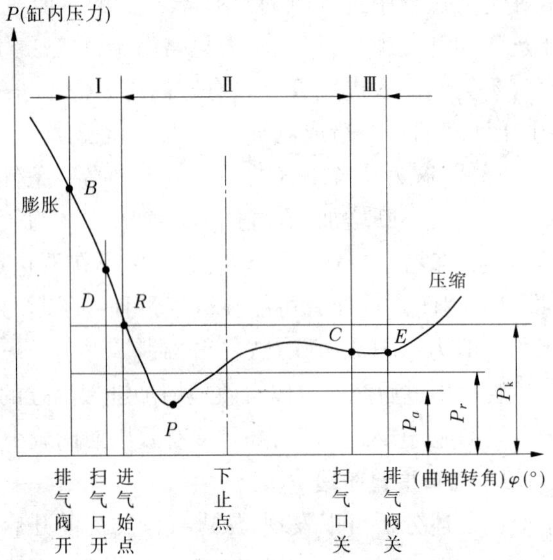


图 4-2　二冲程柴油机换气过程示意图

2. 强制排气和扫气阶段($R$—$C$)

当汽缸压力下降到稍低于扫气压力 $p_k$ 时,新鲜空气经扫气口进入汽缸,直到活塞下行到下止点后再上行将扫气口关闭为止,即是强制排气和扫气阶段。此阶段主要靠新鲜空气与缸内废气的压力差,利用新鲜空气清扫废气把废气从汽缸中强制排出。显然,在此阶段新鲜空气与废气发生掺混,并有部分新鲜空气经排气阀排出。

3. 过后排气阶段($C$—$E$)

从扫气口关闭(点 $C$)到排气阀关闭(点 $E$)为止称为过后排气阶段。在这一阶段,缸内的部分新鲜空气将经仍开启着的排气阀排至排气管,是一个新气损失阶段,因此越短越好。若以某种方式控制排气阀,使它与进气口同时关闭或早于进气口关闭,则可避免过后排气损失或实现过后充气。点 $E$ 后,汽缸内开始压缩行程。

**(二)二冲程柴油机换气的特点**

二冲程柴油机的换气过程和四冲程柴油机相比有很大的不同,主要表现在:

(1)二冲程柴油机用于换气的时间大大小于四冲程柴油机。整个换气过程中只有 120°CA～150°CA,而四冲程柴油机则在 450°CA 以上。

(2)二冲程柴油机的换气主要依靠进气口、排气管之间的压差,用新鲜空气驱赶废气的扫气方式,新鲜空气的进入和废气的排除过程同时进行。由于新鲜空气和废气之间没有明确的界面,必然在缸内发生掺混,而且汽缸内部还存在着扫气空气达不到的死角,以及新鲜空气的短路流动。因此,二冲程柴油机在换气终了时缸内残留的废气较多,换气没有四冲程柴油机干净。

(3)二冲程柴油机为实现扫气所需的气体压力差较大,空气的消耗量也较大,在换气过程中所消耗的功较多。

(4)二冲程柴油机的汽缸容积不能充分利用。二冲程柴油机由于汽缸下端开有气口,因此并不是整个汽缸工作容积都能用来容纳空气。活塞行程中气口高度所占的那部分叫失效行程,通常以行程失效系数 $\psi_s$ 来表示,即活塞在下止点位置时的活塞上平面到气口上边沿的距离与活塞行程之比。为了保证扫气空气在合适的压力下通过汽缸,扫气口和排气口应具有足够的流通能力。因此,它必须具有一定的总宽度、一定的高度和一定的开启时间。

## 第二节　换气机构

保证柴油机按规定顺序和时刻完成进、排气过程的机构称为换气机构,又叫配气机构。

四冲程柴油机采用气阀式换气机构。现代船用低速二冲程柴油机大都采用气口—气阀式换气机构。换气机构的任务是保证柴油机在工作过程中按规定的时间开启或关闭各汽缸的进气阀(或进气口)和排气阀(或排气口),使尽可能多的新鲜空气进入汽缸,并使膨胀终了的废气从汽缸排净,保证柴油机工作过程连续和完善。换气机构工作性能的好坏直接影响到柴油机的换气质量,进而影响柴油机的燃烧过程和作功能力。因此,正确地设计和维护管理好换气机构,对于保证柴油机良好的工作性能和使用寿命具有重要意义。

气阀式换气机构主要包括气阀机构和气阀驱动机构两部分。本节还将讨论凸轮轴和凸轮轴传动机构。

### 一、气阀机构

在气阀机构中,气阀和阀座是工作条件最恶劣的零件。气阀阀盘和阀座底面是燃烧室壁面的一部分,受到燃气高温、高压的作用。特别是排气阀,由于受到排气气流的加热,温度很高;而进气阀由于进气流的冷却作用温度低一些。对于船用增压柴油机,排气阀阀盘的平均温度可高达 650~800 ℃,阀杆温度为 150~250 ℃;进气阀阀盘的平均温度可高达 450~500 ℃,阀杆温度为 100~120 ℃。气阀在关闭时与阀座发生撞击和磨损。在撞击中,阀和座的弹性变形、气阀弹簧的振动及气阀弹簧螺旋线的扭转作用,会使阀面和阀座产生楔入性和扭转性滑移。这种滑移使阀面和座面间产生干摩擦,阀面和座面上的剥落金属颗粒、灰分、炭粒又变成磨料,从而加重了磨损。燃烧产物对气阀和阀座有腐蚀作用。特别是燃用重油时由于重油中含有较高的硫及钒、钠等,燃料燃烧后生成硫、钒、钠的氧化物及这些氧化物生成的盐和聚合物。这些钒、钠的盐、氧化物及聚合物有的熔点低(低至 535 ℃),有的熔点较高(高达 900 ℃)。它们在排气时一部分沉积到气阀和阀座上,使气阀和阀座接触不良,并对金属起腐蚀作用,使阀面和座面上出现凹坑,造成漏气和烧损。

由于气阀和阀座在高温、撞击、磨损、腐蚀的条件下工作,气阀都采用耐热合金钢材料(如镍基耐热合金钢),阀座则采用合金铸铁或耐热合金钢。为了使阀面和座面耐磨、耐腐蚀,高增压和燃用重油的柴油机气阀还在阀面和座面上堆焊钴基硬质合金,如司太立(stellite)合金。在阀头接近燃烧室侧覆盖耐热耐蚀的铬镍铁合金。MC 型柴油机的阀座采用钻孔水冷,并在阀座密封面附近开有空气槽,内存有扫气空气,当密封面漏气时,可避免产生高温排气的烧蚀,如图 4-3 所示。为了使阀杆耐磨,常采用氮化、镀铬、滚压、抛光等工艺。

气阀的阀面与阀座在座面的配合上有三种方式,如图 4-4 所示。第一种为图 4-4(a)所示的全接触式,阀面与座面锥角相等,全接触式接触面大、耐磨、传热好,但易结炭,敲击产生麻点。它多用在小型高速柴油机上,阀线宽度一般为 1.5~2.5 mm。第二种为图 4-4(b)所示的外接触式,阀面锥角小于座面锥角,外接触式的阀面锥角比座面锥角小 0.5°~1°。这种方式使接触面小,密封性好,阀面与座面内侧不与燃烧时的气体接触。阀盘在高压燃气作用下发生的拱腰变形会使内侧阀面与座面接触,减小了接触应力,增加了散热。它多用在强载中速机中。第三种为图 4-4(c)所示的内接触式,阀面锥角大于座面锥角,内接触式的阀面锥角比座面锥角大0.2°~0.5°。这种方式接触面小,密封性好。接触面因离燃烧室远些,温度低,钒、钠的腐蚀小。阀盘在高温和高压燃气作用下会发生周边翘曲的热变形和机械变形,使外侧阀面与座面接触。这样,减小了接触应力,增加了阀盘散热。它常被用在长行程低速柴油机中。

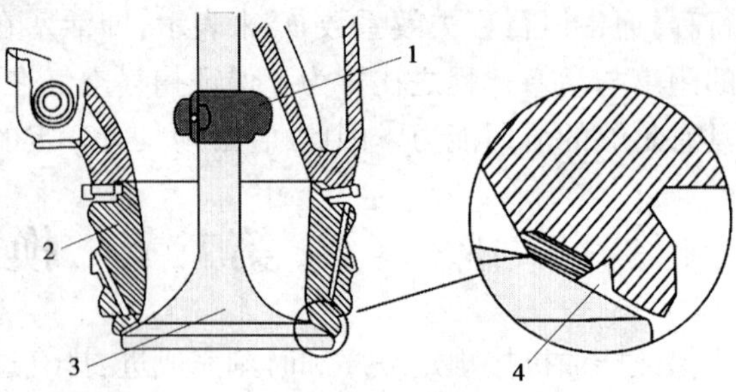


1—转翼;2—阀座;3—排气阀;4—空气槽

**图 4-3　MC 型柴油机排气阀座**

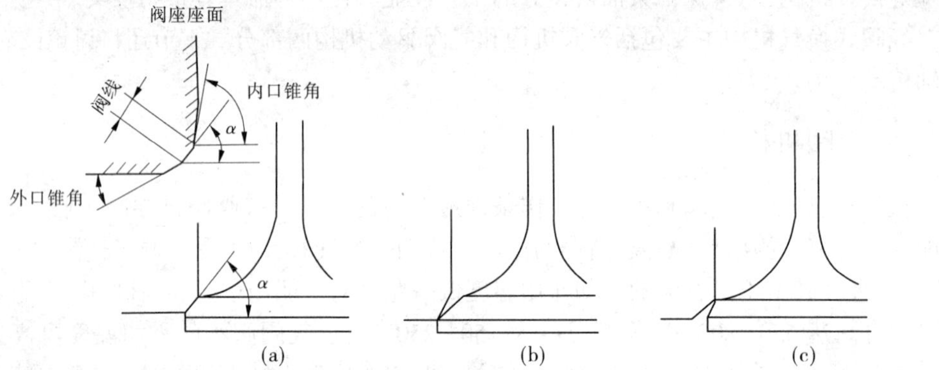


**图 4-4　阀与阀座的配合方式**

在气阀的结构中,阀面锥角 $\alpha$ 是一个重要的参数。阀面锥角 $\alpha$ 增大则气阀对中性好,密封性好,但磨损较大。通常 $\alpha$ 为 30°或 45°。

气阀弹簧的作用是当摇臂抬起时使气阀关闭。在大多数柴油机中,每个气阀都装有内、外两根弹簧。这样在满足总的弹簧负荷要求下,每根弹簧的负荷就可以小一些,从而使弹簧尺寸小,应力低,提高抗疲劳能力。此外,两根弹簧由于自振频率不同,互相干扰,可以起到减振的作用。为了防止一根弹簧断裂后卡进另一根弹簧中,两根弹簧的旋向应当相反,这还可以减少阀在开关时由于弹簧产生扭转而发生的自动研磨。此外,采用两根弹簧还可以增加工作的可靠性。

除机械弹簧外,目前超长行程直流扫气柴油机的排气阀普遍采用空气弹簧。

气阀导管是气阀的导承。它承受着摇臂所引起的侧推力,还起着气阀散热的作用。一般经导管的散热量占气阀总散热量的 25%。导管与阀杆之间的间隙是有一定要求的。间隙过小,气阀的动作迟滞甚至咬死;间隙过大,则散热不良,横向振动和漏气加剧,甚至可能引起烟灰进入间隙使气阀卡住。此外,由于导管和阀杆之间的润滑条件较差,导管很容易磨损。

柴油机的气阀机构基本上是大同小异的。但根据其结构特点可分为不带阀壳和带阀壳两大类。不带阀壳的气阀机构是直接装在汽缸盖上的,如图 4-5 所示。这种形式的气阀构造简单,但是检修时必须拆下汽缸盖。为了防止因阀座座面损坏而导致汽缸盖报废,一般都装有可以更换的阀座。此种结构多用于中小型柴油机。如图4-6所示为带阀壳的气阀机构,它是将气阀及气阀弹簧、导管、阀座等零件装在阀壳上形成一个整体,然后把这个总成装入汽缸盖的阀壳孔中。若阀壳式气阀出现伤裂、过度磨损等故障,修理时可不必拆卸汽缸盖,只需拆下阀壳进行维修。管理比较方便。在结构上,阀壳中有润滑阀杆的油道和强制循环冷却水腔,可以简化汽缸盖的结构。大功率中、低速柴油机,尤其是排气阀,广泛采用带阀壳结构。

在强载、燃用重油的柴油机中,除了对排气阀和阀座进行冷却外,还装设旋阀器使排气阀在开关过程中慢慢转动。气阀在开关过程中慢慢转动,可以减少阀面与阀座上的积炭,使磨损减小,贴合严密;可以使阀盘均匀地受热和散热,以改善阀盘的热应力状态;消除阀杆与导管之间的积炭,防止卡住。旋阀器有旋转帽式、推进器式、棘轮式、杠杆式等。现代船用低速二冲程柴油机大都采用推进器式旋阀器。

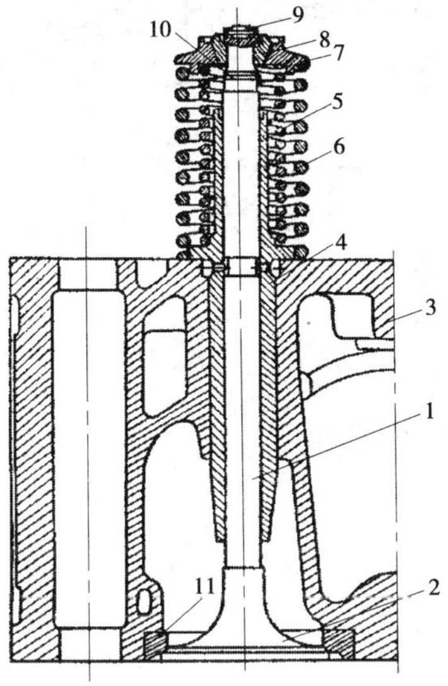


1—阀杆;2—阀盘;3—汽缸盖;4—气阀导管;5,6—弹簧;7—弹簧盘;8—卡块;9—撞击块;10—卡环;11—阀座

图4-5 不带阀壳的气阀机构

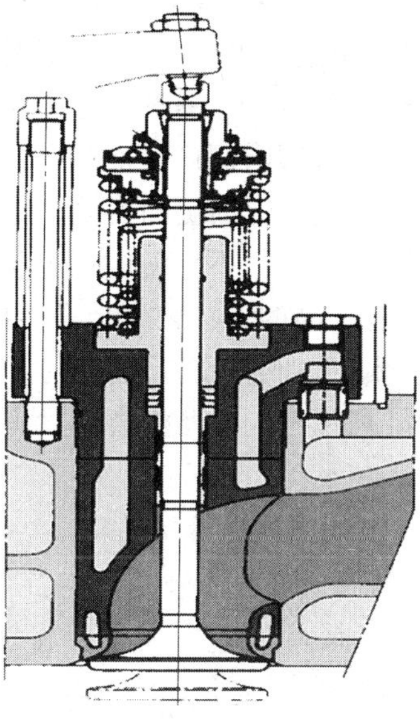

图4-6 带阀壳的气阀机构

旋转帽式旋阀器如图4-7所示,由旋阀器本体1、碟形弹簧2、旋阀器环3、复位弹簧5和钢珠6组成。在本体1的周边上有若干个槽,每个槽内装有钢球6和复位弹簧5,槽的顶面是圆弧状或锥状的,如*A*—*A*剖面所示。平时旋阀器被气阀弹簧4压紧在弹簧盘上。

在气阀关闭时,由于气阀弹簧作用力较小,气阀弹簧作用力经过碟形弹簧内边缘传送到旋阀器本体上。钢珠被复位弹簧推到槽的一端。当气阀被打开时,碟形弹簧因受力增大而变成扁平,气阀弹簧力逐渐转移到钢珠上,钢珠因受挤压克服复位弹簧的作用力沿斜面滑动到槽的中间。在这一过程中碟形弹簧、旋阀器环、气阀弹簧由于摩擦力的作用不会转动;而旋阀器本体、弹簧盘和气阀则会在钢珠运动的推动下转过一个角度。当气阀关闭时,由于碟形弹簧变形逐渐恢复,钢珠受力减小,当它被释放时,复位弹簧又把它推回到槽的一端。这样,气阀便在不断的开启中慢慢地转动。因为气阀只在开启过程中转过一个角度,所以不会造成阀与阀座的磨损。

推进器式旋阀器在排气阀的阀杆上装有转翼。柴油机运转中排气阀打开时,排气流作用在转翼上，使转翼带动阀杆绕其轴线转动，使排气阀旋转。旋转角速度随柴油机负荷而变。

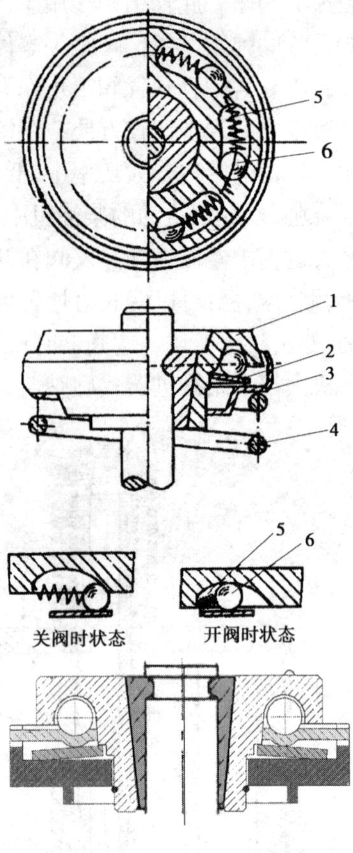

图 4-7　旋转帽式旋阀器

## 二、气阀及阀座的检修

四冲程柴油机的进、排气阀和二冲程直流扫气柴油机的排气阀均是燃烧室的组成零件，直接受到高温高压燃气的作用，承受着很高的热负荷和机械负荷，尤其是排气阀还受到排气气流的冲刷和加热，温度更高。在高增压柴油机上，排气阀阀盘的温度可达 650～800 ℃；进气阀由于新鲜空气的冷却作用，温度相对低一些，可达 450～500 ℃。气阀在关闭时，阀盘锥面和阀座座面不断地相互撞击，致使阀面产生塑性变形，出现凹坑、拉毛现象。高温下金属更易变形，阀面损伤更加严重。又由于在高压燃气作用下，爆发压力还会使阀面与座面产生微小错动，使气阀阀面产生磨损。当有磨损产物、灰分和炭粒等时，阀面磨损更加严重。特别是大型低速二冲程柴油机燃用重油，不仅使阀面磨损加剧，而且会由于燃油中含有较高的 V、Na 等元素而使阀面产生高温腐蚀。正是由于气阀在高温、高压、撞击、腐蚀等恶劣的条件下工作，所以气阀会产生磨损、烧伤、高温腐蚀和断裂等损坏。

### （一）气阀磨损检修

1.气阀阀面磨损检修

对于气阀阀面磨损，可通过将气阀彻底清洗干净后检查阀面上的磨损凹坑及阀线变宽来确定是否超过规定值（见表 4-1）。阀线变宽或模糊不清，使气阀与阀座关闭不严，进而导致燃气泄漏，引起阀面和阀座烧伤、柴油机功率下降等一系列危害。

表 4-1　阀线宽度　　（单位：mm）

| 阀盘端面直径 | <50 | 50～75 | 75～125 | 125～175 | 175～250 | 250 |
|---|---|---|---|---|---|---|
| 阀线宽度 | 2.0 | 2.5 | 3.0 | 4.0 | 4.0 | 4.0～6.0 |

阀面磨损较轻时，可进行阀与阀座的研磨，使阀线恢复。阀面磨损严重时，采用手工电弧焊进行堆焊修复。

2.阀杆磨损检修

气阀阀杆在气阀导管内做往复运动，使阀杆和导管产生磨损，二者的配合间隙增大，产生冒烟、漏气或机油沿导管进入燃烧室，不仅会使机油耗量增加，还会使燃烧室积炭加重。

气阀阀杆的磨损检测方法：可在平台上或车床上对气阀阀杆外圆进行测量，计算出阀杆的圆度误差和圆柱度误差，并与标准比较，如表 4-2 所示。当超过标准要求时，可采用镀铬或镀铁工艺修复阀杆，也可以采用喷涂或喷焊工艺修复。

表 4-2　气阀阀杆磨损极限　（单位：mm）

| 柴油机转速(r/min) | 圆度 | 圆柱度 |
|---|---|---|
| <250 | 0.06 | 0.08 |
| 250~750 | 0.04 | 0.06 |
| >750 | 0.03 | 0.03 |

3.气阀阀面烧伤和高温腐蚀的检修

气阀阀盘锥面上产生麻点腐蚀或阀盘边缘出现烧穿的孔洞等均是阀与阀座关闭不严，高温燃气泄漏，使气阀过热、氧化或金属中元素烧损，以及燃用重油和气阀温度过高引起的高温腐蚀的结果。气阀阀面烧穿出现边缘孔洞时应报废换新。出现麻点、腐蚀时，可采用机械加工修复，也可采用电弧堆焊、喷涂或喷焊工艺修复。修复后，气阀装入阀座后与锥面接触面积不得少于原接触面积的 1/3。

4.气阀阀盘和阀杆的断裂检修

阀盘与阀杆过渡圆角处和阀杆上端凹槽处易发生裂纹和断裂。气阀断裂后落入汽缸将会引发波及性事故：击碎汽缸盖、活塞和汽缸套等。对于阀盘和阀杆裂纹，用肉眼检查外观，不得有直观裂纹存在；阀杆直径大于 20 mm 时，允许有长度不大于 20 mm 的裂纹，但在纵向同一位置上不得有多于两处的裂纹。阀盘与阀杆产生裂纹或断裂时，应换新气阀。阀杆的弯曲变形可在平台或车床上用百分表检验，超过要求时应采用加压校直法予以校正。

**（二）气阀阀座的检修**

汽缸盖上的进、排气阀长期工作使阀座面产生磨损、烧伤和高温腐蚀，破坏阀与阀座的密封性，并影响柴油机的工作性能。

1.气阀座面磨损的检修

气阀座面磨损后阀线变宽、中断或模糊不清，气阀关闭不严，产生漏气。原因是高温下阀座面不断受到撞击，座面金属产生塑性变形和表面拉毛；高压下阀与阀座的配合面产生微小相对运动使之磨损，当配合面间有炭粒和金属屑等机械杂质时磨损更加严重。

1）气阀与阀座的研磨

在船上，大型低速柴油机气阀磨损后用随机专用磨床研磨修复，座面亦用专用工具研磨。中、高速柴油机进、排气阀与阀座的配合面磨损后可采用手工研磨修复。对于铸钢汽缸盖座面磨损严重时，允许采用堆焊修复。中、小型柴油机气阀配合面磨损较轻时采用互研，将汽缸盖拆下，底面朝上放在平地上，气阀插于阀孔中，用橡皮碗吸住阀盘底平面，并在阀与阀座配合锥面间放入少量研磨砂或机油进行互研；阀座面磨损较严重时先机械加工座面或更换座圈，再与阀互研。

对于中、小型柴油机气阀与阀座互研后密封性的检查方法有以下几种：

（1）在气阀锥面上用铅笔每隔 3 mm 左右画一条线，然后将阀装入阀座，压住阀盘使其和阀座相接触并转动 90°。然后取下气阀观察其上的铅笔线，若全部被擦掉，表明密封性良好，研磨成功；否则需继续研磨。

（2）将气阀装入阀座，手动使之起落多次敲击阀座，若座面上呈现一连续光环，表明气阀与阀座密封性良好。

（3）将气阀装入阀座，在阀座坑内阀盘底面上倒入煤油，5 min 后擦净煤油并迅速提起气阀,观察配合面上有无渗入煤油,若无煤油渗漏,表明密封性良好。

上述检查均是在汽缸盖底面朝上放置时进行的,检查配合面密封性是研磨完成后的工作。

2) 气阀座的铰削

如果气阀座磨损凹痕或麻点比较严重,可在研磨前先用锥形铰刀进行修复。手动气阀铰刀是成套的专用工具。每套包括 15°、30°、45°、75°等几种锥角的铰刀,每种锥角的铰刀又有粗铰和精铰两种,并配有铰刀导杆作为铰削时的安装基准。

用铰刀修整阀座的步骤大致如下:

(1) 用柴油将气阀导管内表面清洁干净,然后根据阀座锥角选用相同锥角的铰刀,并与导杆组合。将导杆插入导管孔中,注意不能有太大的晃动,以保证铰削后的阀锥面与导管同心。铰削以人力进行。有时阀座面又硬又光,铰时铰刀打滑。此时可用四面锉刀在阀座表面上锉出一些径向细槽口,以便于铰刀刀刃吃进,并铰去表面的冷作硬化层。

(2) 在阀座表面涂以色油,以新的或经修整过的气阀与阀座研合 1~2 周,再从阀锥面色油分布情况判别气阀-阀座接触环带的宽度和位置。接触环带过宽,密封性差,而且流阻增大。如位置偏低且宽,则用 15°锥角铰刀修正。如位置偏高且宽,则用 75°锥角铰刀修正,直至接触环带宽度达到要求(1.5~2.5 mm),并使气阀安装后阀盘底面与缸盖底面距离符合规定。

(3) 用细研磨砂,再用机油进行气阀与阀座互研。

当阀座工作面上凹痕的最大深度超过 2 mm 时,手工铰削法太费工时,因此宜用车床光车,然后与经过修理的气阀互研。

2. 气阀座面烧伤、腐蚀的检修

烧伤和腐蚀大多发生在排气阀座面上,主要是由于座面的变形、磨损、积炭和座面裂纹等引起气阀关闭不严,高温燃气泄漏使阀座过热和金属元素烧损;或因阀座过热和燃用重油发生高温钒腐蚀,阀座面产生麻点、凹坑,甚至局部烧穿。

阀盘座面上的腐蚀和烧伤的麻点,凹坑可机械加工消除,然后用专用磨床修磨,或采用堆焊、喷焊工艺修复。阀座面的腐蚀、烧伤时用机加工或手工铰削修复,大型柴油机的排气阀座面也可采用堆焊、喷焊修复。损伤严重时应更换座圈。

修复后,气阀与阀座配合面上的阀线宽度应符合表 4-1 的规定。

## 三、气阀传动机构

气阀传动机构的作用是把凸轮的运动传给气阀。当凸轮顶升气阀传动机构时,气阀及时开启。当凸轮转过之后,在气阀弹簧的作用下气阀及时关闭。机械式是传统的气阀驱动机构,广泛用于各型柴油机上。新型低速柴油机均采用了液压式气阀驱动机构。

### (一) 机械式气阀传动机构

图 4-8 是中、小型柴油机中常见的一种机械式气阀传动机构。它由带滚轮的顶头 D、推杆 C 和摇臂 $B_1$ 等组成。摇臂经轴销安装在摇臂支座 $B_2$ 上,摇臂支座固定在汽缸盖上。凸轮在转动中将顶头、推杆顶起,从而使摇臂绕摇臂轴转动,克服气阀弹簧的弹力将气阀打开。当滚轮沿凸轮的形线下降时,在气阀弹簧的作用下气阀逐渐关闭。因而,凸轮的形状与安装位置就决定了气阀的启闭时刻。

对于机械式气阀传动机构,在柴油机冷态时,滚轮落在凸轮的基圆上,摇臂与气阀之间应留有间隙,此间隙称为气阀间隙。其目的是保证在柴油机热态时,气阀和气阀传动机构受热膨胀后仍能完全关闭。如果不留气阀间隙,气阀在工作时将因向下膨胀而关闭不严,造成气阀漏气,并可能引起其他故障。气阀间隙可以通过调节螺钉 A 调整。调整气阀间隙时,要求滚轮落在凸轮的基圆上,摇臂、顶杆和顶头之间保持接触。

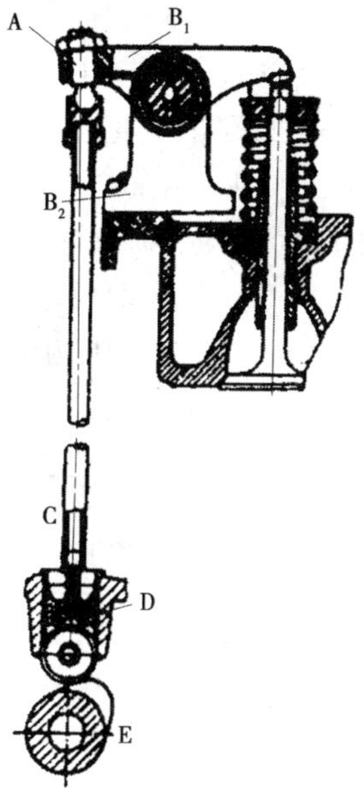

图 4-8　机械式气阀传动机构

### (二)液压式气阀传动机构

液压式气阀传动机构是在气阀、顶头的上端各设液压传动器,二者之间通过油管连通。开阀靠液压传动器产生的油压,关阀靠“空气弹簧”的气体压力来实现。这种气阀传动机构具有尺寸小、重量轻、利于布置、气阀不承受侧推力、噪声小、拆装方便等优点,但存在着调试困难与密封困难等缺陷,目前普遍用于超长行程低速柴油机的排气阀中。图 4-9 为这种液压式气阀传动机构和气阀机构简图。图中顶头处的液压传动器由顶头 3、顶杆 4、套筒 5、柱塞 6、安全阀 7、补油阀 8 等组成。气阀处的液压传动器由缓冲销 10、柱塞 11、套筒 12 等组成。空气弹簧装置由活塞 13、汽缸 14 等组成。由起动空气瓶来的经减压的空气通过止回阀进入空间 N。

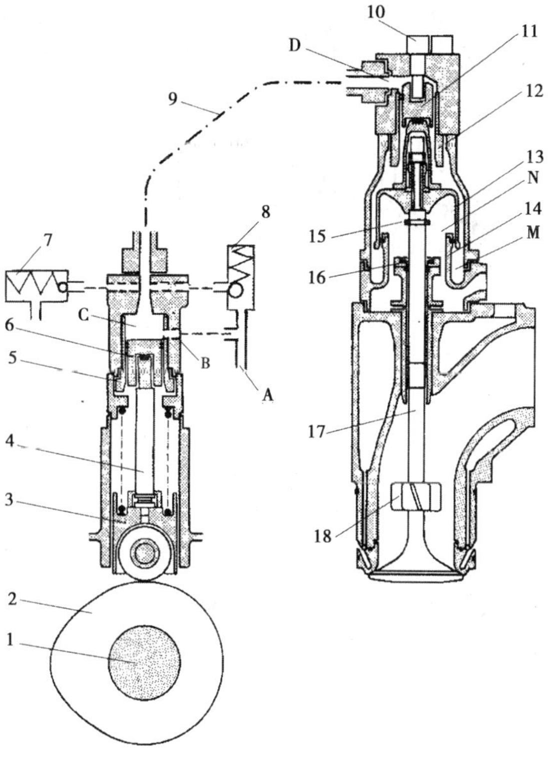

1—凸轮轴;2—凸轮;3—顶头;4—顶杆;5—套筒;6—柱塞;7—安全阀;8—补油阀;9—油管;10—缓冲销;11—柱塞;12—套筒;13—活塞;14—汽缸;15—卡环;16—弹簧板;17—气阀;18—转翼;B—补油孔;C、D—油空间;M、N—气空间

图 4-9　液压式气阀传动机构和气阀机构

当凸轮 2 通过顶头 3、顶杆 4 顶起柱塞 6 时,C 空间的油被压缩建立起油压并经油管 9 泵入 D 空间,作用在柱塞 11 上面。油压力推动柱塞 11 下行并推动活塞 13 下行,将空间 N 内的空气压缩,并把气阀 17 打开。当凸轮把顶头放下时柱塞 6 重新下行,油压下降,D 空间的油流回到 C 空间。气阀 17 在 N 空间内气体压力(空气弹簧)的作用下关闭。排气阀 17 关闭时,液压柱塞 11 上行,缓冲销 10 进入柱塞 11 上面孔内将油挤出。由于油的阻尼作用,减小了气阀与阀座的撞击。液压传动机构在运行时经柱塞和套筒间隙泄漏的油,由管道 A 和补油阀 8 补充。机构中的油由十字头轴承润滑系统经减压后供给。当机构中的油压过高时,油由安全阀 7 泄掉。当 N 空间没有压缩空气时,柱塞 11 会在油压作用下下移,气阀被打开。但当卡环 15 落在弹簧板 16 上时便不再下移,避免气阀与活塞发生撞击。

## 四、凸轮轴及传动机构

### (一) 凸轮轴

凸轮轴是柴油机中非常重要的传动轴。柴油机进、排气阀的启闭、喷油泵和空气分配器的驱动都是通过凸轮轴进行的。此外,凸轮轴还带动调速器及其他附件的传动轮。装在凸轮轴上的凸轮是每缸一组,组数与缸数相同。凸轮轴要放在凸轮轴箱内,由多个轴承支撑,如图 4-10 所示。

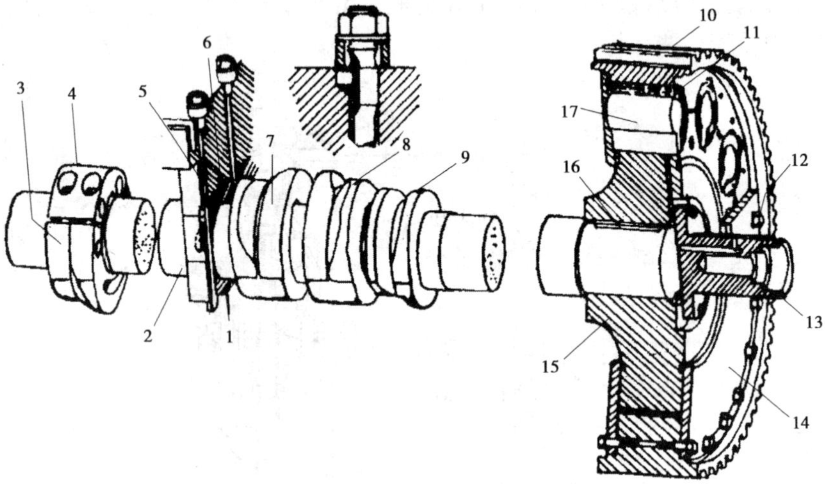


1—轴承盖;2—轴;3、4—喷油泵凸轮;5—螺栓;6—轴承座;
7—进气凸轮;8—排气凸轮;9—起动凸轮;10—齿圈;11—筒状弹簧;
12—螺栓;13—支持轴;14—环板;15—轮毂;16—键;17—止动栓

**图 4-10　凸轮轴及传动齿轮**

凸轮轴的结构有整体式和装配式两大类。整体式用于小型机,装配式用于大型机。整体式凸轮轴的凸轮是与轴本体锻成或铸成一体的。装配式凸轮轴的凸轮和轴分开制造,然后根据定时的要求将凸轮紧固在轴上。这种凸轮轴上的凸轮是可调的,以便定时调节,并且任何一个凸轮损坏时都可以单独更换。由于大型柴油机的凸轮轴很长,故都是分成几段组装而成的。为了使柴油机结构简单,控制进、排气阀和喷油泵的凸轮一般都装在同一根轴上。但近年来,为了更好地控制柴油机的进排气过程和燃烧过程,满足日益严格的排放法规,某些新型柴油机采用了两根凸轮轴的结构。

凸轮在顶动滚轮过程中，在工作表面上产生摩擦和很高的接触应力。当接触应力过高时，工作面会发生疲劳损坏，产生麻点或金属剥落。因此，凸轮要有很好的耐磨、耐疲劳性能。凸轮轴材料一般是碳素钢、合金钢和球墨铸铁。凸轮工作表面应渗碳或表面淬火，以提高硬度。

### (二)凸轮轴的传动机构

凸轮轴是由柴油机的曲轴带动的，两者保持准确的相对位置。按照柴油机工作循环的要求，有凸轮控制的机构每循环必须动作一次。由于四冲程柴油机曲轴回转两周完成一个工作循环，因此其凸轮轴与曲轴的转速比应该是 1∶2。同理，二冲程机则应该是 1∶1。

曲轴与凸轮轴之间的传动方式与发动机的类型、凸轮轴位置以及附件的传动等因素有关。一般采用齿轮传动或链传动。所以，凸轮轴的传动机构分为齿轮传动机构和链传动机构。四冲程柴油机通常采用齿轮传动。大型低速二冲程柴油机根据凸轮轴的位置有两种传动方式：一种是凸轮轴布置在机架中部，因曲轴与凸轮轴距离较近，采用齿轮传动；另一种是凸轮轴布置在汽缸体中部，因曲轴与凸轮轴的距离较远，采用链传动。无论采用何种传动方式，其传动机构必须保持正确的定时关系。此外，还应尽量减小扭振及凸轮轴扭转变形引起的定时偏差。

#### 1.齿轮传动机构

四冲程柴油机采用齿轮传动轮系，称之为正时齿轮。为了减小曲轴扭振的影响，凸轮轴传动机构都安装在飞轮端。定时齿轮包括主动轮、从动轮和二者之间的中间齿轮。图 4-11 为某大型四冲程 V 型柴油机的凸轮轴齿轮传动机构。曲轴 4 上的正时齿轮 5，经过中间齿轮 3 和 2 传给凸轮轴上的正时齿轮 1 带动凸轮轴 6。经过两极齿轮减速后，正时齿轮 1 与 5 的速比为 1∶2。三个齿轮互相啮合的轮齿上均有啮合记号，以保证配气、喷油定时正确。在拆、装凸轮轴传动机构时必须严格注意装配记号。

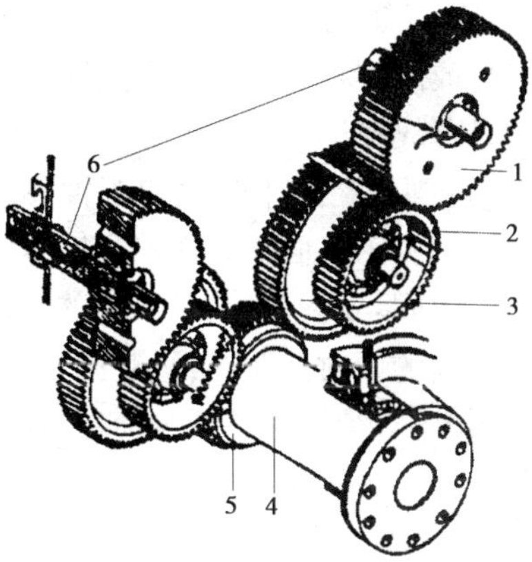

1—凸轮轴正时齿轮；2、3—中间齿轮；4—曲轴；
5—曲轴正时齿轮；6—凸轮轴

**图 4-11　凸轮轴齿轮传动机构**

#### 2.链传动机构

图 4-12 为凸轮轴链传动机构简图。链传动装置结构简单、紧凑，且在柴油机换向时可以避免齿轮传动中可能产生的齿间间隙累积误差，因而在正、倒车运转时都能得到准确的定时，对于轴线的不平行度与中心距的误差都不敏感。此外，还可以通过链轮、链条驱动往复惯性力矩平衡装置，因而在大型低速柴油机中广泛使用。但链条传动装置的润滑不如齿轮传动装置，磨损快，容易松弛，需经常检查。

链条传动机构由曲轴上的主动链轮 1、凸轮轴上的从动链轮 4、链条 5、中间轮 6、链条张紧臂 2、张紧轮 3、张紧弹簧 7 等组成。主动链轮 1 由两个半块组成，用螺栓紧固在曲轴上。从动链轮 4 为整体式，用键连接在凸轮轴上。曲轴与凸轮轴之间采用一级链传动，速比为 1∶1。链条 5 选用双排套筒滚子链。导轨（图 4-12 中未画出）是由导轨板和装在导轨板上的特种耐油橡胶块组成的，以防止链条的横向抖动和敲击，使之工作平稳。链传动装置由于链条磨损较快，容易松弛，这就影响了凸轮的定时，并易引起链条振动。因此，在链条传动装置中设有中间轮6和链条张紧装置,用以减少链条的振动和调节链条的松紧程度,保证链条与链轮啮合良好,传动平稳。张紧弹簧7的弹力通过张紧臂2、张紧轮3作用到链条5上将它拉紧。为了保证定时正确,链条按啮合记号装在链轮上。张紧轮可位于正车转动时链条的紧边或松边,通常较老机型多位于紧边,而新机型多位于松边。张紧链条时要边盘车边张紧。盘车时要使张紧轮一侧的链条为松边。需要注意的是,链条、链轮磨损后,链条会松弛,再度张紧时,定时会发生变化。若链条长度增加1.5%,需换新。

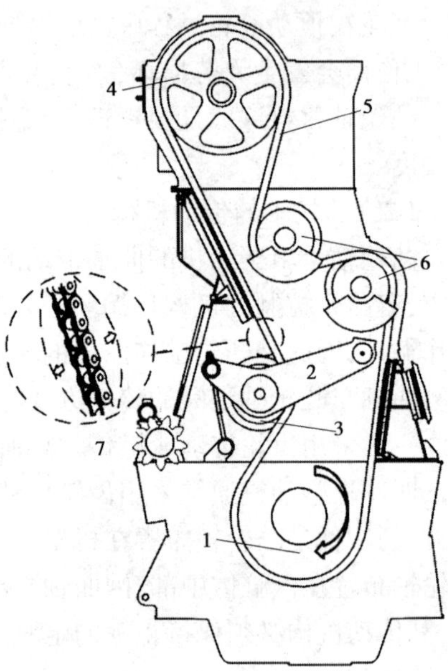


1—曲轴链轮;2—张紧臂;3—张紧轮;
4—凸轮轴链轮;5—链条;
6—中间轮;7—张紧弹簧

**图4-12 凸轮轴链传动机构简图**

## 五、换气机构的故障和管理

### (一)气阀机构的故障

在换气机构中,气阀机构的工作条件最为恶劣。尽管气阀机构在设计、制造和材料方面根据其工作条件已做了充分考虑,但在使用中由于运转情况经常变化或因维护保养和使用管理不当,仍然会常常出现各种故障。

(1)阀面和阀座磨损和腐蚀。这种故障表现为阀面和阀座密封面上有伤痕和麻点。前者主要是由燃气中的炭粒或其他杂质冲刷或落在接合面上时阀与阀座撞击所造成的。后者主要是由燃油中的硫、钒和钠的腐蚀所造成的。这会使气阀的密封性变坏,引起漏气,使柴油机功率下降,各缸功率不均,起动困难,甚至不发火。因此,必须经常注意检查气阀的工作情况,发现漏气时应对气阀进行研磨,使之重新密封。

(2)阀面与阀座烧损。阀座扭曲、偏移、倾斜和失圆都会造成大面积烧损。阀盘翘曲时,关闭不严处如同喷管流道,会被严重烧损。气阀阀杆卡阻、弯曲,都使阀盘不能落座,使密封面发生均匀烧损。此外,阀面和座面也会因麻点、伤痕处漏气而发展到烧损。

(3)阀杆卡紧。阀杆在导管中往复运动,气阀导管间隙过小会使阀杆卡阻;气阀导管间隙过大可使导管中的滑油结焦,沉积物增多,阀杆也会卡住;还可能由于中心线不正,致使阀杆卡死在导管中。这将使气阀与阀座关闭不严而发生漏气,甚至影响气阀的启闭。为此,必须注意阀杆与导管之间的间隙、对中性和润滑情况。滑油量必须适中,最好使用滑油和柴油的混合油。

(4)阀杆和阀头断裂。这种断裂大多是频繁撞击引起金属疲劳以及高温下金属的机械强度降低造成的。断裂通常发生在阀头与阀杆的过渡处或阀杆上端支承弹簧盘的圆槽处。气阀断裂后掉入汽缸,将引起柴油机立即停止工作,并可能将活塞、汽缸盖、汽缸套击碎。

(5)气阀弹簧断裂。气阀弹簧断裂多是因为振动造成的,也可能是因为材质、热处理不符合要求,或在保管中锈蚀。

(6)阀壳产生裂纹。阀壳裂纹通常是安装时将固定螺栓拧得太紧造成的,因为这样会使阀壳在柴油机工作时因受热膨胀而产生很大的应力。阀壳裂纹将会使冷却水喷入排气管中。因此，固定螺栓不宜拧得过紧。虽然这可能在初期造成少许漏气，但工作一段时间后，漏气将逐渐消失。

**（二）气阀间隙测量和调整，气阀定时的检查**

（1）气阀间隙的测量和调整。冷车时在机械式气阀传动机构中，要在摇臂端和气阀阀杆之间留有一定的间隙，以便柴油机运转时气阀机构受热后有膨胀的余地。若气阀间隙过小，则气阀受热后会关闭不严；间隙过大，则除影响气阀定时外（晚开、早关），还会使撞击严重，造成大的噪声和磨损。因为温度高、尺寸大时，气阀膨胀的数值也大，所以排气阀比进气阀、增压机比非增压机、大型机比小型机的气阀间隙大。气阀间隙的具体数值见柴油机使用说明书。用厚薄规测量气阀间隙，测量气阀间隙时注意顶头的滚轮一定要落在凸轮的基圆上。

（2）气阀定时的检查。气阀定时的测量只有在气阀间隙符合要求时才能进行，以消除气阀间隙不同时对定时的影响。测量气阀定时的方法随柴油机而异，一般在说明书中均有规定。通常的做法是：在汽缸盖上放千分表架，将千分表的触头压在气阀弹簧盘上，然后缓慢盘车。千分表指针刚刚移动或回到原位的时刻就是气阀开启或关闭的时刻。这时，飞轮上相应的角度就是气阀开启或关闭的角度。

凸轮、滚轮等传动件磨损，链轮、链条再度张紧，拆装机器时凸轮轴安装不正确，都会使定时与给定数值不符。大型低速柴油机排气阀定时可以调整。现代大型低速柴油机的凸轮轴与凸轮轴联轴节、凸轮轴与排气凸轮多采用液压拆装的过盈配合连接，能够改变它们之间的装配角度。

**（三）气阀和阀座的研磨与更换**

小型柴油机阀座座面损伤时，要用专用工具铰刀修整。气阀阀面损伤时要用专用磨床研磨，然后用细研磨砂对研。研磨后阀面上应研出暗色连续等宽度阀线。无法修复磨损过大的气阀应换新。中、大型柴油机的阀座和气阀都配有专用研磨工具。在阀座换新、使用新的或修理的阀、阀座面损伤时，要用专用工具研磨阀座。气阀阀面由于磨损、腐蚀损伤时，要用专用工具磨削，并用专用工具测量阀座与气阀磨损量，超过规定者应予换新。磨削要保证规定的锥角。为防止研磨面上出现颤痕，磨具或阀壳下要垫橡胶块。

## 第三节　废气涡轮增压

柴油机所能发出的最大功率受到汽缸内所能燃烧的燃料的限制，而燃料量又受到每个循环内汽缸所能吸入空气量的限制。如果空气能在进入汽缸前得到压缩而使其密度增大，则同样的汽缸工作容积可以容纳更多的新鲜空气，从而就可以多供给燃料，得到更大的输出功率。这就是增压的基本目的。

### 一、柴油机增压概述

增压技术始于19世纪末期，在20世纪初期得到初步应用。随着材料科学及制造技术的进步，柴油机的涡轮增压技术在20世纪中期开始走向大规模商业应用。目前，船用大功率柴油机的绝大部分、车用柴油机的半数以上均采用了增压技术。增压柴油机的比功率（以平均有效压力表示）较非增压柴油机增加了4~5倍。由于涡轮增压利用排气能量来增加充气量以提高功率，不仅工作过程得到改善、燃油耗量下降，排放也得到改善。由此可见，采用涡轮增压技术以后,柴油机的性能得到了全面的、大幅度的提高。

### (一)提高柴油机有效功率的途径

根据有效功率 $P_e$ 的计算公式知:

$$P_e \propto i \cdot D^2 \cdot S \cdot m \cdot n \cdot p_e$$

式中 $i$、$D$、$S$——柴油机的汽缸数、汽缸直径、活塞行程;

$n$、$m$——柴油机的转速和每转工作冲程数;

$p_e$——柴油机的平均有效压力。

由上式可知,提高柴油机的有效功率有下列途径:

(1)改变柴油机的结构参数 $i$、$D$、$S$、$m$。增大这些参数可以提高柴油机的功率,但是提高的幅度受到多种因素的限制。增加汽缸数 $i$ 主要受到曲轴刚度的限制,目前直列式柴油机汽缸数最多为 12 缸;增加汽缸直径和活塞行程则会使柴油机的尺寸和质量大大增加,同时也增加了柴油机的热负荷。

(2)提高柴油机的转速。柴油机转速的增加可以增大柴油机作功频率,提高功率。但转速增加会使磨损增加,柴油机的惯性力增加,使柴油机寿命缩短,可靠性变差。对于船用主机还受到螺旋桨效率的限制,因而这种方法也是有限度的。目前新型船用低速柴油机大多降低转速以获得更高的经济性。

(3)提高平均有效压力 $p_e$。提高平均有效压力 $p_e$ 可以增加柴油机的功率。对 $p_e$ 影响最主要的因素是新气的密度 $\rho_a$。提高进气密度,就可以增加汽缸充气量,使更多的燃油完全燃烧,从而大幅度提高柴油机的功率。而空气密度的增加可以通过提高进气压力和降低进气温度来实现。

所谓增压,就是用提高汽缸进气压力的方法,使进入汽缸的空气密度增加,从而可以增加喷入汽缸的燃油量,以提高柴油机的平均指示压力 $p_i$ 和柴油机的平均有效压力 $p_e$。柴油机的增压程度一般以增压度来表示。增压度是柴油机增压后标定功率与增压前标定功率之差值与增压前标定功率的比值,它表示增压后功率增加的程度。

空气在增压器中被压缩时压力和温度是同时升高的,这就影响了空气密度的增加和增压的效果。因此,大多数增压器都设有中间冷却器(中冷器)以降低空气温度,提高空气密度。通常船舶柴油机增压器的中冷器都是以海水来冷却的。中冷的另一个作用是降低柴油机的循环平均温度。资料表明,当进气温度降低 10 ℃时,循环平均温度将降低 25 ℃,这使柴油机的热负荷降低很多。因此,中冷是增压柴油机特别是中、高增压柴油机在提高进气压力的同时所必须采用的技术措施。

在一些新型的柴油机上,空气冷却器采用两级冷却,高温淡水冷却第一级,低温淡水冷却第二级,这样就能够更有效地利用柴油机的废热。此外,采用两级冷却还可以在低负荷下旁通第二级冷却以增加进气温度,保证柴油机的良好工作。

### (二)增压方式

根据驱动增压器所用能量的不同,如图 4-13 所示,柴油机增压主要分为以下三种类型:

(1)机械增压(见图 4-13(a))。柴油机输出轴直接驱动机械增压器(压气机),实现对进气的压缩。

(2)废气涡轮增压(见图 4-13(b))。压气机与涡轮同轴相连,构成涡轮增压器。涡轮机在排气能量的推动下,带动压气机工作,实现进气增压。显然,这种增压形式可以从废气中回收部分能量，不仅提高了柴油机的功率，还提高了动力装置的经济性，因而得到广泛应用。

(3)复合增压(见图 4-13(c))。这种增压形式既采用涡轮增压，又采用机械增压。根据两种增压器的不同布置方案，可分为串联增压和并联增压。

随着废气涡轮增压技术的发展，目前机械增压和复合增压已很少使用。

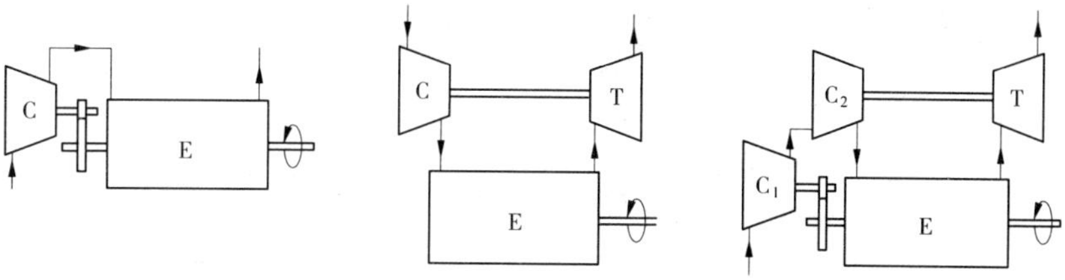


(a)机械增压　(b)废气涡轮增压　(c)复合增压

E—柴油机；C—压气机；T—涡轮机

**图 4-13　柴油机增压的基本形式**

柴油机增压压力的高低可以用无因次量增压比 $\pi_b$ 表示：

$$\pi_b = p_k / p_0$$

式中　$p_k$——增压压力；

$p_0$——环境条件下大气压力或增压器进口压力。

根据 $\pi_b$ 的高低，一般将柴油机增压分为四级：

低增压：$\pi_b \leqslant 1.5$；

中增压：$\pi_b = 1.5 \sim 2.5$；

高增压：$\pi_b = 2.5 \sim 3.5$；

超高增压：$\pi_b > 3.5$。

现代船用低速柴油机的 $\pi_b$ 一般在 3.0 上下。

## 二、废气能量分析

柴油机排出的废气所含的热量占燃油燃烧放出热量的 30%以上，而排气的可用能又占排气总能量的约 60%。因此，充分利用这部分能量是提高柴油机热效率的重要途径。

柴油机废气中含有的最大可利用能如图 4-14 所示。由于柴油机结构的限制，排气开始时汽缸中燃气状态为 $b$，这些燃气无损失地等熵膨胀到大气压力 $p_0$ 时，在理论上所能作的功在图上为面积 $b$　1　$f$　$b$。也就是排气开始时废气中的可用能。另外，由于柴油机采用废气涡轮增压，汽缸后的压力不再是大气压力 $p_0$，而是涡轮前压力 $p_T$，在换气过程中获得的能量为 4—$g$—$i$—1—4 表示的面积。这部分能量对四冲程柴油机包括强制排气过程中的活塞推出功 1—2—3—4—1 和燃烧室扫气阶段进入排气管的扫气空气所具有的能量 2—$i$—$g$—3—2 两部分；而二冲程柴油机这部分能量为扫气期间扫气空气所作的功。值得注意的是，二冲程柴油机在排气开始后活塞继续下行，获得膨胀功为 $b$—4—5—$b$ 所示的面积，使废气可用能减少；在换气过程中没有活塞推出功补充废气能量，并且废气中掺混有很多扫气空气，使涡轮前气体温度 $T_T$ 降低，因而废气中的能量较少。

根据在废气涡轮中能量的利用情况，通常把废气的能量分成两部分：一部分是废气由压力 $p_b$ 膨胀到 $P_T$ 的膨胀能 $E_1$，称之为脉冲能。它是一种脉动的速度能，在排气管中以压力波

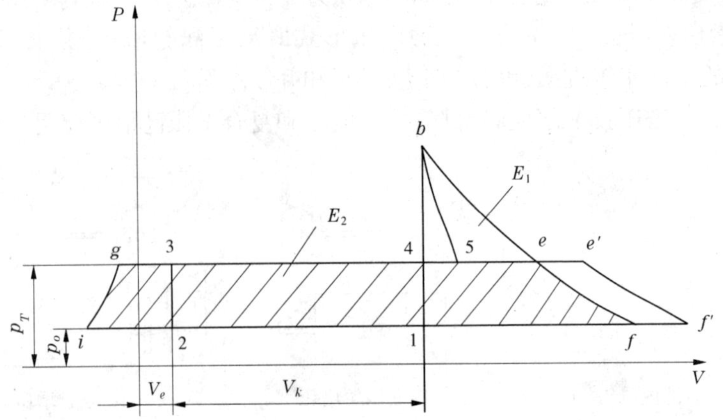


**图 4-14　柴油机废气中含有的最大可利用能量**

的形式出现，在图 4-14 中为 $b$-4-$e$-$b$ 所表示的面积。另一部分是废气由压力 $p$-$T$ 膨胀到 $p_0$ 的膨胀能 $E_2$，称之为定压能（亦称势能），在图 4-14 中为 $g$-$e$-$f$-$i$-$g$ 所表示的面积。$e'$—$f'$—$f$—$e$—$e'$ 是由于损失废气可用能 $b$—$e$—4—$b$ 而获得的热量使废气温度升高，由此废气得到的可用能。当然，它远小于损失掉的可用能 $b$—$e$—4—$b$。废气能量 $E$ 是脉冲动能 $E_1$ 和定压能 $E_2$ 之和。能量 $E_1$ 和 $E_2$ 在总能量中所占的百分数随着增压压力 $p_k$ 的不同而不同。$p_k$ 越低，则 $E_1$ 所占的比例越大；$p_k$ 越高，则 $E_2$ 越大。

## 三、废气涡轮增压的两种基本形式

柴油机的废气涡轮增压系统中，根据对废气能量利用方式的不同，可分为定压涡轮增压和脉冲涡轮增压两种基本形式，其他的增压方式都是由这两种发式演变和发展而来的。

### （一）定压涡轮增压

定压涡轮增压的特点是进入废气涡轮增压器的废气压力基本上是稳定状态。柴油机各缸的排气管连接到一根共用的容积足够大的排气总管上，涡轮就装在排气总管后面。如图 4-15 所示。由于排气管容积足够大，各缸排出的废气进入其中后迅速膨胀、扩散并很快稳定下来，只引起微小的压力波动。排气总管实际上成了一个集气箱，具有稳压作用。正因为废气以基本不变的速度和压力进入涡轮，所以这种增压方式涡轮工作稳定、效率高。

定压增压只利用了废气能量中的定压能 $E_2$，而没有利用废气中的脉冲动能 $E_1$。脉冲动能 $E_1$ 在排气流动中由于排气阀（口）的严重节流和在排气管中的膨胀涡旋，大部分损失掉，只有小部分脉冲动能转化为热能，使排气管中的废气温度略有升高。由上述可知，在定压涡轮增压系统中，脉冲动能 $E_1$ 没有直接在涡轮中得到利用，虽然这部分能量转化为相当于面积 $f'$—$e'$—$e$—$f$ 的能量，可以在涡轮中利用，但它比 $E_1$ 小得多。因此，定压涡轮增压所能利用的废气能量就少些。尤其是当柴油机在低负荷时或起动时，因排气管压力低，废气的能量少，使涡轮发出的功率满足不了压气机所需的功率，因此船舶柴油机必须另设辅助风机来满足低负荷时的扫气需要。

### （二）脉冲涡轮增压

脉冲涡轮增压的特点是进入废气涡轮增压器的废气压力为脉动状态。在结构上把各缸排气管经过分组直接与一个或几个废气涡轮相连，排气管短而细，如图 4-16 所示。由于排气管容积相当小,因此排气阀和排气口开启后,排气管中的压力因废气冲入而迅速提高,瞬间将接近汽缸的压力。此后,由于汽缸和排气管的压差迅速减小,废气进入排气管的流速降低,加上排气管中的废气不断流入涡轮,排气管中的压力又随之下降。这样就形成了所谓的脉冲压力波,这就是涡轮中利用的脉冲动能。因此,脉冲增压系统不仅排气管应短而细,而且弯头要少,通道要光滑,呈流线型,并使涡轮尽量靠近排气口。

脉冲增压除了可以利用脉冲能 $E_1$ 外(可利用40%~50%),还能较好地利用废气的定压能,故废气的能量利用增多。这有利于涡轮机和压气机之间的功率平衡。此外,扫气阶段正好是排气管中的低压阶段,扫气箱与排气管间压差较大,故有利于扫气,即使柴油机低负荷时也是如此。但由于涡轮在不稳定工况下工作,效率较低。

在多缸柴油机的脉冲增压系统中,如果各缸的排气均排入一根排气管,那就会产生扫、排气的相互干扰。即当某缸进行扫气而相邻缸正好在排气时,排气压力波就会传到扫汽缸的排气口处,使该缸排气背压升高,从而严重影响该缸扫气的正常进行。如果每缸各自向单独的排气管排气,虽然消除了各缸间的排气干扰,但会使涡轮供气间断,效率降低。这一问题必须依靠对排气管进行合理分组来解决。分组的原则是避免同组内各缸的排、扫气互相干扰。排气管分组是脉冲增压所必须采取的措施(在等压增压中,由于排气管很大,各缸废气排入总管时不会产生脉冲压力波,不会产生排气干扰,无须分组)。

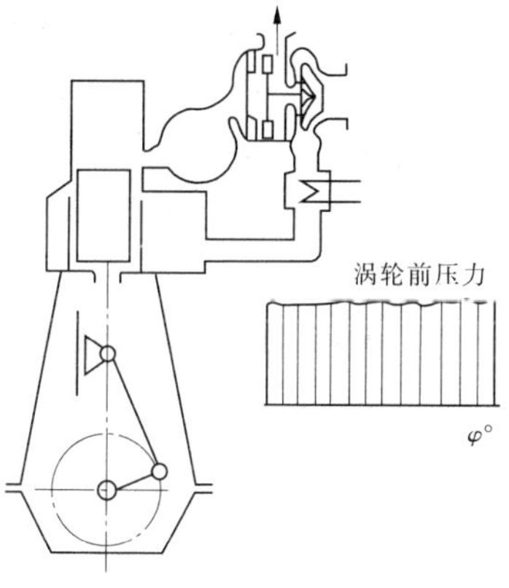


图 4-15　定压涡轮增压

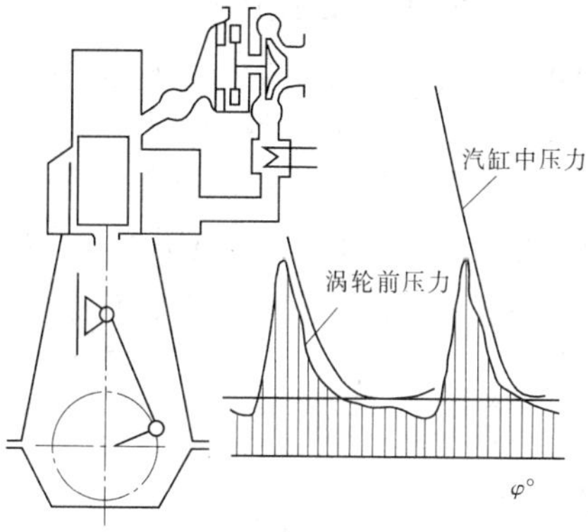


图 4-16　脉冲涡轮增压

根据上述分组原则,对于二冲程柴油机,完成一个工作循环需要 360°曲轴转角,而扫、排气延续时间可近似认为是 120°曲轴转角。因此,为使同一组内各缸扫、排气不重叠,必须保证排气间隔(发火间隔)为 120°曲轴转角。这样,同一组的最多允许汽缸数为 $i=360°/120°=3$。在四冲程柴油机中,完成一个工作循环需 720°曲轴转角,排气时间约为 240°曲轴转角。同样,同组的最多允许缸数 $i=720°/240°=3$。由此可见,无论是二冲程柴油机还是四冲程柴油机,每组最多只能是 3 个汽缸。如果多于 3 个汽缸,排气就会重叠而产生干扰。若少于 3 个汽缸,虽然不会发生排气干扰,但由于废气不能连续供给,因而涡轮工作不稳定,损失较大。所以,脉冲增压最适合于汽缸数是 3 的倍数的柴油机。例如某二冲程六缸柴油机的发火顺序为 1—6—2—4—3—5,各缸发火间隔角为 60°,则可把 1、2、3 缸分为一组,4、5、6 缸分为另一组,如图 4-17(b)所示。

一般来说,大型低速二冲程柴油机的脉冲增压系统采用多台增压器。而四冲程柴油机

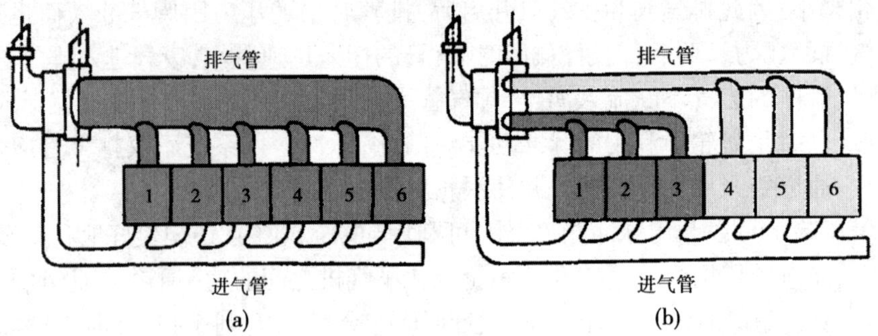


图 4-17　定压增压和脉冲增压系统的布置

为使结构布置紧凑,往往只采用一台脉冲涡轮增压器。为了防止排气干扰,往往将废气涡轮的喷嘴环分隔开,采用多进口的布置方案。

**(三)两种增压方式比较**

定压增压和脉冲增压这两种增压方式各有利弊,从以下几个方面进行简要的分析比较:

(1)废气能量的利用。脉冲增压不但利用了废气的定压能,而且能够有效地利用废气的脉冲能。而定压涡轮增压只利用了废气的定压能,大部分脉冲动能在节流中损失。所以,脉冲增压对排气能量的利用比定压增压要好。这是脉冲增压的主要优点。值得注意的是,脉冲能和定压能在总能量中所占的比重是随着增压压力的变化而变化的。增压压力较低时,$E_1$在总能量中的比重较大,但随着增压压力的升高,$E_1$在总能量中的比重降低,而$E_2$的比重相应增加。在低增压时,采用脉冲增压是有利的。而随着增压压力的逐渐升高,脉冲增压在能量利用方面的优势逐渐降低。

(2)涡轮的工作性能。在定压涡轮增压中,由于废气是在等压下进入涡轮的,气流的压力和速度不变,涡轮喷嘴环均匀进气,涡轮工作比较稳定,故涡轮效率高。而在脉冲增压中,由于进入涡轮的废气压力和流速是变化的,涡轮喷嘴环间歇地部分进气,涡轮工作不稳定,增加了损失,故涡轮效率较低。显然,从这方面来看,采用定压增压是有利的。

(3)增压系统的布置。对于脉冲增压,为了有效地利用废气的脉冲动能$E_1$,对排气系统的布置、构造和加工方面都有较严格的要求。如要求排气管尽量短而细,增压器应尽量靠近排气口处等。这就给系统的布置带来了困难,排气管拆装和检修也不方便。此外,为了保证压力波峰通过时的流通能力,所需的涡轮较大。定压增压排气系统的布置比较简单,只需装设容积足够大的排气总管,增压器的布置不受限制,增压器数量也可以减小并使用较小的增压器。

(4)管理上的要求。由于脉冲增压的增压器离排气阀(口)很近,并且由于气流脉冲冲击,涡轮叶片容易污损,活塞环碎片及燃气中的炭粒等容易损伤涡轮中的零件。此外,脉冲增压对排气定时和气口的清洁程度较敏感,而定压增压则不存在上述问题。

(5)柴油机的加速性及低负荷性能。在定压涡轮增压柴油机中,由于排气管容积较大,在低负荷时排气管中压力低,能量少,涡轮发出的功率不能满足压气机的需要;在加速时,排气管中废气压力建立比较缓慢,增压器跟不上柴油机的加速,出现较大的滞后。而脉冲增压柴油机由于排气管容积较小,不存在上述问题。因此,定压增压柴油机必须另设辅助风机来满足低负荷时的扫气要求。

综上所述,在不同的增压压力下应当采用不同的增压方式。在低、中增压时,即当 $p_k$ 介于 0.13~0.20 MPa 之间时,采用脉冲增压可以更多地利用废气能量。虽然在结构、管理、涡轮效率等方面有缺点,但与其优点相比还是属于第二位的。所以,在这个增压压力范围内的柴油机绝大多数采用脉冲增压。随着增压压力的提高,定压能 $E_2$ 的比例也随之增大,脉冲增压在废气能量利用方面的优势不存在了,而在结构、布置、涡轮效率等方面的问题上升为第一位的。因此,在高增压时均采用定压增压。如目前 Wärtsilä 瑞士公司 RTA 系列柴油机、MAN B&W 公司 MC 系列柴油机,均采用定压涡轮增压。定压增压也是目前大型低速柴油机增压系统的发展方向。

## 四、其他增压形式

从对定压增压和脉冲增压的分析比较中可以看出,定压增压的主要特点是废气在从排气阀(口)至废气涡轮的能量传递过程中损失较大,而在废气涡轮中作功的过程能量损失较小。脉冲增压则相反,废气从汽缸出口至废气涡轮的能量传递损失小,而在废气涡轮中作功的过程能量损失大。特别是对汽缸数不是 3 的整数倍的柴油机,排气管分组难以使同组中各缸排气和扫气互不干扰,而且废气供应不连续,致使涡轮中进气和鼓风损失增大,涡轮效率明显下降。随着增压技术的发展,出现了一些兼顾定压和脉冲增压优点且可用于汽缸数不是 3 的整数倍的柴油机的新的增压方式。如脉冲转换增压、多脉冲增压和模件式脉冲转换增压等。

模件式脉冲转换增压(Modular Pulse Converter)简称 MPC 系统,也称单管脉冲增压,是近年来发展的一种新型增压系统,这种增压系统在布置上与定压增压系统相似,见图 4-18(b)。它将各缸排气支管做成收缩形喷管,然后斜向边接于一根直径较小的排气总管上,各缸的排气支管及相应的排气总管作为一个模件,具有相同的形状和尺寸,将各管段连接起来,即形成一个整体,构成排气系统并与涡轮连通。MPC 系统模件结构如图 4-18(a)所示。由于排气管直径较小,故排气脉冲动能损失较小。在汽缸出口处由于各排气支管的引射,各缸的压力能变为动能,并迅速把它传给已在排气管中作高速流动的气体,使气体的速度不断增加以阻止产生的压力波动。在排气管的末端有一个扩压器,把气体的动能转变为压力能,而后进入涡轮机,保证涡轮按定压工作。这种增压系统的排气管布置简单,又不受柴油机缸数限制,而且使柴油机的工作性能优于多脉冲转换增压系统,目前广泛用于大功率中速柴油机。

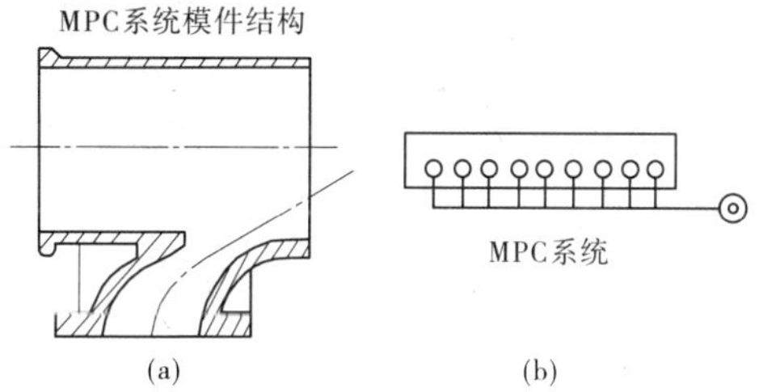


图 4-18 模件式脉冲转换增压

# 第四节 废气涡轮增压器与增压系统

## 一、轴流式废气涡轮增压器的结构特点

废气涡轮增压器结构形式繁多。船用柴油机中较著名的品牌主要有 ABB 公司制造的

VTR、TPS 和 TPL 系列增压器，MAN B&W 公司制造的 NA、NR 系列增压器和近年来新开发的 TCA、TCR 系列增压器以及日本三菱公司生产的 MET 系列增压器。废气涡轮增压器的发展包括提高增压压比和增压器效率两个方面，在 1978 年以前以前者为主，而在 1978 年以后以后者为主。目前，单级轴流式增压器的总效率已达 76%，压比已达 5 以上。

**（一）废气涡轮增压器总体结构**

废气涡轮增压器由废气涡轮和压气机两部分组成，从增压器的外部来看，压气机部分主要由进气消音器和排气蜗壳组成，废气涡轮部分由废气的进气箱和排气箱组成。新型增压器壳体的典型特点是采用非冷却式壳体。采用非冷却式壳体可以减轻增压器的重量，制造方便，不须连接冷却水管和清洁冷却水空间，同时也避免了增压器壳体可能出现的低温腐蚀，并且提高了废气能量的利用率。

废气涡轮增压器的压气机都采用离心式压气机，而废气涡轮有轴流式涡轮机和径流式涡轮机两种，故可依据所采用的涡轮机类型把废气涡轮增压器分为两大类：轴流式涡轮增压器和径流式涡轮增压器。在轴流式涡轮机中，废气在涡轮叶片中的流动方向是和涡轮机轴平行的，而在径流式涡轮机中，废气在涡轮叶片中的流动方向是从涡轮的外部向中心。

船用大、中型柴油机均采用轴流式涡轮增压器，径流式涡轮增压器多用于中小型柴油机，近年来也有向大型化发展的趋势。ABB 公司制造的 VTR 和 TPL 系列增压器、MAN B&W 公司制造的 NA 和 TCA 系列增压器为轴流式涡轮增压器，而 ABB 公司制造的 TPS 系列增压器、MAN B&W 公司制造的 NR 和 TCR 系列增压器则是径流式涡轮增压器。

**（二）离心式压气机**

离心式压气机主要由进气消音器、压气机叶轮、扩压器、排气蜗壳等组成。空气从消音器滤网处进入。消音器中的空气滤网、导流器对空气起滤清、导流、消音（导流器由吸音材料制成）作用。如图 4-19（a）所示，工作叶轮是压气机的主要部件。它是由前弯的导风轮和半开式工作轮组成的。导风轮的扭曲方向和角度应适应气流进入叶轮的相对流动方向，使气流平顺地从轴向转到径向，以减少进气流动损失；在工作轮上沿径向布置着直叶片，各叶片间形成气流通道。过去，这两部分是分别装在转轴上的，而现在压气机的工作叶轮一般都不是分开制造的。

如图 4-19（b）所示，扩压器叶片间的气流通道呈扩张形，将压缩空气的动能变成压力能，以提高空气的排出压力。叶片环一般比圆环形平板圈窄一些，无叶片的圆环段同样起扩压作用，通常称之为无叶扩压器。一个工作轮与相邻的扩压器组成一个级。

如图 4-19（c）所示，压气机排气箱的主体是一个蜗壳状的管道，其流通截面由小到大。它一方面收集从叶片扩压器流出的空气，另一方面继续起着扩压作用。空气从蜗壳排出后经空气冷却器进入柴油机的扫气箱。

**（三）废气涡轮**

废气涡轮由涡轮进气箱、喷嘴环、工作叶轮、排气箱等组成。柴油机排出的废气经进气箱送至喷嘴环。对于轴流式涡轮机，如图 4-20（b）所示，喷嘴环由喷嘴内环、外环和喷嘴叶片组成。喷嘴叶片形成的通道从进口到出口呈收缩状，其作用是将柴油机排出的废气的压力能部分转变为动能，并使气流具有工作叶片所需要的方向。如图 4-20（b）所示，工作轮由轮盘和工作叶片组成，工作叶片轴向安装在轮盘边缘的槽口中。叶根有枞树形和球形两种。叶身为叶片的工作部分，其形状由气体流动情况决定。它沿着高度逐渐扭转。这是因为废

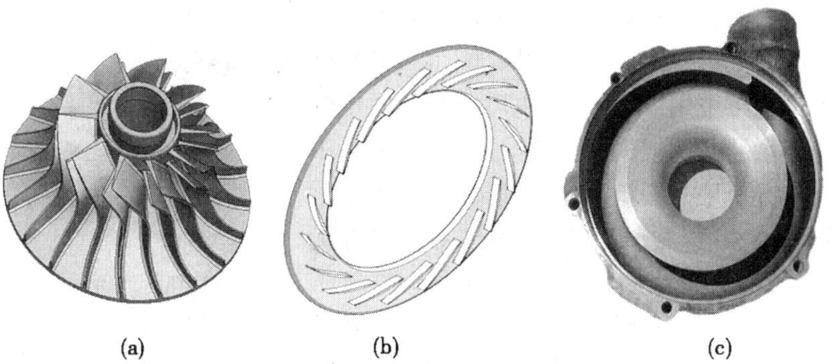


图 4-19　压气机的工作叶轮、扩压器和排气蜗壳

气通过喷嘴进入叶轮时,气流的参数如压力和速度的大小与方向等均沿叶片的高度而变化。为了减少气流流过叶片时的能量损失,要求叶片的形状与气流参数沿叶片的变化相适应,以提高涡轮效率。高速流动的气流进入工作轮的叶片通道,其中一部分能量转变为机械功,最后经排气箱排往大气。

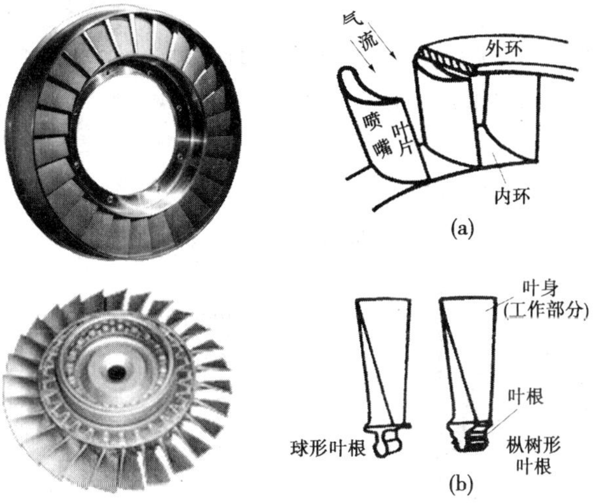


图 4-20　喷嘴环和涡轮叶片

## (四) 转子

涡轮机、压气机叶轮安装在同一根轴的两端,构成了增压器的转子,如图 4-21 所示。转子的工作转速很高,一般大型增压器的转子的转速在 10 000 r/min 左右,而小型增压器的转子的转速可高达每分钟数万转。因此,转子的平衡非常重要。在增压器中,涡轮机发出的功率全部用于压气机的工作。二者之间的能量必须维持平衡。

图 4-21　转子

## (五) 轴承

转子由轴承支承。一般情况下轴承的支承方式有两种:一种是内支承式,如图4-22(a)所示;另一种是外支承式,如图 4-22(b)所示。外支承式具有转子稳定性好、轴承受高温气体影响较小、便于密封、有利于增加轴承寿命等优点,但也存在着使涡轮增压器结构复杂,重

量、尺寸增大,清洗涡轮增压器困难等问题。内支承式的主要优点是增压器的结构简单,转子的重量轻、刚性好、对中性好,工作叶轮的可接近性好,清洗容易。

增压器的轴承可采用滚珠轴承,也可以采用滑动轴承。采用滚珠轴承的摩擦损失小,加速性能好。但采用滑动轴承可以直接使用曲轴箱油进行润滑,具有轴承对转子的不平衡敏感性低,振动噪声小、工作寿命长等优点,因此现代新型增压器普遍采用滑动轴承。如 MAN B&W 公司生产的增压器一直使用滑动轴承,而 ABB 公司新开发的 TPL 和 TPS 系列增压器也使用滑动轴承。增压器的轴承一般采用两种润滑方式:一是靠装在转轴上的甩油盘进行飞溅润滑;二是由柴油机的润滑系统供给滑油润滑。

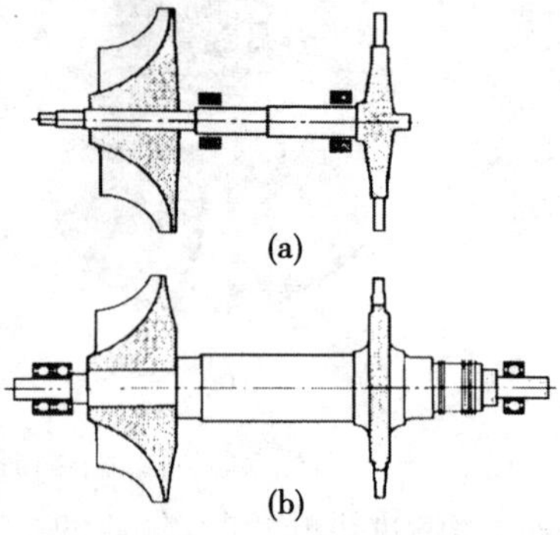


图 4-22　内支撑式滑动轴承和外支撑式滚动轴承

在压气机端,由于叶轮出口的空气漏至叶轮右侧,其压力大于叶轮左侧的空气压力;在涡轮端,涡轮右侧的压力也大于涡轮左侧,因此在转子上作用着一个指向压气机侧的轴向推力。必须在压气机端设一个支持止推轴承承受转子的径向和轴向负荷,并起着转子轴向定位的作用。涡轮端的轴承是一个支持轴承,只承受转子的径向负荷,并允许产生一定的轴向位移以保证转子的热膨胀。

**(六)气封与油封**

为了防止燃气、空气和滑油泄漏,压气机和涡轮机的叶轮都要装有气封和油封,气封一般还要引入增压空气以提高气封效果,如图 4-23 所示。

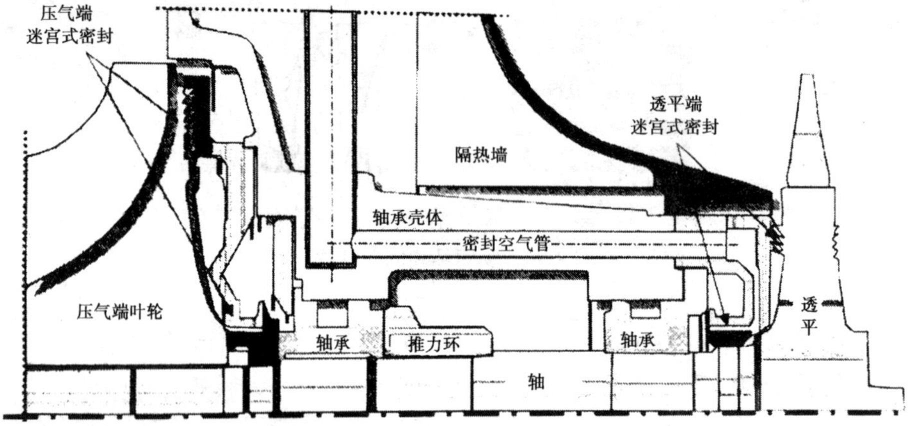


图 4-23　油封和气封

## 二、废气涡轮增压器的工作原理

**(一)离心式压气机的基本工作原理**

废气涡轮增压器的压气机一般都采用单级离心式压气机。离心式压气机工作原理如图 4-24 所示。它由进气道、工作轮(也称压气机叶轮)、扩压器和排气涡壳组成。1—1、2—2、3—3、4—4 分别为上述各部件的交界面。当压气机工作时,新鲜空气经进气道轴向进入压气机叶轮。由于通道的导流作用,气流能在最小的损失下均匀进入压气机叶轮。进气道是渐缩流道，在进气道中，压力、温度略有降低，流速提高。正是因为压力降低，空气才被吸入工作轮。空气进入压气机叶轮后，随叶轮高速回转，因而产生离心力。这样，空气在叶轮叶片间随叶轮作圆周运动的同时，在离心力的作用下向叶轮外缘流动并被压缩。在叶轮中气体的流速、压力、温度都升高了，其中流速提高了很多。这是由于叶轮对气体作功，把叶轮的机械能变成了气体的动能和压力能。气体被压缩时也提高了温度。在扩压器中，由于流道逐渐扩大，使空气的动能转换为压力能，流速降低，压力升高。排气蜗壳中的通道也是渐扩的，因而空气流过时继续将动能转换为压力能。据统计，离心式压气机的绝热效率一般为 0.70~0.85。

**（二）单级轴流式涡轮机的基本工作原理**

单级轴流式废气涡轮的工作原理如图 4-25 所示。它的主要元件是固定的喷嘴环和旋转的工作叶轮。一列喷嘴叶片和其后的一列工作叶片组成了涡轮机的一个级。图 4-25 中上部为喷嘴环和工作叶轮的局部剖视图。中部的叶形断面是用一个通过 I—I 的圆柱面切割涡轮，将所得切面展开在平面上，称为平面叶栅。喷嘴环的各叶片间和叶轮各叶片之间构成了废气流道。废气流经喷嘴和叶轮时，其参数（压力 $p$、温度 $T$、流速 $c$）沿流道的变化情况如图 4-25 中下部所示。

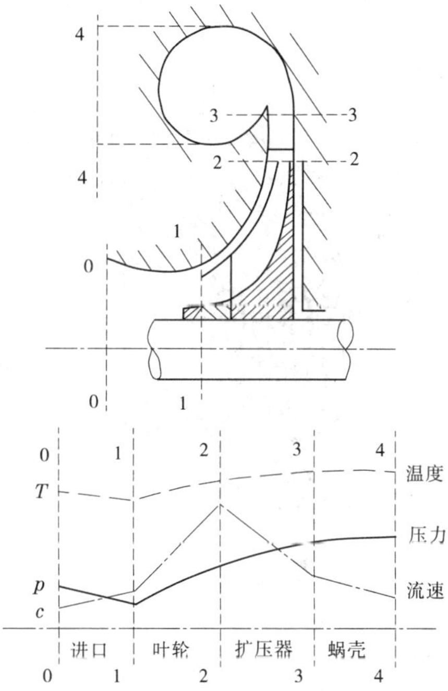


图 4-24　离心式压气机工作原理

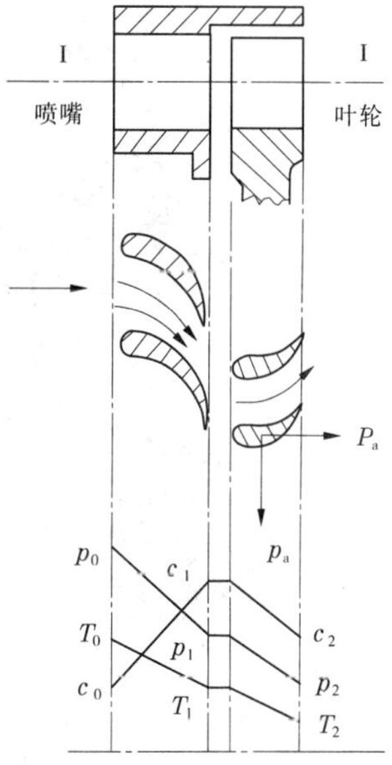


图 4-25　废气涡轮工作原理

具有一定压力 $p_0$ 和温度 $T_0$ 的废气以速度 $c_0$ 流入喷嘴。在喷嘴收缩形的流道中膨胀加速，其压力和温度降低到 $p_1$ 和 $T_1$，而流速升高到 $c_1$，部分压力能转变为速度能。从喷嘴出来的高速气流进入叶轮叶片间的流道时，气流被迫转弯。由于离心力的作用，迫使气流压向叶片凹面而企图离开叶片凸面，使叶片的凹凸两面间产生压力差，此压力差的合力即为作用在叶片上的冲动力。作用在所有叶片上的冲动力对转轴产生一个冲动力矩。此外，叶轮叶片的通道也是收缩的，废气在其中继续膨胀加速，其流出叶轮的相对速度大于流入叶轮的相对速度。当气流在旋转的叶轮中流动时，因膨胀加速而给涡轮以反作用力，使涡轮又得到一个反作用力矩（或称反动力矩)。冲动力矩和反动力矩的方向是相同的,叶轮就在这两个力矩的共同作用下回转。由于工作轮在高速气流作用下旋转并作机械功,故气流的温度、压力和绝对速度在工作叶片中从进口的 $T_1$、$p_1$、$c_1$ 下降到出口的 $T_2$、$p_2$、$c_2$。

废气涡轮所作的轮周功的大小主要取决于燃气的流量和热状态。燃气在涡轮中的流动损失主要有流动摩擦损失、叶轮摩擦鼓风损失、漏气损失和叶片进口撞击损失等。在涡轮不全进气的情况下,摩擦鼓风损失很大;涡轮在偏离设计工况下工作,气流进入叶片时就会产生撞击,偏离越大,撞击损失越大。

气流在叶片流道中流动时除了产生旋转力 $p_u$ 外,还产生轴向推力 $p_a$,使轴朝压气机方向窜动,因此必须在压气机端装设止推轴承。

## 三、典型轴流式废气涡轮增压器介绍

### (一) VTR-4 系列增压器结构

图 4-26 为 VTR-4 系列增压器剖视图。它由右侧的单级轴流式废气涡轮和左侧的单级离心式压气机组成。废气涡轮的叶轮和压气机的叶轮装在同一根轴上构成废气涡轮增压器的转子,由两端的轴承支承。

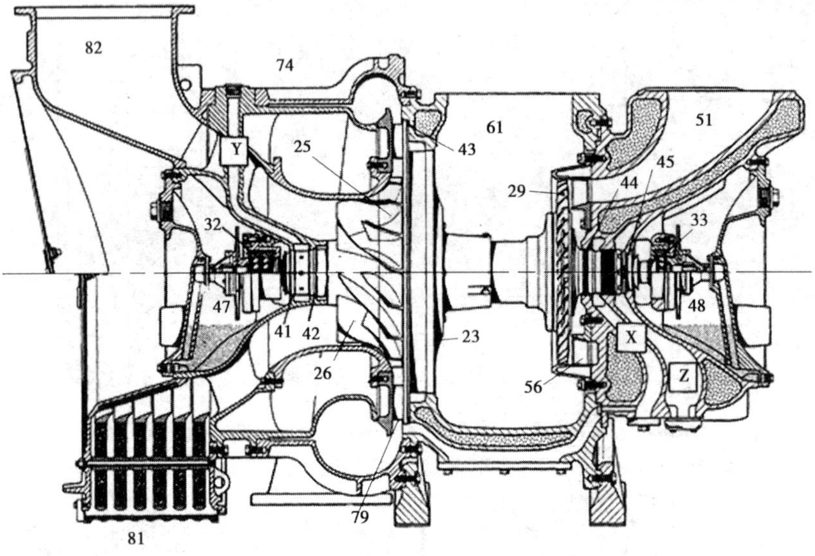


23—隔热墙;25—压气机叶轮;26—压气机导风轮;29—涡轮机叶轮;32、33—滚动轴承;
41、45—油封;42、44—气封;47、48—滑油泵;51—进气箱;56—喷嘴环;
61—排气箱;74—排气蜗壳;79—扩压器;81—消音器;82—进气箱

图 4-26　VTR-4 系列增压器剖视图

废气涡轮由涡轮进气箱 51、喷嘴环 56、涡轮机叶轮 29、隔热墙 23、排气箱 61 等组成。进、排气箱内腔用水冷却。进气箱与排气箱之间用螺钉紧固。进气箱右侧布置着轴承箱。排气箱下部装有增压器支架。柴油机排出的废气由进气箱 51 下部引入涡轮,由排气箱上部排出。隔热墙 23 用绝热材料制成,避免废气对压气机叶轮和空气加热。

柴油机排出的废气经进气箱 51 送至喷嘴环 56。喷嘴环的作用是将柴油机排出的废气的压力能部分转变为动能,并使气流具有工作叶片所需要的方向。高速流动的气流进入工作轮的叶片通道,其中一部分能量转变为机械功,最后经排气箱排往大气。

增压器的压气机主要由进气消音器 81、进气箱 82、压气机叶轮、扩压器 79、排气蜗壳 74 等组成。空气从消音器滤网处进入。消音器 81 中的空气滤网、导流环对空气起滤清、导流、吸音(导流环由吸音材料制成)作用。进气箱由内、外进气壳共同组成进气通道,对吸入的空气起导流定向作用。进气箱的左侧布置着轴承箱。工作叶轮是压气机的主要部件。它是由前弯的压气机导风轮 26 和半开式压气机工作轮 25 组成的。导风轮的扭曲方向和角度应适应气流进入叶轮的相对流动方向,使气流平顺地从轴向转到径向,以减少进气流动损失;在工作轮上沿径向布置着直叶片,各叶片间形成气流通道。两部分分别装在转轴上。扩压器 79 用焊钉固定在排气蜗壳 74 上,其叶片间的气流通道呈扩张形。它将把压缩空气的动能变成压力能,以提高空气的排出压力。叶片环一般比圆环形平板圈窄一些,无叶片的圆环段同样起扩压作用,通常称之为无叶扩压器。一个工作轮与相邻的扩压器组成一个级。压气机排气箱 74 的主体是一个蜗壳状的管道,其流通截面由小到大。它一方面收集从叶片扩压器流出的空气,另一方面继续起着扩压作用。空气从蜗壳排出后经空气冷却器进入柴油机的扫气箱。

转子轴的两端由滚动轴承 32 和 33 支承。轴承为外支承式滚动轴承,它的摩擦损失小,加速性能好。轴承封闭在轴承箱中,由涡轮增压器的专门油泵润滑。

为了防止燃气、空气和滑油泄漏,在轴承箱的内侧装有油封 41、45,在叶轮两侧装有气封 42、43、44。气封 44 处由排气蜗壳经通道 X 引入增压空气以提高气封效果。在转子左右两端的油气封之间通过通道 Y、Z 与大气相通。

### (二)TPL 系列增压器

TPL 系列增压器如图 4-27 所示。这是 ABB 公司在 20 世纪 90 年代后期开发的用于大功率船舶柴油机的增压器。与 VTR 系列增压器最大的不同是该增压器开始使用了内支滑动轴承结构,由曲轴箱油进行润滑,在润滑系统万一发生故障时,可以使用应急油箱 2 中的滑油供增压器使用。

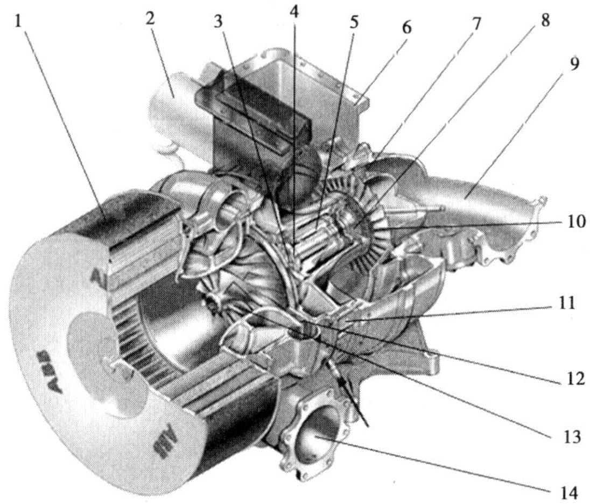


1—消音器;2—应急滑油箱;3、8—支撑轴承;4—止推轴承;5—轴套;6—废气排气箱;7—喷嘴环;9—废气进气箱;10—涡轮机叶轮;11—轴承箱;12—扩压器;13—压气机叶轮;14—排气蜗壳

图 4-27　TPL 系列增压器

(三)NA 系列增压器的特点

图 4-28 为 NA 系列增压器的结构图。NA 系列增压器是 MAN B&W 公司开发的轴流式废气涡轮增压器。与 VTR 系列增压器相比,NA/S 系列增压器的结构特点主要是:

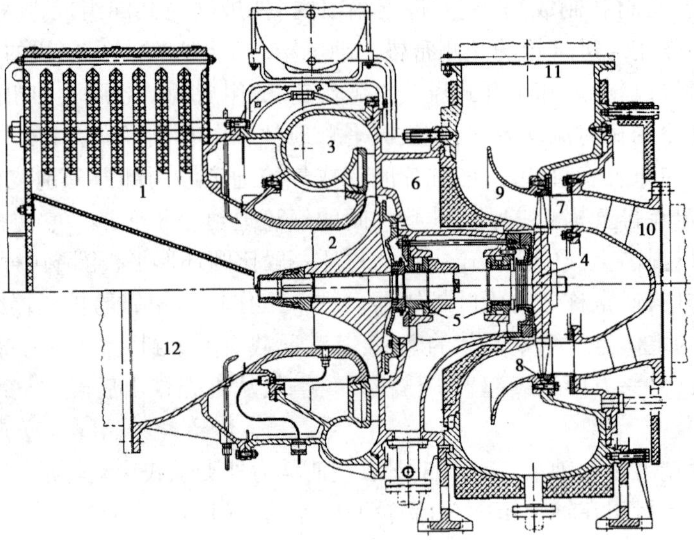


1—消音器;2—压气机叶轮;3—排气蜗壳;4—涡轮机转子;5—轴承;6—轴承箱;7—喷嘴环;8—封口环;9—废气扩散器;10—涡轮机进气壳;11—涡轮机排气壳;12—压气机进气壳

**图 4-28　NA/S 系列增压器的结构图**

(1)轴承位置在压气机叶轮和涡轮机叶轮之间的转轴上,属于内支承式。采用这种结构的涡轮增压器结构简单,轴径尺寸小,重量轻,改善了增压器的加速性能。另外,内支承结构使得清洗增压器更方便。采用滑动轴承,构造简单,制造成本低,对振动不敏感,运转噪声低,使用寿命长。轴承由柴油机的润滑系统提供润滑油。

(2)压气机连续后弯叶片可使压气机在宽广的压比范围内保持高效率。

(3)最新设计的加长涡轮机叶片提高了叶片效率。

(4)增压器轴承箱、压气机进气壳为非冷却式,这样省去了笨重的双层夹套及冷却水装置,减轻了增压器的重量,涡轮出口排气温度升高,有利于废气的能量利用。

在 NA 系列增压器的基础上,MAN B&W 公司在 2001 年开发了 TCA 系列增压器,TCA 系列增压器是利用计算流体力学(CFD)和 3D 有限元方法,对增压器的工作叶片和零部件进行优化计算后开发设计的,因此具有更高的效率和更优异的性能。此外,TCA 系列增压器尺寸和设计流量有了大幅度的增加,开发出了 TCA88 和 TCA99 这种超大尺寸的增压器,可为当前最大的船用柴油机以及开发中功率更大的船舶柴油机提供增压保证。

## 四、径流式废气涡轮增压器的结构特点

径流式废气涡轮增压器的结构与轴流式涡轮增压器的结构基本相同,也是由右侧的废气涡轮和左侧的单级离心式压气机组成的。单级离心式压气机各种增压器是一样的,所不同的是径流式废气涡轮增压器采用单级径流式的涡轮机。径流式涡轮机工作原理正好和离心式压气机相反,废气经进气蜗壳从外侧进入涡轮机,喷嘴环是一个渐缩流道,将废气的压力能转化为动能,并使气流具有工作叶片所需要的方向,在工作叶轮中,气流膨胀做功,推动

叶轮旋转。

为了提高废气利用率和保证在低负荷时增压器的工作效果,目前部分增压器的喷嘴环是可变的,即可以根据柴油机和增压器的工作情况调整喷嘴环的工作面积,使增压器更高效的工作。径流式涡轮增压器的转子如图 4-29 所示。

目前,径流式涡轮增压器在中小型柴油机上得到了广泛的应用。

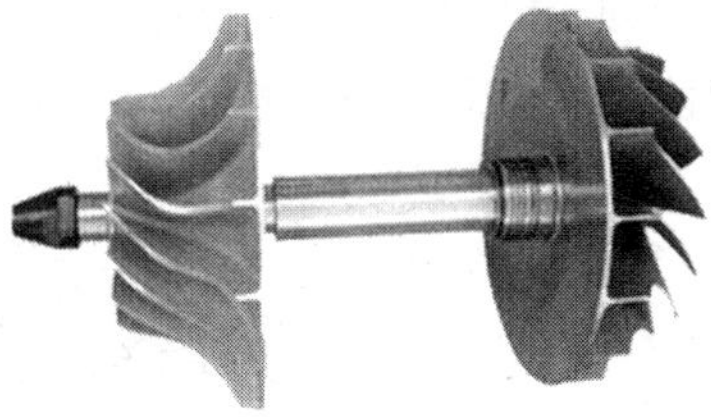

图 4-29 径流式涡轮增压器的转子

图 4-30 是一种径流式废气涡轮增压器。压气机主要由进气消音器 1、进气流道 2、压气机叶轮 3、排气蜗壳 4 等组成。空气从消音器滤网处进入。工作叶轮是压气机的主要部件。气体被工作叶轮带动高速回转,使其速度和压力都大幅度升高。增压后的空气最后由排气蜗壳 4 送至空冷器和柴油机进气总管。

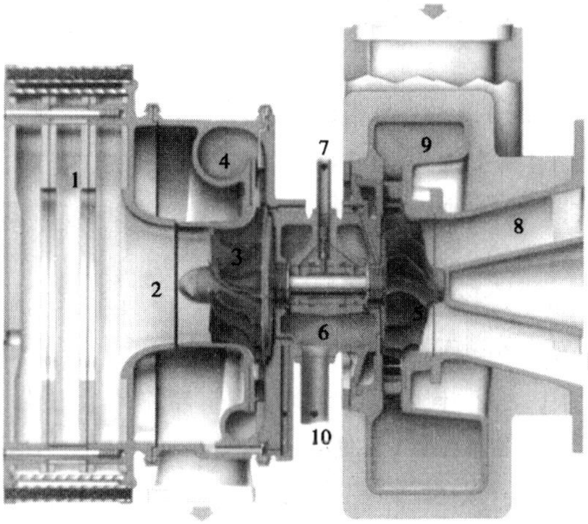


1—消音器;2—进气流道;3—压气机叶轮;4—排气涡壳;5—涡轮机叶轮;
6—轴承箱;7—滑油进口;8—废气排气箱;9—废气进气箱;10—滑油出口

图 4-30 径流式废气涡轮增压器

## 五、离心式压气机的工作特性及喘振机制

离心式压气机在各种不同工况下工作时,它的各主要参数会随之变化。在不同转速下压气机的排出压力和效率随空气流量的变化规律,称为离心式压气机的特性。表示这种特性的曲线叫压气机的特性曲线,如图 4-31 所示。

由压气机的特性曲线可以看到,当转速 $n_k$ 等于常数时,随着流量 $G_k$ 的减小,压比 $\pi_k$ 开始是增加的。当 $G_k$ 减小到某一值时,$\pi_k$ 值达到最大,然后随 $G_k$ 的减小开始下降。效率 $\eta_k$ 随流量 $G_k$ 的变化规律与 $\pi_k$ 类似。当压气机的流量减小到一定值后,气体进入工作叶轮和扩压器的方向偏离设计工况,造成气流从叶片或扩压器上强烈分离,同时产生强烈脉动,并有气体倒流,引起压气机工作不稳定,导致压气机振动,并发出异常的响声。这种现象称为压气机喘振。喘振是压气机的固有特性。压气机特性曲线上表示喘振状态的临界线称为喘振线,其左方为喘振区,右方为稳定工作区。压气机不允许在喘振区工作。

产生喘振的原因是当流量小于设计值很多时在叶轮进口和扩压器叶片内产生强烈的气流分离。图 4-32 和图 4-33 为压气机流量变化时空气在叶轮前缘和扩压器中的流动情况。

在设计流量下，如图 4-32（a）和图 4-33（a）所示，气流平顺地流进叶片前缘和扩压器，气流与叶轮叶片、扩压器叶片既不发生撞击，也不产生分离。

当流量大于设计流量时，如图 4-32（b）和图 4-33（b）所示，气流在叶轮叶片前缘冲向叶片的凸面，与叶片的凹面发生分离；在扩压器中气流冲向叶片的凹面，与叶片的凸面发生分离。但是，由于叶轮叶片的转动压向气流分离区，扩压器中气流的圆周向流动压向气流分离区，气流的分离区受到限制，不致随流量的增加而过分地扩大。

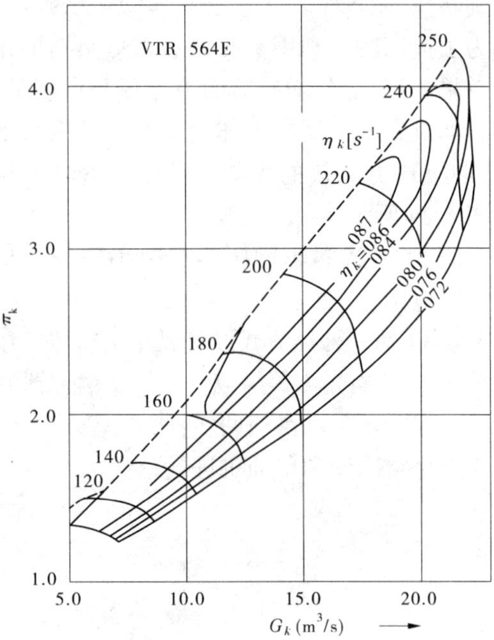


图 4-31　VTR564E 增压器压气机特性曲线

当流量小于设计流量时，如图 4-32（c）和图 4-33（c）所示，气流在叶轮叶片前缘冲向叶片的凹面，与叶片的凸面发生分离；在扩压器中气流冲向叶片的凸面，与叶片的凹面发生分离。由于叶轮叶片在转动中要离开气流分离区，扩压器中气流的圆周向流动也使气流离开气流分离区，气流分离区有扩展的趋势。随着流量的减少，气流分离区会越来越大，以致在叶轮和扩压器中造成气体倒流，发生不稳定流动，最终导致喘振的产生。一般扩压器叶片内气流分离的扩展是压气机喘振的主要原因，而叶轮进口处气流分离的扩展会使喘振加剧。

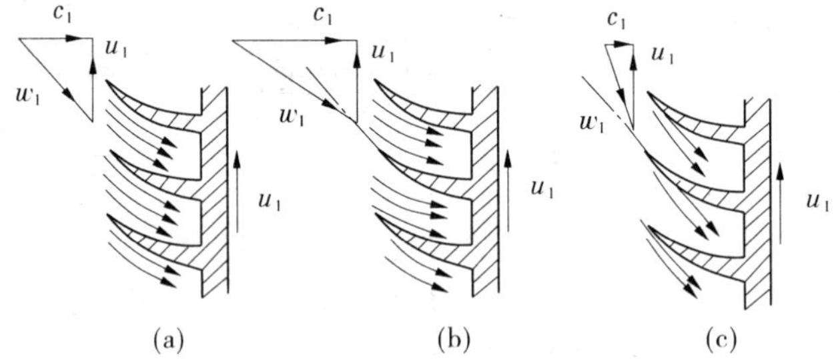


图 4-32　空气在工作轮叶片前缘附近的流动情况

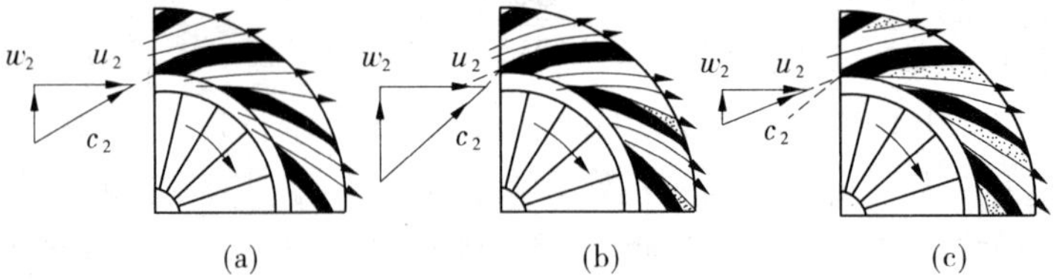


图 4-33　空气在扩压器前缘附近的流动情况

当离心式压气机被作为增压器与柴油机配合工作时，增压器（或包括辅助扫气泵）的供气量和压力要满足柴油机的要求。

## 六、柴油机废气涡轮增压系统

柴油机废气涡轮增压系统是由柴油机、压气机、废气涡轮、空气冷却器和辅助扫气泵等基本元件组成的。其主要任务是提供足够的空气，保证柴油机扫气和燃烧的需要。由于柴油机的运转条件和结构不同，废气中的能量不同，所需的空气量不同，因而对增压系统的要求也不同，形成了各种不同的增压系统。柴油机增压系统可分为单独增压系统、复合增压系统以及涡轮复合系统。

如图 4-34 所示的单独增压系统为柴油机只用废气涡轮增压器来实现增压。涡轮由废气驱动并带动压气机高速旋转，空气被压气机吸入并被压缩到一定压力，然后经管路送至中间空气冷却器冷却，经冷却降温后的空气进入柴油机扫气箱。这种增压系统可采用等压增压，也可以采用脉冲增压。在这种增压系统中，增压器是依靠柴油机排气所提供的能量来工作的。它可以满足柴油机的工作需要而不消耗发动机的输出功。因此，这种增压系统最突出的优点是能够最有效地提高柴油机的功率，同时能改善柴油机的经济性。

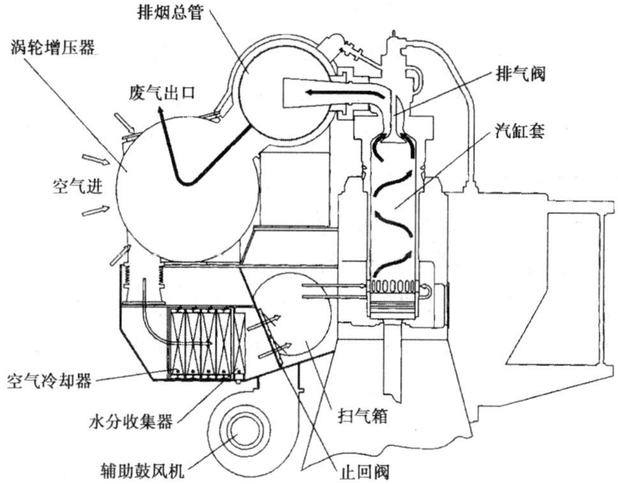


图 4-34 单独增压系统

在船用四冲程柴油机上，单独增压系统得到了最广泛的应用。四冲程柴油机可不增设其他辅助增压泵，而满足柴油机起动、低速、全速工作的需要，当增压器损坏时，无增压器仍能工作。而某些小型中速四冲程柴油机，为了简化结构，特别是在增压度较低时，不设空冷器。

在船用二冲程柴油机上，这种增压只适用于扫气质量较好的直流扫气式柴油机。这是因为这类柴油机的排气规律容易控制，排气管路布置方便、紧凑，涡轮可以发出较多的功率。此外，直流扫气流程较短，流阻损失小，新气与废气掺混少，换气质量高。所以，在汽缸充气压力相同的情况下，直流扫气比弯流扫气所需的增压压力可以低一些，扫气空气量可以少一些，也就是压气机所需的功率可以小一些。因此，直流扫气二冲程柴油机在废气涡轮增压中容易达到涡轮与压气机的功率平衡，能够实现纯废气涡轮增压。但在起动和低负荷状态下，由于废气量较少且温度较低，增压器提供的空气量不能满足柴油机的工作需要，需另设辅助风机，以保证此时柴油机的正常工作。在增压器损坏时，也可以通过电动辅助风机维持柴油机的低速运转。

增压空气的压力越高，空气中的含水量也越多。增压空气中的水分经过空气冷却器时就会凝聚在一起形成水滴。这些水滴被增压空气带进扫气箱和汽缸，就会加重单向阀的腐蚀，破坏汽缸壁上的油膜，加重汽缸和活塞环的腐蚀磨损。当大气湿度高、海水温度低时，凝水现象更加严重。因此，在空气冷却器之后要装设气水分离器。气水分离器一般装在扫气箱进口处，以除去增压空气中的水分，气水分离器要经常彻底地排水。

MAN B&W 公司和 Wärtsilä 公司在柴油机的增压系统方面都做了改进。其共同特点是：第一，在增压器的出口和涡轮机的进口之间设一个旁通阀，在部分负荷时可增加进气压力；第二，在废气的出口也设了一个废气阀，可以在低速高负荷时放掉过剩的废气，如图 4-35 所示。

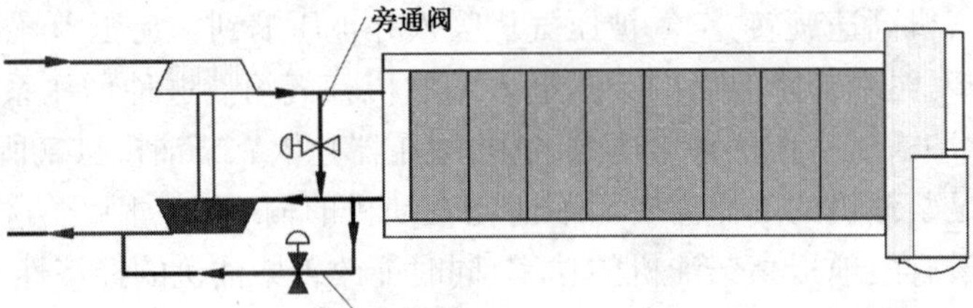


图 4-35　增压系统的旁通阀和废气阀

我国 6ESDZ75/160B 和 9ESDZ43/82B 型柴油机，丹麦 B&W 公司生产的柴油机均采用脉冲涡轮增压的单独增压系统。目前，MAN B&W 公司生产的 MC 系列柴油机及 Wärtsilä 瑞士公司生产的 Sulzer RTA 系列柴油机也采用单独增压系统。

复合增压系统可分为串联增压系统和并联增压系统。采用复合增压主要是为了解决二冲程柴油机废气涡轮与压气机之间的功率平衡问题。二冲程柴油机在相同的转速下工作循环比四冲程柴油机多 1 倍，因此受热部件热负荷比较大。为了限制柴油机的热负荷，就要增大过量空气系数 $\alpha$，这就增加了单位功率的空气消耗量。另外，二冲程柴油机是靠新气和废气的压差进行扫气的，采用废气涡轮增压后，排气背压升高，因此必须相应提高扫气压力。这都要求压气机的供气量增加和压气机功率增加。另外，由于二冲程柴油机在扫气过程中新鲜空气掺混到废气中直接流入排气管，降低了涡轮前废气的温度，使废气的能量降低。特别是弯流扫气柴油机，这种掺混更加严重。加上气流路线长，流动阻力大，更使得废气能量减少，涡轮功率降低，就会出现涡轮发出功率小于压气机所需功率的问题。复合增压是从柴油机的轴功中提取一部分机械能以弥补废气能量的不足，是在无法满足增压要求时采用的一种特殊方法。

现代新型二冲程船舶柴油机普遍采用直流扫气，新鲜空气和废气掺混少，气流路线较短，并且废气涡轮增压器的效率不断提高，目前大型轴流式涡轮增压器的效率可达 68%～76%。一般认为，$\eta_{TK}$ 达到 64% 就完全可以满足增压的要求，因此复合增压系统已很少使用。

在 20 世纪 80 年代后期，由于增压器效率的提高，使用部分废气就可以保证柴油机所需的增压压力和空气流量，为了提高柴油机总的热效率，又设计了动力涡轮，使其余部分废气在单设的动力涡轮中膨胀作功，并经减速机构传给曲轴，组成涡轮复合系统（TCS）。但由于涡轮复合系统比较复杂，并造成废气锅炉可用能量下降，这一系统在出现几年后也不再使用。

## 七、增压器的运行特点及喘振原因

### (一)增压系统中增压器的运行特点

柴油机在各种负荷下,所需要的增压空气流量与增压压力之间的关系称为柴油机进气特性曲线,也是增压器的进气特性曲线。当柴油机驱动螺旋桨按推进特性工作时($P \propto n^3$),其工作特性线如图 4-36 所示。可见,增压器的工作线是一条上部离喘振线较远,下部离喘振线较近的曲线。在运行条件的全部变化范围内,增压器的工作特性线不会进入喘振区。因此,只要设计柴油机时选配的增压器合适,在正常情况下是不会发生增压器喘振的。当流道阻塞时,增压器背压升高,流量减少,故工作特性线左移。如图 4-36 中点画线 $C'$ 所示。这时工作特性线的下部进入喘振区。会在低负荷时发生增压器喘振。

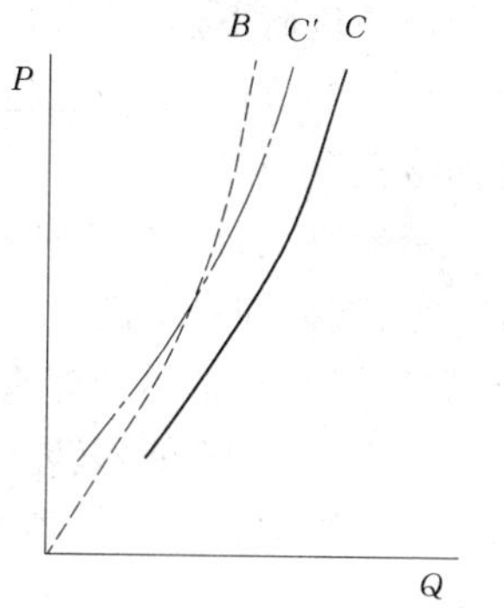


**图 4-36　柴油机进气特性曲线**

管理中应经常注意气口和空气冷却器的清洁,使流道保持畅通,在低负荷下发生喘振时可暂时用提高负荷的办法消除。

### (二)增压系统中增压器喘振的原因

增压器产生喘振的原因,从根本上讲,是压气机的实际流量小于该转速下引起喘振的限制流量,造成气流与叶片的强烈撞击与脱流。任何新造的增压柴油机,只要涡轮增压器与柴油机匹配良好,使用初期增压器都不会发生喘振。可是随着运转时间的增长,增压系统中各部件就会污损或出现故障,柴油机本身某些部件也会产生故障,致使两者的性能逐渐恶化,导致匹配不良,引起喘振。此外,运行中某些暂时的匹配不良也可能发生喘振。下面介绍一些在运转中可能导致增压器喘振的原因和消除喘振的方法。

1.气流通道堵塞

增压系统流道堵塞是引起增压器喘振最常见的原因。柴油机运行时,增压系统的气体流动路线是:压气机进口滤器和消音器→压气机叶轮→压气机扩压器→空气冷却器→扫气箱→柴油机的进气阀(口)→排气阀(口)→排气管→废气涡轮喷嘴环→废气涡轮叶轮→废气锅炉→烟囱。其中,各组成部分的通流面积都是固定的,只有各汽缸的进、排气阀(口)按照一定的发火顺序轮流开、关,它随着柴油机转速的高低改变开、关次数和时间。但无论什么时刻,至少总有一二只汽缸的进、排气口是接通的。上述流动路线中的任一环节发生阻塞,如脏污、结炭、变形等,都会因流阻增大而使压气机流量减小,背压升高,引起喘振。其中,容易脏堵的部件是进口滤器、压气机叶轮和扩压器、空气冷却器、汽缸进气口和排气口、涡轮的喷嘴环和叶轮。此外,涡轮的喷嘴环容易发生热变形。管理中应注意检查上述部件的污损,并加以清洁。这样,就可以防止和排除因流道堵塞而引起的喘振。

2.增压器和柴油机的运行失配

对于设计时选配良好的柴油机和增压器,在正常情况下是不会发生喘振的。但是,由于柴油机本身的某些故障或者由于装载、顶风、污底等,或者由于轮机员操作不当以及在大风浪天航行,都可能导致柴油机和增压器匹配不良,引起喘振。

柴油机喷油设备出现故障,会使柴油机燃烧不良,后燃严重;柴油机的活塞环断裂或者黏着,气阀烧损,气阀间隙太小,都可能导致汽缸漏气,过量空气系数 $\alpha$ 降低,热负荷增大,排烟温度升高。这时,如果柴油机的供油量不变,因指示功率或有效功率减小,柴油机转速下降。而排温升高意味着废气能量增加,增压器转速升高,供气量增多。这破坏了柴油机和增压器正常的匹配关系,导致压气机在高背压、小流量的状态下工作,严重时就会发生增压器喘振。这时只要排除了柴油机的故障,也就消除了喘振。

与上述情况类似,当船舶满载、顶风、污底严重时,因阻力增加,主机负荷加大,柴油机在低转速高负荷下运行,汽缸耗气量降低而循环喷油量增加,废气能量增大,也会使增压器转速升高,供气量增多。这也容易引起增压器和柴油机匹配不良而出现喘振,此时降低油门即可消除喘振。

若轮机人员操作不慎,可能使增压器与柴油机暂时失配而发生喘振,但不久又能恢复匹配关系,喘振即自动消失。如高速下停车时,需急速将操纵杆拉到停油位置,这时因主机运动部件质量大,轴系和螺旋桨阻力大,很快停止转动。但增压器由于本身的转速很高,转动能量很大,一时不能停转。它所供出的空气柴油机不能消耗,致使压气机背压过高而引起增压器瞬时喘振。待增压器转速下降后,喘振自然消失。急速降低主机转速时也会出现类似的情况。主机加速过快时,增压器也会发生短暂喘振。这是因为主机运动部件质量大,转动阻力矩大,转速上升慢;而增压器转子质量小,废气能量迅速增加,使转速迅速升高,两者暂时失去匹配关系而发生喘振。随着柴油机转速升高,压气机流量增大,喘振会自动消失。

船舶在风浪天航行发生飞车时,并联增压系统和单独增压系统会发生喘振。这是因为螺旋桨出水,柴油机转速升高,调速器自动停止供给燃油,增压器因废气能量减小转速下降。在并联增压时,辅助泵因转速高供气增多,使压气机背压较高而流量减小,引起喘振;在单独增压时,若螺旋桨入水时柴油机转速过低,会造成压气机阻塞而发生喘振。

3.脉冲增压一缸熄火或各缸负荷严重不均

在脉冲增压系统中,往往将三个汽缸与一台增压器相连接。一台柴油机有多台增压器,它们并联地向一根进气总管供气。当某缸熄火时,与之相连的涡轮功率减小,转速下降,供气能力降低。而其他增压器正常工作,压气机的出口背压仍与正常运转时相同。这对于同熄火缸相连的增压器来说背压就显得过高,使其压气机排量减小,发生喘振。由于喘振使得压气机出口压力波动幅度较大,甚至可能引发多台增压器交替喘振。若使熄火缸恢复工作或减小另一组汽缸的供油量,则可消除喘振。各缸负荷不均引起喘振的机制与上述相同。

4.环境温度的变化

在低温时匹配的不带空冷器的增压器和柴油机如用在高温海域,或者在高温时匹配的带有空冷器的增压器和柴油机用在低温海域时,由于两者匹配关系的改变,运行点更靠近喘振区,因而容易引起喘振。

## 第五节　增压系统的维护和管理

废气涡轮增压器工作的主要特点是:转子转速高,气流流速高,涡轮工作温度高。废气涡轮的转速可高达每分钟几千转甚至每分钟几万转,增压器的尺寸越小,工作转速越高。大尺寸增压器的最高转速在 1 万 r/min 左右,较小尺寸增压器的转速可达 4 万~5 万 r/min;增压器的气体流量很大,对于一台 1 万 kW 的柴油机,增压器每秒需供应 20 $m^3$ 的空气,涡轮和压气机中的气流速度可达每秒数百米;涡轮端的废气温度很高,涡轮进口温度高达 500~

600 ℃。因此,增压器在运转中,应保持转子良好的静平衡和动平衡,轴承要有良好的润滑,流道要清洁并保证可靠的冷却。在拆装管理时应保证安装间隙,防止部件变形和安装不正。

## 一、增压器的日常管理

(1)在运行中应测量和记录下列主要运行参数:各缸排烟温度、涡轮前后温度、增压器的转速、空气滤器和空冷器的压降、扫气箱中的压力、空冷器前后的温度与冷却水的进出口温度及轴承润滑油的油位、温度和压力等。根据检查的参数判断涡轮增压器的工作状态,以确定必要的检查、调节和检修方案。

(2)涡轮增压器运行时,应经常用金属棒或其他专用工具细心倾听增压器中有无异常声响和运转是否平稳。转子不平衡时会发出钝重的嗡嗡声。

(3)增压器是高速回转机械,应特别注意轴承的润滑。轴承为外部供油润滑时,要注意检查重力油柜的油位及滑油进口压力和出口温度。轴承为自身供油润滑时,应注意检查油池中的油位,油量不足应及时补充。

(4)如果柴油机停车时间较长(超过 1 个月),应将增压器转子转动一个位置,以防止轴弯曲变形。增压器再次投入使用前,应通过起动空气吹动使之短时转动,用金属棒倾听运转是否平稳、有无杂音和阻滞现象。

(5)拆装增压器时,应事先阅读说明书以了解其内部结构、拆装顺序和所需的专用工具。拆卸时,应注意各可拆零件的相对位置。组装时,应注意装配间隙及间隙的调整方法,对一些重要间隙要严格控制。

## 二、废气涡轮增压器的清洗

增压器在运行时其内部流道会被灰尘、油雾和炭粒所脏污。这会使流阻增大,增压器效率下降,增压压力降低,脏污严重时还会引起增压器喘振;污物在叶轮上分布不均还可能使转子的动、静平衡不良而引起振动。因此,要对增压器进行清洗。增压器的清洗有运转中的清洗和拆开清洗两种。应经常定期进行运转中的清洗,以清除旋转件上的灰尘和疏松的积炭,使增压器处于良好的工作状态。但运转中的清洗不能代替定期拆检和清洗增压器。

运转中清洗废气涡轮有水洗法和干洗法。涡轮水洗时要在低负荷下进行,进水管装在涡轮保护格栅前的排气管上,清洗水的流量通过接头中的孔板和水压来控制。喷入的水雾通过水对污垢的溶解作用和水滴对污垢的机械冲刷作用将流道中附着不牢固的污垢洗掉。在涡轮排气箱的下部装有排泄阀,以便将清洗下来的污垢和未蒸发成蒸汽的水排出。清洗约需 10 min,排泄阀流出的水应变清。清洗后,应在低负荷下运转 5～10 min。如果清洗后发生振动,则应重新清洗。

图 4-37 为 BBC 涡轮增压器的水洗系统。水洗时,要求柴油机在 50%标定功率的转速下运转。转动旋塞使 1 与 3 路相通,以排除污物。关泄水旋塞 B、开进水管截止阀 C,以使清洗水经接头中的孔板喷入排气管。缓慢开启供水阀 D,把压力调到 250 kPa,则清洗水由阀 C 流入,污垢与水由管 1 泄至舱底。洗完后,关阀 D、C,开阀 B 将管路中水放掉。转动旋塞 A,使 2 路与 1 相通,用少量压缩空气吹扫排泄管道和排气箱,使管 1 畅通。

干洗是从涡轮进气道喷入一定数量的已被粉碎的核桃壳或其他类似物体(颗粒尺寸约为 1.5 mm),是用冲击式的方法清除积炭等污物。干洗在全负荷时效果最好,负荷低于 50%

时不可干洗。如果装有干洗设备,应按说明书的指示使用。图 4-38 所示为 TCA66 型废气涡轮干洗系统。清洗时,关闭截止阀 A,保持三通阀 B 处于密封空气 11 和管路 4 相通。然后打开容器 3 的盖子 2,装入适量清洗颗粒。转动三通阀 B 使容器 3 与管路 4 相通,开启截止阀 A 使日用压缩空气通入容器 3。干洗颗粒在空气压力作用下喷入废气涡轮 10 进行清洗,整个过程持续大约 30 s。关闭截止阀 A,转动三通阀至密封空气 11 和管路 4 相通的位置。

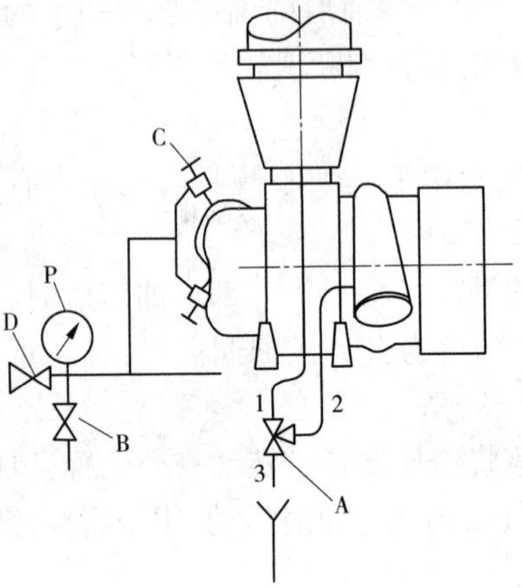


图 4-37　BBC 涡轮水洗系统

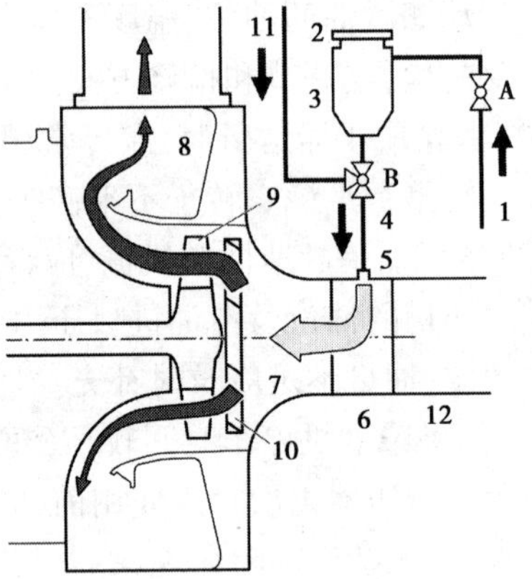


图 4-38　TCA66 型废气涡轮干洗系统

压气机在运转中清洗时,要在柴油机全负荷运转下进行。方法是将一定量的水在短时间内喷入压气机。清洗前后 30 min 内,应将汽缸滑油供给量提高 50%～100%,以保护汽缸套免受腐蚀。

图 4-39 为 BBC 增压器压气机清洗装置。进水管装在压气机进气箱上,水经管道送至压气机叶轮前的进气道中。清洁水盛在容器中,以确保每次清洗只给一定数量的水。容器除有水管与压气机进气箱连接外,还有气管与压气机排出管连接。清洗时按下容器上的按钮,水便在增压压力和进气道压力差的作用下,在 4～10 s 时间内喷入压气机。喷水后,柴油机要在全负荷下运转一段规定的时间,以使增压器和柴油机完全干燥。如果清洗后增压压力和排气温度变化不大,可重复清洗。清洗压气机后,一有机会就应清洗空气冷却器,以洗去从压气机冲洗来的积垢。

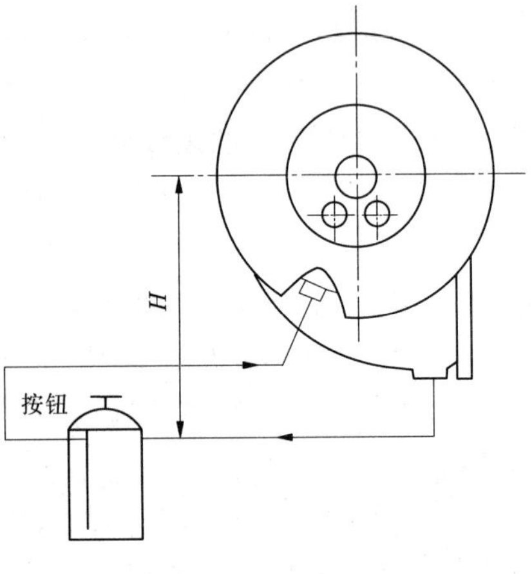


图 4-39　BBC 增压器压气机清洗装置

## 三、增压系统的故障及排除

涡轮增压器在使用过程中,由于各种因素的影响,会产生异常现象。下面介绍增压系统除喘振外的其他常见故障和处理方法。

### (一) 轴承烧损

轴承烧损大多是由于滑油压力过低、油量不足或断油及滑油过脏和油中混入金属屑等造成的。轴承烧损时往往表现为增压器转速急剧下降,滑油出口温度升高,增压压力降低,并出现异常的声音。若在管理中发现增压器转速急剧下降、运转声音异常,应立即停车检查增压器轴承,否则可能造成严重事故,甚至整台增压器报废。若轴承轻度烧损,轴封和叶片均未损伤,可更换轴承;若转子严重损伤无法修复,只能实行停增压器运转。

### (二)增压器强烈振动

排除喘振的原因,增压器的强烈振动还可能是涡轮叶片上有结炭和附着燃烧产物,涡轮叶片折断,压气机叶轮损坏,转子与固定件碰擦,轴承减振弹簧片损坏等引起的。

柴油机烧重油和长期燃烧不良,会在涡轮喷嘴环和叶轮上结炭和附着氧化物。这些结炭和氧化物在叶片上分布不均,会引起增压器的强烈振动。结炭和氧化物不能用水洗掉,必须打开增压器进行专门清洗。

叶片断裂大多是由外来物引起的,也可能是由叶片共振引起的疲劳断裂。叶片断裂的应急处理方法是把与断叶对称的叶片切掉,使叶轮保持大致平衡,仍可将叶轮装复使用。若叶片大量损坏,则只能停增压器运行,厂修时更新叶轮。

对于因装配调整不当使转子与固定件发生摩擦或轴承运转磨损引起增压器强烈振动的,应重新装配或更换轴承。此外,应注意检查轴承减振弹簧片的状态,及时更换。

### (三)增压压力下降

废气涡轮和压气机通流部分脏污是引起增压压力下降的重要原因,这里包括进口滤器、消音器、空冷器等。运行中应按说明书的要求按时清洗增压器。此外,还必须定时拆开清洗,以清除坚实的结炭和污垢。当空气滤器压降超过 0.98 kPa、空冷器压降超过 1.96 kPa 时,也要进行清洗。

若增压压力降低的同时发现增压器的转速也明显下降,说明废气能量不足。在柴油机方面可能是喷油提前角过大、排气阀开启较晚、缸套活塞漏气等引起的;在废气涡轮方面可能是喷嘴环变形使通流面积增大、涡轮前排气管膨胀接头漏气等引起的。此外,由于轴封结炭、轴承故障使转子阻力增大,也会使增压器增压压力下降,转速降低。应具体查明原因,予以排除。

若增压压力降低的同时增压器的转速没有明显下降,则可能是压气机故障引起的。如压气机进口滤器和消音器堵塞,内部气流通道积垢,增压器轴封、气封漏气,扫气箱漏气等。

### (四)增压压力升高

增压压力升高主要是由柴油机引起的。常见的是柴油机负荷过大或喷油系统故障使燃烧不良、后燃严重,导致废气能量增加,涡轮转速提高,增压压力升高。排气阀漏气、开启过早也会产生类似的情况。

### (五)轴承箱中滑油很快变黑和漏失

滑油变黑是因为排气漏入轴承箱。这是由于涡轮机端的轴封损坏、密封衬套间隙过大、密封空气的通道被阻塞造成的。滑油漏失是因密封平衡空气失去作用、密封衬套间隙过大、轴承箱压力过高、轴承箱盖板螺栓松动漏油造成的。

## 四、增压器损坏后的应急处理

若在航行中增压器损坏又不能及时修复,只能采取应急措施把损坏的增压器停掉,让柴油机继续运行。采取应急措施后,既要保证增压器不会进一步损坏,又要使柴油机排气温度不超过规定的数值。

在航行中发现增压器损坏时，使损坏的增压器停止运转的措施有两种：如果允许柴油机停车的时间很短，必须马上恢复运行，这时只需拆下压气机端和涡轮端的轴承盖，用专用工具把转子轴锁住，并在压气机排出管路装上密封盖板防止增压空气流失；如果允许柴油机停车时间较长，可将转子拆除，并用专用工具封闭涡轮增压器，以防燃气和增压空气外泄。

进行了停增压器运行的应急处理后，应降低柴油机的负荷，防止排温过高和冒黑烟。对涡轮的进、排气箱继续保持冷却，对外部供油润滑者应切断滑油供应。

如果在航行中发现增压器损坏又不允许停车，应大大降低柴油机的转速，且只能运行较短的时间。

# 第五章　柴油机系统

## 第一节　燃油系统

### 一、燃油系统的组成

燃油系统是柴油机重要的动力系统之一，其作用是把符合使用要求的燃油畅通无阻地输送到喷油泵入口处。该系统通常由加装、储存、驳运、净化和供给五个基本环节组成。根据各环节间的相互关系，可将其分为燃油的加装和测量、燃油的驳运和净化以及燃油的供给三个基本单元，各个单元的相互关系如图 5-1 所示。

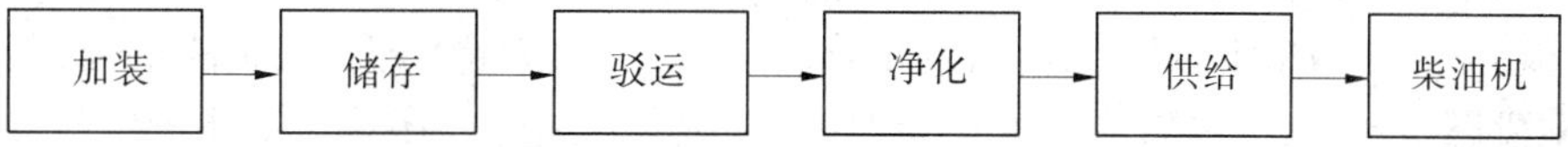


图 5-1　燃油系统各单元的相互关系

加油站一般位于船舶主甲板上，由燃油注入法兰、集油盘和燃油输送管系组成。燃油注入法兰一般是重油和轻油分开，左右舷各一个，且两舷功能相同。燃油的加装是通过加油站的燃油注入法兰接头进行的。这样，从两舷均可将轻、重油直接注入相关油舱。各油舱均有透气管通至上甲板，加装燃油时须保证透气孔开启，以便驱除油舱中的空气。注入管应有防止超压设施，如安全阀作为防止超压设备，则该阀的溢油应排至溢油舱或其他安全处所。注入接头必须高出甲板平面，并加盲板密封，以防风浪天甲板上浪时海水灌入油舱。注入法兰下安装有集油槽。

燃油的测量可通过各燃油舱柜的测量孔进行，若燃油舱柜装有测深仪表，也可以通过测深仪表测量。一般轻油舱测量油深，重油舱测量油舱空当，算出油深。经测量得到液位深度后，对照舱容表并经过船舶吃水差和左右倾修正，可查出燃油的体积。

加装的燃油储存在燃油舱柜中。船舶的燃油舱一般有多个。油舱分为双层底和深舱（边舱）两种。双层底油舱位于船舶双层底中，因此其高度一般小于 2 m，但自由液面却一般较大；深舱一般位于船舶两侧，自由液面较小，但一般较深，和船舶吃水深度相仿。对于重油舱，都装设加热盘管，以加热重油，保持其流动性，便于驳油。

燃油的驳运环节主要由调驳阀箱、驳运泵和相应的管路系统组成，其主要作用是将燃油从燃油舱驳运到燃油净化环节，同时，也能实现各油舱柜之间的燃油驳运操作。一般船舶有两台驳运泵，一般使用齿轮泵或螺杆泵，分别用于燃油和柴油的驳运工作，并互为备用。特殊情况下可把重油舱中的重油驳至舷外。

重油的净化通常采用沉淀、分离和滤清等净化处理措施。沉淀需在专设的沉淀柜（沉淀柜应设置两个）中进行，按有关规定至少沉淀 16 h。为提高净化效果，沉淀柜中的重油应预热至 50 ~ 60 ℃,并可酌情加入泥渣分散剂和疏水剂,以使油中悬浮的杂质易于沉淀。沉淀柜应定期放水排污。滤清由系统的多个粗、细滤器来完成。

净化处理的核心环节是离心分离,其主要设备是离心分油机。关于离心分油机,将在本章第三节中具体介绍。

燃油供给单元由燃油供给泵、燃油循环泵、燃油混合桶、雾化加热器(包括黏度控制器或温度控制器)和燃油自清滤器等组成,其主要作用是向柴油机提供黏度和温度符合使用要求的燃油,保证其喷射和雾化。

## 二、燃油的加装、测量和计算

### (一)燃油加装前的准备

加装燃油是一项十分重要的工作,作业时应特别细心。根据船上存油的牌号和数量,考虑下一航次的运输任务,由轮机长提出加油的数量和规格,与船长商定后,拟定加油申请,电告公司主管部门。公司批复后,和船舶代理联系确定具体加油事宜。加油前,应掌握各油舱确实的存油品种和数量,尽量并舱,使新、旧油分舱存放。在燃油的储存中,应注意不同牌号的燃油以及不同加油港加装的同一牌号燃油不可混舱。因为当两种不同的燃油混兑使用时,很可能会由于燃油间的不相容性,发生化学反应,造成大量沥青质、淤渣析出,引起滤器堵塞和主机燃烧不良,大量冒黑烟。严重时,会导致柴油机运行困难。如不同牌号的燃油必须并舱存放,需进行试验,确认不会发生化学反应后才能进行并舱操作。

在加油前,主管轮机员应制订加油计划并交轮机长审定。加油计划中要明确加油的品种牌号、加油数量和船舶存油等情况,并确定预装油舱残油、加油数量(每个舱以不超过85%舱容为宜)以及测深和加油顺序等,再与大副商定,确保船舶的平衡。国内远洋公司一般是二管轮负责燃油加装。加油前的准备工作包括检查装油管系,正确开关阀门(一舷加油时应关闭另一舷加油站的阀门,确保各分舱阀门按需要打开,管线畅通),堵好甲板疏水孔,准备溢油应急设备和材料(吸油毡、木屑、溢油分散剂、盛油桶和灭火器等),悬挂"禁止烟火"牌,对可能发生渗漏的地方重点检查并准备接油桶,在冬天或寒冷地区加油时应对预装油舱进行加温等。同时,保证加油站和油舱注入阀、测深孔等处的人员之间有可靠的联络方法。

### (二)加油过程

燃油加装(简称加油)必须遵守安全第一的原则,避免火灾、爆炸、溢油和跑油等问题的发生。所以,加油站附近禁止烟火,供、受油双方都要认真仔细,谨慎对待每一步的操作。正式开泵装油前,二管轮需到加油船上:①与其主管人员共同量油,确认每个油舱的油量,记流量计读数,用验水膏检查油中含水情况。②填写供油作业安全检查表,确定双方联络方法、作业程序、泵压、泵速等,双方均应切实执行。③填写加油申请确认表,核对燃油种类、牌号、数量等。④索取燃料油化验报告单。⑤填写油样瓶标签。

供油船靠泊后,一般由供油方负责拆卸加油站盲板并将加油软管与燃油注入法兰相连接。一切就绪后,受油方向供油方发出加油信号,供油方起动油泵开始加油。受油方应随时对加油舱测深,根据测深结果和船舶平衡状态确认油已进入预定的舱位,并控制油舱注入阀的开度。另外,还应检查确认各油舱、油柜、泵阀管路、透气孔、测量孔等处无燃油泄漏。在泵油开始后和结束前的过程中,受油方应通过加油站或供油船上的取样阀,连续、均匀、缓慢地接取4瓶油样，经供油方封好瓶盖后留存于船上备查。加油过程中，装油人员要坚守岗位，严格执行操作规程，掌握装油进度，防止跑、冒、漏。在油气可能扩散到的区域应禁止吸烟和明火作业。如有任何异常情况发生，必须立刻通知供油方停止泵油。供油方停止泵油后，会使用压缩空气吹扫管路内的残油，以防燃油漏入海中。结束装油时，应关好有关阀门。拆除输油软管时，应事先用盲板将管口封好或采取其他有效措施，防止管内存油倒流入海。重新测量各舱柜存油数量，并核对供方加油实际数量，索取油样并当场封好，以备发现问题时有据可查。

**（三）燃油温度和密度对加装量的影响**

船舶燃油消耗和存量都是以t为计量单位，但船舶舱容表和流量计的读数都是以 $m^3$ 为单位，在计算加装燃油量时，应首先确定燃油的密度。一般来说，国内供油商提供的燃油密度是燃油在20 ℃时的密度与4 ℃水的相对密度。而国外供油商提供的燃油密度为15.6 ℃时的燃油与水的相对密度。在加油时为了保证燃油的输送，则必须对燃油加温，故在计算燃油量时，应对燃油的密度加以修正。

燃油的密度随温度而变，通常应按温度的变化对密度进行修正。燃油密度的温度修正公式如下：

国内　$$\rho_t = \rho_{20} - \gamma(t-20)$$

国外　$$\rho_t = \rho_{15} - \gamma(t-15)$$

式中　$\rho_t$——燃油在温度 $t$ 时的密度，g/cm$^3$；

$\gamma$——燃油密度温度修正系数，g/(cm$^3$·℃)。

不同密度燃油的温度修正系数如表5-1所示。

**表5-1　不同密度燃油的温度修正系数**

| 15 ℃时燃油的密度 | 燃油温度修正系数 | 15 ℃时燃油的密度 | 燃油温度修正系数 |
|---|---|---|---|
| 0.990～0.999 | 0.000 61 | 0.870～0.879 | 0.000 66 |
| 0.980～0.989 | 0.000 62 | 0.860～0.869 | 0.000 66 |
| 0.970～0.979 | 0.000 62 | 0.850～0.859 | 0.000 66 |
| 0.960～0.969 | 0.000 62 | 0.840～0.849 | 0.000 67 |
| 0.950～0.959 | 0.000 62 | 0.830～0.839 | 0.000 68 |
| 0.940～0.949 | 0.000 62 | 0.820～0.829 | 0.000 69 |
| 0.930～0.939 | 0.000 62 | 0.810～0.819 | 0.000 70 |
| 0.920～0.929 | 0.000 62 | 0.800～0.809 | 0.000 72 |
| 0.910～0.919 | 0.000 63 | 0.790～0.799 | 0.000 73 |
| 0.900～0.909 | 0.000 64 | 0.780～0.789 | 0.000 74 |
| 0.890～0.899 | 0.000 65 | 0.770～0.779 | 0.000 75 |
| 0.880～0.889 | 0.000 65 | 0.760～0.769 | 0.000 76 |

**（四）加油量的计算**

燃油的加油量一般都是对油舱进行测量后，对照舱容表计算的。除加装燃油时需测量油舱外，每航次开始和结束都要实测油舱燃油存量，并予以记录。测量时，要注意船舶前后吃水差和左右倾斜度。

由于船舶燃油舱柜的自由面积比较大,各部分的液体测深 $S$(自由液面到舱底的深度)随船舶的不同方向的倾斜面不同,在查取舱容表前应对测深值进行修正。一般船舶舱容表含有两方面的修正关系,即船舶前后吃水差修正值 $T$ 和船舶左右偏斜修正值 $H$。也就是说,在测量出燃油舱的测深 $S$ 后,应首先确定 $T$ 和 $H$。$S$ 由下式进行修正:

$$S' = S + (T + H)$$

式中　$T$——船舶前后吃水差代数值;

$H$——船舶左右偏斜代数值。

经过上式修正后的 $S$ 值,可通过船舶舱容表查得该油舱燃油体积值,再通过修正燃油测量温度下的密度,就可计算出燃油的质量(t)。如果燃油的体积值是通过流量计读出的,可对燃油在测量温度下进行密度修正,就可计算出燃油的质量(t)。

## 三、燃油的驳运和净化

燃油的驳运和净化装置主要由燃油沉淀柜、燃油日用柜、分油机及燃油加热器组成,其相互关系如图 5-2 所示。来自沉淀柜的燃油在经分油机净化后注入日用柜,日用柜在被注满后,可溢流回沉淀柜。燃油的驳运和净化装置主要功能是去除燃油中的杂质和水分,满足柴油机的用油要求。其净化方法包括加热、沉淀、放残、离心分离和滤清等净化处理措施。

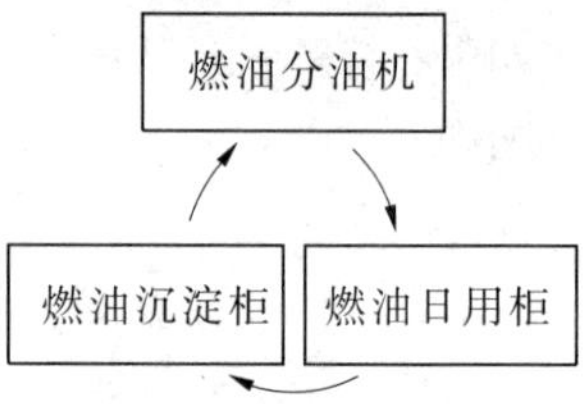

**图 5-2　燃油净化关系**

### (一)燃油沉淀柜

重质燃油经驳运泵被驳入燃油沉淀柜后,在其中通过加热、沉淀、放残进行净化。船舶一般设重油沉淀柜 1 ~ 2 个。早期的船舶一般设两个燃油沉淀柜,相互交替使用,每个沉淀柜的容积能满足船舶一天的燃油消耗。因此,要求燃油在沉淀柜中至少沉淀 16 h 以上。为提高净化效果,在沉淀柜中设有加热盘管,一般重油的加热温度为 50 ~ 60 ℃,并可酌情加入泥渣分散剂和疏水剂,以使油中悬浮的杂质易于沉淀。在沉淀柜下部设有放残阀,应定期放出沉积在底部的杂质,放残时间间隔一般为 2 ~ 4 h。为了适应现代船舶的需要,现代的船舶一般设两个沉淀柜和两个日用柜,其中一组沉淀柜和日用柜使用普通燃油,另一组沉淀柜和日用柜使用低硫燃油。由一个燃油驳运泵自动地补充沉淀柜中的燃油消耗。另外,沉淀柜一般还装有温度传感器(高低温)、液位传感器(高低位),可提供高温、低温、高位、低位、溢流等报警信号。

### (二)分油机

重质燃油从沉淀柜经分油机净化后注入日用柜。离心分油机是燃油净化处理的核心环节。船舶根据燃油的日消耗量和分油机的排量配置分油机数,一般至少配备两台。

### (三)燃油日用柜

重质燃油(FO)经分油机净化后注入日用柜,在其中通过加热、沉淀、放残进行进一步的净化。日用柜的功能与沉淀柜的基本相同。只不过其预热温度一般为 70 ~ 80 ℃,且沉淀柜注满后一般溢流到专用的溢流柜,而日用柜一般溢流到沉淀柜中。船舶上一般仅有一个轻油(DO)日用柜。图 5-3 是目前大多数船舶使用的重质燃油净化系统,下面以此为例说明各组成部分的功能。

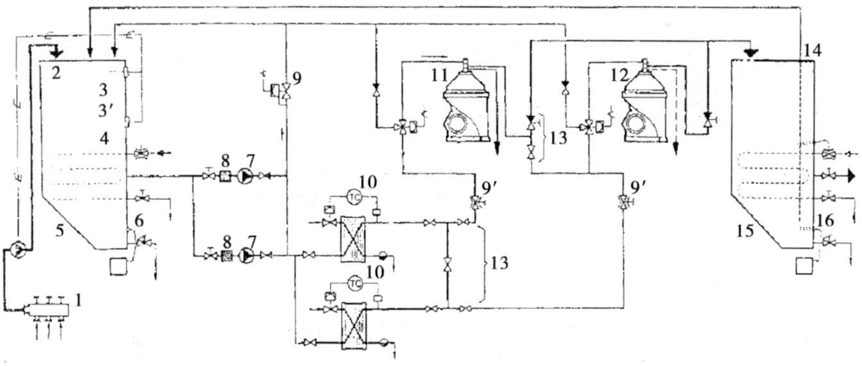


1—调驳阀箱；2—沉淀油柜燃油进口；3—液位传感器（高位报警）；3′—液位传感器（低位报警）；4—温度传感器；
5—沉淀油柜；6、16—水位传感器；7—供油泵；8—滤器；9—气动恒压阀；9′—流量调节器；10—温度控制器；
11、12—分油机；13—连接管；14—日用油柜溢油管；15—日用油柜

**图 5-3　重质燃油净化系统**

从图 5-3 中可以看出，通过调驳阀箱 1，燃油从油舱被驳运泵泵入沉淀油柜 5，驳运泵的起、停分别由液位传感器 3 与 3′控制。当沉淀柜中的液位降到 3′对应的高度时，系统起动驳运泵，开始泵入燃油，沉淀柜中的液位开始上升；当液位上升到 3 对应的高度时，系统停止驳运泵的工作，每次的补油量为沉淀柜在液位传感器 3 与 3′之间对应的油量。自动调节蒸汽流量的加温系统加速油的沉淀分离，并且可使沉淀油柜提供给供油泵 7 的油温变化幅度很小。供油泵后设气动恒压阀 9 和流量调节阀 9′，以确保平稳地向分油机输送燃油，有利于提高净化质量。燃油进入分油机前，通过分油机加热器加温，加热温度由温度控制器 10 控制，使进入分油机的燃油温度尽量保持恒定。系统设有两台分油机、两台供油泵和两台加热器，相互之间互为备用，提高了系统的可靠性。分油机能分别按并联和串联工作，提高了系统的适应性。分油机的净油注入到日用油柜 15，日用油柜设溢油管 14，溢油管出口被引入燃油沉淀柜。在船舶正常航行的情况下，分油机的分油量将比消耗量大，溢流管吸入口从日用柜的上部延伸到日用油柜底部，可使日用油柜底部温度较低、杂质和水含量较多的燃油引回沉淀柜，既实现循环分离，提高分离效果，又使分油机起停次数减少，延长分油机使用寿命。沉淀柜和日用油柜分别设有水位传感器 6、16，以提醒及时放残。

## 四、燃油的供给

### （一）燃油供给系统

燃油供给系统主要由燃油供给泵、燃油循环泵、燃油混合桶、雾化加热器（包括黏度控制器或温度控制器）和燃油自清滤器等组成，其相互关系如图 5-4 所示。

供给泵将燃油从日用油柜泵出并加压后供给到循环泵的进口，循环泵使来自供给泵和混合桶的燃油，经过雾化加热器和自清滤器，在主机和混合桶之间循环。供给泵的输出量等于主机的消耗量（忽略系统泄漏）。燃油供给系统的主要功能是提供符合柴油机燃油喷射系统要求并具有一定压力和黏度的燃油。燃油供给系统各部件的功能如下。

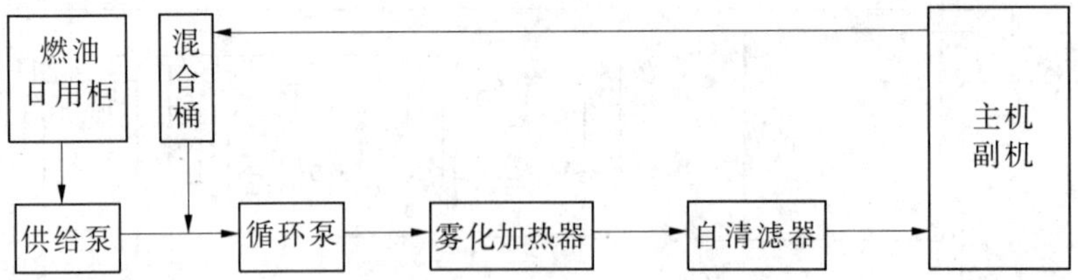


**图 5-4　燃油供给系统**

1. 燃油供给泵

燃油供给泵一般是螺杆泵或齿轮泵，其从日用油柜吸入燃油并加压后供到燃油循环泵的吸口。其输出压力一般为 0.6 ~ 1.0 MPa，一般由压力调节器和三通阀组成的压力调节系统控制。它供给到燃油循环泵吸口处的燃油量与柴油机实际消耗量相等(忽略系统泄漏)，当柴油机负荷降低使燃油消耗减少时，多余的燃油在供给泵出、吸口间循环。供给泵的吸口通过一个三通阀与重油和轻油日用油柜相连。早期的柴油机一般在机动航行期间，主机燃用轻油，定速航行后，主机燃用重油，通过三通阀实现重油与轻油间的转换；现代的柴油机已实现在全工况范围内全部燃用重油，仅当船舶进厂大修时才换用轻油。供给泵一般设有两台，互为备用。

2. 燃油混合桶

柴油机的回油在进入混合桶后又供给到燃油循环泵的吸口，使由燃油供给泵泵出的燃油在主机和混合桶间形成了一个封闭的循环，适应了柴油机的不同工况及停车情况的燃油供应需求。混合桶还可排除燃油在循环及泵送过程中析出的气体，确保燃油平稳和连续的供应给柴油机。在轻、重油转换期间，混合桶能使两种油更充分混合，避免燃油黏度突变，可防止油温突变。

3. 燃油循环泵

燃油循环泵一般是螺杆泵或齿轮泵，其吸口与燃油供给泵和燃油混合桶相连，能确保主机燃油的供给压力，防止燃油汽化，并实现燃油在主机与混合桶之间的循环。燃油循环泵一般设两台，互为备用。

4. 燃油雾化加热器

重油使用前的预热处理是保证柴油机正常运转的重要措施，通常采用分段预热的办法。按有关规定，应采用饱和蒸汽作为加热源。预热蒸汽压力不应超过 0.8 MPa(相当于饱和蒸汽温度 175 ℃)，以防重油中的焦炭析出并沉淀在加热器中。

雾化加热器是一个重要的预热设备。根据良好雾化的要求，重油进入喷油泵时，其黏度应降低到 12 ~ 25 $mm^2/s$。在根据此雾化黏度确定雾化加热器的预热温度时，还应再提高 10 ~ 15 ℃，以抵偿喷油压力及散热对黏度的影响。为避免加热后迅速积垢，预热温度不得超过 150 ℃。通常，雾化加热器确保的是供给柴油机的燃油的黏度满足获得良好雾化的需要。比较普遍的是直接的黏度控制，即在出口装设燃油黏度发讯器去测量燃油黏度的变化，并通过某种调节机构(如气动薄膜调节阀)调节蒸汽阀的开度，保证燃油黏度与设定的雾化黏度相符。现代的一些船舶也有采用温度控制的，即在出口装设温度传感器，去测量燃油输出温度的变化，确保燃油的供给温度满足设定要求。燃油的供给温度值一般通过对加装燃油的取样化验，由专业的燃油实验室通过化验给出。

5. 燃油自清反冲洗滤器

燃油自清反冲洗滤器是确保满足要求的燃油供应给主机的最后一道屏障，它能过滤在燃油净化单元被漏掉的固体杂质，确保燃油喷射系统各偶件不受到过度的磨损。现在的燃油自清反冲洗滤器一般采用燃油自身反冲洗，反冲洗后的燃油一般回流到燃油溢流柜（也有反冲到油舱的），再由燃油驳运泵重新泵送到沉淀柜再次净化。在老式的燃油供给单元中经常采用压缩空气实现反冲洗。反冲洗控制一般采用压差和定时两种方式。燃油供给系统安装有压力、温度等传感器，再与各自的调节机构相配合，实现稳定、可靠的燃油供给。图 5-5 是现代船舶普遍采用的加压式燃油供给系统，下面以此系统为例简述其工作过程和功能实现。

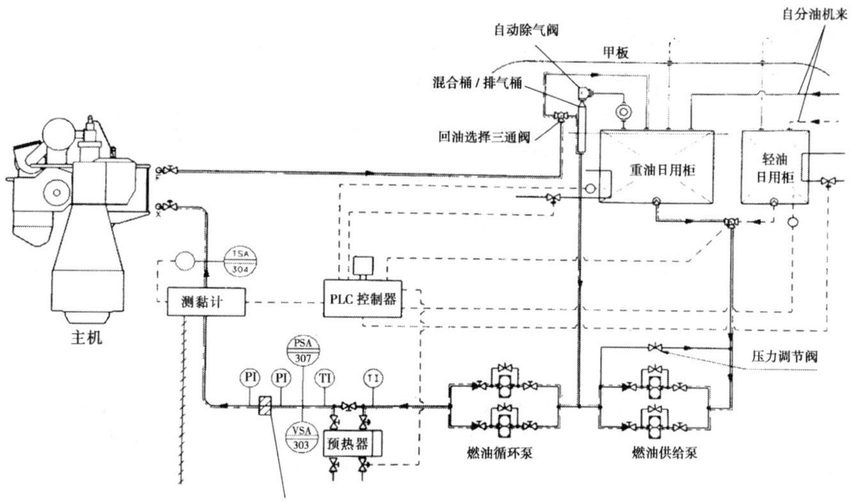


图 5-5　加压式燃油供给系统

如图 5-5 所示，净化后的燃油经过轻重油转换三通阀供给到燃油供给泵的进口，经过燃油供给泵的加压作用，压力可达 0.8～1.0 MPa，其供给压力可通过压力调节阀调整，燃油循环泵的输出在经过燃油雾化加热器和燃油自清滤器后供给主机，主机的回油通过回油选择三通阀，可返回到混合桶或重油日用油柜。正常情况下，燃油返回到混合桶，在出现主机故障导致突然停车的情况下，可通过转换此阀使主机回油到重油日用油柜，避免故障停车后造成的重油堵塞燃油管系的情况发生。由于高黏度劣质燃油的使用，燃油供给的预热温度大大提高。供应到主机高压油泵处的燃油压力一般为 0.8 MPa（循环泵出口压力为 1.0 MPa），循环油路（回路）中压力为 0.4 MPa，防止燃油系统在高预热温度（150 ℃）时发生汽化和空泡现象。

**（二）燃油单元**

现代造船都将燃油供给系统中的主要设备集成为一个模块，称之为燃油单元。燃油单元包括从轻重油转换阀到主机的燃油系统设备。燃油单元一般由厂家成套提供并整体安装，采用燃油单元可节约工时，节省空间，但也会由于结构过于紧凑而使管理人员的检修变得不太方便。如图 5-6 为某船主机燃油单元。

从轻油日用油柜或重油日用油柜来的燃油，经燃油单元加压加热后，通过进口细滤器进入主机高压油泵的吸入管，主机燃用不了的燃油可以返回燃油单元或直接回到轻重油日用

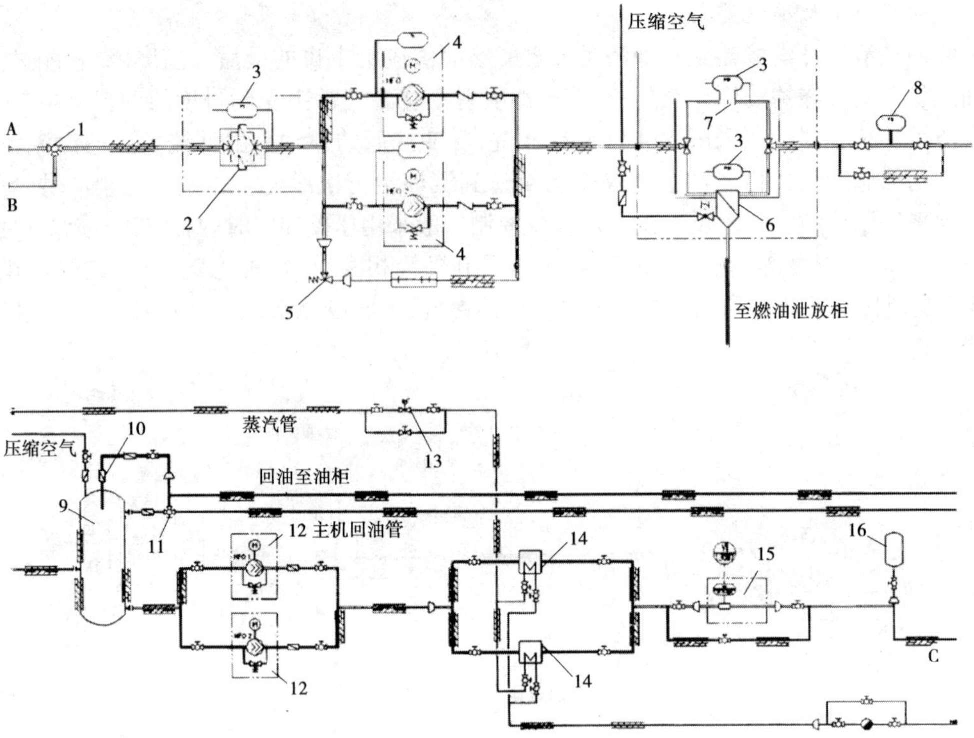


1—轻重油三通转换阀；2—双联粗滤器；3—压差计；4—燃油供给泵；5—调压阀；6—自滤器；
7—旁通滤器；8—流量计；9—混合桶；10—除气阀；11—回油三通阀；12—燃油增压泵；
13—蒸汽流量自动调节阀；14—加热器；15—黏度测量单元；16—缓冲器；
A—重油管；B—轻油管；C—燃油单元至主机油管

**图 5-6　某船主机燃油单元**

油柜。正常情况下，主机无论是运转还是停车，系统中只有重油，只在主机大修或长时间停航时才换用轻油。

轻油在燃油单元中不需加热。轻油或重油经三通转换阀，首先通过供给泵进口粗滤器。粗滤器为双联滤器，一般单个工作，互为备用，粗滤器自带压差计。当压差计表盘翻红时，表示滤器脏堵，需要转换，清洗脏堵的粗滤器。燃油通过粗滤器后，由燃油供给泵吸入加压。供给泵为两台螺杆泵，互为备用，当运行的供给泵出现故障时，燃油单元控制箱自动转换备用泵。供给泵工作压力为 0.4 MPa。

该燃油单元由轻重油三通转换阀、供给泵进口粗滤器、燃油供给泵、燃油自清滤器、燃油流量计、混合桶、燃油循环泵、加热器、测黏计、缓冲器和控制箱构成。经供给泵加压的燃油进入燃油自清滤器。自清滤器能够定期或脏堵时，用压缩空气自动反向冲洗滤，无需人工拆洗。若自清滤器功能失灵，可转换到其自带的旁通滤器。自清滤器也带有压差计。从自清滤器出来的燃油进入流量计。流量计可以准确地测量主机燃用燃油数量。流量计有旁通管路，出现故障时燃油可以旁通。流量计后连着混合桶。从混合桶出来的油经过循环泵加压、加热器加热后进入主机，部分燃油从主机返回混合桶。混合桶顶部带有除气阀，可以放出燃油中混入的空气。此外，混油桶还有一个很重要的作用：主机进行轻重油转换时，两种油在混合桶中混合，可避免油温突变而造成喷油泵的柱塞和套筒卡死。循环泵将燃油进一步加压到 1.0 MPa 后送入加热器。加压后的重油进入加热器,可以加热到较高的温度而不会汽化,同时满足主机高压油泵的进油压力要求。循环泵同样为两台螺杆泵,互为备用。

加热器为两个立式加热桶,采用蒸汽加热重油,可以单独使用,也可并联使用。蒸汽加热进汽管安装自动控制阀,可以控制进入加热器的蒸汽量,从而自动调整燃油加热温度。重油进入主机前,需加热使其黏度降至 10～15cSt,以满足良好雾化的要求。180 号重油通常要加热到 120 ℃,380 号重油通常控制在 135 ℃。不论哪种重油,加热温度都不能超过 150 ℃,否则燃油会在加热器表面结焦。

重油加热后,进入测黏计及其并联管路。测黏计测量燃油黏度,将黏度信号送入燃油单元的控制箱,控制箱依程序控制加热器蒸汽加热阀的开度,增加或降低燃油温度,从而控制燃油进机黏度在要求的范围内。燃油经过缓冲器的缓冲后,流出燃油单元。缓冲器的作用是通过容器内部形成的气垫保持燃油压力的稳定。燃油从燃油单元出来,流经进机双联细滤器,对进机燃油进行最后的过滤后进入主机高压油泵。进机细滤器一般有两个,互为备用。

## 五、燃油系统的管理

### (一)燃油加热温度的选择

对燃油(尤其是重油)进行加热是一项十分重要的工作。海船上大多用蒸汽加热,为确保安全,规定使用饱和蒸汽。加热温度随使用黏度要求而异,一般采用分段加热法。燃油舱中加热是为了便于驳运,以油管进出口附近燃油不发生凝固和节能为原则,可将油舱加热至 15～20 ℃,出口附近为 35～40 ℃。在沉淀柜中,要加热到 50～70 ℃(要比闪点低一定温度)以提高沉淀效果。为了提高分离效果,分油温度不能太低,也不能太高。对于重油,最高温度不准超过 98 ℃。在日用油柜中,重油温度应保持在 70～80 ℃。为使喷入汽缸中的燃油有合适的温度以确保燃烧完善,对喷油泵前的燃油加热十分重要。对中低速柴油机而言,雾化加热器的加热温度应使重油黏度降低至 12～25 $mm^2/s$。考虑到压力增高会使黏度增大,以及经管路到喷油器有温度降,加热温度应再提高 10～15 ℃,一般加热到 100～150 ℃。以上各处的加热温度可以通过蒸汽流量来调节。

### (二)确保燃油清洁

主要是在营运中认真掌握好沉淀、分离、过滤等净化环节。定期对沉淀柜和日用油柜进行排污放水,保证油柜清洁,定期清洗燃油滤器。特别是风浪天,要增加放残和燃油滤器的清洗次数。可根据燃油流经滤器前后的压力差来判断滤器的工作情况:若压差增大超过正常值,表明滤器已变脏堵塞,需立即清洗;若无压差或压力差变小,则表明滤网破损或滤芯装配不对,需立即拆卸检查。

### (三)系统放气

燃油系统中容易积气,气体往往聚集在系统的高处。系统有气后供油压力波动,甚至无法供油而停车。油柜上都有透气管,燃油供给系统又是封闭系统,在正常运转中一般不会有空气进入燃油供给系统。系统中的气大部分是清洗滤器时和维修管路时进入的,也可能在停机过程中,由喷油泵偶件间隙进入。因此,清洗完滤器和管路后应注意充油驱气。

### (四)换油时的正确操作

当船舶需要较长时间的停泊或燃油管系中某些设备需要拆卸时,应在柴油机停车前改用轻柴油,以便把管系和设备中的重油冲净。此外,当柴油机处于机动操纵状态时,为使柴油机具有机动性能(特别是起动性能),最好也使用轻柴油,而船舶正常航行后应使用重油,以提高经济性。这种在柴油机运行中进行的轻、重油转换操作称为换油。换油操作的基本原则是防止油温突变,以避免喷油泵柱塞卡紧或咬死。

由重油换为轻油时,首先关闭燃油雾化加热器的加热阀,关掉黏度计,随后切断燃料油,同时接通柴油。在集油柜中使原来的燃料油和新注入的柴油逐步混合稀释。由于稀释黏度比油温下降得快,所以不需再加温。最后燃油管道、低压燃油输送泵、燃油雾化加热器、回油管充满柴油,以备下次起动。

由轻油换为重油时,首先将燃料油日用柜加热至使用状态,同时稍开启燃油雾化加热器使柴油温度上升至 40 ℃以上,随后再切断柴油,接通燃料油。要在消耗完系统内柴油的时间内将燃油温度加热至燃料油雾化要求的温度。

近年来推出的船舶中、低速柴油机,在燃油系统中都采用了能够使燃油经过喷油泵、喷油器循环流动的设计。在正常使用时,厂家要求使用重油这一种单一燃料,除非柴油机预计停车较长时间,否则不必换用轻油。

# 第二节　润滑系统

## 一、润滑系统的组成和作用

柴油机的滑油循环系统通常由汽缸油润滑、曲轴箱强制润滑和曲轴箱油分油净化等系统组成。柴油机润滑系统的作用是保证供给柴油机动力装置各运动部件的润滑和冷却所需的润滑油。

### (一)柴油机中润滑的作用

(1)减磨作用。在相互运动表面保持一层油膜以减小摩擦。这是润滑的主要作用。

(2)冷却作用。带走两运动表面因摩擦而产生的热量以及外界传来的热量,以保证工作表面的适当温度。

(3)清洁作用。冲洗运动表面的污物和金属磨粒以保持工作表面清洁。

(4)密封作用。产生的油膜同时可起到密封作用。如活塞与缸套间的油膜除起到润滑作用外,还有助于密封燃烧室空间。

(5)防腐作用。形成的油膜覆盖在金属表面使空气不能与金属表面接触,防止金属锈蚀。

(6)减轻噪声作用。形成的油膜可起到缓冲作用,避免两表面直接接触,减轻振动与噪声。

(7)传递动力作用。如推力轴承中推力环与推力块之间的动力油压。

### (二)曲轴箱强制润滑和曲轴箱油分油净化系统的主要组成设备

(1)滑油泵。滑油泵常设有两台,其中一台备用。为保证滑油压力稳定和流动均匀,常采用螺杆式油泵。在泵的吸入端管上一般装有真空表,真空度不超过 33.3 kPa(250 mmHg)。泵的排出管上装有安全阀和调节压力、流量的旁通阀。

(2)滤器。滑油泵的进口端和出口端分别设有粗、细滤器,滤器一般为双联式。装在进口端的一般为粗滤器(有时还用磁性粗滤器),装在泵出口端的为细滤器,其前后装有压力表。

(3)滑油冷却器。滑油冷却器通常采用管壳式或板式热交换器。

(4)滑油分油机。滑油分油机一般采用离心分离,它是曲轴箱油分油净化系统最重要的设备。

关于汽缸油润滑系统,本书不做讨论。

**(三)曲轴箱油系统的型式**

曲轴箱油强制润滑系统的组成型式根据柴油机结构的不同而分为湿油底壳式和干油底壳式滑油系统两种。

(1)湿油底壳式滑油系统。湿油底壳式滑油系统滑油存放在柴油机油底壳中,柴油机正常运转时,由其所带的滑油泵抽吸油底壳滑油,经滑油冷却器冷却后送至各润滑部位,润滑后流回油底壳,构成独立的润滑系统。这种滑油系统的特点是结构简单,柴油机自带滑油泵,管路依附于机体上,油底壳存油量少。其缺点是油底壳中的滑油将经常受到燃烧室泄漏的高温燃气的污染,容易变质,故滑油的使用寿命短。这种系统经常用于小型柴油机动力装置。

图 5-7 为湿油底壳式滑油系统,副机滑油储存于油底壳内。柴油机停车时,电动预润滑泵 2 运转,维持滑油在系统中循环。当柴油机起动后,机带滑油泵 1 工作,作为压力润滑的动力源,此时预润滑泵自动停止。油泵排出的滑油首先进入滑油冷却器 3,然后进入自清滤器 5。自清滤器反冲出的油渣进入离心滤器 6 被进一步分离净化。离心滤器采用油泵的排油作为动力,靠离心力的作用将油渣分离并储存于滤器内部,洁净的滑油则排至油底壳供循环使用。自清滤器后的滑油分别供到柴油机的主油道、传动齿轮机构和增压器 8 等处,完成润滑任务的滑油则回流至油底壳供循环使用。

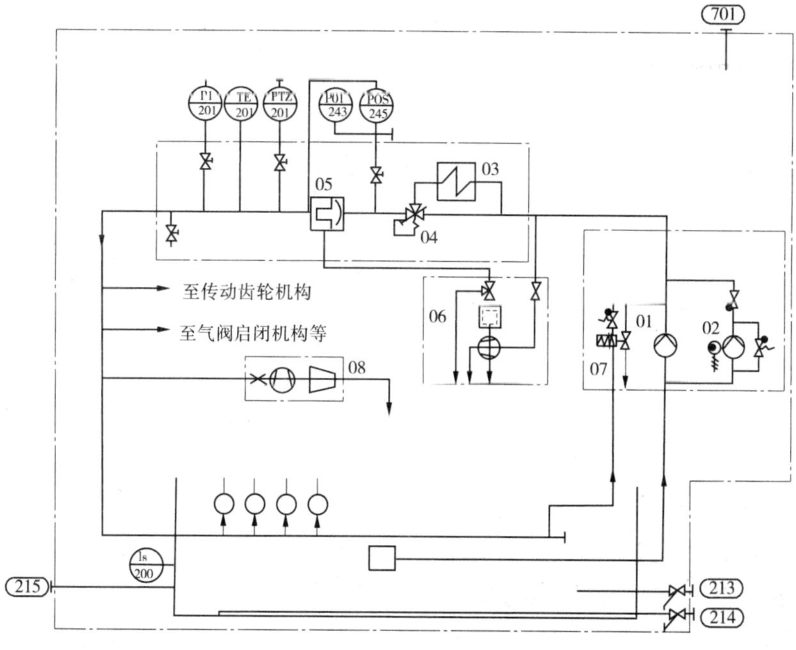


01—滑油泵;02—预润滑泵;03—滑油冷却器;04—恒温阀;05—自清滤器;06—离心滤器;07—调压阀;08—增压器;213—滑油进口(自分油机或储藏柜);214—滑油出口(至分油机或泄放柜);215—加油口;701—透气口

**图 5-7 湿油底壳式滑油系统**

(2)干油底壳式滑油系统。其滑油存放于单独设置的滑油循环舱(柜)中。有以下两种形式:①单泵系统。滑油循环舱(柜)设置于柴油机油底壳之下,滑油泵自其内吸油,经滑油冷却器冷却后送至各润滑部件,润滑后借助重力流回柴油机油底壳内,最后流回滑油循环舱(柜)中。②双泵系统。该系统有两台滑油泵,一台具有单泵系统中的吸油和泵送功能,另一台则专门用于抽吸柴油机油底壳中的滑油,将油泵至循环舱(柜)中。干式系统的循环舱(柜)与管路布置不受柴油机位置限制,滑油不存于油底壳中,改善了滑油的工作条件,延长了滑油的使用寿命,但需增设一台滑油泵。

在柴油机滑油系统中以单泵干油底壳式滑油系统居多,其特点是储油量大,滑油沉淀与净化处理方便,冷却充分和滑油使用寿命长,但其所占位置较大,管路较为复杂。这种系统适用于大、中型柴油机。

图5-8所示为Sulzer RTA -T系列柴油机曲柄箱油强制润滑系统。

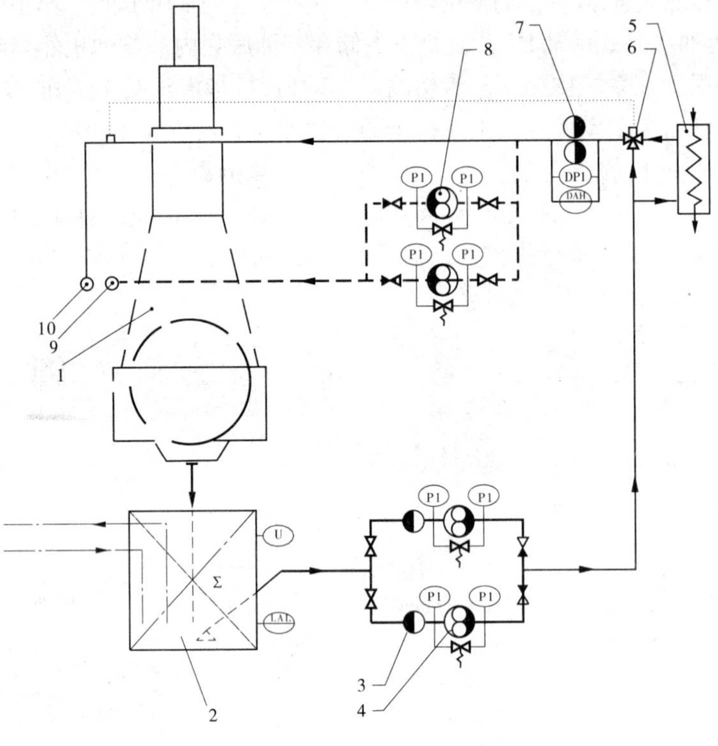


1—主机;2—循环油柜;3—滤器;4—滑油泵;5—滑油冷却器;6—温度自动调节阀;
7—滑油滤器;8—十字头滑油泵;9—十字头滑油进口;10—滑油进口

**图5-8 Sulzer RTA-T系列柴油机曲柄箱油强制润滑系统**

这是一种典型的干式润滑系统。滑油泵4自循环油柜吸油,经滑油冷却器5冷却,滑油冷却器是由温度自动调节阀6控制的,其中一部分滑油在冷却器内流过,另一部分滑油旁通,以保证进机的滑油温度,然后经过滑油滤器7,滑油滤器7可以是普通的双联滤器,也可以是自动反冲洗滤器。滑油过滤后分两路:一路压力为0.4 MPa的滑油经进口10送至主轴承和推力轴承等处;另一路经十字头滑油泵8将压力提高到1.1 MPa通过十字头滑油进口9后送入十字头。各轴承润滑的回油经油底壳流入循环油柜。

滑油滤器应尽可能靠近主机，如果使用双联滤器，每个滤器在给定的工作温度下都应当有足够的流通能力，工作时滤器的最大压降不要超过 20 kPa。如果使用反冲滤器，必须考虑反冲工作时对过滤的影响，保证个别滤器反冲洗时进出口压差不要太大，并保证有足够的流通能力。

DCAP－RM 型自清式反冲洗滤器如图 5-9 所示。其左边是一个旁通滤器，用来在自动反冲洗滤器需要检修或人工清洗时使用；中间与旁通滤器相邻的是转换阀，可以控制油路与旁通滤器相通或与自动滤器相通；接着是自清式反冲洗滤器，它是依靠自身过滤过的流体来进行持续不断地进行反冲洗操作的；反冲洗后的流体又会经过右边的废油回收单元过滤后回流到循环柜里。

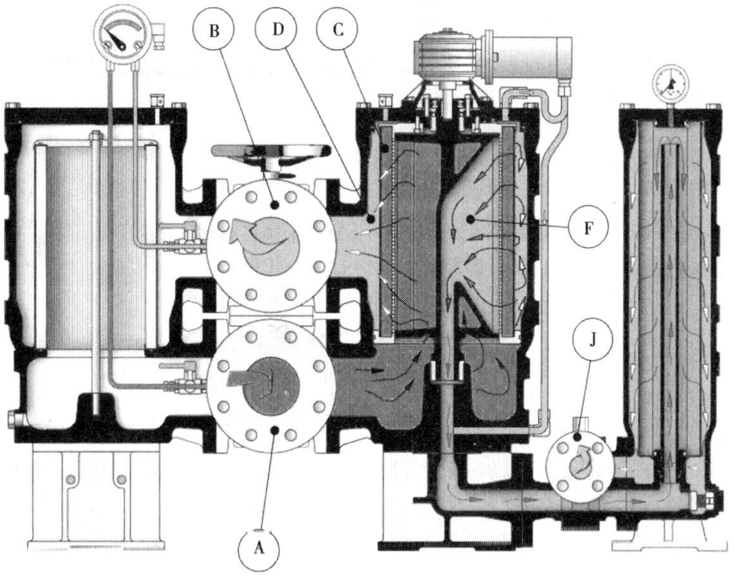


图 5-9　DCAP－RM 型自清式反冲洗滤器

流体通过进口 A 进入，然后流经除三个滤芯外的所有其余的滤芯 C，由内向外过滤，滤出的杂质附着在滤芯内壁上。过滤后的流体流入腔室 D，然后经出口 B 流出。

除了被反冲洗的三个滤芯外，由其余滤芯提供反冲洗所需的流体。而位于节流口前面由液压马达驱动的三个滤芯，会被腔室 D 中有一定压力的流体由外向内反冲洗清洁。自滤芯内壁上冲洗下来的杂质则由相同的流体带走，通过节流口 F 送到污油回收单元，杂质在这里被过滤出来，流体经出口 J 流出。

## 二、曲轴箱油净化系统

曲轴箱油净化系统在柴油机运转中可连续对滑油循环柜中的曲轴箱油进行分离净化处理，分离出曲轴箱油使用中混入的各种杂质和氧化沉淀物。图 5-10 为某大型柴油机曲轴箱油净化系统。滑油分油机经污油吸管 2 从滑油循环柜中吸入曲轴箱油，经加热器预热后送至分油机进行净化处理，净油重新返回循环柜。滑油中分离出的水分和油渣分别由水出口 14 和污油出口 15 排出，滑油油渣柜中的油渣可由污油泵排出。对直链纯矿物曲轴箱油，其净化速率能保证在 1 d 内净化油量为循环柜储油量的 2～3 倍，对清净型曲轴箱油以 2～5 倍为宜。

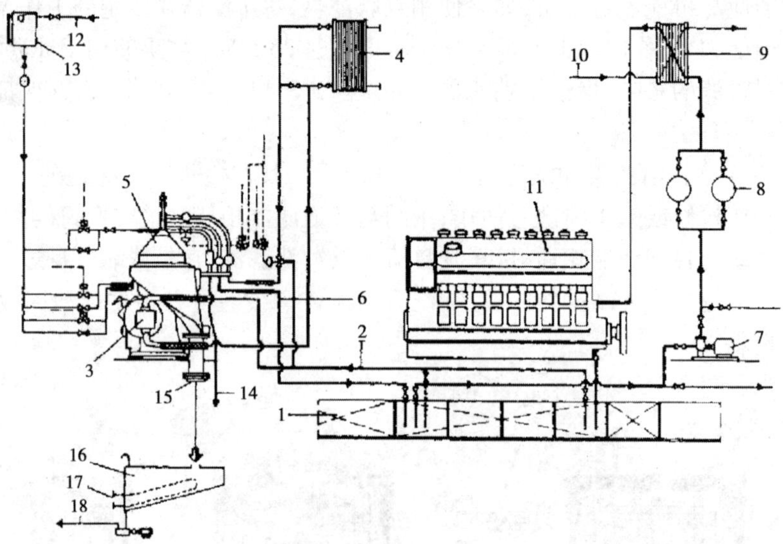


1—滑油循环柜;2—污油吸管;3—泵;4—加热器;5—分油机;6—净油;7—滑油泵;8—滤器;
9—冷却器;10—冷却水出口;11—柴油机;12—冷水;13—工作水箱;14—水出口;15—污油出口;
16—污油箱;17—加热管;18—污油泵出口

**图 5-10　某大型柴油机曲柄箱油净化系统**

除上述净化措施外,尚可在停港期间把全部滑油泵至滑油沉淀柜中,再视情况进行有关处理,如预热、沉淀、放水、放残、投放添加剂等。处理完毕后再用分油机送回循环柜。如需进行水洗法处理,需在滑油分油机入口处加入相当于1% ~2%滑油量的淡水进行净化。水洗法不仅可洗掉无机酸,而且能浸湿小颗粒杂质使之便于分离。因某些滑油添加剂也溶于水,故对滑油水洗时,应征得供油厂商的同意。

对中、小型柴油机的曲轴箱油,因其油量有限,一般采用全部滑油换新法。

## 三、润滑系统的维护管理

### (一)正确选用滑油

根据要求合理地选用润滑油,并把质量合格的润滑油输送到各需润滑的部件,保证其正常运转。

### (二)确保滑油的工作压力

滑油的工作压力应按说明书规定进行调节。一般应保持在0.15 ~0.4 MPa。滑油的压力应高于海水和淡水压力,以防止冷却泄漏时冷却液漏入滑油中。滑油的压力可由滑油泵的旁通阀来调节。

滑油的压力过高时,滑油会四处飞溅,接合面易漏油,在曲轴箱中容易受热氧化变质,也会增加滑油的消耗。滑油压力过低时,将会因轴承供油不足而使机件磨损加剧,严重时,可能会发生重大机损事故和安全事故。

### (三)确保滑油的工作温度

滑油温度过低,黏度增大,摩擦阻力损失增大,同时滑油泵功耗增加;滑油温度过高,黏度降低,润滑性能变差,零部件磨损增大,同时滑油易氧化变质。

通常,滑油进口温度应保持 40 ~ 55 ℃(中高速机取上限);最高温度不允许超过 65 ℃(中高速机为 70 ~ 90 ℃);进出口温差一般为 10 ~ 15 ℃。滑油的温度一般可通过滑油冷却器的旁通阀来调节,并有手动调节和自动调节两种方式。新船广泛采用自动调节方式,通过改变调节器的设定温度来改变滑油的进机温度。

**(四)保证正常的工作油位**

应经常检查循环柜油位,保证正常油位。油位过低时,滑油温度将会升高,容易使滑油在曲轴箱中挥发。另外,单位时间内滑油的循环次数过多时,油中杂质无法在循环油柜中充分沉淀,会加速滑油的氧化变质,严重时会有断油的危险。油位过高时,可能有溢油的危险。运转中油位突然降低,可能是油底壳或管系泄漏引起的;油位突然升高,则可能是冷却系统中的水漏入导致的。

**(五)备车和停车时的管理**

备车时应对滑油系统加温,使滑油温度预热到 38 ℃左右,以便杂质分离和防止油泥沉淀在管壁上,并可减轻滑油泵的负荷。加热后即可开动滑油泵,使滑油在系统中循环,防止柴油机启动时干摩擦。

停车后,应继续让滑油泵运转 20 min 以上,使发动机各润滑表面继续得到冷却。

**(六)定期检查和清洗滑油滤器和冷却器**

检查滑油冷却器的冷却水管,防止其被海水腐蚀烂穿,清洗冷却器的水侧和油侧以提高其冷却效果。通常壳管式冷却器的油侧使用三氯乙烯溶液进行清洗;板式冷却器则人工清洗。

在日常巡回检查中应经常检查滑油滤器的进出口压差,以防影响柴油机的正常运转。清洗滤器时可采用清洗剂或柴油浸泡、软刷清除污垢和压缩空气吹净等,切勿损伤其零件。对于自动反冲洗滤器应按说明书要求拆装和用专用工具清洗。

在船舶靠离码头时,因其吃水较浅,会有较多的泥沙被海水泵吸入,引起冷却器脏堵。若靠离时间较长,可适当停止海水泵运转,以减少冷却器脏堵。

## 第三节　分油机

船舶柴油机所用的燃油和滑油在进机使用前必须经过净化处理,除去其中的水分和杂质。净化效果的好坏对柴油机工作的可靠性和使用寿命影响极大。分油机是船舶用来净化燃油和滑油的必不可少的关键设备。

### 一、分油机的基本工作原理

在混有水和杂质的油中,机械杂质的密度最大,油的密度最小,水的密度介于两者之间。油在沉淀柜中存放一定的时间能使机械杂质和水分沉淀分离,但速度极慢。为加快分离过程,目前船上主要靠离心式分油机来净化燃油和滑油。其工作原理和在沉淀柜沉淀分离一样,不同的是,在分油机中离心力是重力的几千倍,重力对油、水和杂质的分离的影响可忽略不计。如图 5-11 所示为分油机分离和沉淀柜分离对比。分油机的工作过程是:让需净化的油进入分油机中做高速旋转,密度较大的水滴和机械杂质所受的离心力最大,被甩向外周,水被引出,杂质则定期清除(排渣);密度较小的油所受离心力较小,便向里流动,从靠近转轴的出口流出,从而使油得到净化。由于杂质、水分所受的离心惯性力比自身的重力大几千倍,因此离心式分油机具有净化时间短、流量大和效果好的优点。

由于油和水的密度不同且互不相溶,故油和水分层时一定有一个油水分界面。分界面以内的空间被油占据,分界面以外的空间为水和杂质。水和油对油水分界面的压力相等时,分界面稳定不动。油水分界面的位置十分重要,它直接影响燃油的分离质量,其最佳位置应在分离盘的外边缘,确保燃油能充分利用分离通道的全部长度,达到最有效的分离目的。

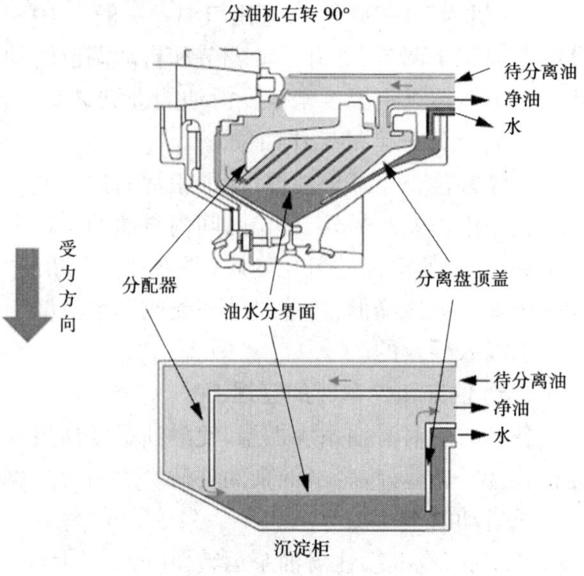

图 5-11 分油机分离和沉淀柜分离对比

如果水对分界面的压力大于油对分界面的压力,则分界面向内(转轴中心)移动,若分界面进入分离盘组件内,则会造成分离盘组件被水和杂质阻塞。被油挟带的若干水滴和细小杂质颗粒将分离不出而随油一起排出分离筒,会降低分离效果。如果油对分界面的压力大于水对分界面的压力,则分界面将向外移动。若分界面向外移动,将会降低从水中分离油的效果,造成水中带油,而当分界面超出分离盘顶盖外边缘时,水封就被破坏,造成燃油由出水口流出,即出水口跑油。

## 二、分油机的分类及实例

分油机有多种分类方式,根据其传动方式的不同可分为蜗轮传动和平皮带传动,根据其有无比重环可分为有比重环和无比重环两种,根据排渣方式的不同可分为容渣式和自清式两种,根据用途不同可分为分水机和分杂机两种。除此之外,还有其他分类方式,在此不再一一列举。

在分油机的传统设计中,采用蜗轮传动机构,如图 5-12(a)所示,下部安装着分离筒的传动机构。分离筒由马达 A 经摩擦离合器 E、蜗轮机构 D,驱动立轴 B 高速旋转,上部为分离筒 C。近年来,分油机普遍采用皮带传动,如图 5-12(b)所示。皮带传动与蜗轮传动机构相比,结构更加简单、可靠,而且分离筒转速和分离效率更高,也使分油机的结构更加紧凑。

分油机的核心部件是分离筒,其结构如图 5-13 所示。分离筒本体 2 由立轴带动高速旋转(一般转速为 8 000 ~ 10 000 r/min),分离筒内有若干不锈钢分离盘 3,盘厚 0.4 ~ 1.5 mm,盘的间距为 0.5 ~ 1.0 mm,迭套在盘架 10 或 14 上。盘架与分离筒活动底盘 15、分离筒本体 2 间彼此有销固定,一起旋转。分离盘呈伞状,其中心角在 60° ~ 100°之间。

分油机根据用途不同可分为分水机和分杂机。当待分油中所含水分较多时,使用分水机,分离油中的水分及杂质;当待分油中所含水分较少时,使用分杂机,分离出的杂质和少量水分从排渣口排出。分杂机不设出水口,待分油中水分较多时不能使用。分水机和分杂机可以通过更换部分部件实现互相改装。

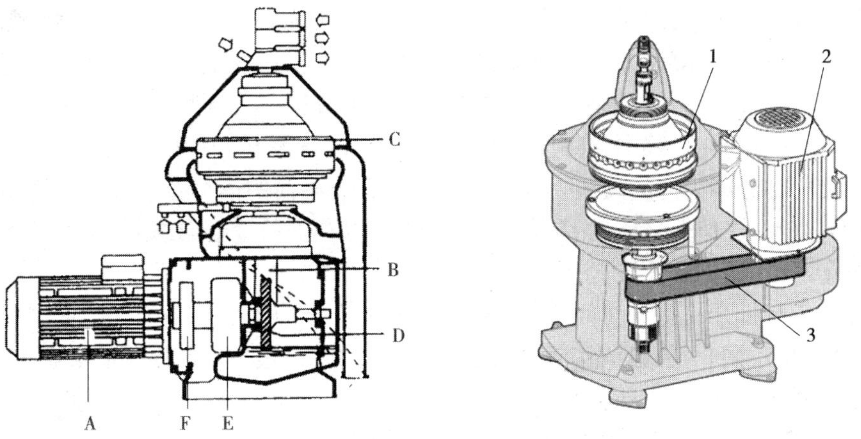


(a) 蜗轮传动　(b) 皮带传动

A—马达;B—立轴;C—分离筒;D—蜗轮机构;E—摩擦离合器;F—弹性联轴器

1—分离筒;2—马达;3—皮带

**图 5-12　分油机的传动方式**

图 5-13(a)和(b)所示分别为分水机和分杂机的分离筒。分水机的分离盘架 10 有分配孔,分离盘片靠外边缘附近开有若干分配孔或缺口。而分杂机的分离盘架 14 和分离盘片没有孔;分水机上部装有具有排水功能的重力环 9,而分杂机上部装有没有排水功能的分杂盘 8。只要将图 5-13(a)中的 10 和 9 分别换成图 5-13(b)中的 14 和 8,便可将分水机改装为分杂机;反之,可将分杂机改装成分水机。

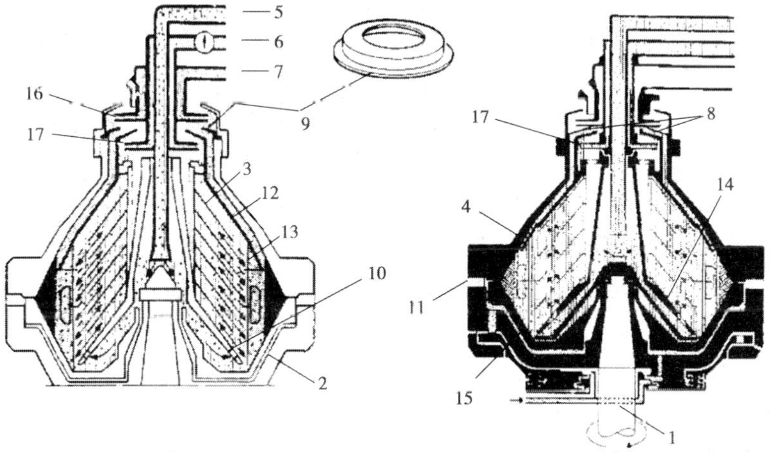


(a)　(b)

1—转动立轴;2—分离筒本体;3—分离盘;4—分离筒盖;5—进油管;6—出油管;7—出水管;

8—分杂盘;9—重力环;10—盘架(有孔);11—排渣孔;12—分离盘上盖;13—油水分界面;

14—盘架(无孔);15—活动底盘;16—排水向心泵;17—排油向心泵

**图 5-13　分离筒结构**

应当说明的是,现代船舶上使用的新型分油机在结构上已不存在分水机和分杂机的区别,一台分油机可用于轻柴油、船用柴油、重油和润滑油的分离而不需要进行任何改装。

分油机根据排渣方式的不同可分为容渣式分油机和自清式分油机。最早的离心式分油机是容渣式分油机,在工作一定时间之后,必须拆开分离筒并对内部进行清洗,给管理人员带来了大量的额外工作量，同时也降低了分油机的工作可靠性及使用寿命。为了解决这些问题，出现了不用打开分离筒即可进行排渣的分油机，这种分油机也称自清式分油机（自清式分油机如果带有重力环，一般是应是分水机）。其排渣过程无须拆开分油机人工清洁分离筒，而是在分油机运转过程中，通过打开分离筒四周的排渣孔，靠分离筒高速旋转产生的离心力甩出聚集在分离筒内的杂质。其结构特点是在分离筒的下部安装可上下移动的活动底盘，如图 5-13(b)中 15 所示。当活动底盘工作在上位时，排渣孔被关闭，正常分油；当活动底盘工作在下位时，排渣孔被打开，分油机进行排渣。

根据排渣孔被打开的持续时间不同，分油机每次排渣的程度（分离筒内油、水、杂质是否被全部排出）也不同，可将自清排渣分油机的排渣方式分为全部排渣和部分排渣两类；根据排渣孔被打开实现方式的不同，又可将分油机排渣分为自动排渣和手动排渣两种方式。

**(一) 手动控制全部排渣式分油机**

此种排渣的持续时间较长，也就是在排渣期间排渣孔被打开持续的时间较长，分离筒内存留的所有杂质（油、水、杂质）将完全由排渣孔排出。其排渣操作流程如图 5-14 所示。

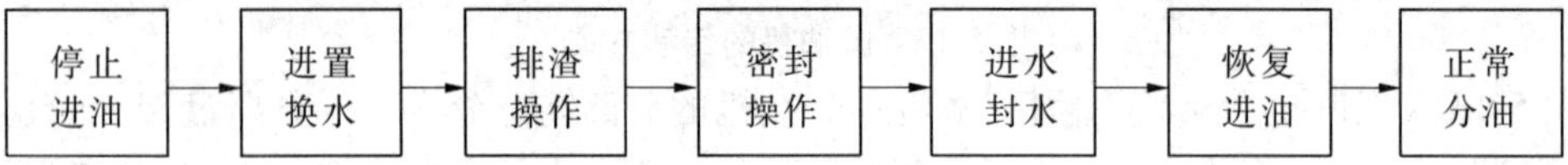


**图 5-14　分油机排渣操作流程**

其中各环节操作如下：

(1) 停止进油。当分油机开始排渣时，首先停止向分离筒内进油。进入分离筒的待净化油一般由三通阀控制，通过改变三通阀阀芯的工作位置（上位、下位）可使油进入分离筒或通过三通阀循环返回。

(2) 进置换水。停止向分离筒供油后，应向分离筒内部供应具有一定压力的水（称置换水），具有一定压力的置换水进入分离筒后，会使油水分界面向内移动，驱赶分离筒内的油从排油口排出，减少分离筒内残油的数量，以减少排渣时油的损失。

(3) 排渣操作。通过一定的控制方式（配水盘）泄放掉活动底盘下部的工作水，使活动底盘下落到下位，打开排渣孔，实现排渣操作。一般活动底盘上有数个泄放孔（一般为 3～5 个），当泄放孔被打开时，存留在活动底盘下部产生向上托力的工作水被放掉，活动底盘在失去向上的托力后落下。分离筒内的油、水、油渣通过排渣孔排出。

(4) 密封操作。当活动底盘下部的工作水被重新补充后，活动底盘将重新在向上托力的作用下被托起，被托起的活动底盘将关闭排渣口，实现分离筒的密封操作。首先封闭活动底盘上的泄放孔，然后补充工作水到活动底盘下部，随着活动底盘下部水量的增加，活动底盘将再次被托起。活动底盘下部的工作水由于蒸发、漏失等可能会越来越少，当水量减少到一定数量时，可能导致活动底盘的再次落下，造成排渣口跑油。因此，为保持分离筒的密封状态，活动底盘下部流失的工作水在密封期间应不断得到补充。(3) 和 (4) 操作一般通过安装在分油机上的一套配水系统控制完成。不同的分油机其配水系统不尽相同，但一般有两路工作水，其作用分别是补充活动底盘下部流失的工作水（保持分离筒密封，一般压力较低）和泄放活动底盘下部的工作水（实现排渣操作，一般压力较高）。

(5)进水封水。在完成分离筒密封后,首先引进水封水进入分离筒,水封水充满分离筒的四周,并不断向回转中心方向移动,对于有重力环的分油机,当水环向内移动一定距离后就不会再向内移动,再引入的水封水经分油机排水口排出(水封水超过规定压力情况下,如果长时间引入,水封水会由排油口进入净油柜中),进出水达到平衡;对无重力环的分油机,一般是按分杂机工作,无须引入水封水建立水封操作。

(6)恢复进油。在分离筒内完成水封后,通过改变进油三通阀的工作状态,引入油进入分离筒,开始分油操作。一般情况下,油进入分油机的流量是由小到大变化的,可防止油流过猛而破坏水封,引起出水口跑油。

(7)正常分油。进入分油机的油量达到正常值后,开始正常分油。

下面以国产 DZY－50 型手动全部排渣分油机为例说明其工作过程,这种分油机的结构如图 5-15 所示。这种分油机的基本结构、分离原理和非自动排渣的基本相同,所不同的是它装有可上下移动的活动底盘 8,并附加一套控制自动排渣动作的配水系统。下面介绍这种分油机手控自动排渣的动作原理。

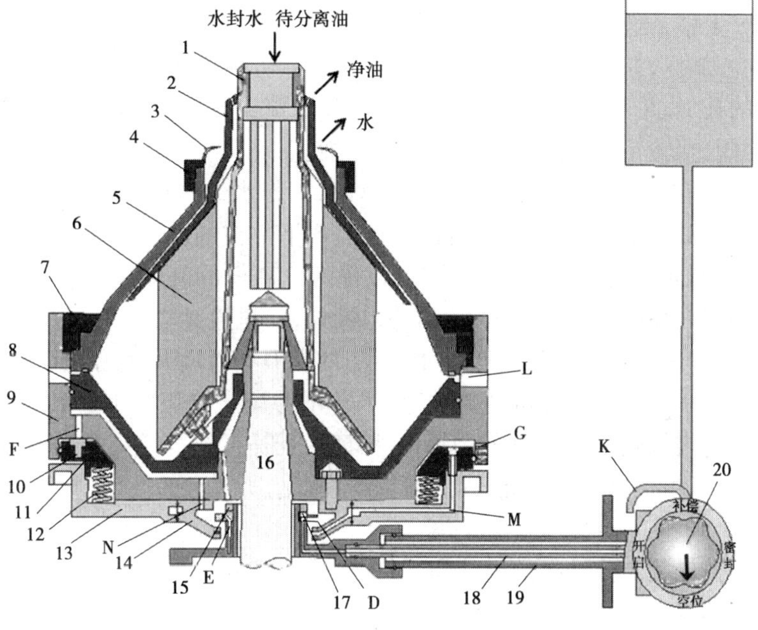


1—盘架;2—分离盘盖;3—重力环;4—小锁紧环;5—分离筒盖;6　分离盘;7—主锁紧环;8—活动底盘;9—分离筒本体;10—塑料堵头;11—滑动圈;12—复位弹簧;13—弹簧座;14—分流圈;15—固紧螺母;16—立轴;17—配水盘;18—内接管;19—外接管;20—控制阀

**图 5-15　DZY－50 型手动全部排渣分油机**

在分离筒本体 9 的壁上沿圆周均匀分布着排渣孔 L,分离筒内的活动底盘 8 可以上下移动,底盘的上方是被净化的燃油(包括水封水)。若在底盘 8 和本体 9 形成的空间中通以控制启闭的工作水,在分离筒高速转动的情况下,由于工作水的作用半径大于被净油的作用半径,加上水的密度大于燃油的密度,而离心惯性力所造成的压力随作用半径和密度的增大而增大,因此底盘下方的压力大于底盘上方的压力,从而使活动底盘 8 紧压在分离筒盖 5 上,并保持分离筒的密封(图左半部),这时就可以进行分油作业。若设法把活动底盘 8 下部空间的工作水放掉，则在上部水封水及油的压力作用下，活动底盘下移，排渣孔被打开，油渣和水封水就靠离心惯性力的作用自动从排渣孔 L 中甩出（图 5-15 右半部）。

为了控制分离筒的开启和封闭，设有由滑动圈 11、配水盘 17，内、外接管 18 和 19 以及控制阀 20 等组成的配水系统。工作水由一专设的高位水箱供给，水箱应置于控制阀 20 上面 1.5 ~ 3.0 m 高处。控制阀的表盘上刻有“开启”“空位”“密封”“补偿”四个位置。下面按四个位置来说明配水系统的构造和工作原理

分油机停止不用时，控制阀 20 处于“空位”位置。此时分离筒已经打开，活动底盘 8 在最低位置，控制阀 20 切断了通往内、外接管 18 和 19 的工作水，整个分离筒内无水，活动圈 11 在底部复位弹簧 12（共 16 支）的作用下上移，并用它上面的塑料堵头 10 封住装在分离筒本体 9 上的孔 F，从而将孔 F 堵死。

当要进行分油作业时，起动分油机，待达到额定转速后，将控制阀 20 按逆时针方向转到“密封”位置。此时工作水通入外接管 19，而内接管 18 与控制阀 20 上的指示管 K 接通。大量的工作水由外接管 19 经导水座和配水盘 17 上的孔 E 进入分流圈 14 中，在离心惯性力的作用下经本体 9 上的孔 N 进入活动底盘 8 的下部空间。在工作水由离心惯性力形成的压力下，活动底盘 8 上移，压紧分离筒盖 5 并封闭分离筒。随着工作水的不断进入，水环的内缘逐渐向转轴中心靠拢，在充满活动底盘的下部空间后，分流圈 14 中的水环内缘先到达配水盘 17 圆周上的孔 D，并通过内接管 18 从指示管 K 中流出，这就表示分离筒已密封好，此时应迅速将控制阀 20 转至“补偿”位置开始分油作业。

“补偿”位置就是进行分油作业的位置。这时，工作水经由控制阀 20 通入内接管 18 和配水盘 17 上的孔 D。在分油过程中，若活动底盘 8 下部空间的工作水因泄漏而减少，工作水就能自动从孔 D 流入底盘下方进行补充，以保持分离筒的有效密封。在正常情况下，分流圈 14 中的水环内缘停留在配水盘 17 的外边缘处，向里直到立轴 16 的空间内则无水，这是由于高置水箱中工作水的静压力与配水盘 17 的孔 D 外缘处因离心惯性力而形成的压力相平衡，因此虽然水的通道已经沟通，但工作水却不会流入分流圈 14。当底盘下方的工作水减少时，水环的内缘就离开孔 D 的边缘向外移动，于是工作水经孔 D 自动补给，工作水不能从船上的淡水压力柜接管子补充，因此保持高置水箱所要求的高度（1.5 ~ 3.0 m）是很重要的。

当要排渣时，先关闭分油机的进油阀，向分离筒内充入水封水，尽可能排尽分离筒中的燃油，再把控制阀 20 转到“开启”位置。此时，工作水经控制阀 20 与外接管 19 和配水盘上的孔 E 相通。孔 E 的出口在配水盘 17 的上表面，距离转轴中心最近。水从孔 E 进入后，就使分流圈 14 中的水环内缘从配水盘的外边缘向里移至孔 E 处。这样，工作水就能沿配水盘门的下表面溢过分流圈 14 底面的边缘而进入通道 M，并在离心惯性力的作用下到达活动圈 11 的上部空间，分离筒本体 9 上有小孔 G，它因直径甚小而有节流作用，因此到达活动圈 11 上部的工作水不能迅速经由孔 G 排掉，于是也从外向里逐渐形成水环。当水环的内缘向里到达进水孔 M 的节圆半径处时，水环因离心惯性力而形成的压力已足以克服活动圈下部的弹簧力而将活动圈 11 压下。这样，孔 F 被打开，活动底盘 8 下部空间的工作水经孔 F 和活动圈上的许多通孔 T（位于和塑料堵头 10 同一半径的节圆上）到达活动圈下部，再靠离心惯性力从本体 8 与弹簧座 13 的缝隙中间甩出。活动底盘下部空间减小，在分离筒内水封水的压力下，底盘下移并打开本体壁上的一圈排渣孔 L，积聚在分离筒内的污渣即连同水封水一

并从排渣孔 L 排出。这时可听到排渣的冲击声，通过排污管观察镜亦能看到有污渣排出。

排渣完毕，将控制阀 20 转到“空位”位置。这时，控制阀 20 切断了全部工作水的通道，残存在活动圈 11 上部的工作水经过孔 G 逐渐排出，水对活动圈向下的压力逐渐减小，活动圈在下部复位弹簧 12 的弹力作用下上移，又重新封住本体 9 上的孔 F，为下一次密封分离筒做好准备。在操作，应使控制阀 20 在“空位”位置至少停留 6 ~7 s，使活动圈上方的工作水全部排空，再转到“密封”位置。如果停机不用，应将控制阀 20 放在“空位”位置，切断高置水箱和配水盘的内、外接管间的连通，以免水箱中的水被放空。

必须特别注意，孔 G 直径甚小，很容易被人们忽视，它若被堵死，滑动圈 11 上部的残水就无法排完，导致滑动圈无法恢复原位，分离筒也就无法封闭。同时，工作水应保持洁净，以防生成水垢或混入泥沙、铁锈或其他杂质，这对分油机的正常运转也很重要。

**（二）自动全部排渣式 ALFA – LAVAL S 系列分油机**

ALFA – LAVAL S 系列分油机是 ALFA – LAVAL 公司推出的最新一代分油机，其结构和工作方式与以往的分油机相比都有了重大的改变。首先，在传动方式上，摒弃了传统的蜗轮机构，改为目前的皮带机构，使分油机结构更加紧凑，分离筒转速提高，分离效率提高；其次，在活动底盘的设计上，采用了新型的弹性结构，活动底盘的下部中心是固定的，当进行排渣时，依靠活动底盘本身的弹性使其端部运动，打开排渣口；再次，其活动圈的下部不再设弹簧，滑动圈的运动完全靠其上下两面的水的压力差控制；最后，其排渣方式从部分排渣又重新改为全部排渣，只是在拆装后的第一次运行时对分离筒内的进水量进行精确标定，既避免了老式的全部排渣分油机在排渣时过多的油损失，也避免了部分排渣分油机由于排渣时间过短可能造成的部分油渣黏在活动底盘和密封圈之间，导致分离筒无法封闭的问题。此外，该分油机的排渣孔从以往的方形孔改为圆形，也使排渣更加顺畅，噪声更低。

S 分油机结构如图 5-16 所示，这种分油机不设重力环，在分油机工作时，分离筒后排水管路上安装的排水阀是关闭的，分离出的水在水空间集聚。在分油机净油出口处装设水浓度监测器，连续检测净油中水的含量，检测值被送到控制器中。随着被分离油中水分的不断被分离并聚集在分离筒外围，油水分离界面逐渐向中心移动，当油水分离界面到达分离盘组边缘后，少量的水珠会随净油排出。水浓度监测器检测净油中水分浓度的变化，当水传感器检测到净油中水含量变化超过设定值时，由控制器发信号到排水阀，在不停止分油机分油的情况下，短时间打开排水阀，执行排水操作，排出分离筒内部的水分。分油机中被分离并聚集在分离筒外围的水分，在排渣期间，随着分油机的排渣操作与杂质一同经排渣口被排出分离筒。S 分油机进出油管结构由原来的双向心泵（下部为净油排出，上部将分离出的水排出），改为下部有一个具有向心功能的固定不动的向心泵 12，它能把分离出来的净油从净油出口 2 排出。上部使用向心管 4 能把分离出来的水从出水口 3 排出。向心管是活动的，在支撑臂及弹簧的作用下将其向外张开，使其保持与水腔内的水界面接触，需要时可把水腔内的水向外泵出。实际上不管是向心泵还是向心管，都是把高速旋转的液体流动能转变成位能（压力能），这种改进使能耗降至最低。

待分油从进口 1 连续进分油机，经旋转分离叠片组外边缘上的垂直缺口进入分离叠片组，油经分离叠片之间形成的通道上升，油在上升的过程中继续被分离，水分和杂质被离心力甩向分叠片的外侧，净油被推向分离叠片的内侧，当净油向内离开分离叠片后，流过分配器油孔进入油腔，通过向心泵 12 扩压，油被泵出油腔。

S 分油机分离筒在结构上也有较大的改变,操作滑环 10 取消了托顶弹簧,活动排渣底盘 9 不再利用上下运动使分离筒封闭,而是靠活动排渣底盘 9 下部的工作水形成的压力使活动排渣底盘 9 下部平面部分向上变形,使活动排渣底盘 9 外边缘向上移动并与分离筒盖上的密封环 8 紧密接合,从而使分离筒的排渣口 X 密封。分离筒盖的锁紧由以前的锁紧螺母改为锁紧环。

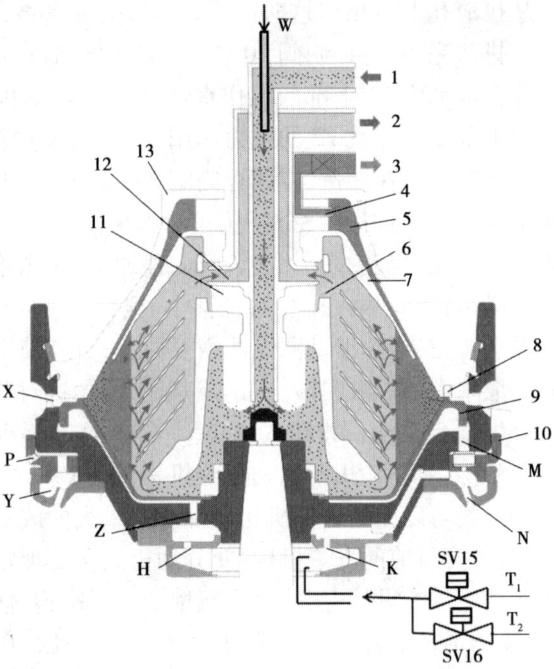


1—待分油进口;2—净油出口;3—出水口;4—向心管;
5—水腔;6—分配器孔;7—顶盘;
8—密封环;9—活动排渣底盘:10—操作滑环;
11—分离油腔;12—向心泵;13—分离筒盖

**图 5-16　S 分油机结构**

在正常分油期间,为了补偿工作水由于蒸发和泄漏造成的缺失,由电磁阀 SV16 断续通电控制管路 $T_2$ 断续供应流量很小的补偿水,使工作水面维持在 Z 孔附近(少量多余的工作水会经喷嘴 P 泄出)。在此期间电磁阀 SV15 断电使管路 $T_1$ 断水。当需要排渣时,电磁阀 SV16 断电,$T_2$ 停止供水,电磁阀 SV15 通电一段标定的时间(对不同的机型时间不同)后断电,使管路 $T_1$ 供应标定时间的流量较大的水(俗称的排渣水)。供水期间,配水盘中的工作水环内边缘面向里移动,经 K 孔进入开启室 Y,在 Y 室充满水后(由于进水量较大而喷嘴 P 来不及泄放),水压分别作用到操作滑环 10 上下两个不同的面积上,由于上边的面积大于下边的面积,因此水压会对操作滑环 10 产生一个向下的作用力,迫使活动圈 10 向下移动,打开泄水孔 M,活动排渣底盘 9 下面的工作水通过泄水孔 M 经喷嘴 P 和泄水孔 N 泄出。工作水作用在活动排渣底盘 9 下面的压力会由大变小直至消失。由于活动排渣底盘 9 下部的平面部分是由具有记忆功能的特殊材料制成的,这时恢复常态使外边缘向下移动,打开排渣口 X 进行排渣。$T_1$ 停止供水后,操作滑环 10 上面的水会很快泄完,其对操作滑环 10 向下的作用力逐渐减小直至消失。而作用到操作滑环 10 的下面,孔 N 径向以外的水泄不掉,仍留在开启室 Y,而且会对操作滑环 10 产生一个向上的推力,使操作滑环 10 上移,从而封闭泄水孔 M。然后电磁阀 SV16 通电使管路 $T_2$ 进工作水,水经 H 和 Z 孔进入活动排渣底盘 9 下部,工作水形成的压力使活动排渣底盘 9 外边缘变形上移,活动排渣底盘 9 与分离筒上盖上的密封环 8 再次紧密结合封住排渣口 X。管路 $T_2$ 连续进水一段标定的时间后,电磁阀 SV16 断续通电使管路 T2 恢复断续供水,分油机进入下一个工作循环,进水封水,进油分离。

**(三)部分排渣式分油机**

这种分油机排渣口的开启时间很短,通过排渣口排掉的仅是分离筒总容量的一部分,并且排渣期间分油机不停止分油操作,因此叫部分排渣分油机。排渣量的多少取决于排渣口开启时间的长短,而开启时间是可调整的。

下面以 α－LAVAL WHPX 型自动排渣分油机为例加以说明。图 5-12(a)给出了其主要结构。分油机机体下部安装着分离筒的传动机构。分离筒由马达 A 经摩擦离合器 E、蜗轮机构 D 驱动,以较高速度旋转。

图 5-17 所示为该分油机分离筒和自动排渣系统。这种分油机由分水机改为分杂机只须将重力环改为分杂盘即可。分离筒本体 J 和筒盖 F 用大锁紧环紧压在一起。筒内安装配油器 D、配油锥体 VV 和分离盘组 G,待分油流过配油器、配油锥体后,在分离盘组内进行分离。分离盘最上端为顶盘 E,其颈部与液位环 C 形成油腔 aa,向心油泵 U 将油腔中的净油泵出分离筒。分出的水沿分离盘组的外缘上升,经顶盘流至油腔上部的水腔 a 并溢过重力环 AA 由向心水泵 T 泵出。分出的渣朝筒内四周运动,汇集在分离盘组外缘的渣空间 ii,通过排渣口 I 定时排出。重力环或分杂盘被小锁紧圈 B 固定在分离筒盖上,此锁紧圈也构成小腔的上盖。其自动排渣系统主要由活动底盘 K、滑动圈 L,配水盘 Z 及工作水系统等组成。

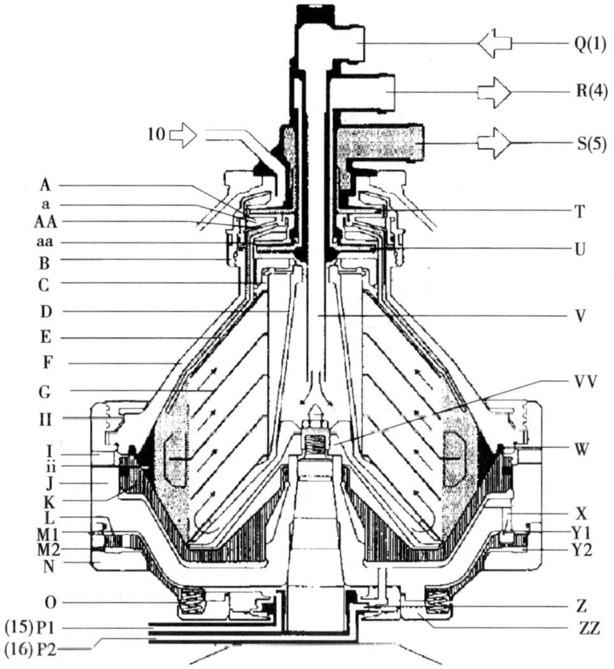


A—带翅套筒;a—水腔;AA—重力环或分杂盘;aa—油腔;B—小锁紧圈(带油腔盖);
C—液位环;D—配油器;E—顶盘;F—筒盖;G—分离盘组;H—大锁紧圈;I—排渣口;ii—渣空间;J 分离筒本体;
K—活动底盘;L—滑动圈;M1、M2—外泄孔;N—定量环;O—弹簧;P1—开启工作水进口;P2—密封和补偿水进口;
Q—进油口;R—净油出口;S—出水口;T—向心水泵;U—向心油泵;V—进口管;VV—配油锥体;W—筒盖密封环;
X—泄水阀;Y1—开启水腔;Y2—密封水腔;Z—配水盘;ZZ—弹簧座;10—水封水/置换水进口

**图 5-17 分离筒和自动排渣系统**

该分油机的工作过程可以自动控制,也可以手动控制,具体叙述如下:

(1)当要进行分油作业时,起动分油机,待达到额定转速(此时分油机启动控制箱上的电流表由较高的启动电流下降为一个稳定的额定工作电流)后,水阀 16 打开,密封和补偿水进口 P2 进水,密封水经配水盘进入活动底盘下部的密封水腔 Y2。由于此时在弹簧 O 的作用下,滑动圈将泄水阀 X 关闭,密封水腔形成密封状态。在分离筒高速运转的情况下,活动底盘下方的压力大于上方的压力，从而使活动底盘紧压在分离筒盖上，使其保持密封，以进行分油作业。

(2)分离筒密封好后，便可开启进水口 10 进水封水(若分杂可免此项作业)。待分离筒水封好后(一般以出水口 5 有少量水流出为准)，便可进油，进行正常分油作业。若在分油过程中，密封水有少量泄漏，水阀 16 便打开，从密封和补偿水进口 P2 进水进行补偿。

(3)当要排渣时，进油口 1 停止进油，进水口 10 进置换水，进行分离筒内部冲洗和赶油，以利于排渣和减少排渣时油的损失。然后水阀 15 打开，开启工作水进口 P1 进水，经配水盘进入开启水腔 Y1，直至滑动圈上部开启水压力大于下部弹簧 O 弹力。此时滑动圈向下移动，打开泄水阀 X，使活动底盘下部密封水腔的密封水泄出。活动底盘此时在其上部的压力作用下迅速下落，打开排渣口排渣。

排渣完毕后，若需继续分油作业，可重复上述动作(1)和(2)。若需停机，便可直接停机。

进置换水的目的是避免或减少排渣期间油的损失。在部分排渣期间，分离筒外围空间范围内的杂质、水或油将被排出分离筒，为确保排出物中没有油，应保证分离筒外部有效排渣空间被杂质或水充满。对于燃油分油机，由于其中水分含量较大，一般在排渣前无须注入置换水也可满足其要求；但对于滑油分油机来说，由于其中水分含量一般较低，因此在排渣前，系统将检测水传感器的数值，根据需要而引入适量的置换水，确保在排渣期间不损失润滑油。

在部分排渣期间，活动底盘的开启和密封是相关联的，部分排渣的关键是精确地控制分离筒活动底盘的打开时间。由于在部分排渣期间，分油机没有停止分油工作，如果开启时间过长会导致大量的油损失。一般通过严格控制阀的开启时间和工作水的流量两种方式实现部分排渣控制。

在部分排渣后一般向分离筒内补充一定量的水，以尽快建立起最佳的油水分离界面。

大多数船舶上使用的自动部分排渣分油机的结构和工作过程与上述基本相同，且多与一个控制器联合使用。α - LAVAL FOPX 分油机结构和工作过程略有不同。其以流量控制盘代替分杂盘或重力环，与 EPC - 400 控制单元、水分传感器和排水阀等联合使用。分油机开启，分离筒密封后可直接进油，排渣时也无须停油，所分油的密度最大可达 1 013 $kg/m^3$。

**(四)排渣控制方法**

自动排渣分油机有两种排渣控制方式：定时式自动排渣和触发式自动排渣。

(1)定时式自动排渣是分油机最常用的一种排渣控制方法，尤其在早期的自动排渣分油机中，其排渣方式几乎都是定时控制的。最早的自动排渣分油机都是靠人工实现的，每到排渣时间，由船员到机旁执行排渣操作。实际上，分油机的工作过程是一个时序控制过程，而且是一个有一定周期的循环操作过程。后来，随着控制技术和电子技术的发展，相继出现了由“机械时序控制器”控制的自动排渣分油机和由“电子时序控制器”控制的自动排渣分油机。后一种控制方式的优点是简单实用，可根据不同的油品设定不同的排渣周期。一般来说，滑油分油机的排渣时间间隔较长，燃油分油机的排渣时间间隔较短。

(2)触发式自动排渣分油机是在定时式自动排渣的基础上发展起来的。一般以净油中水含量的变化率为触发对象，当净油中水含量的变化率超过某一设定值时，触发排渣操作。在触发式自动排渣操作中一般需设定两个定时值，分别为最小排渣间隔和最大排渣间隔。触发时如果距上次排渣间隔大于设定的最小排渣间隔，排渣循环将被触发；但如果小于设定的最小排渣间隔,将仅触发排水操作。如果距上次排渣间隔已经超过设定的最大排渣间隔还未触发操作,系统将启动定时排渣程序,执行定时排渣操作。

下面以 FOPX/MFPX 分油机为例说明触发式自动排渣分油机的排渣控制原理。FOPX/MFPX 分油机基本上按分杂机工作,净油从净油出口连续排出,分离出的泥渣和水积聚在分离筒周围油水分离界面接近分离盘外边缘时,一些水滴开始随着净油排出。在净油中,水分的少量增加会被净油出口的水传感器检测到。实际上,净油中水分的增加也标志着分油机对固体杂质分离效率的降低。来自水分传感器的信号连续地传给 EPC－400 控制单元并被比较判断。注意,它只测量出水含量的变化值,而不涉及水含量的绝对值。它测出的是一个非标准参考值的水分传感器信号的偏差,允许偏差范围是触发范围。

当净油中的水分达到触发点时,EPC－400 控制单元将开始排出集聚于 FOPX/MFPX 分油机分离筒中的水,排水有两种情况:①通过分离筒周围的排渣口和泥渣一起排出;②通过排水阀排出。是执行排渣操作还是执行排水操作,还取决于两个设定的时间间隔,即最小排渣间隔和最大排渣间隔。其触发情况如图 5-18 所示,当触发时的时间间隔小于最小排渣间隔时,如图 5-18 中 $A$、$A_1$ 点情况,EPC－400 控制单元发出排水信号到排水阀执行排水操作;当触发的时间间隔大于最小排渣间隔并小于最大排渣时间间隔时,如图 5-18 中 $B$、$A_2$ 点情况,EPC－400控制单元执行触发排渣操作;如果达到了最大排渣时间间隔,但还没有达到触发值,如图 5-18 中 $C$ 点情况,EPC－400控制单元将执行定时排渣操作。

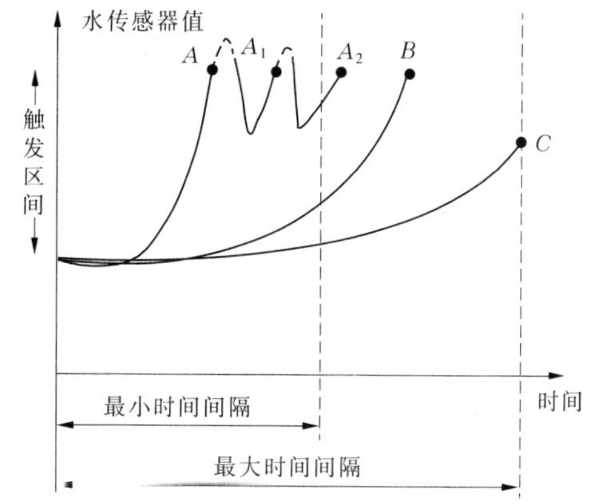


**图 5-18 排渣触发操作**

而 ALFA－LAVAL S 系列分油机在净油出口所接的管路上装手动背压调节阀和一台 MT50 型水分传感器,它能精确地检测净油中的含水量。当分离出来的水很少时,其油水分界面在分离盘外侧较远处,这时装在排水出水口管路上的排水电磁阀关闭,封住排水出水口不向外排水。从净油出口排出的净油中基本不含水分或含水量极少。随着分离过程的进行,油水分界面不断向里移动,水分传感器会感受到净油中含水量的增大,当油水分界面移动到接近分离盘外边缘时,净油中的含水量会增加到一个触发值。这个触发值将被送到 EPC－50 型监控装置,由该装置决定是打开排水电磁阀向外排水,还是打开排渣口 X 进行一次排渣。如打开排水电磁阀排水,油水分界面会迅速外移,净油中含水量也会迅速减少,当降低到一定值时停止排水。

当待分油中含水量极少时,从上次排渣算起,又已达到最大排渣间隔时间,而油水分界面仍离分离盘外侧较远,此时尽管净油中基本不含水分,但 EPC－50 型控制装置也要进行一次排渣操作。为减少排渣时油的损失,首先停止向分油机供待分油,在排渣前要从水管的 W 口供置换水,关闭出油阀,油水分界面会向里移动,为了使更多的油在排渣前从分油机内被赶出,减少油的损失,当出油口压力传感器检测到的压力达到 0.02 MPa 时,打开出油阀。当置换水供给到量时(置换水的体积是根据分油机首次起动时对水流量标定后自动设定的),打开排渣口进行排渣。

## 三、使用和维护管理要点

### (一) 加热温度和分油量的确定

燃油或滑油在分离前，要经分油机加热器进行加热，降低黏度，扩大杂质、水与油的密度差，以提高分离效果。油温不能太高，以免水分蒸发，破坏油水分界面，造成跑油。加热温度取决于油的品质和水的沸点。分油机的分油量越小，分离效果越好。但对于燃油而言，分油量必须满足主机的耗油量。对于采用循环分离的滑油而言，分油量越小，循环分离的次数就越少。因此，不能追求过小的分油量。一般来说，油的黏度大时，质量较差，加热温度应适当增高，分油量也应酌情减少。表 5-2 给出了不同油料加热温度范围和建议的最大分油量占额定分油量的百分数，以供参考。

表 5-2　不同油料加热温度范围及最大分油量

| 品种 | | | 黏度($mm^2/s$)(≤13,40 ℃;≥30,50 ℃) | 加热温度(℃) | 建议的最大分油量标定分油量(%) |
|---|---|---|---|---|---|
| 柴油机用燃油 | | | 1.5～5.5 | 20～40 | 78 |
| | | | 13 | 40 | 70 |
| | | | 30 | 70～98 | 62 |
| | | | 40 | 80～98 | 62 |
| | | | 60 | 80～98 | 47 |
| | | | 100 | 90～98 | 45 |
| | | | 180 | 90～98 | 31 |
| | | | 380 | 98 | 26 |
| | | | 460 | 98 | 22 |
| | | | 600 | 98 | 18 |
| | | | 700 | 98 | 16 |
| 润滑油 | 十字头式 | 抗氧防锈添加剂 | | 80～90 | 35 |
| | | 清净剂 | | 80～90 | 30 |
| | 筒式 | 清净剂 | | 80～90 | 21 |

### (二) 选择最佳的工作方式

分油机在船上工作时，工作方式有三种：单机工作，即用一台分油机处理全部流量。并联工作，即两台分油机并联工作，各处理总流量的 50%。串联工作，即两台分油机串联，前一台为分水机，后一台为分杂机，每台都要处理全部流量。串联工作方式效果最好，即使分水机油水分界面太靠内，分离效果差些，因后面还有分杂机，仍能保持较好的分离效果。

### (三)操作要点

目前,全自动分油机在船舶上得到了越来越广泛的应用。现以 ALFA - LAVAL S 系列分油机为例来说明全自动分油机分油作业时的操作管理要点。这种分油机除配有一个 EPC50 控制单元、一些控制和检测辅助元件,还配有供油泵和加热器等辅助设备,它们共同构成一个分油机的工作系统,如图 5-19 所示。

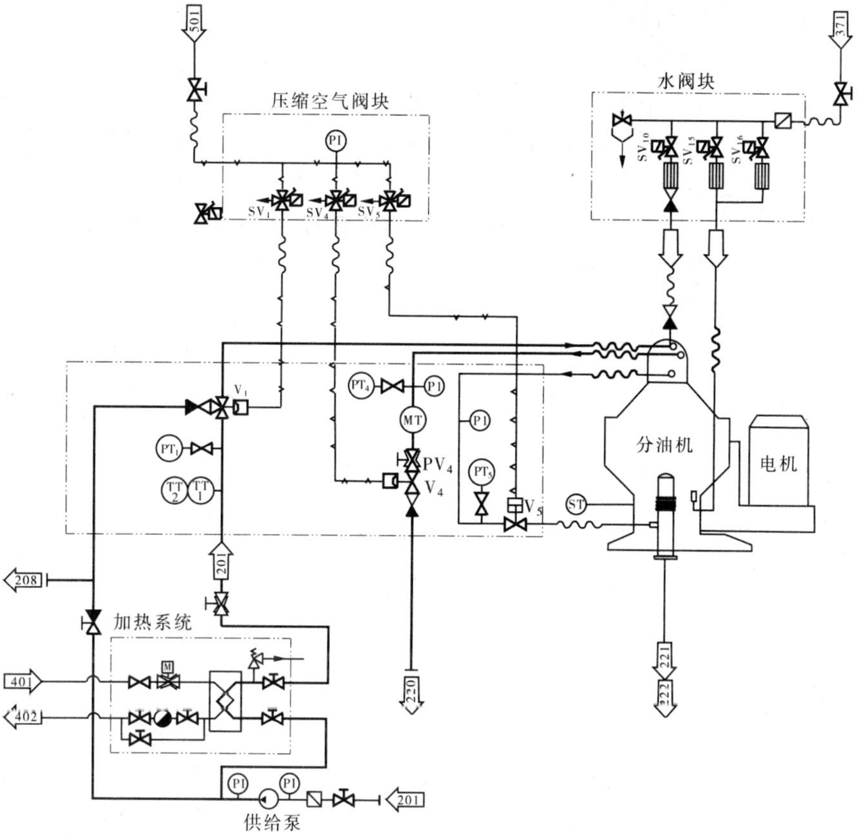


201—燃油进口;208—回油口;220—净油出口;221,222—排渣(水)口;401—蒸汽进口;402—凝水出口;371—淡水进口;501—压缩空气进口;PI—压力表;PT—压力传感器;TT—温度传感器;MT—水浓度监测器;ST—转速传感器;SV—电磁阀

**图 5-19　ALFA - LAVAL S 系列分油机工作系统**

该系统由压缩空气阀块、水阀块、燃油供应和加热系统、分油机组成。压缩空气阀块由控制空气瓶经 501 供给压缩空气,根据控制单元 EPC50 的信号控制电磁阀 $SV_1$、$SV_4$、$SV_5$的启闭,继而控制气动阀 $V_1$、$V_4$、$V_5$的状态。淡水压力柜的淡水经 371 供入水阀块,根据电磁阀 $SV_{10}$、$SV_{15}$、$SV_{16}$的启闭控制分油机的水封水、开启水和关闭水。燃油经供给泵首先送至加热系统被加热到 98 ℃,然后进入气动三通阀 $V_1$,在起动或排渣期间,三通阀 $V_1$控制燃油经回油口 208 返回沉淀柜。若工作条件满足,三通阀 $V_1$控制燃油进入分油机。分油机排出的净油经水浓度监测器 MT、背压阀 $PV_4$后,由电磁阀 $SV_4$控制的气动阀 $V_4$控制净油经出口 220 供往日用柜。若水浓度高,则由电磁阀 $SV_5$控制的气动排水阀 $V_5$开启进行排水。油渣经接口 221、222 以定时的方式排往油渣柜。

## 四、分油机常见故障

### (一)分离筒达不到规定转速

(1)制动器未松开;

(2)摩擦离合器内混入油脂,摩擦片打滑或损坏;

(3)电动机或电气设备故障。

### (二)不能进油或分油过程断油

分油机供油泵一般为齿轮泵,它不能供油的原因通常有以下几类。第一类是由于泵或管路的问题不能产生足够低的吸入压力,原因是:①油泵传动齿轮锥销折断;②泵严重磨损,间隙太大;③泵转速太低;④吸入管漏气;⑤油柜用空。

第二类原因是泵吸入压力过低。属于这类的原因有:①油柜油位太低;②供油泵前滤器堵塞或管路不通;③油温太低、黏度太大。

### (三)出水口跑油

第一类情况是水封未能建立或受到破坏:①起动时水封水未加或加得太少;②进油阀开得太猛,水封被破坏;③油温太高,水封水被蒸发,水封被破坏;④转速不足,造成水封压力不够;⑤分离盘片间脏堵。

第二类情况是油水分界面外移至分离盘外。属于这类原因的有:①重力环内径过大;②油未加热至要求值,密度大。

### (四)排渣口跑油

这是由于排渣口未能封闭。排渣口跑油的原因有以下几类:

第一类是滑动圈不能上移堵死密封水腔泄水口。原因是:①分离筒上小孔堵塞,不能泄水;②滑动圈下方弹簧失效;③滑动圈上方塑料堵头失严。

第二类是活动底盘下部缺密封水。原因可能是:①高置水箱无水;②工作水系统管道或控制阀堵塞或严重泄漏;③活动底盘周向密封圈失效泄漏。

第三类是活动底盘与分离筒盖不能贴紧。原因是:①活动底盘上端面主密封环失效;②传动齿轮和轴承过度磨损,使立轴下沉。

### (五)不能排渣

这是由于缺少压下滑动圈的开启工作水,原因可能是:①高置水箱无水;②工作水系统管道或控制阀堵塞或严重泄漏;③有关工作水孔脏堵不通;④滑动圈周面密封圈失效。

### (六)出现异常振动或噪声

问题主要可能是:①分离筒安装不正确、紧固件松动或与机盖、配水盘擦碰;②传动机械因缺油或油质差而损坏;③轴承过度磨损而立轴下沉;④供油泵卡阻或损坏;⑤摩擦离合器损坏或过度磨损,质量不均匀;⑥排渣不净,分离筒内积渣不均。

# 第四节　冷却系统

在柴油机中燃油燃烧放出的热量中的 30% ~33% 要经过汽缸、汽缸盖和活塞等部件散向外界。为了能散出这些热量,需要有足够数量的冷却介质强制连续流经受热件,通过冷却保证这些受热部件的正常稳定温度。因而,在多数柴油机中均设置冷却系统,保证足够而连续的冷却介质流量以及适当的冷却介质温度。从能量利用观点来看,柴油机的冷却是一项应予避免的能量损失,但从保证柴油机正常工作的角度考虑它又是必需的。

柴油机的冷却有以下作用:首先,冷却可以保持受热件的工作温度不超过材料所允许的限值,从而可保证在高温状态下受热部件的足够强度;其次,冷却可以保证受热件内外壁面适当的温差,减少受热件的热应力。此外,冷却还可以保证运动部件如活塞与缸套的适当间隙、缸壁工作面滑油膜的正常工作状态。冷却的这些作用通过冷却系统来实现。在管理中应兼顾柴油机冷却的两方面要求,既不使柴油机因过分冷却而过冷,也不使柴油机因缺乏冷却而过热。近代,从尽量减少冷却损失以充分利用燃烧能量出发,国内外正在进行绝热发动机的研究,相应发展了一批耐高温的材料,如陶瓷材料等。

目前,柴油机的冷却方式分为强制液体冷却和风冷两种。绝大多数柴油机使用前者。

## 一、冷却介质、冷却系统的组成和设备

在柴油机强制液体冷却系统中的冷却剂通常有淡水、海水、滑油等三种。淡水的水质稳定,传热效果好,并可采用水处理解决其腐蚀和结垢的缺陷,因而它是目前使用广泛的一种理想冷却介质。柴油机对淡水水质的要求一般为不含杂质的淡水或蒸馏水。若为淡水要求其总硬度不超过10(德国度)、pH 值为6.5~8、氯化物含量不超过$50\times10^{-6}$。当使用蒸馏水或离子交换器产生的完全脱离子水作为冷却淡水时,必须特别注意对淡水进行水处理,并定期化验,确保水处理剂的浓度达到规定范围;否则由浓度不够而产生的腐蚀比使用一般硬水还严重(因无一般硬水所形成的石灰薄膜沉淀物保护)。海水的水质难以控制,且其腐蚀和结垢问题比较突出,为减少腐蚀和结垢,应限制海水的出口温度不超过45 ℃,因而目前很少使用海水直接对柴油机进行冷却。滑油的比热小,传热效果较差,高温状态下易在冷却腔内产生结焦,但它不存在因泄漏而污染曲轴箱油的危险,因而适于作为活塞的冷却介质。

一般柴油机冷却系统是用淡水强制冷却柴油机,然后用海水强制冷却淡水和其他载热流体(如滑油、增压空气等)。在系统布置上,前者属闭式循环,后者属开式系统。两者组成的冷却系统称闭式冷却系统。

### (一)闭式淡水冷却系统

由于受热件工作条件不同,所要求的冷却液温度、压力和基本组成也各不相同,因而各受热件的冷却系统通常由几个单独的系统组成。一般分为缸套和汽缸盖、活塞、喷油器三个闭式淡水冷却系统。

在缸套和汽缸盖水冷却系统中,淡水流动路线可以有两种方案:

(1)主机:

(→ 膨胀水箱<br>
→淡水冷却器)→淡水泵→主机

(2)主机:

(→ 膨胀水箱<br>
↓<br>
→ 淡水泵)→淡水冷却器 →主机

两者的区别在于淡水泵供应的淡水在方案(1)中先进主机,然后去淡水冷却器;而在方案(2)中则先去淡水冷却器,然后去主机。一般来说,淡水泵供应的淡水应先进主机,这可

以防止缸套穴蚀和冷却水的汽化,但由于目前冷却水压力较高,两者实际区别不大。

图 5-20 为 MAN B&W MC 系列柴油机缸套冷却水系统。缸套冷却水泵出口的淡水由缸套水进口总管进入各缸套下部,沿缸套→汽缸盖→增压器路线进行冷却。各缸出水管汇总后,一路经造水机和淡水冷却器冷却,重新进入缸套冷却水泵进口;另一路进入淡水膨胀水箱。在淡水膨胀水箱和缸套冷却水泵之间设有平衡管,用于给系统补水并保持淡水泵吸入压头。

系统中有温度传感器检测冷却水出口温度的变化,并通过热力控制阀控制其进口温度。

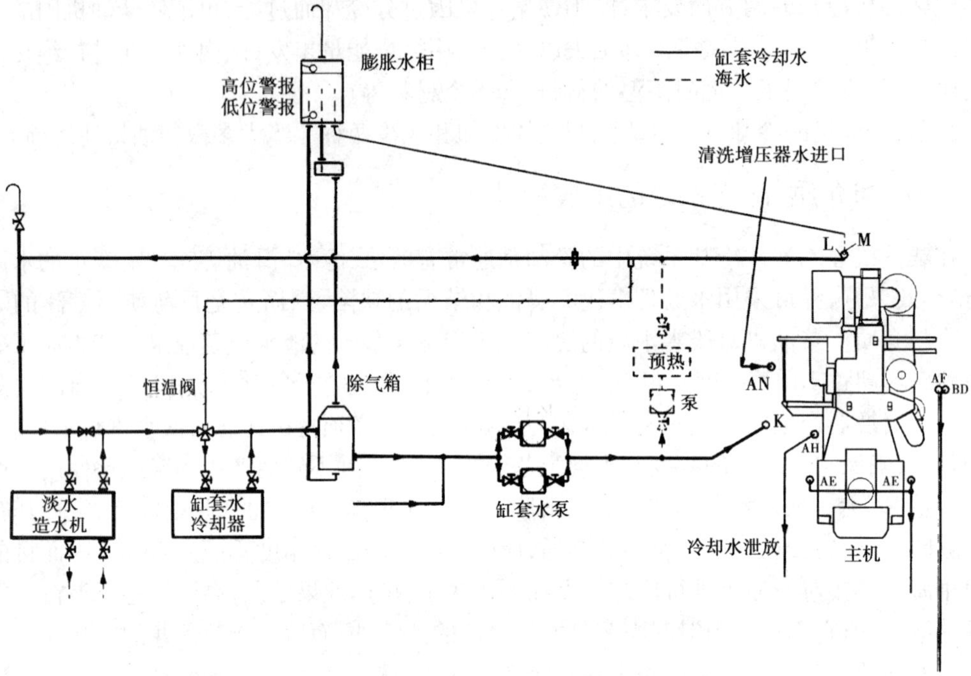


图 5-20 MAN B&W MC 系列柴油机缸套冷却水系统

通常,缸套冷却水泵设有两台,皆为离心泵。

缸套冷却水系统中均设高置膨胀水箱。其作用有:①膨胀,使系统中的淡水受热后有膨胀的余地;②补水,补充系统中因蒸发和泄漏而损失的水量并保证淡水泵有足够的吸入压头;排放系统中的空气;③投药,可在此投放化学药剂以对冷却水进行化学处理;④加热,可对冷却水加热以暖缸(如在其中设置加热装置)。老式的喷油器冷却系统的组成和原理与缸套冷却系统基本相同,冷却剂可用淡水或柴油。目前,大中型柴油机普遍采用燃油经喷油器循环的措施,利用燃油冷却喷油器,不设专门的冷却系统。

**(二)开式海水冷却系统**

开式海水冷却系统是用海水作为冷却剂冷却淡水、滑油、增压空气和空气压缩机等。系统的基本组成是海底阀和大排量海水泵,其系统如图 5-21 所示,使用过的海水排至舷外。在系统中装设感温元件 6 和温度调节阀 11,使部分使用过的海水回流至海水泵进口,保证进冷却器的海水温度不低于 25 ℃。

一般设两个以上海底阀,分高位和低位,分设在船舶的两侧舷旁。高位海底阀(门)位于空载水线下约 300 mm 处,低位海底阀(门)设在舱底(靠双层底附近)。船舶进港后,由于水面下泥沙污物较多,多用高位海底阀。而在海上航行时,为防止因风浪造成空吸,多使用低位海底阀。当船舶在码头停靠时,一般停止使用紧靠码头一侧的海底阀,而改用外侧海底阀,以防污物阻塞。

海水泵一般设两台,一台备用。有些船上把备用泵兼作备用淡水泵。海水泵排量很大,通常在吸入管接一应急舱底吸口,以备机舱进水时应急排水之用。海水泵一般均采用大排量离心泵。

通常,船舶上的柴油副机有自行独立的淡水冷却系统。

**(三)中央冷却系统**

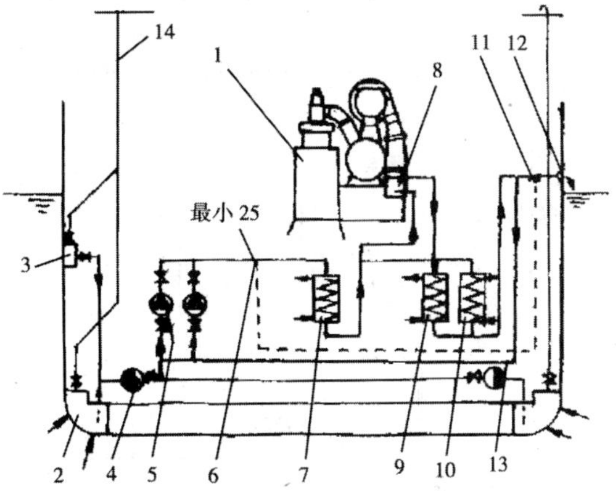


1—主机;2—低位海底阀;3—高位海底阀;4—海水滤器;5—海水泵;6—感温元件;7—滑油冷却器;8—增压空气冷却器;9—活塞水冷却器;10—缸套水冷却器;11—温度调节阀;12—出海阀;13—温海水回行管;14—通气管

**图 5-21　开式海水冷却系统**

从 20 世纪 70 年代初期开始,出现了一种新型的柴油机冷却系统,即近代的中央冷却系统。这种冷却系统的基本特点是使用不同工作温度的两个单独的淡水循环系统:高温淡水(80 ~ 85 ℃)和低温淡水(30 ~ 40 ℃)闭式系统。前者用于冷却主机,后者用于冷却高温淡水和各种冷却器。受热后的低温淡水在一个中央冷却器中由开式海水系统进行冷却。由此,可保证只使用一个用海水作为冷却液的冷却器。图 5-22 所示为 Sulzer RTA－T 系列柴油机中央冷却系统。主机缸套冷却水为高温淡水循环系统,发电副机缸套水为低温淡水系统。低温淡水由中央冷却水泵泵出,分别冷却主机空气冷却器、各台发电柴油机及其他冷却器的低温循环,并且部分低温淡水通过混水阀进入高温淡水系统以调节高温淡水系统和温度。高温淡水系统的高温循环主要用来冷却主机缸套水和空冷器。在港泊期间,发电副机缸套冷却水可用来给主机暖机。受热后的低温淡水可在中央冷却器中由主海水泵泵出的海水进行冷却。由此,简化了船舶海水管系,使海水管系最短。此外,在系统中还有多个温度传感器以及相应的热力控制阀,可根据水温的变化调节旁通水量大小。

中央冷却系统较前述传统的冷却水系统有以下明显优点:

(1)将海水管系及中央冷却器的维修工作减少至最低限度。

(2)汽缸冷却水温度稳定,不受工况变化的影响,因而使柴油机始终在最佳冷却状态下运转。

(3)淡水循环可多年保持清洁,维修工作量极少。

中央冷却系统同时也存在以下缺点:增加了中央冷却器及其附助设备与管系,因而投资费用较高;由于附加管系的阻力损失,泵送功耗也有所增加。

在近代建造的现代化船舶中,采用中央冷却系统的较多。

## 二、冷却系统的维护管理

首先,调整冷却系统的工作参数,并确保正常:

(1)淡水泵出口压力应调整在正常工作范围。通常淡水压力应高于海水压力,防止冷却器泄漏时海水漏入淡水中,引起其变质。

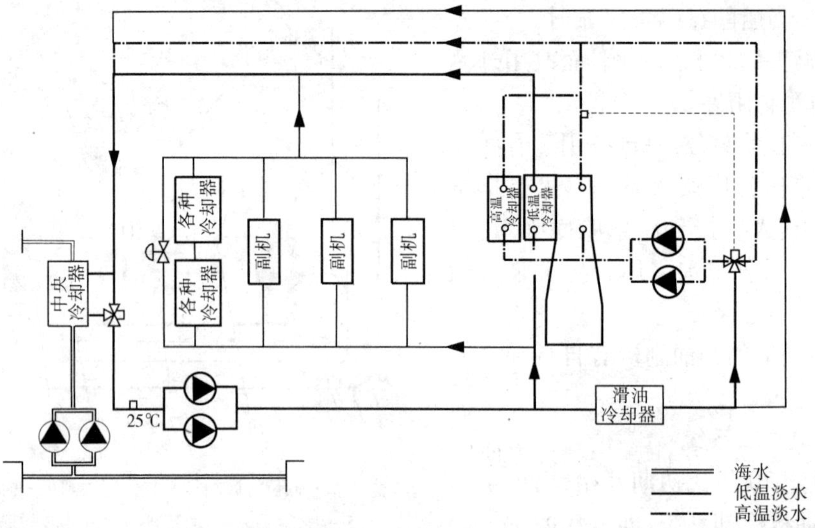


**图 5-22　Sulzer RTA－T 系列柴油机中央冷却系统**

(2)淡水温度应根据说明书的规定调整至正常工作范围。不要使淡水出口温度过低(造成热损失增加、热应力增大、低温腐蚀)或过高(使缸壁滑油膜蒸发、缸壁磨损加剧、冷却腔内发生汽化、缸套密封圈迅速老化)。对于中高速柴油机,一般出口温度可控制在 70～80 ℃(不烧含硫重油时),低速机可控制在 60～70 ℃;进出口温差不大于 12 ℃。一般淡水出口温度以接近允许上限为宜。

(3)海水出口温度不应超过 50 ℃,以免盐分析出而沉积成垢,影响传热。

(4)在运转中,调节淡水温度可以利用海水管路上的旁通阀来调节进入淡水冷却器的海水量,或者利用淡水管路上的旁通阀来调节进入淡水冷却器的淡水量或调节海水温度。现代新建的船舶多装设淡水和滑油温度自动调节装置,它们的调节阀多装在淡水和滑油的管路中,以控制进入冷却器的淡水量和滑油量。

(5)检查各缸冷却水的流动情况,如需调整冷却水流量,应调整淡水泵的出口阀,同时注意调节速度应尽量缓慢。淡水泵的进口阀应始终处于全开位置。

(6)当发现汽缸冷却水压力波动而调节无效时,通常是系统中有气体存在造成的,应尽快查明原因并消除。

其次,定期检查膨胀水箱和淡水循环柜的水位变化。如水位降低过快,应迅速查明原因,加以排除。

在备车时应开动淡水泵进行冷却系统驱气,一般使淡水在系统内循环 15～30 min。在需要时,还应同时进行暖缸,使水温达到 45 ℃左右。暖缸有利于缸内发火,易于起动,还可使滑油均匀布散,防止缸套严重磨损,并可降低缸壁的热应力。

在进出港机动操纵时,要控制海水系统保证淡水温度不产生过大的波动,应提前关掉海水泵或控制器流量。停车后,应让冷却水继续在系统内循环 20～30 min,使汽缸温度逐渐下降,既可防止缸壁表面的滑油膜蒸发或结炭,又可减小热应力。

同时,注意检查海水滤器和海水阀是否被杂物堵塞。在寒冷地区航行时,应加强对海水管系的管理,防止海底阀被冰块卡死,并应保证海水进入冷却器的温度(25 ℃)。

应定期(最好每周一次)检查冷却水质量,检测水处理添加剂(如缓蚀剂)的浓度应在其说明书规定范围内，pH 值在 20 ℃时应为 7～10，氯化物浓度不大于 50 mg/L。通过这些指标的变化可大致判断冷却系统的工作状态。如若氯化物浓度增加，则表示有海水漏入；若 pH 值降低，说明有排气漏入。

## 三、冷却水添加剂及水处理

闭式和中央冷却系统中，虽然都采用淡水作为冷却介质，但自然界中没有纯净的水，仍需对系统中的淡水进行处理，以防在冷却腔中结垢和造成腐蚀。

船舶上处理冷却水的方法主要是加入无机缓蚀剂。此类化学药品大致分为阳极缓蚀剂与阴极缓蚀剂两种。前者可在阳极金属上形成保护层，防止阳离子进入水中，如碳酸盐、磷酸盐、亚硝酸盐等。但浓度必须足够，否则未形成保护层的局部将产生严重腐蚀。后者可在阴极金属上形成保护层，如重碳酸钙等。目前多使用以亚硝酸盐与硼酸盐为主的水处理剂。其价格便宜，保护效果好，投药量低（$<0.5\%$）。如浓度不当，其危害不突出，且不会伤及皮肤。其缺点是对锌及镀锌管有腐蚀作用，在船上必须定期化验其浓度变化，另外亚硝酸盐有一定毒性。

无机缓蚀剂（防锈剂）的种类很多，但目前国内外所使用的种类均以亚硝酸盐和硼酸盐为主要成分，前者具有很好的防垢和防锈双重作用；后者为碱性物质，可提高冷却水的 pH 值，有利于保护膜形成。只要按使用说明去应用，都能取得良好效果。

下面以远洋船上常用的 UNITER 公司生产的船用冷却水处理剂 Diesel guard（原名 PEROLIN Formet326）为例加以说明。

这种冷却水处理剂为干燥灰白色粉状亚硝酸盐－硼酸盐化合物，能使金属表面形成一层完整的薄膜，不影响传热，能防止电化学腐蚀和穴蚀，抑制水垢生成，对铜、黄铜及非金属（如软管、垫床密封装置）均无损害。加有这种药剂的冷却水可用作造水机的热源，制得的淡水可供饮用。

使用时这种药剂控制的浓度根据亚硝酸盐浓度而定，见表 5-3。对原来积有水垢和沉积物的冷却腔，加药量应加倍（达 $5\ 000\times10^{-6}$），且经常从系统中放水，以排出水垢、铁锈和泥渣，放水量每次 10 L 即可。药剂未加入系统之前，应先按 1 kg 药剂加 6 kg 水的比例把药剂溶解，放掉系统中的部分水后，加入膨胀水柜中。待药剂分散到整个系统后，应立即取水样化验，并根据化验结果对含药浓度进行调节。当达到所需要求以后应每周再化验一次。亚硝酸盐浓度化验是利用 UNITER 公司提供的手提化验箱按说明进行：取经过滤后的水样 5 mL 放入瓶内，再加蒸馏水至 50 mL，加入两片亚硝酸盐 1 号药片，待摇至溶解后再放入一片亚硝酸盐 2 号药片，待溶解后再放入第二片 2 号药片，这样一片片加入直至出现粉红色并保持 1 min 以上。加入的 2 号药片总数乘以 180 即得出亚硝酸盐的浓度值（$10^{-6}$），再和表 5-3 比较，即可决定加药数量。亚硝酸盐的浓度一定要足够，否则金属表面薄膜不能保持完整，反而会加速电化学腐蚀。

我国交通部曾推荐的柴油机水处理的药剂也为亚硝酸钠与四硼酸钠的混合物，其处理与化验步骤可参见有关说明书。

**表 5-3 投药控制表**

<table>
<tr><th rowspan="2">亚硝酸盐值<br>( ×10⁻⁶)</th><th colspan="3">投药量(每吨水投药量)(kg)</th></tr>
<tr><th>蒸馏水</th><th>自来水</th><th>有海水污染</th></tr>
<tr><td>200</td><td>2</td><td>5</td><td>6.5</td></tr>
<tr><td>400</td><td>1.5</td><td>4.5</td><td>6.0</td></tr>
<tr><td>600<br>800</td><td>1.0</td><td>4.0</td><td>5.5<br>5.0</td></tr>
<tr><td>1 000</td><td>0.4</td><td>3.5</td><td rowspan="2">4.5</td></tr>
<tr><td>1 200</td><td rowspan="9">控制范围</td><td>3.0</td></tr>
<tr><td>1 400</td><td>2.5</td><td>4.0</td></tr>
<tr><td>1 600</td><td rowspan="2">2.0</td><td>3.5</td></tr>
<tr><td>1 800</td><td rowspan="2">3.0</td></tr>
<tr><td>2 000</td><td>1.5</td></tr>
<tr><td>2 200</td><td>1.0</td><td>2.5</td></tr>
<tr><td>2 400</td><td rowspan="6">控制范围</td><td>2.0</td></tr>
<tr><td>2 600</td><td>1.3</td></tr>
<tr><td>2 800</td><td rowspan="2">1.0</td></tr>
<tr><td>3 000</td><td rowspan="6"></td></tr>
<tr><td>3 200</td><td>0.5</td></tr>
<tr><td>3 400</td><td rowspan="4"></td><td rowspan="4">控制范围</td></tr>
<tr><td>3 600</td></tr>
<tr><td>3 800</td></tr>
<tr><td>4 000</td></tr>
<tr><td>初次投药量</td><td>24</td><td></td><td></td></tr>
</table>

# 第五节 起动系统

## 一、概述

静止的柴油机必须借助外力的作用,使柴油机获得第一个工作行程的条件,即柴油机在外力作用下进行进气、压缩、喷油,直至燃油燃烧膨胀推动活塞并通过曲柄连杆机构使柴油机自行运转。这一过程称为柴油起动。为了保证柴油机的起动,驱动柴油机的外力(矩)必须在克服阻力(矩)的条件下,使柴油机达到一定的转速。柴油机转速过低时,压缩过程进程缓慢,气体对汽缸壁散热较多和气体通过活塞环的泄漏亦较多,致使柴油机压缩终点温度较低，达不到燃油自燃发火的要求，柴油机也不可能转动起来。通常称柴油起动所要求的最低转速为起动转速。

起动转速的大小与柴油机的类型、柴油机的技术状态、燃油品质、环境条件等有关。起动转速是鉴别柴油机起动性能的重要标志。起动转速的范围是：高速柴油机 80 ~ 150 r/min；中速柴油机 60 ~ 70 r/min；低速柴油机 10 ~ 30 r/min。

根据所采用外来能源的形式，柴油机的起动方式可分为：

(1)借助于加在曲轴上的外力矩使曲轴转动起来，如人力手摇起动、电动起动及气动马达或液压马达起动等。

(2)借助于加在活塞上的外力推动活塞运动使曲轴转动起来，如压缩空气起动。

小型柴油机如救生艇发动机、驱动应急消防泵和应急空压机的柴油机，通常用电力和手摇起动，也有用压缩空气起动的。船舶主、副机几乎全用压缩空气起动。

柴油机的起动性能除了与柴油构造特点和工作条件有关外，也与起动装置有关。柴油机起动装置应能保证柴油机迅速可靠地起动，使消耗的能量尽可能少，易于实现机舱自动化和遥控。对于船舶主机，还要求当曲轴处于任何位置和机舱温度低至 5 ~ 8℃时，不需暖机就能迅速可靠地起动。

## 二、压缩空气起动装置的组成和工作原理

压缩空气起动就是将具有一定压力(2.5 ~ 3.0 MPa)的压缩空气，按柴油机的发火顺序在工作行程时引入汽缸，代替燃气推动活塞，使柴油机达到起动转速，完成自行发火。它的主要优点是起动能量大，起动迅速可靠，在倒顺车运转时还可以利用压缩空气来刹车和帮助操纵；但该装置构造较复杂，重量较重，故不适用于小型高速柴油机。

### (一)起动装置简介

如图 5-23 所示是一种压缩空气起动装置。压缩空气起动装置的主要组成部分包括空气压缩机、空气瓶 6、主起动阀 3、空气分配器 2、起动控制阀 7 和汽缸起动阀 1 等。

起动前，空气压缩机向空气瓶 6 充气达到规定压力(2.5 ~ 3.0 MPa)，空气压缩机的起停由压力继电器自动控制。当空气瓶内压力降至设定的数值时，空气压缩机自动投入工作向空气瓶 6 充气；当空气瓶内压力升至设定数值后，空气压缩机自行停车。

进行起动前的准备工作，打开空气瓶出气阀 5、截止阀 8，使空气瓶中空气自截止阀 8 沿管路通至主起动阀 3 和起动控制阀 7 处等候。

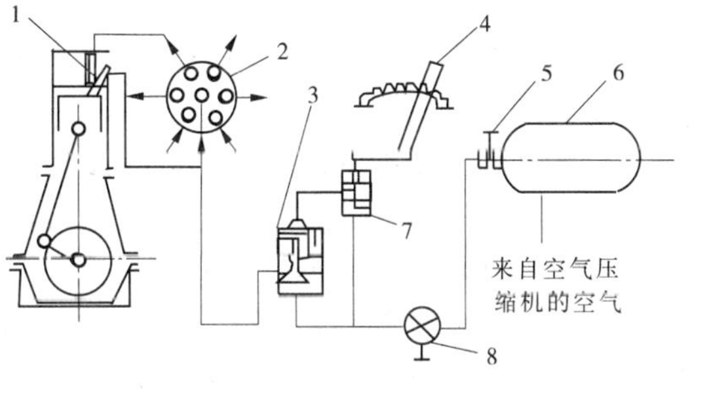


1—汽缸起动阀；2—空气分配器；3—主起动阀；4—操纵手柄；5—出气阀；6—空气瓶；7—起动控制阀；8—截止阀

**图 5-23　压缩空气起动装置**

当接到起动指令时，将起动手柄推到"起动"位置。这时，起动控制阀 7 开启，控制空气进入主起动阀 3 的活塞上面，推动活塞下移，使主起动阀开启。于是，起动空气分成两路：一路经空气总管通至各缸的汽缸起动阀 1 下方空间等候；另一路为控制用的压缩空气，被引至空气分配器，按照柴油机的发火顺序到达相应的汽缸起动阀的上部空间，依次将各缸汽缸起

动阀打开，使等待在此阀前的起动空气进入汽缸，推动活塞运动及驱动曲轴旋转。当柴油机达到起动转速后，随即将燃油手柄推至起动供油位置。待柴油机起动后，立即通过操纵手柄关闭起动控制阀7，切断起动空气。主起动阀3随即关闭，汽缸起动阀上部空间的控制空气也经空气分配器泄放，汽缸起动阀关闭。至此，起动过程结束。然后可逐渐调节供油量，使柴油机在设定的转速下运转。当主机定速航行时，将截止阀8和出气阀5先后关闭。

按照我国《钢质海船入级规范》的要求，用压缩空气起动的主推进柴油机至少应设有两台充气设备，其中一台应由主柴油机以外的动力驱动。这些充气设备的排量，应在1 h内将空气瓶的压力由大气压力升到规定的连续起动所要求的压力。空气压缩机应设有压力表和安全阀，安全阀的开启压力应不大于工作压力的1.1倍。大型低速柴油机的起动空气总管上应装有安全阀，安全阀的开启压力为最高起动压力的1.1倍。在通往柴油机的起动空气管路上应设有截止阀或等效措施，以保证压缩空气管路不受汽缸内爆炸气体的影响。

**（二）保证起动的条件**

为了保证柴油机有效、可靠地起动，必须具备三个条件。

1. 压缩空气应具有一定的压力和一定的储量

在起动空气瓶容量一定的情况下，压缩空气所具有的能量是由其压力决定的。压缩空气必须具有足够的压力才能使柴油机在较短的时间内达到起动转速。柴油机起动的空气压力并不一定需要3.0 MPa，在中、低速柴油机中，此压力一般为1.5～3.0 MPa，新型柴油机起动空气的压力约为1.0 MPa。按规范要求，供主机起动用的空气瓶至少有两个，起动空气压力应保持在2.5～3.0 MPa，空气瓶的容量必须能保证在不补充空气的情况下，冷车、正倒车交替连续起动不少于12次（不可换向主机为6次），保证船舶机动操纵的要求。

2. 要有一定的供气正时并有一定的延续供气时间

因为压缩空气代替燃气膨胀作功，推动活塞驱使曲轴转动，因此必须在活塞处于膨胀冲程且只有在膨胀冲程的某一时刻进入汽缸。这个供气时刻即为起动正时（空气分配器正时），它与柴油机的型号、汽缸数目、标定转速和起动空气压力等因素有关。合适的起动正时应以既最有利于起动又节省空气耗量为主要依据。从理论上讲，船用大型低速二冲程柴油机，空器分配器大约在上止点前5°曲轴转角结束供气，在上止点后100°～120°曲轴转角结束供气，实际上，起动空气进入汽缸的时刻要延后些，这是因为汽缸起动阀不是瞬时开大的，在开启的初期由于开度极小，对空气起到节流作用，压缩空气并未真正进入汽缸，只有汽缸起动阀的开度较大时压缩空气才进入汽缸起动柴油机。汽缸起动阀开启的延续时间因受气口开启时刻的限制，一般不超过120°曲轴转角，在中高速四冲程柴油机中，空气分配器常在上止点前5°～10°曲轴转角供气，这主要是由于转速高的柴油机，汽缸起动阀从充气到开启所占的曲轴转角要比低速机大些。与二冲程柴油机相同，起动阀延续开启的时间因受排气阀开启时刻的限制一般不超过140°曲轴转角。

3. 要保证最少汽缸数

对于船舶主机而言，必须保证曲轴在任何位置时都能起动，即柴油机的曲轴在任何位置时至少有一个汽缸处于起动位置。二冲程柴油机的汽缸数不应少于4个，四冲程柴油机不应少于6个，因为二冲程柴油机起动阀的延开角度不超过120°，故只有当曲柄夹角小于120°时，才能保证各汽缸中必有一个处于起动位置。显然，相邻曲柄夹角小于120°的汽缸数至少为4个，同理，四冲程柴油机应为6个。若汽缸数少于上述数值，则起动前必须盘车，使某缸正好处于膨胀行程开始后的某一时刻。

**(三)汽缸起动阀和空气分配器的结构原理**

在压缩空气起动装置中起关键作用的是汽缸起动阀和空气分配器,图 5-24 所示就是它们的结构原理。

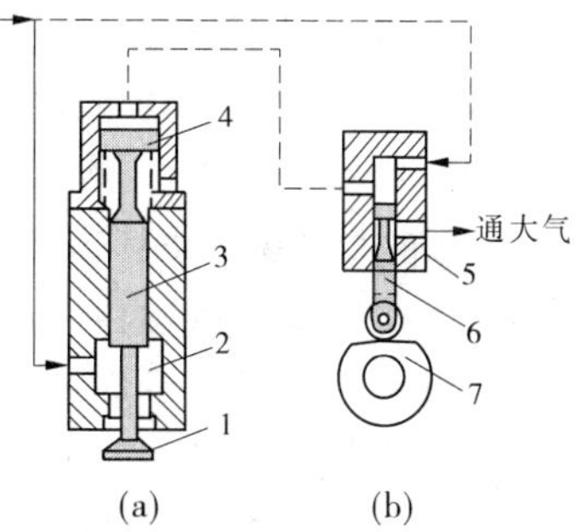


1—起动阀阀盘;2—进气腔;3—导杆;4—启阀活塞;5—阀体;6—滑阀;7—凸轮

**图 5-24 汽缸起动阀和空气分配器结构原理**

图 5-24(a)是单气路汽缸起动阀。起动阀阀盘 1 的直径等于或接近于其导杆 3(平衡活塞)的直径,故在进气腔 2 中,起动空气作用于上述两部分投影面的力基本相等,而方向相反。起动阀的上端有启阀活塞 4,下设的弹簧向上顶住启阀活塞,所以只有在空气分配器将压缩空气送入启阀活塞上部空间而将启阀活塞 4 压下时,起动阀才被打开。图 5-24(b)为空气分配器,当启阀空气(用虚线表示)从阀体 5 上的进气孔进入空气分配器后,使其下端的滚轮顶在呈凹状的凸轮 7 上。在图示情况下,滑阀处于最低位置,阀体中间的出气孔被打开,启阀空气通过空气分配器到达启动阀启阀活塞 4 的上部,压开起动阀。当凸轮轴上的凸轮 7 转过一个角度后,滑阀被抬起,使进气通道与出气通道隔断,同时使出气通道与下面的泄气通道连通。这时,启阀活塞 4 上部的空气通过空气分配器泄入大气,起动阀在弹簧的张力作用下关闭,起动空气停止进入汽缸。

空气分配器有组合式和单体式两种布置方案。组合式布置方案的特点是各空气分配器的滑阀由一个凸轮来控制,凸轮的安装位置保证了起动阀在起动位置开启,各起动阀的开启次序与发火次序相同。单体式空气分配器则按各缸分开布置,各分配器的滑阀分别由各个凸轮来控制,起动阀的开启时刻和次序都由凸轮的安装位置来决定。

## 三、压缩空气起动装置的主要设备

**(一)汽缸起动阀**

汽缸起动阀是起动装置中最主要的部件之一。整个操纵系统能否保证柴油机的运动部件和轴系可靠地起动、制动和反转,在很大程度上取决于汽缸起动阀的性能。一般对汽缸起动阀有起动和制动两个方面的要求。

起动方面的要求:为使柴油机起动迅速并减少起动空气消耗量,要求起动阀能迅速开启。当起动阀关闭时,特别是阀要落座时,为了减轻阀盘与阀座间的撞击,则希望关闭的速度要慢;在汽缸内发火后燃气压力大于起动空气压力的条件下,即使起动阀的启阀活塞 4(见图 5-24)上通入控制空气,起动阀也不应开启。这就能防止汽缸内的高温燃气倒流入起动总管,以免引起起动管路爆炸而导致事故,即起动阀应确保在汽缸内的气体压力低于起动空气压力时才能开启。

制动方面的要求:在船舶全速前进的情况下,遇险紧急避碰,要求柴油机能迅制动而停车及立即反转开出倒车。柴油机的制动过程由能耗制动和强制制动两个阶段组成。为了使高速回转的柴油机迅速停车并及时开出倒车,首先通过操纵手柄停油,再通过换向机构以换向转速或应急换向转速进行换向操作,换向后柴油机曲轴、燃油凸轮轴、进排气凸轮轴、空器分配器凸轮轴仍按原方向转动,当将操纵手柄重新置于起动位置时,空气分配器则按换向后的供气正时把汽缸起动阀打开，压缩空气充入汽缸。此时，压缩空气按照换向后的供气正时依照发火顺序进入各个汽缸。

当某个汽缸的汽缸起动阀处于开启状态时，该缸的活塞正处在压缩行程，这是曲轴仍按换向前的转向回转的缘故。进入汽缸的压缩空气对处在压缩行程上行的活塞起着制动作用，消耗了柴油机的能量使其转速逐渐降低。压缩空气从开启的汽缸起动阀被放掉，减少了行程末留在燃烧室的空气数量和压力，并减少了压缩空气在膨胀冲程作功的能力，使柴油机转速进一步降低。至于从开启的汽缸起动阀放掉的压缩空气进入起动总管，如果压力过高超过安全阀设定的压力，则起动总管安全阀开启泄压，当空气压力低于设定的数值时安全阀会自动关闭。利用压缩空气的压力能消耗活塞上行的动能从而消耗柴油机能量的方法称为能耗制动。

柴油机在能耗阶段后转速已经降低，却按原转向转动，在压缩行程中将压缩空气通入汽缸，迫使每个处在压缩行程的活塞上行速度迅速降低直至柴油机停车，这一过程称为强制制动。

为了保证制动的效果，当汽缸内压力稍高于起动空气压力时，要求汽缸起动阀仍能保持开启状态。从起动、制动两方面对汽缸起动阀的要求是矛盾的。起动时，要求当汽缸内的气体压力大于起动空气压力时起动阀应当关闭；制动时，则要求当汽缸内的气体压力稍高于起动空气压力时起动并应保持开启，当汽缸内气体压力超过起动空气压力过多时，起动阀才自动关闭，以免起动总管安全阀开启泄气损失大量的压缩空气，反而不利于对柴油机的制动。这两种要求是通过对起动阀构造的设计而实现的，并非所有机型的起动阀都能满足上述要求。

汽缸起动阀按构造原理不同分为单向阀式和气压控制两种。单向阀式汽缸起动阀是简单的单向阀。当起动空气由空气分配器进入单向阀时，该阀开启柴油机进行起动；当起动空气经空气分配器泄入大气后，该阀在弹簧的作用下关闭，起动过程停止并防止燃气倒灌入空气瓶，这种单向阀式汽缸起动阀适用于中、小型柴油机。气压控制的汽缸起动阀，从空气分配器来开阀的控制空气与从空气总管来的进入汽缸的起动空气分开输送。空气分配器尺寸小，空气损失少，起动迅速，适用大型柴油机。

根据起动阀启闭气路的不同，气压控制式汽缸起动阀分为单气路和双气路控制式两种。

单气路控制式汽缸起动阀构造如图 5-25 所示。它的工作原理与图 5-24 所示相同。属于平衡式汽缸起动阀。起动阀依靠控制空气的作用开启，关闭则靠气阀弹簧。单气路起动阀的主要特点是启阀活塞面积大、开关迅速、起动空气消耗少和结构简单，其被许多类型柴油机所采用。图 5-25 所示为 L－MC 型柴油机的汽缸起动阀，该阀不能兼顾起动和制动两方面的要求，这种起动阀关闭时落座速度快，致使阀盘与阀座撞击严重、磨损快，容易损坏，影响起动阀的密封性和可靠性，严重时将导致柴油机起动失灵。由于该阀的启阀活塞面积大，故在缸内压力超过起动空气压力时仍有可能开启而发生燃气倒灌，引起起动总管安全阀开启，甚至导致空气管爆炸事故。L－MC 型柴油机在每个起动阀的进气管上均装设有一个安全防护帽，防止起动管因燃气倒灌而发生火灾事故。

双气路控制式汽缸起动阀结构如图 5-26 所示，该阀也属于平衡式起动阀。它的启阀活塞由面积不等、呈阶梯状连成一体的控制活塞 $K_1$、$K_2$、$K_3$ 组成，来自空气分配器的两路控制空气控制该阀的启闭。其动作原理如下：

起动时，控制空气由空气分配器经开启管 H 进入活塞 $K_1$ 的上部空间 T，下部空间 N 经关闭管 J 与空气分配器的出口相通。阶梯活塞 2 下行开阀。当活塞 $K_1$ 下行打开控制口 S

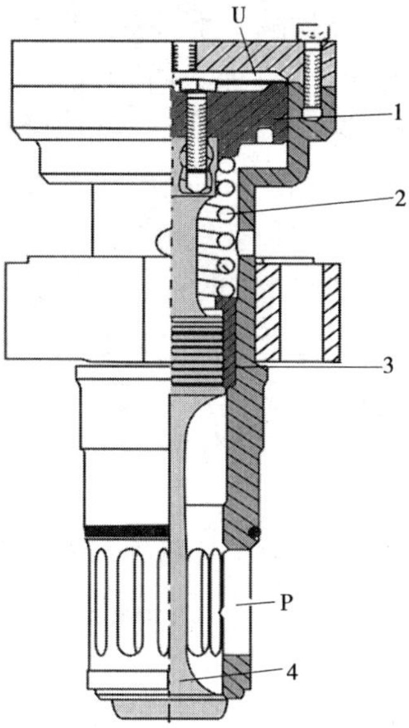


1—启阀活塞;2—弹簧;3—平衡活塞;4—阀盘;
P—进气口;U—启阀空间

**图 5-25　单气路控制式汽缸起动阀结构**

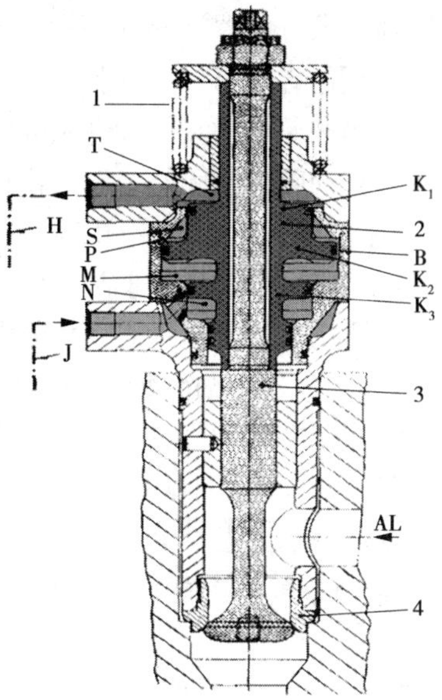


1—弹簧;2—阶梯活塞;3—阀杆;4—阀座;
$K_1$、$K_2$、$K_3$—控制活塞;T—上部空间;M—中部空间;
N—下部空间;P—空间;S—控制口;B—连接槽;
H—开启管;J—关闭管

**图 5-26　双气路控制式汽缸起动阀结构**

时,控制空气立即从上部空间 T 进入控制活塞 $K_2$ 的上部空间 P。由于空气的作用面积突然增大,起动阀迅速开启。当控制活塞 $K_3$ 关闭管 J 的气口时, $K_3$ 下部空间 N 变小并被封闭形成气垫,使开启速度减慢,直至全开。由此可保证启阀速度快,但又避免控制活塞与缸底的撞击。

当空气分配器经管 H 释放 $K_1$、$K_2$ 上部的控制空气并向关闭管 J 提供控制空气时,控制空气首先进入活塞 $K_2$ 的中部空间 M,使起动阀迅速上行关小。阶梯活塞 2 上移过程中,控制活塞 $K_3$ 随即切断管 J 与空间 M 的通路,控制空气作用在活塞 $K_3$ 的下表面使关闭速度减慢。当活塞 $K_1$ 关闭控制口 S 时,空间 P 变成密闭空间并随活塞的上行形成气垫,使关阀的后期(落座)速度大大减慢,避免了关闭时的强烈撞击。待阀落座后通过连接槽 B 使空间 P 和空间 M 间的压力自动平衡。

这种起动阀由于启阀活塞采用上小下大的阶梯形状,控制空气进入上部空间 T 后首先作用在面积较小的控制活塞 $K_1$ 上,所以当汽缸内压力高于起动空气压力时阀不能开启,避免了燃气倒灌的危险,满足了起动方面对起动阀的要求:速开、速关;但落座速度缓慢,汽缸内发火时阀不应开启。当起动阀已处于全开状态时,控制空气作用在阶梯活塞 2 的全部工作面积上,向下的作用力增大。因此,若在紧急制动时汽缸的气体压力已超过起动空气压力,起动阀仍能保持开启状态,从而满足制动方面对起动阀的要求。

### (二)空气分配器

空气分配器的作用是按照柴油机的发火顺序,依要求的起动正时将控制空气分配到相应的汽缸起动阀将它们逐个打开,使压缩空气进入汽缸起动柴油机。当柴油机起动后进入运转状态时，则要求分配器滑阀能与驱动凸轮自动脱离接触，减少不必要的磨损。

空气分配器按结构形式不同可分为回转式和柱塞式两种。回转式空气分配器如图 5-23所示，利用凸轮轴驱动一个带孔的分配盘与分配器壳体上的孔（与汽缸数目相同）相配合，控制各缸起动阀的启闭，一般多用于中、高速柴油机。柱塞式空气分配器通过起动凸轮和滑阀来控制汽缸起动阀的启闭，大、中型柴油机多使用这种空气分配器。

柱塞式空气分配器按其排列结构不同，分为单体式和组合式两种。单体式空气分配器如图 5-24（b）所示，每个汽缸一个空气分配器，由各自的凸轮驱动。汽缸起动阀的启阀正时与次序均由各起动凸轮在凸轮轴的安装位置来决定。组合式空气分配器由一个起动凸轮控制，凸轮的安装位置和线型保证各缸起动阀的启闭。组合式空气分配器按其柱塞的排列形式可分为圆周排列式和并列排列式。

为与汽缸起动阀相配，柱塞式空气分配器分为单气路和双气路两种形式。单气路式如图 5-25 所示，它与单气路汽缸起动阀配合使用；双气路式如图 5-27 所示，与双气路汽缸起动阀配合使用。

双气路式汽缸起动阀有两路控制空气，因为它的分配器必须有两个供气点分别与起动阀的开启管 H 和关闭管 J 相连。图 5-27 所示为双气路式空气分配器的剖视图。起动空气分配器的各控制滑阀 3 按各汽缸的发火次序绕凸轮轴中心线径向布置，各控制滑阀是由一个起动凸轮 6 控制。空气分配器没有得到控制空气时，控制滑阀受弹簧 3a 作用与起动凸轮 6 不接触（图示位置），此时，开启管 H 经放气腔 VS 通大气，各缸起动阀均处于关闭状态。

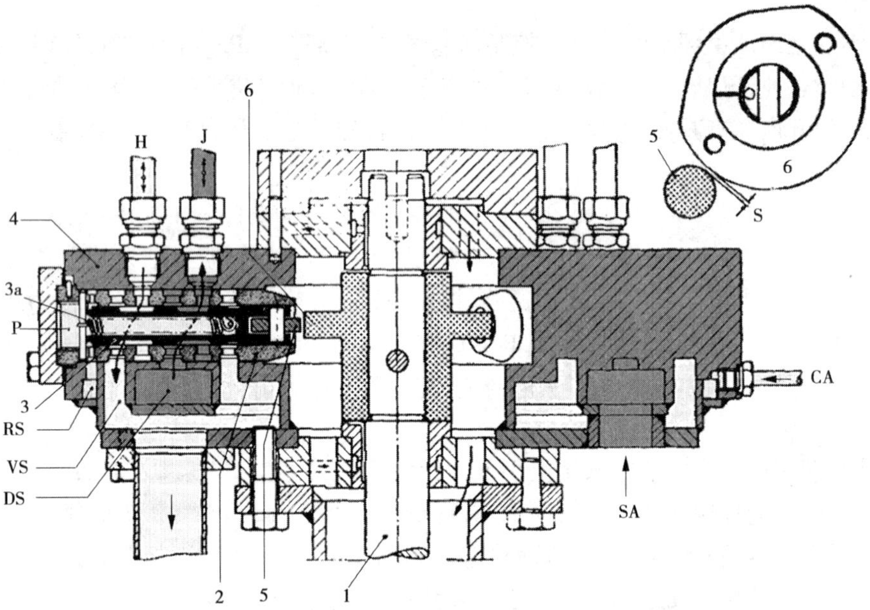


1—轴；2—滑阀套；3—控制滑阀；3a—弹簧；4—外壳；5—滚轮；6—起动凸轮；
CA—控制空气管；SA—供气管

**图 5-27　双气路式空气分配器**

起动时，主起动阀打开，来自起动空气瓶的空气经进气管 SA 充满分配空腔 DS 和关闭管 J 直至汽缸起动阀。当按下起动按钮或把起动手柄推至“起动”位置时，一般先导空气通过管子 CA 进入 RS 和 P 腔，将控制滑阀 3 连同滚轮 5 压向起动凸轮 6。如果该缸处于可起动位置，滚轮 5 就与起动凸轮 6 的基圆相接触。这时，滑阀内移，使开启管 H 经分配空腔 DS 与主起动阀相通，而关闭管 J 经放气腔 VS 通大气。这样，汽缸起动阀就被来自空气分配器的控制空气打开，起动空气进入汽缸，推动活塞并通过曲柄连杆机构驱动柴油机曲轴转动。随着凸轮轴 1 的转动，起动凸轮 6 将控制滑阀 3 推向外端，控制滑阀 3 将开启管 H 经放气腔 VS 通大气，来自主起动阀的控制空气经分配腔 DS 和关闭管 J 相通，使汽缸起动阀重新关闭。而凸轮的基圆又转到另一个滑阀下面，依次开启另一汽缸的起动阀。当起动按钮或起动手柄复位后，则起动结束，空间 P 和 RS 的先导空气经管 CA 泄放，各控制滑阀 3 又被弹簧 3a 拉回到原来位置，滚轮 5 离开起动凸轮 6，空气分配器停止工作。

**（三）主起动阀**

大、中型柴油机一般都设有主起动阀。它是一种能迅速启闭的截止阀，位于空气瓶与起动空气总管之间，用来启闭空气瓶至空气分配器和汽缸起动阀间的主起动空气通路。在空气瓶打开的情况下，它既满足起动所需的压缩空气量，又能使通气迅速可靠，并减少压缩空气的节流损失。在起动完毕后它还能随时切断压缩空气并使残存在起动系统中的高压空气泄入大气。通常主起动阀都采用气动控制，有的机型另外装手动机构，以备气动控制失灵时使用。主起动阀按动作原理可分为均衡式和非均衡式两种。均衡式主起动阀的开启是依靠加载于控制缸内启阀活塞上的控制空气破坏原均衡关闭状态来实现的。非均衡式的开启是依靠释放控制缸内的空气来实现的。大型低速柴油机多使用后者。图 5-28 是一种非均衡式自动主起动阀的结构图。它是一种带慢转阀的主起动阀，用于使曲轴缓慢转动的慢转阀和主起动阀壳体连接在一起，起动前通过它可使柴油机以 5 ~ 10 r/min 的速度转动。主起动阀既能用控制空气进行控制，也能用于手轮进行手动控制。

置于主起动阀外壳上部的止回阀 9 用来防起动空气倒流，在阀壳左下侧设有控制活塞 1，由起动控制阀控制。在阀壳左侧是慢转阀。

柴油机起动前，将主起动阀手轮置于“自动”位置，开启空气瓶出口阀，起动空气进入环形空腔 P 并通过阀体 6 上的孔进入空腔 $P_1$，继而通过芯轴 5 与轴套 4 之间的间隙 G 进入空腔 $P_2$。由此作用在阀体 6 底面的力和弹簧 3 的弹力之和大于空气作用在阀体 6 上面的开阀力，使主起动阀关闭。空腔 P 的空气通过慢转阀活塞 17 的平衡孔 E 进入空腔 $P_4$，活塞 17 在弹簧 14 的弹力作用下紧压在慢转阀阀座 18 上，压缩空气无法进入空腔 $P_5$，因而止回阀 10 和 9 关闭。当需要慢转操作时，来自慢转先导阀的控制空气通过进口 $CA_1$ 和 $CA_2$ 进入慢转阀，控制阀 16 上移顶开阀 15，使空腔 $P_4$ 的起动空气经放气孔 $V_1$ 泄出。与此同时，从 $CA_2$ 进入的控制空气推动活塞上行直至与调整螺钉 13 接触为止。起动空气由空腔 P 进入空腔 $P_5$ 并打开止回阀 10 进入空腔 $P_3$ 通向汽缸起动阀。由进口 $CA_2$ 进入的控制空气还通过双止回阀 19 的出口 SC 通向空气分配器，使起动空气柱塞处在工作位置。至此柴油机慢速转动起来，慢转的转速由调节螺钉 13 的长度来决定。切断进口 $CA_1$ 和 $CA_2$ 的控制空气，慢转结束。起动时按下起动按钮，使控制空气由进口 $CA_3$ 进入控制活塞 1 的下方推动活塞 1 上行并顶开阀 2。此时空腔 $P_1$ 和 $P_2$ 内的压缩空气经出口 $V_2$ 放入大气，阀体 6 在空腔 P 的开阀力作用下开启，空腔 P 的空气抬起止回阀 9 并通向汽缸起动阀和空气分配器进行起动。

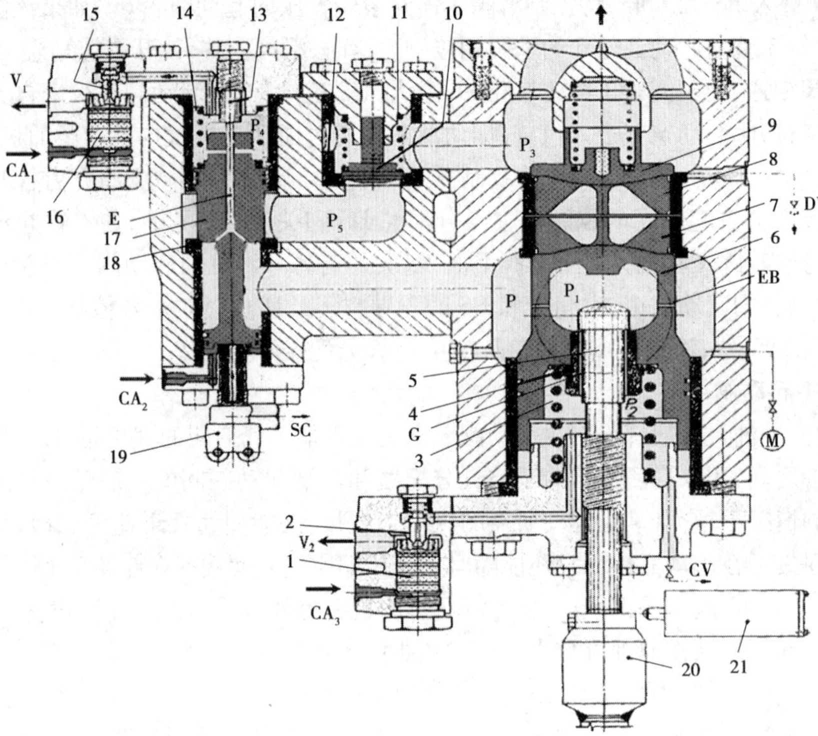


1—主起动阀控制活塞;2—阀;3—弹簧;4—轴套;5—芯轴;6—阀体;7—阀座;8—止回阀阀座;9—止回阀;10—慢转阀止回阀;11—弹簧;12—阀座;13—调节螺钉;14—弹簧;15—阀;16—慢转阀控制活塞;17—活塞;18—慢转阀阀座;19—双止回阀;20—联轴节/凸轮;21—二位三通阀;E—平衡孔;G—间隙;EB—平衡孔;M—压力表;DV—排水阀;P ~ $P_5$—压力空腔;CV—检查阀(排水阀);$CA_1$、$CA_2$、$CA_3$——控制空气进口;SC—至空气分配器;$V_1$、$V_2$—放气孔

**图 5-28　带慢转阀的主起动阀**

起动完毕后,切断通至 $CA_3$ 的控制空气,控制活塞 1 落下,阀 2 关闭,待空间 $P_1$、$P_2$ 内逐渐充满起动空气后主起动阀自行关闭,止回阀 9 随即落座。

检查阀 CV 和排水阀 DV 用于放掉管路机的残余空气和冷凝水,阀 CV 并可用来检查主起动阀的动作和密封性。每次定速或完车后应开启阀 CV 和 DV 以放掉管路中残气。

图 5-29 是 MAN B&W 公司的 MC 系列柴油机采用的球阀式主起动阀。它由主起动阀(大球阀)和与其并联的慢转阀(小球阀)组成,两者都是由气动控制阀控制启闭的。此外,还组合了一个止回阀用以防止起动管路中压力过高时的倒灌。在止回阀前设有去空气分配器的通路 B。慢转时,按下操纵台上的慢转开关,电磁阀动作使主起动阀锁闭,慢转阀开启,起动空气经过通路 B 进入空气分配器,经通路 C 进入各缸起动阀,依照发火顺序各缸起动阀逐个被打开使主机慢转。正常起动时, 按动起动按钮,控制空气经气动阀将两球阀都打开,柴油机进入正常起动程序。如果柴油机停车超过 30 min,再次起动时,应操作控制台上的慢转开关使主机慢转,至少要使主机慢转一圈后才能复位。使电磁阀释放主起动阀的锁闭,在控制空气作用下由起动空气打开主起动阀,继续起动柴油机。

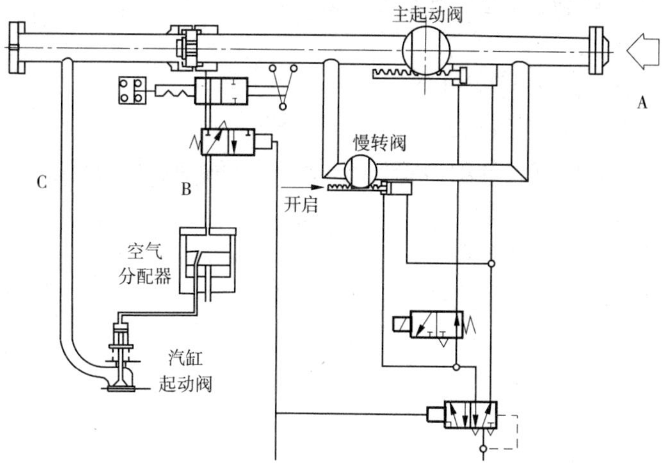


图 5-29　MAN B&W 公司的 MC 系列柴油机采用的球阀式主起动阀

## 四、压缩空气起动系统的维护保养与故障排除

### (一)压缩空气起动系统的维护保养

(1)系统中有关部件的检查。如对各阀件定期保养、清洁、润滑。因起动空气中含有水分,如不注意保养,部件易锈蚀、卡住或漏气。检查时要注意各部件动作是否灵活,是否气密。

(2)压缩空气瓶应定期放残。

(3)检修阀件时应关闭气源,以免发生事故。

(4)应特别注意对汽缸起动阀的维护保养,保证其密封性。

(5)有关部件拆装、检修后应校对或调整相关间隙。

### (二)压缩空气起动装置常见故障及排除

1. 柴油机不能起动

如果起动手柄或手轮推至起动位置而柴油机没有转动,其原因主要在起动系统,具体有以下几方面:

(1)盘车机未脱开,盘车机联锁阀处在关闭位置,起动空气不能通过,此时脱开盘车机即可。

(2)压缩空气瓶出口阀或主停气阀未开足,检查该系统中有关空气阀并予以开足。

(3)压缩空气瓶压力不足,应予以补气。

(4)起动空气管系脏污,需清洁管系内壁并排放残水。

(5)主起动阀卡死,使汽缸起动阀无法开启。可旋转手轮使主起动阀由“自动”改为“手动”,或用专用工具将阀撬起,必要时拆开检修。

(6)起动控制阀咬死或磨损过度,应予以拆检或换新。

(7)起动空气分配器柱塞咬死或磨损漏气,或起动定时不对而使汽缸起动阀不能开启,应查明原因,予以排除。在紧急情况下可紧急换向,并反向起动即停,然后再换向起动(个别柱塞咬死时)。

(8)汽缸起动阀动作不灵活或严重漏气,可用专用工具压动阀杆或将阀芯换新。

2. 起动时曲轴虽然转动，但达不到发火所需的转速

产生原因与解决办法如下：

(1)起动空气压力太低，应予以补气。

(2)柴油机暖缸不足，滑油黏度太大，应予以充分暖缸。

(3)个别汽缸起动阀或空气分配器咬死或动作不灵活，应拆检清洗。

(4)起动操纵过快，应重新起动。

3. 某段起动空气管发热

原因是该汽缸起动阀泄漏，应检修漏气的汽缸起动阀。

# 第六章　调速器

## 第一节　调速的必要性及其类型

柴油机的不同转速是通过改变循环喷油量来获得的。改变柴油机的油量调节机构,使其转速调节到规定的转速范围,称为柴油机调速。为此,必须装设专门的调速装置,以便根据柴油机负载的变化自动调节供油量,维持其在规定的转速范围内,这种装置称为调速器。

### 一、对船舶主机和发电柴油机进行调速的必要性

船舶推进主机与发电柴油机的运转条件和工作特性不同。当外界负荷变化时,柴油机自身的适应能力也不同,因此对调速的要求也不同。

#### (一)船舶主机

当船舶匀速航行的时候,船舶主机的输出功率和外界负荷相等。

若在外界负荷不变情况下增加柴油机的循环喷油量,则在喷油量增加的时候,柴油机发出的功率大于原转速下的阻尼功率,柴油机的转速也会升高,当到达某一转速时,柴油机的输出功率与阻尼功率达到新的平衡,即柴油机重新在较高的转速下稳定运转;反之,在外界负荷不变的情况下减小柴油机的循环喷油量,则柴油机重新在较低的转速下稳定运转。可见,在外界负荷不变的情况下,改变柴油机的循环供油量可以有效地对柴油机进行调速。

在柴油机喷油量不变的情况下,如果由于某种原因外界的负荷改变了,主机发出的功率也要相应发生改变。如外界负荷变小而柴油机的循环喷油量不变,柴油机就会增速,增速后使螺旋桨的功耗增加,从而可以在一个较高的转速下达到功率平衡,柴油机稳定运转,此时柴油机的输出功率与外界阻尼功率相等;反之,若喷油量不变而外界负荷增加,则柴油机就会自动减速,在一个较低转速下稳定运转。可见,船舶推进主机具有自动调节转速以适应外界负荷变化的能力。

如不要求柴油主机恒速运转,则无须装设调速器。但为保证推进主机在特殊航行条件(如螺旋桨出水、断轴、掉桨等)下的安全,根据我国有关规定,必须装设可靠的调速器(限速器),使主机转速不超过115%标定转速。但是现代船舶主柴油机为避免外界负荷变化所引起的转速波动,以及由此对柴油机工作的不良影响(如可靠件、经济性等),通常要装设全制式调速器。

#### (二)发电柴油机

船舶发电用柴油机要求在外界负荷(用电量)变化时能保持恒定的转速运转,以保证发电机的电压和频率恒定。若在喷油量不变情况下外界负荷减少,则柴油机的功率就会大于外界负荷而使转速升高,转速升高后又进一步扩大了功率的不平衡,使转速继续升高,导致最终发生飞车;反之,若喷油量不变而外界负荷增加,则柴油机的功率就会小于外负荷而使转速下降,转速降低后会导致柴油机的功率进一步下降,使柴油机功率和外界负荷更加不平

衡,转速会继续下降并最终导致停车。所以,发电柴油机与推进主机不同,它自身没有自动调速性能,为保证在外负荷变化时仍能保持其恒速稳定运转,必须装设定速调速器。

## 二、不同类型调速器的特点和应用

调速器因用途、结构、原理不同,形式多种多样。船用柴油机调速器有如下分类方法。

**(一)按调速范围分类**

(1)极限调速器(限速器)。仅用于限制柴油机的最高转速不超过某规定值,在转速低于此规定值时不起调节作用。此种调速器仅用于船舶主机,目前已很少单独使用。

(2)定速(单制)调速器。在负荷变化时能使柴油机转速保持在规定范围内。此种调速器应用于发电柴油机。

(3)双制式调速器。能维持柴油机的最低转速并可限制其最高转速。其中间转速由人工手动调节。这种调速器用于对低速性能要求较高或带有离合器的中小型船用主机。

(4)全制式调速器。在从最低稳定转速到最高转速的全部运转范围内,均能自动调节喷油量以保持任一设定转速运转。此种调速器广泛用于船舶主机及柴油机发电机组。

**(二)按执行机构分类**

(1)机械式(直接作用式)调速器。它的执行机构是依靠转速感应元件直接移动油量调节机构。其主要特点是结构简单可靠,维修方便,常与高压喷油泵组合在一起。其工作能力较小,在结构上还存在不能进行恒速调节的缺点。此种调速器被广泛应用在小功率船用柴油机上。

(2)液压式(间接作用式)调速器。它是通过液压伺服器将飞重产生的离心力加以放大,使用放大后的动力去移动油量调节机构。这种调速器的转速感应元件很小,但能得到很大的工作能力。其主要特点是调节精度高,通用性强,便于系列化生产,能满足很大功率范围的柴油机需要。液压调速器都是全制式的,一般还设有负荷限制器、稳定调速率可调机构、遥控电机、气动或电磁停车阀等装置。它在船用柴油机上应用广泛。

(3)电子调速器。它是转速信号监测和执行机构采用电气方式的调速器。常见的有3种类型:①全电子调速器。信号感测部分和执行机构均为电气式的调速器,工作能力小,只适于个别柴油机。②电-液调速器。信号感测部分采用电气式,而执行机构为液压伺服器,伺服器工作能力分成不同档次,以满足各种功率柴油机的要求。③液-电双脉冲调速器。它是在普通的液压调速器上加装电气式的负载信号感测装置,当电气部分发生故障时,能自动转为液压调速器工作。

电子调速器动作灵敏,静态与动态调节精度都很高,能实现恒速并联运行,是目前有良好发展前景的新型调速器。现代控制理论、自适应控制、自学习系统等的发展使电子调速器的研究具备了更完善的理论基础。与机械式、液压式调速器相比,电子调速器具有调节精度高、结构简单、易实现自动化等优点,是今后调速器的主要发展方向。科学技术的发展和社会要求的日益提高,使机械式调速器和液压式调速器必将被电子式调速器所替代。

# 第二节　超速保护装置

## 一、超速保护装置的作用

超速保护装置的作用是防止在调速器损坏时造成柴油机超速而损坏。为了防止在调速器损坏时造成柴油机超速飞车，确保柴油机运转安全，按我国有关规定，凡标定功率大于220 kW 的船用主机和船用柴油发电机还应分别装设超速保护装置，以防止主机转速超过120% 标定转速和柴油发电机转速超过 115% 标定转速。

此种超速保护装置是一种运转安全装置，它与调速器不同，只能限制柴油机转速，本身无调速功能，在柴油机正常运转范围内不起作用，只在柴油机转速达到规定限值时才发生动作，使柴油机立即停车或降速。按规定，超速保护装置必须与调速器分开设立而独立工作，无论柴油机的操纵机构处于什么状态，该装置的保护性动作必须迅速而准确。

## 二、超速保护装置的类型及工作特点

通常，超速保护装置由转速检测器、伺服机构和停车机构三部分组成。转速检测器对曲轴转速随时进行测定与鉴别。当转速达到规定限值时，发出准确而稳定的信号，触发伺服机构动作。伺服机构的动作具有足够的强度与幅度，保证在任何情况下均能带动停车机构立即切断燃油供应或停止汽缸进气，使柴油机停车。

转速检测器有离心式、电磁式和气压式三种。离心式利用飞重—弹簧测定转速，多用于中型柴油机。电磁式利用电磁感应原理测定转速，多用于中低速柴油机。气压式利用增压空气压力测定转速，仅适用于机械增压的小型柴油机。伺服机构有弹簧式、气压式、液压式三种。弹簧式的结构简单，但需人工复位；气压式和液压式结构复杂，但动作作用力大，且能自动复位。

## 三、调速器的常用性能指标

调速器性能指标分为动态指标和静态指标。动态指标为瞬时调速率 $\delta_1$ 和稳定时间 $t_s$。船上常用的是静态指标。柴油机在运转过程中，由于某种原因使原来的平衡转速被破坏，在调速器作用下，经过一段时间后又在新的平衡转速下运行。调速器起作用前和起作用后，在稳定转速状态下所反映的调速系统特点，称为调速器的静态特性。调速器的静态指标主要有以下两项。

### （一）稳定调速率 $\delta_2$

调速器标定工况下的稳定调速率 $\delta_2$，国外称为速度降（Speed drop），是根据标定工况突卸全部负荷求得的。它是指当操纵手柄在标定供油位置不变，柴油机在标定工况稳定运行时突卸全部负载，调速器起作用使柴油机重新稳定运行后，其最高空载转速（空车稳定转速）$n_{0max}$ 与标定转速 $n_b$ 之差同标定转速比值的百分比，即：

$$\delta_2 = \frac{n_{0max} - n_b}{n_b} \times 100\%$$

如果柴油机在标定转速 1 000 r/min，标定功率 100 kW 工况下稳定运行，固定操纵手柄后突卸全部载荷，其稳定后的空车转速为 1 050 r/min，则此台柴油机的稳定调速率为：

$$\delta_2 = (1\,050 - 1\,000)/1\,000 \times 100\% = 5\%。$$

稳定调速率 $\delta_2$ 用来衡量调速器的准确性。调速器存在调速率，说明当外界负荷变化时，调速器进行调速，柴油机重新稳定运转后，转速会有少量波动，其 $\delta_2$ 值较小就表示调速器的准确性好；如果 $\delta_2$ 过大，不仅对被带动的工作设备的稳定工作不利，即使对空转时柴油机零件的磨损也是有害的。

稳定调速率的大小应根据柴油机的用途和要求而定，我国有关规范规定，船用主机调速器的稳定调速率 $\delta_2 \leqslant 10\%$，船用发电柴油机调速器的稳定调速率 $\delta_2 \leqslant 5\%$。对于单台柴油机来说，允许 $\delta_2 = 0$，它表示柴油机的转速不会随外界负荷改变而变化，即保持恒速运转。但在几台柴油机并联工作时，为了按比例均衡分配负载，各柴油机的稳定调速率 $\delta_2$ 必须相等且不为零。

**（二）不灵敏度 $\varepsilon$**

调速器在工作时，调速器内部的运动元件之间存在摩擦阻力，从调速器到喷油泵之间的传动件（拉杆、杠杆、销轴等）之间有间隙，各部件移动时有摩擦阻力和惯性力。当柴油机在一定负荷下稳定运转时，由于调速机构中存在间隙、摩擦和阻力，若转速稍有变化，调速器并不立即改变供油量。直到转速变化量足够大时，调速器才能开始起到调节供油的作用。这种现象称为调速器的不灵敏性，国外称为盲区（Dead band），我国用不灵敏度 $\varepsilon$ 来表示不灵敏区域的大小，即：

$$\varepsilon = \frac{n_2 - n_1}{n_m} \times 100\%$$

式中 $n_2$——柴油机转速增加时调速器开始起作用的转速；

$n_1$——柴油机转速减小时调速器开始起作用的转速；

$n_m$——柴油机的平均转速，$n_m = (n_1 + n_2)/2$。

如某柴油机以 1 000 r/min 稳定运行，当外界负荷有变化时，转速在 1 020 ~ 980 r/min 范围内，调速器未起作用，那么这台柴油机的调速器在 1 000 r/min 时的不灵敏度即为：

$$\varepsilon = \frac{1\,020 - 980}{1\,000} \times 100\% = 4\%$$

不灵敏度过大会引起柴油机转速不稳定，严重时会导致调速器失去作用，甚至产生飞车事故。不灵敏度 $\varepsilon$ 随柴油机转速高低会有差异，当柴油机转速较低时，因调速器预紧力较小，产生的张力也小，而传动机构的阻力反而增大，造成不灵敏度加大。一般规定在标定转速时 $\varepsilon \leqslant 1.5\% \sim 2\%$，在最低稳定转速时 $\varepsilon \leqslant 10\% \sim 13\%$。

除此之外，调速器的静态指标还有转速波动率 $\Phi$ 或转速变化率 $\varphi$。

从以上分析可知，柴油机对调速器的调速性能的要求是：有尽可能小的不灵敏度；有合适的稳定调速率，其值越小，表示调节过程的静态精度越高；能在一定的转速范围内进行调节。

## 第三节 机械调速器

图 6-1 是机械式调速器结构原理。柴油机曲轴通过齿轮传动驱动转轴 1 旋转，飞重架 2 与转轴一体。飞重 3 铰接在飞重架上。滑动套筒 4 滑套在转轴的上段，其下端压在飞重推

脚上，上端受调速弹簧5的张力压制。9为直角形杠杆，左端活动地插入滑动套筒的环槽内，可随套筒上下移动而摆动，其上端与油量调节机构8相铰接。

柴油机运转时，飞重架和转轴一同旋转，飞重产生离心力，通过推脚向上作用在滑动套筒下端，滑套的上端受调速弹簧向下的张力作用，当柴油机发出的功率与外界负荷刚好平衡时，其转速稳定，飞重的离心力与弹簧张力相等，柴油机稳定运转。

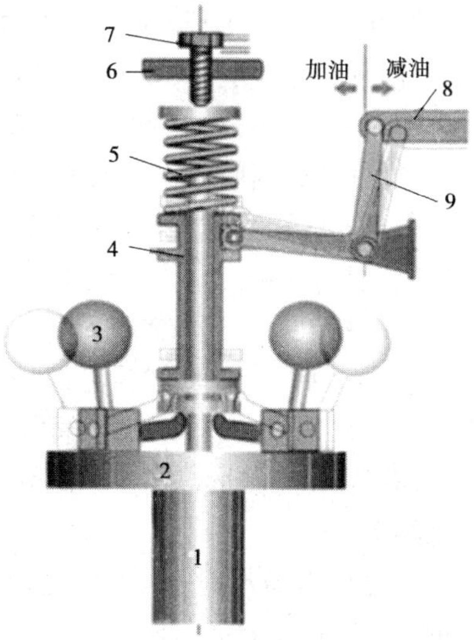

图 6-1　机械式调速器结构原理

当外界负荷减小时，柴油机发出的功率会大于外界负荷而使转速增加，这时飞重离心力将大于弹簧的预紧力而使滑动套筒上移，通过直角形杠杆迫使油量调节机构向减油方向（右）移动。随着喷油量减少，柴油机转速下降，飞重离心力也减小了，直到其离心力与调速弹簧张力又平衡为止，此时柴油机又重新稳定运行。新的滑动套筒位置稍高于原来的位置，调速弹簧又稍被压缩。这说明，外负荷减小后，在新的稳定位置，飞重的离心力比原先的大，经调速器自动调速后的转速比原来稍高，出现“转速差（速度降）”。这是机械式调速器所固有的特性，原因在于油量调节机构转速感应机构之间是刚性连接，当油量发生变化时，飞重的离心力和弹簧弹力也将随之改变，所以机械式调速器不能做恒速调速，即机械式调速器的稳定调速率$\delta_2$不能为零，但可以通过更换不同刚度的弹簧改变$\delta_2$的值。

同理，当外界负荷增加时，调速器的动作与上述相反，飞重离心力与弹簧作用力在彼此都减小的情况下重新稳定，其转速比原转速稍低。另外，可以通过调整安装在调速器本体6上的调节螺钉7的位置来改变柴油机的稳定转速，如向下旋转螺钉使调速弹簧5的张力增大，从而使油量调节机构左移加油，稳定转速就会升高。也可向上旋转螺钉使柴油机稳定转速降低。

由于机械调速器是利用感应机构所产生的离心力直接去移动油量调节机构的，因而其工作能力较小，一般只适用于中小型柴油机。

# 第四节　液压调速器

## 一、液压调速器的工作原理

对于大功率柴油机，由于调速器和油量调节机构的摩擦阻力较大，移动油量调节机构所需要的力也较大，因而需要调速器有更大的工作能力。如果使用机械式调速器，则必须增加飞重的质量，并在结构上加强有关零件，这会增加调速器的尺寸和重量，使调速器变的更加笨重。另外，机械式调速器只能做有速度降的调节，而无法做到恒速调节，为此在感应元件和油量调节机构之间插入一个液压放大元件（液压伺服器），利用放大了的动力去移动油量调节机构；为了改善调节性能，在感应元件和驱动机构之间还设有“反馈装置”，使其既能做有速度降的调节，也能做恒速调节。这种液压调速器在近代大中型柴油机上得到了广泛的应用。

### (一)无反馈液压调速器

图6-2为无反馈简单液压调速器结构原理。组成部分为驱动机构(驱动轴8、齿轮及转盘1)、感应机构(飞重3、弹簧、速度杆2)、伺服放大机构(滑阀5、液压伺服器4)、调节机构(油泵齿条)及液压系统(齿轮油泵6、溢流阀7、油池)。

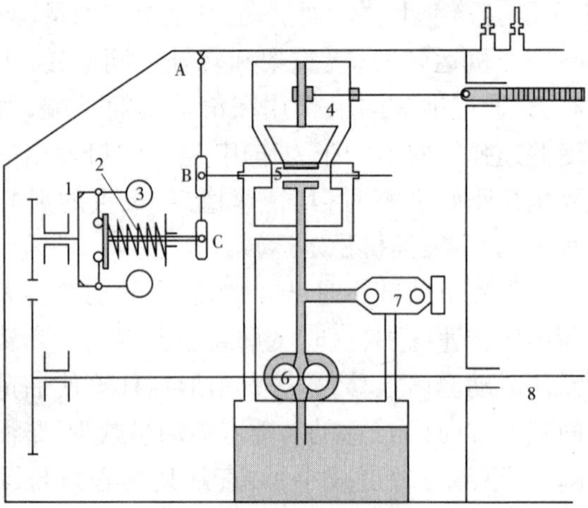

图6-2 无反馈液压调速器结构原理

柴油机在稳定运转时,飞重3的离心力和调速弹簧的张力平衡,滑阀5处于关闭孔口的位置,正好切断伺服器油缸的工作通路,齿轮油泵6产生的压力油经溢流阀7回流。

当外负荷减小时,柴油机转速增高,飞重3的离心力增加,推动速度杆2右移,于是摇杆以A点为中心逆时针摆动,使节点B带动滑阀5右移,控制孔打开,压力油进入油缸4的右腔;同时,油缸4的左腔与低压油路相通,在压差作用下,伺服活塞带动油泵齿条左移,减少供油,使柴油机转速回降至原来转速。速度杆2和滑阀5又回到原来平衡(中央)位置,切断伺服油缸的工作油通路。此时,动力活塞停止在新的位置,调节过程结束。

当外负荷增加时,柴油机转速降低,调节过程按相反方向进行。这种无反馈装置的简单调速器,在调速过程中由于惯性,使滑阀和动力活塞的运动总是滞后于转速的变化,即其油量的增减不可能根据负荷的变化而做到"适可而止",调节总是过度,使供油量过度增加或减少,调节过度后,又要向相反的方向进行调节,最终使转速连续波动而不能稳定工作,甚至有时能发生剧烈波动而根本不能使用。

### (二)刚性反馈液压调速器

如前所述,在调速器中仅仅加一个液压放大元件(伺服器)还是不能满足使用要求。要想使液压调速器能稳定调节,在调速器中还要加一个"反馈机构"(又称补偿装置),其作用是:在伺服活塞移动的同时,反作用于滑阀机构,使其向平衡位置方向移动,使滑阀提前恢复到平衡位置。防止油量调节过度,使增减油"适可而止",提高调速系统的稳定性。

反馈机构主要有刚性反馈机构和弹性反馈机构两种。

图6-3是刚性反馈液压调速器结构原理。与前述无反馈的简单液压调速器不同的是,杠杆AC上端点A不是固定在调速器壳体上,而是用销轴与伺服活塞的活塞杆相铰接。这样动力活塞的位移就通过杠杆反馈至滑阀5上,反馈环节采用机械连接,故称为"刚性反馈"。

当柴油机稳定运转时,飞重3产生的离心力与调速弹簧的张力相等,滑阀处于关闭孔口的位置,其油量调节杆停留在图6-3所示位置。当外负荷减小时,柴油机转速增加,飞重离心力增大,压缩弹簧,使速度杆2右移,以反馈杠杆AC的上端点A暂作定点,使杠杆AC绕A点作逆时针摆动,通过B点带动滑阀5右移,打开控制孔,高压油便进入伺服器4油缸的右腔,左腔此时与低压油路相通,伺服活塞在油压差作用下带动喷油泵调节杆左移减油。在伺服活塞左移的同时,杠杆AC绕C点向左摆动并带动与B点连接的滑阀5也向左移动,从而使滑阀向相反方向移动。这时由于柴油机减油使转速下降，也使滑阀向左移动，在这两个力的共同作用下，滑阀就能迅速回复至原来的位置切断油路。调节过程的转速波动很快衰减，调速器可以正常工作。

但是这种调速器调速终了时，滑阀回到原位，伺服活塞（连同油量调节杆）移到了一个新的平衡位置，故A点已不在原位，并随着外负荷的变动而改变位置。与滑阀5相连的点B在任何稳定工况下均要回到原来位置，因而C点就稳定在与A点相对应的新位置，此时调速弹簧的张力和原来位置的张力必定不同，所对应的转速也和原来不同，故柴油机不能回复到原有的转速。从图6-3的情况分析可知，当外负荷减小时，弹簧稍被压缩，对应的新的稳定转速将比原来转速升高；反之，当外负荷增加时，对应的新的稳定转速将比原转速稍有降低。因此，可以得出结论：刚性反馈液压调速器不能实现“无差调速”，其稳定调速率 $\delta_2$ 不能为零。

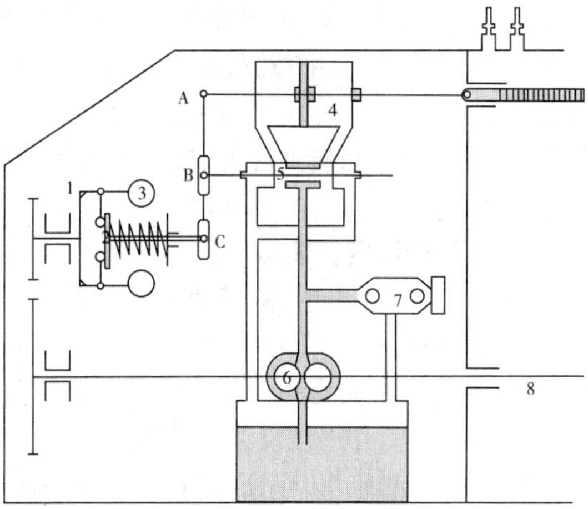


图6-3　刚性反馈液压调速器结构原理

**（三）弹性反馈液压调速器**

如果要求负荷变化时既要调速过程稳定，又能保持柴油机转速恒定不变（$\delta_2 = 0$），则必须采用带有弹性反馈系统的液压调速器。其工作原理如图6-4所示。

这种反馈形式是在刚性反馈的基础上增加了一个弹性环节，它由缓冲器L、补偿活塞T、补偿弹簧S、节流针阀K组成。缓冲器油缸内充满了工作油，左右两空间通过管道及针阀K接通。当缸体L受力后左右移动时，缸内液体从一空间经针阀流到另一空间，由于针阀的节流使活塞T的移动比缸体L的移动滞后，从而起到缓冲作用。

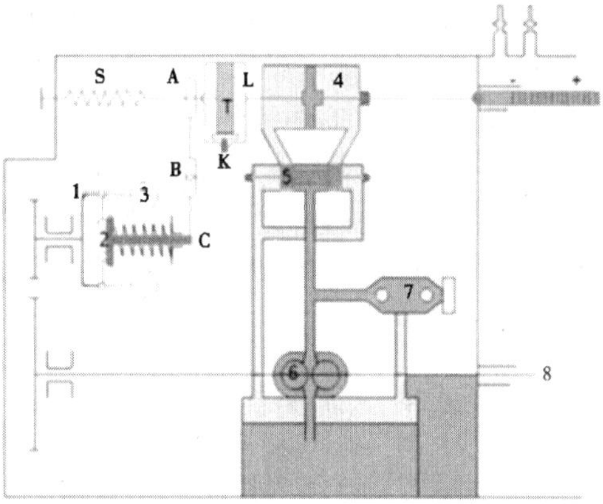


图6-4　弹性反馈液压调速器结构原理

稳定运转时，飞重产生的离心力与调速弹簧的张力相等，滑阀处于关闭孔口的位置，油泵齿条稳定在图6-4所示的某喷油量位置。

当外负荷减小时，柴油机转速增加，飞重3的离心力增大，使滑阀5右移，伺服活塞则左移，拉动油泵齿条减油。在调速过程一开始，随着伺服活塞的左移，缓冲器的油缸L、活塞T及AC杆的上节点A几乎以相同速度同步左移，使补偿弹簧S受压。至此，调速器的动作与刚性反馈相同。但当调速过程接近终了时，滑阀5已回到原位遮闭了油路，此时缓冲器L、补偿活塞T已停留在与新负荷相应的位置上。

由于被压缩的补偿弹簧S有弹性复原的功能，使A点带动补偿活塞T在缓冲器油缸内向右移动，回到原来位置，补偿活塞右方油缸中的油经节流针阀 K 回流至左方，最后弹簧 S 及杠杆 AC 均恢复到原来位置，使速度杆也回到起始位置。这样，调速过程结束后的发动机转速能保持原速不变，稳定调速率 $\delta_2$ 可以为零。

当外负荷增加时，转速降低，按与上述相反的动作过程可以使柴油机转速重新稳定在原来的转速下运转。

**（四）双反馈液压调速器**

当柴油机并车运行时，除了要求调速器有良好的稳定性外，还要求按正确的比例分配各机承担的负荷。由此，调速器应具有弹性反馈机构以保证调节稳定性；同时，还应具有刚性反馈机构以使调节过程中具有一定的稳定调速率，保证各机按比例分配负荷。这种双反馈液压调速器的结构如图 6-5 所示，图中刚性反馈杠杆 EGF 和弹性反馈机构（缓冲器 L、补偿弹簧 S、节流针阀 K）由动力活塞杆带动。当外界负荷降低，柴油机转速升高时，飞重向外张开，带动杠杆 AB 以 A 点为支点逆时针转动，使滑阀杆 D 上移，工作压力油进入伺服动力活塞的下方而由其上方泄回低压空间。由此，动力活塞上行减油，一方面使刚性反馈杠杆 EGF 绕 G 点顺时针转动，F 点向下压缩弹簧，弹簧预紧力增大，使其稳定后转速较原转速稍有提高（$\delta_2 > 0$）；另一方面，通过弹性反馈机构保证恒速稳定调节。

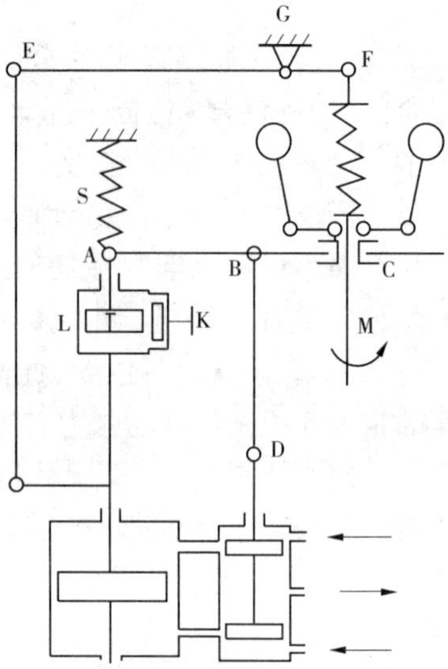

**图 6-5 双反馈液压调速器原理**

通常在这种双反馈调速器中，可通过弹性反馈中节流针阀的开度大小调节其稳定性。通过刚性反馈 EGF 的两臂比例来调节稳定调速率的大小，如使 F 与 G 重合，则 $\delta_2 = 0$。这种调速器具有广阔的转速调节范围，且稳定性好，调节精度和灵敏度高，在船用柴油机中得到了广泛使用。

## 二、表盘式液压调速器的结构特点

船用柴油机使用的液压调速器大多为双反馈全制式。其中以 Woodward UG 和 Woodward PGA 型液压调速器应用最普遍。其中，UG 型分为杠杆式和表盘式两种；PGA 型为气动遥控式，多用于遥控主机。对于这些型号均可按使用者的要求附加某些辅助装置以满足控制或安全等方面的额外要求，如配置扫气压力燃油限制装置及扭矩限制器等。国产全制式双反馈液压调速器如 TY－111 或 TY－555，在结构与性能上与 Woodward UG 型基本相似。

**（一）UG－8 表盘式液压调速器的结构**

表盘式也称旋钮式，它将需要调节的机构以旋钮的形式集中在调速器的一个表盘上，可以方便地在调速器外部进行调节。大多数在顶盖上装有一个直流或交流的伺服电机，用于遥控和微量调节。它不但可以用来升降柴油机的转速，而且当多台柴油机并车或多台柴油机与大电网并电使用时，工作人员在配电板处能随时调节柴油机的转速，使之负荷分配均匀。通过蜗轮蜗杆变速，可使伺服电机从 2 000 r/min 降至 5 r/min。这种调速器多用于带交流或直流发电机的柴油机组上。

图 6-6 为 Woodward UG－8 型表盘式调速器外形，在其正面的表盘上有四个旋钮：静速差旋钮 8、负荷限制旋钮 9、调速旋钮 3、转速指示器 1。它的结构原理如图 6-7 所示，主要由以下部分组成。

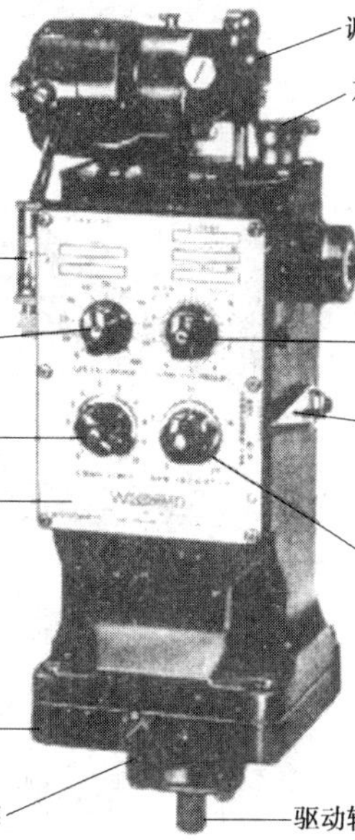


图 6-6　UG－8 型表盘式调速器外形

（1）驱动机构。驱动轴 28 由柴油机凸轮轴经伞形齿轮传动，通过油泵齿轮 22、弹性轴 37、传动齿轮和飞重架等使飞重 39 等转动，从而将柴油机的转速信号传给感应机构。

（2）转速感应机构。它由飞重 39、调速弹簧 8、调速杆 38 组成，用以感受和反映转速的变化。锥形调速弹簧 8 的下端作用在调速杆 38 上，调速杆的下端与浮动杆 35 相铰接。浮动杆的右端与小反馈活塞铰接，中间与滑阀 36 的杆端铰接。这样，当转速变化时飞重张开或合拢，并通过调速杆和浮动杆使滑阀上下移动。

（3）伺服放大机构。它由控制滑阀 36、控制滑阀套筒 34、动力活塞 23 以及有关油路组成，用来放大感应机构的输出能量。控制滑阀套筒 34 由驱动轴 28 带动回转。柴油机稳定运转时，滑阀正好将套筒 34 的控制孔 27 封闭。当转速升高时，飞重张开，滑阀上移，伺服活塞下部空间通过控制孔 27 与低压油路沟通，伺服活塞 23 下移；转速降低时，上述动作相反，伺服活塞上移。

（4）调节机构。它主要由动力活塞 23、输出轴 12 及油量调节杆 13 等组成。动力活塞上下运动，通过杠杆机构转动输出轴 12 操纵油量调节杆，以调节供油量。

（5）恒速反馈机构。它主要由大反馈活塞 33、小反馈活塞 30、上下反馈弹簧 29、补偿针阀 31、反馈杠杆 40 和 45、活动支点 47、反馈指针 46 以及反馈油路等组成。其作用是保证调速过程中转速稳定。反馈杆 40、45 连接在调速器的输出轴 12 上，由输出轴 12 驱动。动力活塞 23 在转动输出轴 12 的同时，经过反馈机构使浮动杆 35 绕 A 点摆动，从而使控制滑阀 36 上下移动，提前回复至中央位置。

（6）静速差机构（速度降机构）。它是由静速差旋钮 2（图 6-6 中的 8）、静速差凸轮 1、顶杆 4、拉紧弹簧（图 6-7 中未示出）、支持销 6、静速差杆 7 和静速差指针 5 等组成的。它是一种刚性反馈机构，不仅能使调节过程稳定，而且能调节稳定调速率 $\delta_2$，使调速器能产生一定的静态速差，以满足柴油机稳定性和并联工作的需要。该机构将伺服活塞的调油动作反作用到调速弹簧 8 上，并根据支持销 6 的位置按比例地改变调速弹簧的预紧力。预紧力不同，与之平衡的转速也不同。因此，对应不同的负荷，发动机的稳定转速不同。支持销 6 在不同位置便可得到不同的 $\delta_2$。支持销可以人工调节，当支持销 6 与调速弹簧轴线重合时，刚性反馈作用消失，即 $\delta_2=0$，柴油机的转速不随负荷而变化。

（7）速度设定机构。该机构可通过改变调速弹簧 8 的预紧力来改变柴油机的稳定转

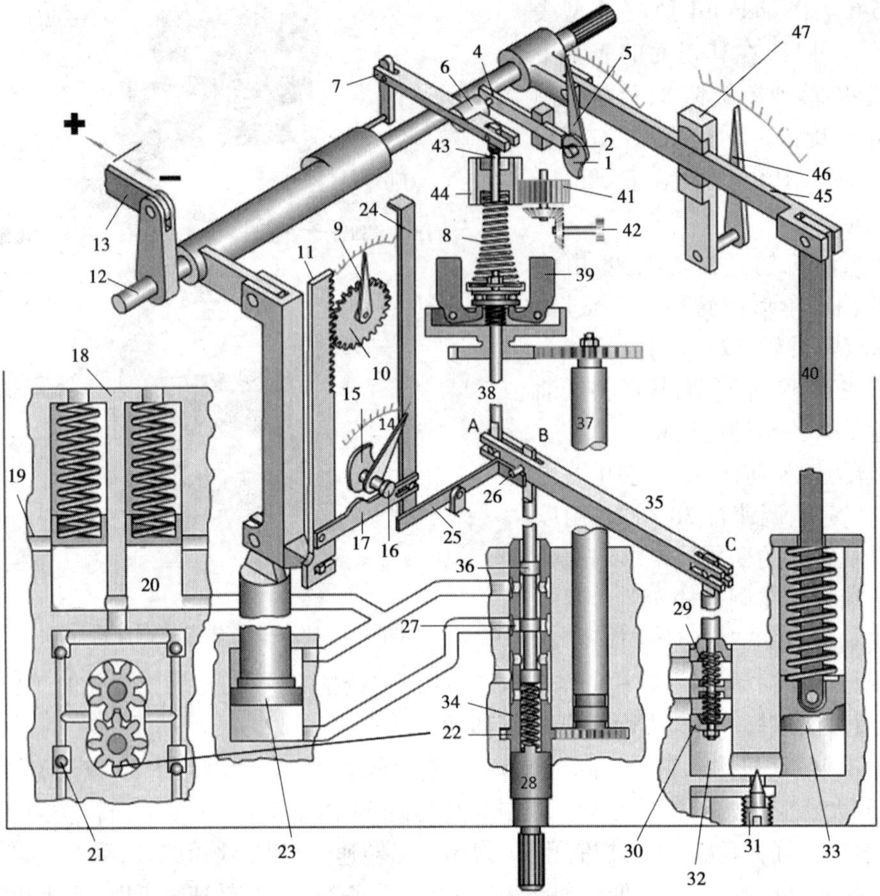


1—静速差凸轮;2—静速差旋钮;3—拉紧弹簧(图中未示出);4—顶杆;5—静速差指针;6—支持销;7—静速差杆;8—调速弹簧;9—负荷指针;10—齿轮;11—齿条;12—输出轴;13—油量调节杆;14—负荷限制指针;15—负荷限制凸轮;16—负荷限制旋钮;17—控制杆;18—稳压油缸;19—溢油孔;20—蓄压室;21—球阀;22—齿轮泵;23—动力活塞;24—紧急停车杆;25—限制杆;26—限制销;27—控制孔;28—驱动轴;29—反馈弹簧;30—小反馈活塞;31—补偿针阀;32—补偿空间;33—大反馈活塞;34—控制阀套筒;35—浮动杆;36—滑阀;37—弹性轴;38—调速杆;39—飞重;40—杆;41—传动齿轮;42—调速旋钮;43—传动齿轮;44—调速齿轮;45—反馈杠杆;46—反馈指针;47—活动支点

**图 6-7 UG-8 型表盘式调速器结构原理**

速。它是由两部分组成的:一部分是由调速旋钮 42(图 6-6 中的 3)、传动齿轮 41 和调速齿轮 44 组成的。当转动表盘上的调速旋钮 42 时,通过传动齿轮使调速齿轮 44(上弹簧盘,带内螺纹)转动,同时沿中心螺杆上下移动以改变调速弹簧预紧力,从而改变柴油机的设定转速,达到全制调速的目的。另一部分是装在调速器盖上的调速电机(图 6-6 中的 6),经过蜗轮减速机构和摩擦离合器驱动齿轮 41 以改变调速弹簧的预紧力。调速电机由配电板上的开关进行控制。表盘上右下方的转速指示器(图 6-6 中的 1)用于指示柴油机设定的转速,自身不可调节。

(8)负荷限制机构。它由负荷限制旋钮 16(图 6-6 中的 9)、负荷限制指针 14、负荷限制凸轮 15、控制杆 17、紧急停车杆 24、限制杆 25、限制销 26、齿条 11、齿轮 10、负荷指针 9 等组成。在图示位置中,负荷限制指针 14 位于表盘刻度“10”处。动力活塞 23 的位置由齿条 11

和齿轮10传动的负荷指针9指示为“5”。此时，在控制杆17和负荷限制凸轮15之间具有间隙，所以当外界负荷继续增大时，滑阀36的下移不受限制，动力活塞也可继续上行增加供油量。当动力活塞上移到最大供油量位置时，负荷指针9也转到刻度“10”。此时控制杆17与负荷限制凸轮15刚好接触，限制控制滑阀36继续下移，动力活塞（供油量）也被限制在刻度“10”处。同理，若把负荷限制指针14置于刻度为“8”“6”“4”处，则柴油机的供油量亦被限制在“8”“6”“4”位置。

如需紧急停车，可按下紧急停车杆24。这时限制杆25通过限制销26把控制滑阀36抬起，动力活塞便下移把供油量减为零。此负荷限制停车杆24是在调速器试验中使用，并非在柴油机运转中使用，但可在其上方安装某安全停车辅助装置（如停车电磁阀等）以保护柴油机。当把负荷限制旋钮16手动转至零位处，则通过负荷限制凸轮15、控制杆17而将紧急停车杆24压下，柴油机自行停车。柴油机起动时，为防止加速过快，应将负荷限制旋钮16置于刻度“5”左右；待起动之后，运转正常再逐渐将旋钮16转至刻度“10”或规定的其他位置。

（9）液压系统。由低压油池、齿轮泵22、稳压油缸18及油缸中的稳压活塞和有关油路组成。液压系统用来产生推动动力活塞23运动的高压油。齿轮泵22从油池中吸油加压后排送到稳压油缸18和有关空间。稳压油缸、稳压活塞、弹簧和溢油孔19等用于保持系统中稳定的油压（约为0.8 MPa）。当油压过高时，稳压活塞升起，滑油从溢油孔19流回油池，从而保持系统中油压稳定。

**（二）UG-8表盘式液压调速器的工作原理**

当柴油机在某一负荷下稳定运转时，飞重39的离心力与调速弹簧8的预紧力相平衡，滑阀36处于图6-7所示的中间位置将控制孔27封闭，使动力活塞23下方空间封闭。由此动力活塞固定不动，输出轴12和油量调节杆13等均固定在某一位置，使柴油机有一个相应于外负荷的供油量。柴油机在由调速弹簧8所设定的转速下稳定运转。

当柴油机负荷增大时，转速下降，这时飞重的离心力小于调速弹簧的弹力，使飞重向内收拢，调速弹簧推动调速杆38向下移动，使浮动杆35以右端点C为支点向下摆动，推动滑阀36下移并打开套筒上的控制孔27，让高压油进入动力活塞23的下腔。

由于动力活塞下部面积为上部面积的两倍，即为差动式，高压油向上的作用力大于向下的作用力，使动力活塞向上移动，带动输出轴12朝加油方向（逆时针方向）旋转，使柴油机供油量增加，转速回升。

当动力活塞上移转动输出轴12的同时，使反馈杠杆45左端上移，右端下移，带动大反馈活塞33下移，压缩反馈油路中的滑油，迫使一部分滑油从补偿针阀31的小孔流出。由于针阀的节流作用，反馈油路中的油压仍有上升，克服反馈弹簧29的弹力，使小反馈活塞30上移。这时浮动杆35以左端A点为支点逆时针转动，带动滑阀36上移，使其提前返回原来的平衡位置，重新封闭控制孔27，切断压力油，使动力活塞23停止加油。

此后，由于反馈弹簧29的作用，使小反馈活塞30逐渐下移复位，多余的滑油经补偿针阀31排出。此下移速度与调速杆38的上行速度相适应，使滑阀36处在中央位置不动，柴油机恒速转动。这一恒速反馈机构的作用是防止调速器加油过量。

上述一系列动作并非一次完成的，而是要反复多次，一直持续至油量增加到与负荷增加相适应，且使发动机恢复到原来的工作转速时为止。此时，飞重39、调速杆38、滑阀36和小反馈活塞30回到原先的平衡位置，而动力活塞23、输出轴12和大反馈活塞33就停在对应于负荷增加后所需的供油量位置上，柴油机在原先的转速下稳定运转，获得新的平衡。这样就实现了恒速反馈调节。

为了保证调速过程有一定的静态速差，即调速器具有一定的稳定调速率 $\delta_2$，调速器中设有静速差机构(刚性反馈机构)。当外负荷增加时，输出轴12向加油方向（逆时针）转动的同时，静速差杆7绕支持销6也按逆时针方向转动，其右端上移，调速齿轮44和中心螺杆随即一起上移，并将调速弹簧8稍微放松。由于调速弹簧的预紧力减小了，要使飞重、滑阀回复原来位置就必须降低柴油机的转速，即存在所谓“静速差”。也就是当负荷增加时，使柴油机在稍低于原来的转速下运转；反之，当负荷减小时，则应稍高于原来的转速。

当柴油机负荷减小时，调速器的调节过程与上述相反，请自行分析。

# 第五节　液压调速器的调节

液压调速器的调整一般为修理后的调整或性能优化调整。调整工作最好在调速器试验台上进行。如果在柴油机上进行调整。必须严防柴油机超速飞车，并备好应急停车机构。这种调整工作随调速器的类型不同而不同。通常调速器的调整工作包括稳定调速率的调节和稳定性的调节。

## 一、并联工作的柴油机对稳定调速率的要求

稳定调速率是调速器的重要性能指标。保证一定的稳定调速率 $\delta_2$ 不但可以提高调速过程的稳定性，而且能对并联运行的柴油机间所承担的负荷进行自动调节，保证各机负荷分配合理。不同用途的柴油机对其调速器的稳定调速率要求不同，在柴油机交验时必须经过测试和调节，以符合有关规范的要求。

对于多台并联运行的柴油机，为使各机负荷分配合理，应要求各机所承担的负荷与其标定功率成正比。也就是说，如果标定功率相等，则各机应均匀分配负荷；若标定功率不等，则各机负荷应与标定功率成正比。这样才可以保证各机负荷同步增减。

调速器的稳定调速率可用图6-8中调速特性曲线的斜率来表示：图6-8(a)表示稳定调速率 $\delta_2=0$ 的调速特性，为恒速无差调节，调速前后不论工作点在1、2、3点中的任意点处，其转速均为 $n_b$。图6-8(b)表示稳定调速率 $\delta_2>0$ 的调速特性，为有差调速，特性线斜率越大，调节后转速的差别也越大。如果两台标定功率相同并联运行的柴油机的稳定调速率 $\delta_2$ 均等于零，其调速特性如图6-8(a)所示，是一根垂直 $n$ 轴的直线。此时总功率虽然一定，但两台柴油机之间的负载分配却是任意的，能随时自动地改变，这样两台柴油机的工况均不稳定，显然这种 $\delta_2$ 均为零的两台柴油机是不能并联运行的。

若让它们均具备一定的稳定调速率 $\delta_2$，使它们进行有差调速，就能满足多台柴油机的并联运行要求。对于并联运行的多台柴油机，要求每台机承担的负荷份额与其标定功率(或转矩)之比均相同。若标定功率相同，则每台机承担的负荷亦相同。若彼此的标定功率不同，则承担的负荷与标定功率之值成比，即标定功率大者多承担负荷，小者少承担负荷。

当总负荷增加至全负荷时，大小两者应同时达到全负荷。

图 6-9 表示两台柴油机并联运行，其 $\delta_2$ 值相等并都大于零。两台机有重合的调速特性，$M_{合}$ 为两台机合成的调速特性线。当 $n = n_1$ 时，每台机都在 2 点运行，合成工作点为 1，两机负荷均匀分布。当外负荷增加时，两机同时加油，但两者转速也同时下降到 $n_2$，每台机运行点为 2′，合成工作点为 1′。其负荷分配仍然均匀。

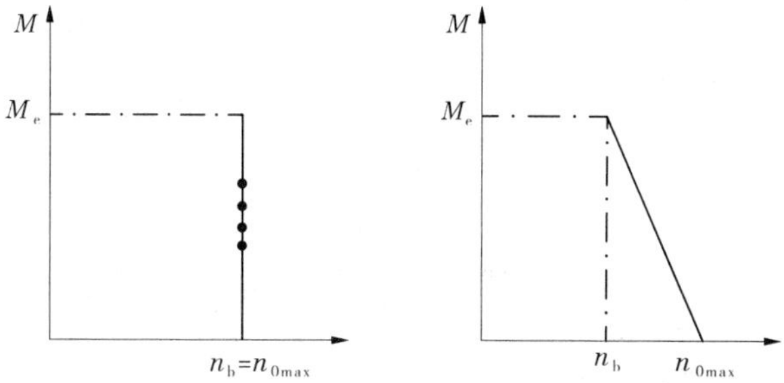


(a)　　(b)

图 6-8　柴油机的调速特性曲线

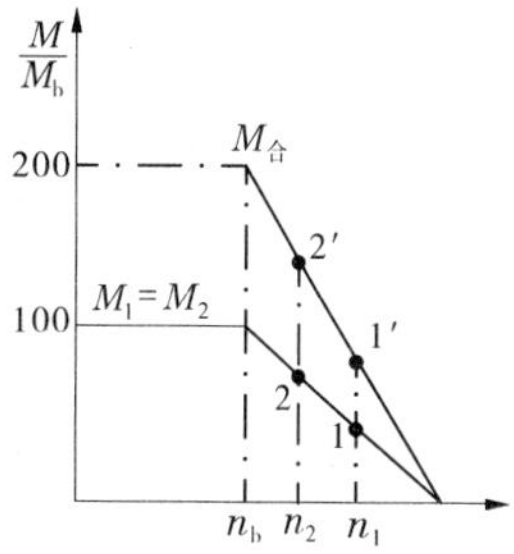


图 6-9　$\delta_2$ 相同负荷均匀分配

若两台机的 $\delta_2$ 不等，设 $(\delta_2)_1 < (\delta_2)_2$，如图 6-10(a) 所示，两条调速特性曲线具有不同的倾斜度，$\delta_2$ 小者陡峭。当转速为 $n_a$ 时，两机的运行点分别为 1 和 2，其负荷分配占各自标定功率的份额不等，即负荷分配不均匀，$\delta_2$ 小者（陡峭）多承担负荷。若此时调节调速器的设定转速，使两台机同时运行在点 2，如图 6-10(b) 所示，即让其调速特性曲线沿 $n$ 轴平移后的两线交点 2，这时两机负荷虽然相同，但这种均衡只是暂时的，只要外负荷一有变化，均衡即遭破坏。如外负荷增加，转速降为 $n_0$，则两机的工作点就分别为 3 和 4，负荷分配又不均匀了，严重时会一台机超负荷而使全船失电。

如果两机标定功率不等仍要并联运行，则假设 $(M_b)_1 > (M_b)_2$，且两机的稳定调速率 $(\delta_2)_1 = (\delta_2)_2 > 0$，则其调速特性曲线如图 6-11 所示。由图 6-11 可知，当转速为 $n_c$ 时，两机的工作点分别为 1 和 2，显然其负荷分配与其标定功率成比例。当外负荷变化时，两机负荷可以同步增减。如果两机的稳定调速率不等，则两机的负荷分配不能与其标定功率成比例。

综上所述，调速器的 $\delta_2$ 决定了并联运行的柴油机间的负荷分配情况，对于单台运行的柴油机 $\delta_2$ 可以为零。但并联运行的各台柴油机无论其标定功率是否相等，各机的 $\delta_2$ 值必须相等且均大于零。在满足调速系统稳定性要求的前提下，$\delta_2$ 值尽可能选用小的。

## 二、稳定调速率的调整方法

机械式调速器由于本身的结构特点，其调速的准确性差，只能进行有差调速，它的稳定调速率 $\delta_2 \neq 0$。其 $\delta_2$ 值与其结构参数有关，除非更换调速弹簧或飞重等零件，其 $\delta_2$ 值一般不能调节。若换用刚度小的调速弹簧，则其 $\delta_2$ 变小，准确性提高，但稳定性降低。若换用刚度大的调速弹簧，则其 $\delta_2$ 变大，稳定性提高，但准确性降低。

具有弹性反馈装置的液压调速器，具有很高的调速准确性，可以实现恒速无差调速。可使柴油机转速非常稳定，在单机运行时可以采用。为了柴油机并联运行的需要，在液压调速

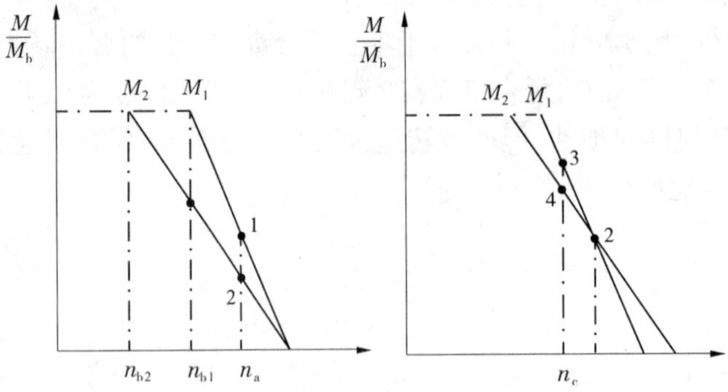


(a)　　(b)

图 6-10　$\delta_2$ 不同负荷分配不均匀

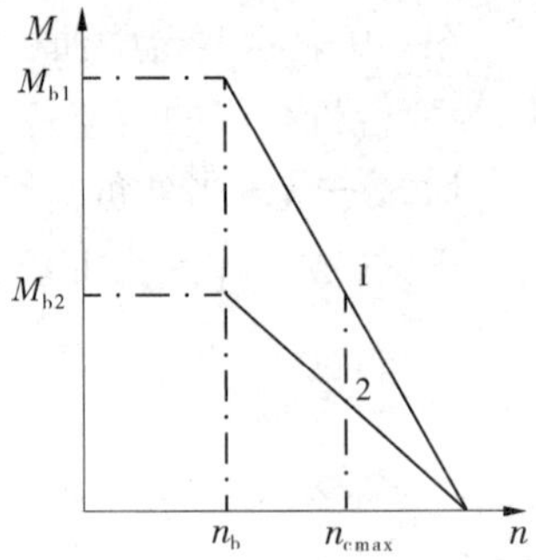


图 6-11　标定功率不等时的负荷分配

器内人为地增设一套速度降机构，使它具有可调节的静态速度差（稳定调速率 $\delta_2$），以满足在加油的同时稍稍降速的要求。通常是通过调节其刚性反馈作用的大小来获得所需的 $\delta_2$ 值。

液压调速器的稳定调速率 $\delta_2$ 可通过速度降机构（刚性反馈机构）进行调节。伍德沃德表盘式液压调速器通常的调节方法是：通过静速差旋钮（图 6-6 中的 8）进行调节。如将旋钮刻度旋转至“30 ”至“50”之间，则表示相应的 $\delta_2$ 值为 3% ~5%。实践中应通过并联运行柴油机的负荷分配比例进行调节，如果并联机承担负荷小，则应减小该机的 $\delta_2$ 数值。

## 三、稳定性调节

为了保证调速过程稳定，在液压调速器中设有反馈系统，以使调速器具有良好的稳定性。通常在调速器换新或修理后装机时应对反馈系统进行综合调节，以使负荷改变时柴油机的转速波动能够迅速稳定下来。

反馈系统调节的环节主要有两个（见图 6-7）：一是扳动反馈指针 46，借以改变活动支点 47 的位置，用以调节反馈行程的大小；二是调节补偿针阀 31 的开度，用以调节反馈速度的快慢。如果反馈指针的位置和补偿针阀的开度调节得正确，控制滑阀 36 提前复位后，在飞重和小反馈活塞 30 的复位过程中，控制滑阀 36 在中央位置上一直保持不动。

若将反馈指针指向“最大”位置，即反馈行程过大，则控制滑阀 36 会过早地提前复位而产生供油量调节不足的现象（负荷增加时油量增加不足，或负荷减小时油量减少不足），此时柴油机转速波动幅度大；反之，反馈指针指向“最小”位置，反馈行程过小，产生供油量调节过度的现象。以上两种情况都会导致调速器产生严重的速度波动，稳定性变差。

若将补偿针阀开得过大，就会失去节流作用，反馈动作无法到达小反馈活塞 30，使反馈作用过分减弱，造成供油量调节过度；反之，将针阀开得过小甚至关闭，反馈作用过分增强，会造成供油量调节不足，转速恢复时间过长。

因此，调速器稳定性调节，应在调节反馈指针位置的同时调节补偿针阀的开度。其原则是，在尽可能小的反馈指针刻度下，保证针阀开度符合相应说明书的要求。如 UG40 调速器要求 1/4 ~ 1/2 转；UG－8 调速器要求 1/8 ~ 1/4 转（1955 年前产品）、1/2 ~3/4 转（1955 年后产品）。在任何情况下均不得把补偿针阀全部关死。

稳定性调节步骤(以 UG 型柴油机为例)如下:

(1)调整前的准备。首先使柴油机在无负荷下空车运转,这时须有专人守住燃油杆,以备人工切断供油,当柴油机转速和调速器的滑油温度上升到正常值时,方能进行调节。

(2)调速器滑油驱气。将反馈指针放在最大位置,补偿针阀旋出几转,使机器处于游车状态。松开调速器上的透气塞,使发动机转速波动 1 ~1.5 min,使调速器各油路中的空气从放气塞逸出,直至空气全部放光后上紧放气塞。

(3)无负荷调节。其方法是:将反馈指针置在刻度“3”处。人为地使发动机转速波动并逐渐关小补偿针阀 31,直至柴油机转速波动刚好消失为止,检查此时针阀的开度。先将针阀慢慢地完全关死,然后回到原来的位置,记住转动的圈数是否符合要求。若开度合适,调节至此完成。

如果调节中波动不停或开度不正确,则说明反馈小了,应将反馈指针向“最大”方向增加两格,重复进行上面的调节。

如果反馈指针达到 7 格时还不稳定,那就应该调节静速差机构,以增大静态速差(增加稳定调速率 $\delta_2$),再重复调节,直到满意为止。

经过上述调节,转速波动会很快停止。如果针阀开度合乎要求,就可试验在各种转速下柴油机能否在转速一旦波动后就会迅速停止。如果认为满意,无负荷反馈调节即告完成。

(4)有负荷调节。常有这样的情况:在无负荷时反馈调节是满意的,然而在有负荷时可能又出现转速波动。所以,无负荷调节正确了并不表明有负荷时也一定正确,还要进行有负荷调整。

使柴油机承受负荷,在所需要的各种转速下,检查调速器的稳定性。调整的步骤与无负荷时相同。一般只要稍稍调节一下反馈指针或补偿针阀即可达到满意。

调节完毕后,记下反馈指针位置、针阀开度和静速差的数值。反馈指针的位置应锁紧,不要随便移动。当清洗调速器、更换滑油时,只需重新调整针阀的开度即可,一般无须变动反馈指针。

## 四、调速器的维护管理与故障排除

调速器是柴油机的重要组成部分,它直接影响柴油机的运转性能。一旦调速器发生故障,就会使柴油机转速不稳,甚至发生熄火或“飞车”等故障,因此对调速器及其系统应细心、正确地加以管理和维护。

### (一)调速器的维护管理

调速器是极其重要的机件,各种调速器的具体结构不相同,故调速器的维护管理应按说明书的规定和要求执行。

(1)注意调速器内部润滑油情况。

①选用合适的滑油:滑油应严格按说明书要求选用。一般可使用 22 号汽轮机油;若工作场合温度较高,可选用 30 号汽轮机油。理想的滑油应不含杂质、不起泡沫、不产生泥渣或胶状物、不溶解空气、无腐蚀作用并具有较高的黏度指数。

②注意液面高低:要经常注意调速器内的滑油量。加油时超过规定刻线,活动元件会把空气卷入油中,液面过低油道内也会混进空气。若液面下降过快,说明调速器漏油或渗油,

应立即仔细查找和处理。

③注意调速器油道内是否有空气：调速器经过拆检或换油，液面过高过低等都会使油道内掺混空气。油道内一旦有空气，会影响油流连续性和降低补偿作用的敏感性，引起柴油机转速不稳定。排除空气的方法是使柴油机怠速运转，将补偿针阀打开几圈，让柴油机产生严重的转速波动约 2 min，以迫使油道中空气排出，再仔细关小调整补偿针阀直至满意。

④确保滑油质量：使用过的滑油会逐渐变质，正常情况下，每半年应换油一次。换油时可将调速器拆下，倒干净旧油并用柴油清洗后，装入新油并复位。若不拆下调速器，则应趁滑油热时，将旧油从放油塞处放掉，并充入清洁柴油；把补偿针阀开大两圈以上，起动柴油机让调速器波动工作 30 s，利用柴油自行清洗，然后停车放掉柴油，装入新油，调整好补偿针阀即可。最好待柴油机短时间运转后，把新换的滑油再放掉，重新注入新油。

（2）检查调速器输出轴到喷油泵之间的拉杆、杠杆等传动件的连接情况：是否有卡阻或间隙过大现象，若发现应及时处理，否则会引起油泵齿条动作不及时，造成柴油机转速不稳定。检查各连接处的开口销和保险销有否断落倾向，一旦保险件失落，柴油机将会失控。

（3）定期检查调速器有关机件，并根据检查情况及时处理：①补偿针阀螺母是否松动。②弹簧的各部分尺寸及弹力是否正常。③各阀与套筒、活塞与缸体及其他机件是否有过度磨损情况。

（4）柴油机转速不理想的原因是多方面的，要仔细观察，认真分析。在未找到确切原因之前，不要轻易断定是调速器的毛病，不要急于拆检调速器。有条件的话，可以用一台同型号的正常调速器换装试验，便可帮助得出结论，判断出是调速器本身的故障还是调速器以外的原因所造成。

### （二）调速器的常见故障与排除

#### 1. 转速持续波动或油量调节机构不停地摆动

1）调速器以外的原因

（1）负荷激烈地变化，超出柴油机的功率范围。

（2）各个汽缸负荷严重不均或个别汽缸熄火。

（3）调速器与喷油泵之间的油量调节机构卡阻或松动。

（4）调速器驱动轴传动齿轮啮合不良，过紧或过松。

（5）调速器负荷指针的零位与喷油泵的零位不一致。

2）调速器本身故障

（1）调速器油脏污变质：这是最常见的故障原因，应清洗调速器及更换新油。

（2）调速器反馈系统发生故障：表现在外负荷发生变化时，柴油机转速大幅度波动，且需长时间才能恢复正常转速，应对调速器进行稳定性调节。

（3）调速器其他零部件故障：如轴承磨损以及控制滑阀与套筒、伺服活塞与油缸、补偿活塞与缸体的配合间隙不合适等都会造成故障。应仔细检查，调换元件或送厂修理。

#### 2. 外界负荷降低时，柴油机的转速增高，超过了规定范围

（1）调速器与喷油泵之间的传动杆件卡阻，使油量减不下来。

（2）定调速率 $\delta_2$（速度降）调节过大，在外负荷降低时，调速弹簧的压缩量随之增大过多，使柴油机调速时产生的转速增高量过大。

(3)调速弹簧预紧力过大,使供油量增大。

3. 调速器不能使柴油机达到全速运转

(1)调速器与喷油泵之间的传动杆件卡阻或间隙过大出现空动,使油量加不上去。

(2)喷油泵的“零位调节”负值过大,调速器输出轴供油量已达全速需要值时,高压油泵达不到相应的供油量。

(3)调速器调速弹簧预紧力调节不足,未达到设定转速的要求。

# 第七章　运转管理与应急处理及电子控制技术

## 第一节　柴油机的运转管理

### 一、柴油机的备车、起动和机动操纵

船动力装置的寿命不仅取决于制造和安装质量，还取决于管理人员的管理水平。因此，掌握在各种航行条件下的主推进动力装置的正确管理是非常重要的。

备车通常是指在开航前使船舶动力装置及相关设备处于能随时起动、停止和进入各种运行状态，准备执行驾驶台发出的指令。当船舶在特殊水域、气象条件下以及过运河和关键航行设备发生故障时，根据船长或轮机长指令也需要备车。

机动操纵是指船舶在开航后（至定速前）或抵达锚地和港口前（自接到驾驶台的通知和第一个车令后到完车）的各种操纵主机的过程。

备车和机动操纵是轮机技术管理工作中最重要的环节之一，它对柴油机动力装置的可靠性、经济性、维修性和使用寿命有直接影响。

**（一）备车**

柴油机长期停车或短期停车后，开航前应进行备车，当船舶在特殊水域或特殊气象条件下航行时，根据船长的指令也要进行备车，目的是使船舶动力装置处于随时可起动、停止和运转状态调整。基本内容有供电准备，校对时钟，车钟，对舵，暖机，各系统的准备，转车、冲车和试车。

1. 供电准备

备车时，起动大功率的设备较多，如空压机、应急鼓风机、淡水泵等，用电量迅速增加，因此应视需要起动备用发电柴油机，合闸并电等。

2. 暖机

暖机是指对柴油机的冷却、润滑系统进行预热，并起动冷却水循环泵，滑油循环泵，实现机体各部件加温，并向各摩擦表面提供润滑油。暖机的目的是：通过对汽缸各部件的预热，减小起动后由于温度的突变产生的热应力；改善起动性能和发火性能，减少汽缸内的低温腐蚀。主机汽缸的预热可以用发电机的冷却水循环加热，也可以用蒸汽或电加热直接对淡水系统加温。主机滑油系统常用滑油分油机分油加温，也可用蒸汽直接对滑油循环油柜加温。

3. 各系统的准备

（1）润滑系统的准备。检查滑油循环柜、透平油柜、轴系中间轴承和艉轴承的液位。起动滑油泵，调压至规定值，以便将滑油送到各摩擦面间，使滑油中的杂质在开车前就有时间汇集到滤器中，减少起动及低速运转的摩擦和磨损。柴油机在转车前应手动控制汽缸注油器向汽缸内注油，使汽缸表面形成油膜，减少起动摩擦。使用滑油冷却的活塞，滑油泵起动

后，要注意各缸回油及油温和温差。强制式轮机增压器润滑系统要先起动透平油泵，使油在增压器轴承中循环。

(2)冷却系统的准备。检查膨胀水柜水位和系统中各阀门的位置是否正常；起动淡水泵，让淡水在循环中驱逐系统中的气体，同时可进行暖机。对水冷却活塞，需检查各缸冷却水量是否均匀和水柜水位。对独立冷却系统的喷油器，应起动喷油器冷却泵，检查冷却器冷却柜液位，必要时可对其加温预热。

(3)燃油系统的准备。检查日用轻柴油柜和重油柜的油温和油位，油位较低时应补油至规定油位，放残水，并将其加热至规定温度。起动低压燃油泵，驱除系统中的空气，调至规定压力，并使燃油在日用油柜和高压油泵间循环，对高压油泵进行预热。

(4)压缩空气系统的准备。按规定将所有空气瓶充气至规定压力，并泄放气瓶内的残水和残油，打开空气瓶出口阀、主停气阀或使自动主起动阀处于“自动”位置上。应将气笛空气瓶充满，并打开出口阀，以备随时使用。

4. 转车、冲车、试车

(1)转车。暖机后，利用盘车机带动主机转动几圈。其目的是检查各运动部件和轴系的回转情况及缸内有无大量积水。对于大型柴油机，要求正车和倒车运转 10 ~ 15 min。同时人工向汽缸壁注油润滑，注油量适当加大，以使所有润滑表面都得到充分润滑。

(2)冲车。在转车确认正常后脱开盘车机，利用压缩空气使主机转动。其目的是利用压缩空气将汽缸内小杂质、残水和积油从示功阀中冲出，并检查起动系统工作是否正常。冲车过程中，若有油或水等从示功阀中冲出，则应查明原因并排除后才能进行试车。冲车情况正常后，关闭示功阀。

(3)试车。冲车正常后，正、倒车交替起动主机，供油发火，各运转数秒。试车的目的是检查起动、换向、燃油系统，油量调节机构及调速器等的工作是否正常。还应检查各缸发火是否正常和运转中有无异常声响。试车时先将车钟推至运转位置，待驾驶台回车令后进行主机正车(或倒车)起动，给油发火后在低速下运转数秒后停车。然后换向，再进行倒车(或正车)起动，给油发火后低速运转数秒后停车。在起动和换向过程中，应注意换向装置、起动装置、调速器及油量调节机构等动作是否灵活正常，检查各缸发火是否正常和运转中是否有异常声音。

试车结果若发现不正常情况，应及时查明原因予以消除。对于直流扫气的二冲程柴油机，还应检查气阀机构等部件的动作是否正常。试车完毕后将车钟手柄置于“停车”位置，各设备均处于随时可起动状态，等待驾驶台的指令。

对采用驾驶台控制方式的设备，试车完毕后，将操纵手柄转至“驾控”位置。此后值班轮机员不应远离操纵台。

**(二)起动和机动操纵**

船舶在进出、靠离码头、港内航行时运动状态变化频繁，不稳定。轮机管理人员应严格执行车令，正确操纵并及时对各系统的压力、温度、流量等进行调整，以确保柴油机的安全运转。

1. 机动操纵时的要求

(1)起动空气瓶、控制空气瓶应随时补足空气。

(2)使用轻质燃油，以提高机动性和操纵可靠性。

(3)冷却水和滑油温度保持稳定，减少空冷器海水循环量。

(4)在港内或浅水区航行时,为防止吸入海底的泥沙污物堵塞冷却系统,应换用高位海底门。

(5)起动时如果给油过大会导致爆缸,加油门时应当随油门格数增大而减缓加油速度。

(6)起动有油气并进和油气分进两种方式,油气并进有利于起动。油气并进时,缸内发火后切断起动空气;油气分进时,达到起动转速后切断起动空气。

2. 机动操纵时的安全事项

(1)主机起动操作时,尽量做到一次起动成功,油门不能给得过大,防止柴油机发生冷爆,损伤机件和增加不必要的磨损。

(2)在船舶的起航和加速过程中,不应加速太快,以防柴油机热负荷、机械负荷过大。

(3)应快速越过转速禁区,防止机器发生剧烈振动。

(4)在进行倒车操纵时,应控制油门,避免主机超负荷。

3. 机动操纵管理

(1)机动操作所设定的车速应当是机动操纵转速或港速或系泊试验转速。

(2)当值轮机员除处理紧急故障外,不得远离操纵台和离开集控室。

(3)轮机长应监督轮机员进行各种操作,监控各设备运行状态,及时与驾台取得联系,及时处理各种突发事件。

(4)机动操纵期间,船舶航行状态多变,要随时注意配电板各仪表的工作情况。注意观察和调节冷却水、滑油的温度和压力,保持空气瓶压力在允许范围内,保持正常的扫气温度和压力。注意各缸排气温度值的变化,注意各主要设备的工作状态。

(5)机动航行期间,轮机长必须在集控室监督和监控机动操纵的整个过程,直至机动操纵结束后方可离开集控室。

## 二、柴油机运转中的管理

船舶定速航行后,评定柴油机运转性能和技术状态的主要依据是燃料在汽缸中燃烧的好坏和各缸负荷分配的均匀程度。轮机人员应精心操作,严格管理,按时进行工况的巡回检测,使柴油机及其装置的各种技术参数处于正常范围之内。运行管理的目的在于控制柴油机的热负荷和机械负荷都在规定的范围内,使柴油机可靠而经济地运行。为了保证柴油机及其装置始终处于正常技术状态,柴油机运转中应做好以下工作。

### (一)航行值班的交接工作

交班前当值人员应做好运转设备的清洁工作,对运转设备做全面仔细的检测,并将主要技术参数、本班所发生的问题、处理方法、处理结果、轮机长的命令和专门指示、驾驶台的通知等记入轮机日志;将油舱、油柜的预热加温、驳运、净化分离,以及舱底水水位、污油水舱(柜)液位和防污染设备的使用情况向接班人详细交代。接班人员在进入机舱之前,首先观察排气颜色、舷外水的排出和海面情况,进入舵机室检查舵机及其附属设备。进入机舱后按最合理检查路线检测设备。最后查看轮机日志,听取交班人员的情况介绍。经接班人同意后,交班人员方可离开机舱。

### (二)热力检查

热力检查的目的是检查和确定油机各缸燃烧情况及负荷分配均匀程度,这是柴油机正常运转、可靠工作的必要保证,也是衡量柴油机运转性能和技术状态的主要内容之一。

热力检查主要指热负荷和机械负荷的检查。热负荷主要体现在冷却水温度、滑油温度和排气温度上。机械负荷则主要体现在最高燃烧压力和平均指示压力上。热负荷可以通过直观的手段掌握。对油、油器的工作状态可通过检查排气温度、观察排气色以及打开示功阀观看火焰喷射情况等方法来检查,从而判断出设备的技术状态。机械负荷可以通过测取示功图来确定最大燃烧压力和平均指示压力,并用以分析判断各缸负荷的大小和分配情况。各缸平均指示压力的大小是判断各缸负荷分配是否均匀的主要依据。测取 $P—V$ 示功图可求得平均指示压力来判断各缸负荷的大小和分配情况,另外还可通过测取手拉示功图和手拉展开示功图来确定压缩压力、燃烧发火点、最高爆发压力和燃烧过程。

喷油器性能的下降,常引起燃烧恶化和各缸负荷变化。若某缸喷油器工作性能下降而欲继续维持发动机原来的转速,则需要加大油门,这样必然将引起其他汽缸超负荷。

若发现燃烧不正常,应结合其他参数(排气温度、冷却液温度等)综合分析。通常应首先检查高压油泵和喷油器,它们往往是引起不正常燃烧的根源。排气温度能大致反映出各缸内燃烧的情况和喷射设备的技术状态。排气温度的数值应不超过说明书的规定值,各缸排气温度的不均匀率应不超过规定值,同时应检查各缸冷却水和活塞冷却液的出口温度以及废气蜗轮增压器的冷却水温度。这些温度都应符合规定值,而且应各缸基本一致,温差不得超过4~5 ℃。为了保证热力检查准确可靠,应定期检查和校正各测试仪表。气阀、气口、进排气道、增压器等状态对汽缸内工作过程也有很大影响,运行管理中应予以重视。

影响最高爆发压力的因素很多,如喷油泵喷油器的技术状态、压缩终点压力的高低、供油量的大小、供油定时的早晚等。在柴油机燃烧系统技术状态良好、燃烧质量符合要求、汽缸气密良好、进排气正常的情况下,若爆发压力偏离了正常值,则基本上可从油定时和供油量上来考虑。它们的关系是:①爆压偏高,而排温不高,供油提前角过大。②爆压偏低,而排温偏高,供油提前角过小。③爆压偏高,排温也偏高,供油量太大。④爆压偏低,排温也偏低,供油量太小。

为了能更可靠地掌握柴油机的热力过程,最好在测取示功图的同时测量油耗,此项经济性指标常作为衡量柴油机维护管理的依据之一。

**(三)机械检查**

机械检查的目的是保证柴油机各机件及系统始终处于正常的技术状态。听、看、摸是轮机管理人员最直接、简便的手段。不正常的运转声响可能来自零件的松动或系统的故障而导致机损。运行中经常用手触摸各曲轴箱道门、汽缸套底部和十字头导板等处,以检查是否有显著的温差。异常的温差往往反映出系统或机器内部存在的问题。轮机员应根据现象予以判断。若发现某运动机件运行不正常,应检查油、水系统的压力是否正常,系统有无泄漏处。应注意汽缸盖与汽缸套密封处、喷油器四周和附设在汽缸盖上的各阀件有无漏气。少量漏气通过旋紧螺母即可消除。若继续漏气,在未查明原因前,不得盲目旋紧螺母。在航行中应注意对各主要系统的管理。

1. 冷却系统的管理

在运转中应注意膨胀水箱水位及淡水泵的压力波动。若发现水位的下降速度超出了正常耗量,必须查明泄漏的原因并予以消除。

淡水进、出口温差及出口温度应满足说明书要求,且各缸应基本一致。水温调得过低不但会使热效率下降,还会加剧低温腐蚀,造成受热部件因内外温差太大产生应力而形成裂纹。水温也不能太高,否则会使橡皮圈因过热而老化、失效,发生水腔泄漏。水温高还会破坏润滑油膜,加剧汽缸运动部件的磨损,严重的会导致拉缸咬缸。另外,水温高还可能引起水腔冷却液汽化,使冷却效果下降。

导致水温过低的原因:总体水温低是因柴油机负荷太低,冷却水阀自控失灵;个别缸水温低可能是由于燃烧系统故障、负荷太低、操作失误等。

导致水温过高的原因:总体水温高是因柴油机超负荷工作,冷却水压力低,水量不足,冷却水阀自控失灵;个别缸水温高是由于单缸超负荷或燃烧不良,活塞润滑不良而产生干摩擦,操作失误。

若某缸冷却水温度和排气温度都有相应的变化,而喷油设备和燃烧情况正常,说明该缸超负荷或负荷过低。如某一缸由于冷却水量供应不足或中断供应而引起过热时,首先应降速运行,并切断该缸燃油,缓慢增加冷却水量。决不可骤然大量增加,以免汽缸碎裂。

若活塞断水引起过热,切勿增加汽缸冷却水,以避免活塞被咬住。应降速运行,等该缸过热情况好转后再恢复正常运行。

在潮湿的海域中运行时,应减少空气冷却器的冷却水量,以防止扫气箱中出现大量冷凝水。空冷器出口的扫气温度不得低于25 ℃,也不得高于45 ℃。系统中的自动调湿器应始终保持正常状态。各冷却器海水出口温度不应超过45 ~50 ℃,以免析盐结垢。冷却水应按规定做好投药处理和化验。

2. 滑油系统的管理

滑油循环泵的出口压力、进出机温度及循环柜油量应保持正常。冷却器前的滑油温度为50 ~55 ℃。应定时检查循环油柜的油位、油冷却活塞的回油是否稳定,以及油泵与滤器前后压差的变化。若油位降低过快,则表明有泄漏处。若油位升高,则表明有水或燃油漏入曲轴箱,可减速或停车检查并予以消除。如果滤器前后压差过大,则表明滤器被脏物堵塞,应立即将管路旁通,使滤器与管路脱离,以便进行清洗,清洗后将油充满,放掉空气,重新接入系统恢复工作。还应查汽缸注油器和各注油点的工作情况,各部位油量应处于正常状况。如果油量不足、中断,都可能导致活塞烧熔、拉缸、咬缸、轴承过热等现象的发生。当发现注油量很小或中断时,应减速或停车立即设法消除。接班时要注意查看汽缸注油器接头是否有漏油现象。

导致滑油温度过高的原因有:滑油供给量不足或中断;机件配合间隙太小,润滑油本身冷却效果不佳或油温调节阀失灵;柴油机长时间超负荷工作;活塞环漏气,燃气下窜等。过滤和分离净化是滑油净化最有效的方法。应加强分油净化,保证滑油质量,并定期取样化验。滑油的处理和更换,可采用驳入滑油沉淀柜加温沉淀,一次性分离处理、连续分离处理等方法。

应定期检查轴系中各轴承的温度和油位。对人工注油的进、排气阀杆应按时注油。排气阀杆应用柴油(30%)与滑油(70%)的混合油润滑,以减轻结炭。对不采取压力循环润滑的各活动部件的油杯和加油孔也应按时加油。

3. 燃油系统的管理

注意油舱、油柜的加温和沉淀,在运行中要保证净化质量,控制日用油柜的油位、油温,并定时放残水。应定期清洗燃油滤器,清洗后要充满燃油,将空气排出。船舶在大风浪中航行时,由于船舶摇摆,沉淀的脏物又重新被搅起,燃油滤器容易被堵塞,故应特别注意燃油滤器前后的压差。压差过大时,应更换滤器或者进行清洗。

注意检查喷油泵、喷油器的工作状态和高压油管脉动情况。综合考虑泵体发热、油管脉动无力或过激及排温变化等情况,分析喷油泵和喷油器的工作状态。若油泵泵体或高压油管发热,表明喷油器的喷孔堵塞。若高压油管脉动微弱,且排气温度和燃烧压力均较低,则可能是喷油泵密封不良供油太少引起的。若高压油管脉动微弱,但排气温度增高,则可能是喷油器针阀与阀座密封性不良、弹簧断裂或针阀卡在开启位置所造成的。这时,应进一步检查针阀的跳动情况。如果高压油管无脉动,汽缸不发火,排气温度很低,则可能是喷油泵柱塞在最高位置卡死所导致。

燃油进入高压油泵前的黏度必须符合雾化和燃烧的要求,对低速机为 12 ~ 25 $mm^2/s$,对中速机上限不超过 20 $mm^2/s$。因此,在工作中应根据油品的黏温特性图正确选择加热温度。运行中可用人工调节或用黏度计自动调节蒸汽量来控制雾化加热器的温度,从而保证燃油达到要求的进机的黏度值。

4. 排气系统的管理

排气温度能反映汽缸热负荷情况,正确调整喷油定时和供油量,使其各缸负荷均匀,是柴油机可靠而经济地运行的重要条件。

排气温度过高的原因主要有:喷油定时过晚,后燃严重;燃油雾化质量差,滞燃期过长;排气阀开得过早或漏气;中冷器堵塞,扫气压力低;供油量太多;柴油机超负荷;柴油机在低转速大负荷下运行。

排温过低的原因主要有:喷油定时太早;喷油器油孔堵塞、高压油泵泄漏、弹簧断裂等故障使供油不足;柴油机负荷过低等。

5. 增压系统的管理

在运行中应检查增压器的运转是否平稳、有无异响,油柜的油位变化和油质情况,还应检查增压器的转速、增压压力和压差计的读数是否正常,以及润滑和冷却情况。定期清洗压气机和废气通道,防止喘振的发生。

增压器的润滑分为独立的滑油润滑和滑油来自主机滑油系统的润滑,称为强制循环润滑系统。应注意其油柜的油位、循环油泵的运行情况、滤器前后的压差、观察镜中油流的情况及滑油的压力和温度,并注意油质的检验与更换。对自带油泵式蜗轮增压器,其滑油储存在轴承箱油池内,由自带泵供油润滑。运行中要经常注意油位、油质和油泵排出管的射流情况。应及时加油,滑油变质时要及时更换。

空气冷却器水腔和气腔通道都很小,很容易堵塞。尤其是气腔,经常会因空气滤器效果不好,在管壁上附着一层油膜,一些类似棉线的物质极易黏着,既影响冷却效果,又使空气流量下降,导致燃烧恶化。空冷器脏堵后需使用化学药剂冲洗与浸泡来进行清洗。

空气通道脏堵的征兆:空气流经空冷器前后的温差减小,压差升高;扫气温度提高;排气温度升高。水腔堵塞会使冷却液流量减小,海水出口温度升高,同样会产生上述现象。因此,当出现上述现象后,轻者用清水和清洗剂交替喷射的方法冲洗(按说明书的操作程序),严重者必须解体清洗。

蜗轮增压器污染较轻时,可按说明书要求定期水洗和干洗,但这样不能将严重污染的增压器洗净,因而不能代替增压器定期的解体清洗,现在已有在清洗压气机时将水和特制的洗净液交替使用的方法,此法能除去空冷器中只用水难以去除的污染物。废气蜗轮水洗时柴油机一定要降负荷运行。为此,现在已使用废气蜗轮在全负荷时也能清洗的药剂。

## 三、柴油机的停车和完车

正常情况下的停车应保持各系统正常运转,动力装置处于随时可用状态。当船舶要停泊作业时,轮机员在接到“完车”指令后,说明主机不再动车。在停车后还应做好如下工作:

(1)关闭起动空气系统的主停气阀、主起动阀和气瓶出口阀,并将空气瓶补至规定压力。

(2)打开示功阀,合上盘车机,盘车 15 ~ 30 min 并手动控制汽缸注油器注油,使汽缸壁上布油。

(3)停止主海水泵运行,视情况决定是否关闭主海水泵进、出口阀以及通往冷却器的进口阀。

(4)主机滑油泵、淡水泵继续运转 30 min 左右,使机件逐渐均匀散热,待降温后再停泵。

(5)打开扫气箱等处的放残阀门,用防尘罩将压气机消音滤网罩好,以防灰尘积存。

(6)较新的船舶主机完车后一般使用蒸汽对缸套冷却水加温暖缸;老船上面一般使用副机对主机暖缸。

(7)视情况决定是否解列、停止运行一台副机。

如需长期停车,应定期转车,寒冷天气要注意防冻。

# 第二节 柴油机的应急处理

## 一、拉缸的原因及处理

### (一)拉缸现象

拉缸是指活塞和汽缸套之间两个相对运动的表面相互作用而造成的损伤。根据损伤的程度可分为划伤、拉缸和咬缸,广义上统称拉缸。拉缸一般发生在下列两个部位:汽缸套和活塞环、汽缸套和活塞裙部。它们相互影响,但有时也单独发生。汽缸套和活塞环之间发生的拉缸限于运转初期。如台架试验、海上试验和开航的初期,一旦磨合完成后,几乎不再发生汽缸套和活塞环的拉缸。汽缸套和活塞裙部发生的拉缸,往往发生在磨合完毕后稳定运转的数千小时内。通常四冲程柴油机多发生在汽缸套上部第一道环附近,二冲程柴油机多发生在汽缸下部气口上部附近。

拉缸损伤大多是由于滑动部位的润滑油膜受到局部的破坏,此时,两个相对运动的表面突起部位首先发生金属接触,然后在局部出现微小的“熔着”现象。而熔着部位由于表面的相对运动又被撕裂。在这个过程中,金属表面形成硬化层,当此硬化层被破坏时,所产生的金属磨粒将成为加剧表面磨损的磨料。在发生熔着磨损的短时间中,活塞和汽缸套表面上出现与汽缸中心线相平行的高低不平的磨痕,这就是拉缸现象。严重时,滑动部位完全黏着或卡住,甚至可能在两个表面的薄弱部位产生裂纹,以致机件损坏,这种情况称为咬缸。

### (二)拉缸的原因

拉缸的原因十分复杂,有设计制造、安装找正等方面的众多因素。在运转中,由于管理上的不当导致拉缸的原因论述如下。

1. 汽缸润滑不良

汽缸润滑不良的原因主要有:①汽缸注油量调节过小;注油器故障;注油管接头漏油或堵塞,供油中断。②汽缸套注油孔或布油槽堵塞。③汽缸油品种不当或变质。④四冲程柴油机的刮油环刮油过多。上述情况均会引起润滑油不足或断油而使汽缸润滑不良,活塞与汽缸套过热,导致过度膨胀变形,失去原来的正常间隙而拉缸。

2. 磨合不良

磨合应遵循规范进行。必须考虑磨合时间和负荷分配问题,既在尽可能短的时间内达到有效的磨合,又应防止加载过快而导致拉缸。同时,应注意下列几个方面的问题:①磨合运行期间应适当加大注油量。②活塞环换新后应在低负荷下运转一段时间。③活塞和汽缸套换新后应进行磨合后再加大负荷。

3. 冷却不良

冷却不良的主要原因有:①冷却水质不佳,水温太高。②冷却水泵排出压力不够,冷却液供应不足或中断。③冷却水腔锈蚀、脏污或有空气积存,使冷却效果下降。

4. 活塞环断裂

活塞环断裂的主要原因有:搭口间隙过小;天地间隙过小,使活塞环卡死;结炭太多,使活塞环粘在环槽内失去弹性,造成断裂或汽缸漏气;搭口间隙太大或磨损严重,引起漏气。活塞环的碎片常引起拉缸甚至咬死,燃气的泄漏破坏润滑油膜,使表面温度过高,可导致拉缸。

5. 燃用劣质燃油

燃用劣质燃油易引发拉缸,原因是:不完全燃烧产生更多的燃烧残渣;后燃延长使排气温度升高;燃用劣质油时需要高碱性的汽缸油,碱性不足时使磨损加剧。

6. 长期超负荷运转

柴油机长期超负荷运转,热负荷增加,发生过热膨胀,以及活塞对中不良等也是拉缸的原因之一。

**(三)拉缸时的征兆**

(1)汽缸冷却水出口温度和活塞冷却液出口温度增高。

(2)在拉缸早期可听到活塞与汽缸的干摩擦的异常声响。

(3)拉缸时,该缸曲柄越过止点位置时将发生敲击声,柴油机转速会迅速下降甚至自行停车。

(4)曲柄箱和扫气箱温度升高,甚至有烟冒出。

**(四)拉缸时的紧急处理**

拉缸时的应急处理主要有以下方法:

(1)早期发现拉缸过热时,应加大汽缸油注入量。如无好转,可单缸停油、降速,加强活塞冷却,直到过热消除为止。

(2)若已拉缸,应迅速降速,然后停车。继续加强活塞的冷却,同时进行盘车。切不可加强汽缸的冷却;否则拉缸将更加恶化。

(3)如拉缸后活塞咬死,则可待活塞冷却后盘车使之松脱。

(4)若采取上述方法活塞仍咬死盘不动车,可向工作面注入煤油,待充分渗透和冷却后再转车。若还盘不动,可拆除十字头下方的海底螺母(或曲柄销轴承盖)将活塞吊出。要一面注煤油,一面慢慢起吊,不得硬吊,防止损坏起吊螺栓或螺孔。

(5)吊出活塞后,检查活塞和缸套损坏部位,并用油石磨光,损坏的活塞环、活塞和汽缸套应换新。

(6)吊缸装复时,检查缸套上各注油孔供油是否正常。换新的活塞和汽缸套等应正确地进行磨合。

(7)若拉缸无法修复,可采用封缸运行。

## 二、敲缸的原因及处理

柴油机在运行中发出有规律但不正常的响声或敲击声,称为敲缸。敲缸通常有两种:燃烧敲缸和机械敲缸。

### (一)燃烧敲缸

大多是伴随着柴油机燃烧过程的进行而产生的尖锐的金属敲击声,也称热敲缸。它一般发生在上止点。燃烧敲缸时,柴油机的最高爆发压力异常地增高,各部件的冲击性机械应力增大,导致运动部件过度磨损或损坏。燃烧敲缸的主要原因是:压力升高速度太快,最高爆发压力过高。

下列因素会引起压力升高速度太快、最高爆发压力过高而导致燃烧敲缸:

(1)喷油定时过早,导致压力增长率过大、最高爆发压力过高。

(2)汽缸超负荷,喷油量过大。

(3)燃油的燃烧性能差,发火滞后。

(4)喷油器故障,如针阀卡死在升开启位置;喷油器弹簧断裂;漏油、滴油;喷油器弹簧松动,起阀压力下降,喷油提前。

(5)起动初期汽缸温度太低,或喷油过多。

燃烧敲缸除用切断供油和听其敲击声来判别外,也可测取示功图检查燃烧状况和最高爆发压力来分析判断。

### (二)机械敲缸

因运动部件或轴承间隙不正常而引起的纯金属敲击声或摩擦声称机械敲缸,也叫冷敲缸。其特征是发生在上、下止点或活塞刚越过上、下止点及经汽缸中部时。机械敲缸大多与运动部件中心线不正、轴承间隙过大、紧固螺栓松动、汽缸磨损等因素有关。

1. 汽缸上部机械敲缸的原因

(1)第一道活塞环撞击汽缸套上部的磨台。

(2)活塞连杆中心线与曲轴中心线不垂直,使活塞有倾斜运动。

(3)曲柄销轴承的偏磨导致活塞敲缸。

2. 汽缸中部敲击的原因

四冲程柴油机的活塞销间隙过大或缸套严重磨损。

3. 汽缸下部及曲轴箱敲击的原因

(1)十字头轴承间隙过大,十字头滑块与导板的间隙过大。

(2)连杆轴承或主轴承的间隙过大。

(3)主要运动部件的紧固螺栓松动。

区别燃烧敲缸和机械敲缸的方法如下:如果单缸停止喷油或降速后,敲缸声消失,即判断为燃烧敲缸。若停油后,敲击声未消失,敲缸发生在上、下止点或转向处,且敲缸声与转速成正比,此时可判断为机械敲缸。

**(三)敲缸的应急处理**

(1)若发生敲缸,首先应降速,并判断其敲缸性质。

(2)如系燃烧敲缸,则从燃油或喷油设备上找出原因,予以消除。如对喷油器试压和调整,必要时换新;检查和调整喷油泵的供油量;检查和调整喷油定时等。

(3)若因汽缸或活塞过热产生沉重而又逐渐加重的敲击声,则在未进行降速前,会出现转速自行下降的现象,此时可按过热拉缸进行处理。

(4)如系机械敲缸则找出原因,对有关机件进行调整、紧固、修理或更换。如情况严重,应予以停车。不能修复则封缸运行。

## 三、扫气箱着火的原因及处理

**(一)扫气箱着火的原因**

扫气箱着火的主要原因是扫气箱内积聚可燃物质和高温火源。这是扫气箱着火必须同时具备的两个条件。前者是扫气箱积聚的燃烧产物,如积炭、污渣和过多的汽缸油等。后者主要是由于活塞环技术状态欠佳,燃气下窜;汽缸润滑不良,干摩擦导致过热等。

扫气箱污染主要是由于燃烧产物经汽缸和扫气口漏入扫气箱底板和隔板上。在燃烧不良时这种污染尤为严重,混有汽缸油的残渣积聚过多,一遇火花就会起火。十字头式柴油机的活塞杆填料函失效也会导致扫气箱污染。

1. 燃烧不良的原因

喷油泵的定时调节不当;喷油器工作不正常,影响雾化和喷射;燃油过冷,预热不够;柴油机负荷剧烈变化,引起暂时进气不足,燃烧恶化;汽缸油过量;扫气系统污染,造成汽缸的进气不足,如增压空气中含有透平油雾等。

2. 燃烧产物泄漏的原因

活塞环磨损、卡住和断裂;汽缸润滑不正常,密封性变差;汽缸的摩擦表面损坏,纵向沟纹泄漏;负荷急剧变化,导致活塞环的密封效果变坏。

3. 扫气温度升高的原因

空气冷却器脏堵;扫气压力降低,排气倒流;汽缸燃气泄漏。由于燃烧不良形成的燃烧产物泄漏到扫气箱,形成可燃物质积聚,这是扫气箱着火的基本条件。高温的燃气经活塞与缸套间的间隙及密封不良处漏入活塞下部空间,就可能存在小火星。若扫气温度较低,冲出的火星被熄灭。当扫气温度较高时,这些火星就成为点燃扫气箱积聚油污的火源。扫气开始前,高温燃气经活塞和汽缸套间的间隙混入活塞下部缓冲空间。此间隙对弯流扫气柴油机来说,扫气侧间隙要大些,因燃气和扫气的合力将活塞压向排气侧。于是,这些部位就可能发生小火星。

**(二)扫气箱着火时的现象**

扫气箱着火时会伴有下列现象发生:①排气温度和扫气温度升高。②黑烟从增压器的进气滤网中倒冲出,烟囱冒黑烟,③柴油机转速下降。④扫气箱过热,使导门脱漆、变色。⑤与该汽缸相连的增压器发生喘振。⑥当打开扫气箱泄放阀时,会有烟雾和火花喷出。⑦扫气箱着火时因压力、温度急剧升高发生扫气箱爆炸,使安全阀起跳。

**(三)扫气箱着火时的应急处理**

当发生扫气箱着火时,酌情采取下列应急处理的办法:

(1)柴油机应降速,切断着火缸的燃油供给,适当加大汽缸油的注油量,以利于润滑,如火势不重,可待积油烧完再停车。

(2)火势严重时,应立即减速或停车。灭火措施应首先考虑窒熄灭火和蒸汽灭火。火势猛烈可采用$CO_2$灭火。在停车灭火的同时,应合上盘车机。蒸汽灭火的优点是不致形成有关部件的剧冷损伤,但缺点是可能形成锈蚀。$CO_2$容易使有关部件造成剧冷损伤。

(3)必要时,用温水喷洒扫气箱外壳,以降低温度。

(4)熄火后如需停车检查,应待冷却后才打开导门。盘车检查汽缸、活塞组件有无烧损,并在活塞杆上涂上滑油。由于扫气箱流通的空气量很大,不太可能形成可燃性的油气混合物。

(5)重新起动运转时,一般在火被扑灭后5~15 min可重新把切断的油泵接通,缓慢加速,并使汽缸油注油量逐步降至正常值。避免在注油量增多的情况下连续运转数小时。

**(四)扫气箱着火的预防**

在日常的运行与维护管理中,应注意以下预防措施:

(1)定期检查扫气箱,清除积油、残炭;值班中,每班将扫气箱的排放网打开放残水。

(2)避免长时期低速运转和超负荷运转。低速将造成燃烧不良,超负荷会加剧磨损和燃气泄漏。

(3)正确调整喷油定时和喷油器的雾化,使喷油设备处于良好的技术状态。

(4)汽缸注油量要合适,不得断油;分负荷时,减少汽缸油的注入量。

(5)控制好扫气温度,不使其升高。

(6)大风浪时降低柴油机的转速,避免负荷突变的范围过大。

(7)定期检查活塞环的状态,对磨损、断裂和粘住的活塞环应及时更换。

(8)定期检查汽缸套的磨损、圆度和锥度情况,磨损过度时应及时更换和修理。

## 四、曲轴箱爆炸的原因及处理

曲轴箱爆炸时,火焰和高压同时发生。高压是由火焰诱发而产生的,因此破坏也是双重的,既能导致火灾,也会有冲击性破坏,后果十分严重。在封闭式强力润滑的柴油机中,任何运动部件的失常都有可能导致曲轴箱发生爆炸。曲轴箱爆炸不仅造成柴油机的冲击破坏,而且可能会有人员伤亡,必须足够重视。

**(一)曲轴箱爆炸原因**

运行中的曲轴箱内充满着油气。但是油气与空气的混合比例不一定处于可爆燃的混合比。即使达到爆燃混合比,若没有高温热源也不会爆炸。若曲轴箱内部出现了局部高温热源,飞溅在热源表面上的油滴就会汽化,油气逐渐加浓,形成乳白色的油雾。当油雾浓度达到一定范围时,就成为可爆燃的混合气,并会在高温热源的引燃下着火。若着火前已有大量油雾存在,则一旦着火就会使曲轴箱有限空间内的温度和压力急剧升高,产生强烈的冲击波,引起曲轴箱爆炸。由此可见,曲轴箱爆炸的原因是曲轴箱内的油雾浓度达到可爆燃的混合比,高温热源的存在使温度达到着火点,从而引发激烈燃烧产生高压。因此,如遇下列情况就可能导致曲轴箱的爆炸:①漏入滑油中的燃油,不但使滑油着火温度降低,而且在高温下蒸发形成大量油雾。②轴承过热或烧熔、活塞环漏气使燃气下窜、拉缸等都会出现高温热源,它既使滑油蒸发成油雾,又可爆燃混合气的点火源。③二冲程柴油机扫气箱着火,使曲轴箱因高温气体急剧膨胀。

资料表明,空气与油雾的可爆燃比例下限为100∶1,而上限为7∶1,当油雾浓度达到这个范围时,在高温热源的引燃下可发生爆炸。而当浓度超过上限时,即使有高温热源也不会爆炸。着火的基本条件是它的浓度极限。产生爆炸的条件也是由所需温度的上限和下限所决定的。对润滑油蒸汽着火下限为270～350 ℃,上限高于400 ℃,而润滑油的蒸发温度在200 ℃以上。因此,如果燃油漏入曲轴箱中会导致滑油着火温度降低,使油雾在较低的温度下就引发爆炸。

**(二)曲轴箱爆炸应急处理**

应采取以下有效措施防止和处理爆炸事故:

(1)当发现有爆炸预兆(如透气管冒出大量油气,并嗅到油焦味,曲轴箱发热,导门温度明显升高或油雾探测器报警)时,应立即降速或停车,加强润滑,并将海水泵关闭,防止温度骤降。人员要远离主机防爆门一侧,以防伤人。发电柴油机应在转换负荷后降速运行。如果停车,则自带的滑油泵和冷却水泵也将停泵,反而容易在刚停车时发生曲轴箱爆炸。

(2)若因曲轴箱内某些机件发热而停车,则至少停车15 min后再开道门检查,以免新鲜空气进入而引起爆炸。

(3)若曲柄箱已经爆炸,并将防爆门冲开,要立即停车。同时,按机舱灭火规定施救。切忌马上打开道门,以防新鲜空气进入曲柄箱发生更大的爆炸。

(4)曲轴箱内部的灭火可采用装设在曲轴上的$CO_2$管系把$CO_2$充入其中。但机舱灭火应慎重选用灭火剂,不要轻易在曲轴箱内使用灭火剂,因为它对金属有腐蚀作用。在关闭机舱所有通风道后,视情况选择水、$CO_2$或其他灭火剂。

在处理上述任何一项应急情况下,只要停车或降速,一般情况下应征得驾驶台人员的同意再执行。在紧急情况下,可在采取措施的同时通知驾驶台人员。

**(三)曲轴箱爆炸预防措施**

良好的维护,及时发现隐患并恰当处理,在很大程度上可以排除曲轴箱爆炸的可能。曲轴箱爆炸的预防措施主要有:

(1)避免柴油机出现过热点。保持良好的润滑和冷却,保证运动机件正确的相对位置和间隙,以免运动部件过热;活塞环和填料函有良好的密封,防止燃气下窜;运行中定期探摸曲轴箱温度。

(2)保证润滑油蒸气低于燃爆下限,保持曲柄箱透气孔畅通;消除燃油漏入曲轴箱的一切途径。现代柴油机将凸轮润滑油与系统油分开是一种好办法。曲轴箱采取通风措施。保持曲轴箱上装有透气管或抽风机,将油气引出机舱外,防止油气积聚。透气装置应装有止回阀,防止新鲜空气流入曲轴箱。

(3)防爆门应处于良好的技术状态。防爆门开启压力一般为5～8 kPa。

当曲轴箱内压力高到一定程度时,防爆门开启,释放曲轴箱内压力,随后自动关闭,从而防止严重的爆炸事故。初次爆炸由于燃烧较慢,压力不很高,但足以冲破曲轴箱道门。若不装防爆门,则初次爆炸产生的真空将通过打碎的道门吸入新鲜空气。曲轴箱的高温热源和很浓的油气与新鲜空气混合后,将导致带有爆震的第二次更强烈的爆炸。第二次爆炸出现爆炸火焰，产生高压和强烈的冲击波。

(4)曲轴箱内安装油雾浓度探测器，在油雾浓度达到着火下限之前报警。

(5)在曲轴箱上装设 $CO_2$ 灭火接头与 $CO_2$ 管系相连，有关的截止阀应绝对密封。

(6)定期化验，当曲轴箱滑油闪点在 160 ℃以下时应申请换油。

## 五、烟囱冒火原因及处理

装有废气锅炉的柴油主机，往往会出现烟囱喷出火花的情况。烟囱冒火时还常伴随废气锅炉的气压突然升高，安全阀冲开跑气。烟囱冒火不仅会引起火灾，特别是危及油船的安全，而且是柴油机运行状态不佳的表现。柴油机烟囱冒火，通常是由于未烧尽的燃油或含油积存物随高温燃气带出烟囱遇空气再燃烧所产生，即燃料在汽缸内燃烧过程的延续。

### (一)烟囱冒火的三种情况

从火花的形成来看，烟囱冒火可分为三种情况。

1. 油雾燃烧形成的火花(第一类火花)

这类火花在白天不易发现，在夜晚可以看到细而短的浅粉红色火花从烟囱中冒出。大多在随其排烟的流动中自行熄灭，而无炭垢或黑色的颗粒落下。此种火花多发生在柴油机超负荷、部分汽缸燃油雾化较差或汽缸内空气供应不足等情况下，此时汽缸内的燃油不能完全燃烧，汽缸内过量的油雾或微细油粒被高温排气直接带出烟囱时遇氧而燃烧。

2. 残油燃烧形成的火花(第二类火花)

这种火花的形状较上述稍长，颜色也稍深，由烟囱冲入天空并随风飘流后自行熄灭，同时有微细炭粒及烟灰带出。此类火花一般发生在柴油机部分喷油器滴油或低负荷运行时燃烧不良的情况下。尤其当排烟系统的温度、压力长期偏低时，尚未燃烧的油常积存在排烟道内，即使被带出烟囱，也难以被低温燃气所点燃。一些老型号柴油机，在此情况下多采用旁通废气锅炉的方法使燃气直接排出，防止污染锅炉内加热盘管。近代船舶则大多已取消旁通排烟管道，燃气只能经废气锅炉排出，排气背压升高。因此，长期低负荷运行的二冲程柴油机烟道内积油会逐渐增多。积存的残油经过着火前的物理及化学准备过程，若有较充分的空气，当排气温度高于 210 ℃或遇明火时，就会在排烟管道内部的烟囱出口处着火。

3. 烟灰沉积物燃烧形成的火花(第三类火花)

此类火花从烟囱排出时大多呈板状。火花产生的时间，往往在出航后不久以及航行 10 ~ 15 d 之后。火花持续的时间为 0.5 ~ 3 h 不等。白天因光照较强不被人注意，晚间则甚为可观。这类火花亮点较大，呈黑红色，持续时间较长。有灰分及不同形状团体颗粒伴随火花同时从烟囱冲出，常常掉落到甲板上还继续燃烧，易引发火灾。排气系统中，一般自增压器出口至废气锅炉进口这一段管路上很少着火，且在废气锅炉的过热蒸汽盘管上烟垢也不很多。但在饱和蒸汽盘管上往往有密集布置的采热片和在废气锅炉漏斗形的部位上固体沉积物较多，这类沉积物是引起火花的主要来源。这类冒火最为常见，危险性也最大。引起此类火花的原因有：燃油质量差，燃用劣质油时产生的烟灰沉积物和可燃物质多；燃油喷射设备不完善或故障，不完全燃烧使排气中的含油物增加；汽缸润滑油的注油量太大；汽缸进气系统的工作不完善；废气锅炉脏堵等。

研究表明，当废气锅炉水管外表面的沉积物厚度达 2 ~ 3 mm 以上或当排气的流动阻力增加到 12.7 ~ 13.3 kPa 时易发生烟囱冒火。冒火停止后，烟灰沉积物减少，排气流动阻力可下降 0.67 ~ 1.33 kPa。四冲程柴油机的换气条件优于二冲程柴油机，因此烟囱冒火的发生也较少。

**（二）烟囱冒火预防措施**

烟囱冒火的预防措施主要有：

（1）保持柴油机汽缸内良好的燃烧状态；加强对各缸燃烧过程的监测，及时发现异常情况并排除。

（2）加强废气锅炉的维护管理，保持良好的燃烧效果。

（3）选用合适的除炭剂等试剂，定期向排烟管或废气锅炉内投放，预防结垢和清通系统，使管壁上的积炭软化、脱落，甚至使其降低燃点后燃烧。

（4）为保证油船的安全，烟囱内装有喷水灭火装置，防止烟冒火的发生。

**（三）烟囱冒火应急处理**

发生烟囱冒火时，应采取以下应急措施：

（1）对于第一类火花，应立即降低柴油机的负荷或缓慢停车。查明原因并消除故障后才继续使用，待排烟正常后再加至所需要的负荷。

（2）对于第二、三类火花，在环境允许的条件下应让其继续"喷冒"，使排气系统内的油性沉积物尽量吹掉、烧尽。此时应加强柴油机和废气锅炉的维护管理及防火工作。

（3）除火势过猛、个别缸或局部排烟管过热需降速外，尽量使柴油机保持较高的负荷运行。

（4）不要轻易使用灭火设备，特别是 $CO_2$ 灭火设备，以防止高温金属因温度的急剧降低而炸裂。

## 六、紧急刹车的操作和注意事项

船舶遇到避碰等紧急情况时，为使船舶尽快停止运动或改作倒航而对主机制动并迅速倒转的操纵过程称为紧急刹车。紧急刹车的操作因机型而异，下面以 MAN B&W MC 和 Sulzer RTAY 型柴油机为例进行介绍。

**（一）MAN B&W MC 型柴油机紧急刹车操作**

（1）接到驾驶台紧急倒车车令时，立即将起动调油手柄拉至"停车"位置。

（2）将车令手柄（车令手柄完成换向）扳至"倒车"位置，燃油凸轮和空气分配器实施换向操作。

（3）换向动作完成后，将起动调油手柄推至"起动"位置进行倒车起动。

（4）起动空气按倒车规律向仍在正向运转的主机汽缸送入起动空气，对主机进行强制制动。

（5）在压缩空气作用下，主机迅速停车。

（6）主机停车后，在持续压缩空气作用下随即反向起动，待达到起动转速后，再将起动调油手柄推至驾驶台车令"给定"位置，主机按给定油量反向运转。

**（二）Sulzer RTA 型柴油机紧急刹车操作**

（1）接到驾驶台紧急倒车（后退三或前进三）车令时，立即将车钟拉到相应的位置。

（2）车钟越过"停车"位置时，断油伺服器立即使高压油泵停止向主机供油，主机转速迅速下降。

(3)由于车钟手柄已在“倒车”位置,换向伺服器使凸轮轴和空气分配器换向。

(4)将燃油手柄置于起动油量位置。

(5)换向机构的换向动作完成后(转速降到60% ~70%),迅速拉动起动手柄。

(6)起动空气随即按倒车正时进入正车运转的汽缸,对正转的主机进行制动。

此制动作用分为“能耗制动”和“强制制动”两个阶段。前者在制动初期当活塞上行时将起动空气压入起动总管,相当于空压机消耗正转的能量;后者在压缩空气作用下,使主机迅速强制停止运转,并在持续的压缩空气作用下开始反转,运动方向联锁释放,达到发火转速。主机倒转后,可按驾驶台要求的车令调节油门。

**(三)紧急制车的注意事项**

(1)保证压缩空气的压力,以使刹车过程有效进行。对于 Sulzer RTA 型主机,保持较高的滑油压力可以使差动换向动作迅速完成。

(2)为保证倒车起动成功,可视情况适当调大起动油量(如 Sulzer RTA 型主机可从 3.5 格移至5.0 格)。

(3)为使主机迅速刹车和反向起动,拉动起动手柄时可略停顿一下。这样,当转速降至零后随即可反向起动起来,缩短刹车过程的时间。

(4)当主机和船舶在较高航速下刹车时,一次操作可能无法使主机刹车成功,且这样的操作将使曲轴承受较大的附加应力,并使空气消耗量过大。为了改善上述状况,采取几次间断刹车的操作方式比较有效。

(5)对于 MAN B&W MC 型主机,尽管具有联锁装置,但在操作中当换向手柄未推至极端位置时,切不可过早拉动起动调油手柄,以免发生意外。当主机差功换向未完成时,也不可过早将起动调油手柄推至起动供油位置;否则可能产生严重后果。

(6)操作中应避免一下将油门加得过大,以防超负荷。在特别紧急时(驾驶台将车令重复一次),则应尽快给出相应转速,以保证船舶安全。

(7)紧急刹车的操作时机十分重要,既要考虑操作前的主机转速、船舶航速、主机的具体技术性能和状态,还要熟悉其他辅助设备如空气压缩机等的工作能力。另外,操作过急、过缓都将失去紧急刹车的意义并可能造成严重后果。

(8)对采用遥控系统的主机,换向程序中大多具有紧急刹车功能,上述操作均按设定程序自动完成,但需注意压缩空气压力,以防起动空气消耗过多。当遥控系统本身发生故障时,应及时转换为集控室直接操作。平时应对机旁应急操作装置进行必要的维护,保证随时处于可用状态。

## 七、封缸运行

船舶航行中,若主机有一个或一个以上的汽缸因故障不能正常工作,一时无法排除故障,此时可根据不同情况停止有故障汽缸的运转,进行封缸运行。根据规范要求,六缸以下的柴油机停一个缸的情况下应能继续运转,七缸以上应保证停两个缸的情况下保持运转,使船舶继续航行。

封缸运转是短时间的措施。由于柴油机失去了原有的平衡,停缸导致热负荷和机械负荷增加,增压器喘振也会导致振动加剧,因此必须降速降负荷。

### (一)封缸运行措施

1. 单缸停止供油

如果某汽缸发生故障,如喷油泵、高压油管、喷油器故障,气阀咬死、汽缸漏气,拉缸或敲缸等,这些故障使汽缸不发火而运动部件尚可运转,为使船舶继续航行,根据柴油机的具体情况,可利用停油机构将喷油泵柱塞下方的滚轮抬起并固定,使它与油泵凸轮脱离接触,停止泵油,或打开喷油器的回油阀使燃油停止喷入汽缸。不得采用关闭喷油泵进油阀的办法,因油泵在无油的情况下运动,发生干摩擦会使柱塞偶件过度磨损或卡死。具体措施除降速外,还应适当减少该缸滑油和冷却水的供给量,并打开示功阀减少缸内积油。对于直流换气二冲程机,在停油的同时,还可将排气阀锁在开启位置,以减少活塞消耗的压缩功。只采取停油而不拆除运动部件的情况,也称为减缸运行或停缸运行。故障时,则不仅要停油,而且要拆除部分运动件。

2. 拆除活塞组的封缸运行

这种方法适用于活塞、缸盖或汽缸裂纹或故障,但连杆和十字头尚正常工作。此时,必须拆掉包括活塞杆和填料函在内的活塞组件,除单缸停止供油外,还应采取下列措施:

(1)提起喷油泵滚轮,停止泵油。

(2)回流扫气柴油机用专用的弧形气口封板将气口封住;直流扫气柴油机,还应抽掉该缸排气阀顶杆,使排气阀停止工作。

(3)将活塞杆填料函孔、十字头活塞孔口、活塞冷却机构填料函孔口用封板封住,若连杆吊出,还需要将曲柄销的油孔封住。

(4)封闭活塞冷却系统,关闭该缸汽缸冷却水的进出口阀。

(5)把通向该缸起动阀的控制空气管拆下并封住,把通向该缸起动阀的起动空气管拆下并封住。

(6)把该缸的汽缸润滑油油量减至最小后停止。

(7)活塞组件拆除后重新安装汽缸盖。

注意,在起动主机以前应彻底检查一次,必要时,在主机油、水泵起动后,再检查一次。

3. 拆除活塞、十字头、连杆的封缸运行

这种方法适用于连杆、十字头及轴承严重破坏,或十字头导板损坏时。因此,除采用上述停油、拆除活塞的措施外,还应采取下列措施:封闭该缸十字头滑油系统,并用专用工具将曲柄销上油孔封住。

### (二)封缸运行应急处理

封缸运行是一种临时的应急措施,封缸时应综合考虑排气温度、喘振、振动等各因素,选择适宜的转速维持航行。

(1)主机在封缸运行时,为防止柴油机超负荷,主机必须降速至各缸供油量和排气温度在允许范围内。柴油机在封一个缸的情况下,如果不超扭矩,一般相当于在 75% ~80% 负荷的转速下运转。若封两个缸,特别是连续发火的两个缸,工况将恶化,还应进一步降速。

(2)封缸后主机运行中如增压器产生喘振,扫气压力明显波动,必须继续降速直至喘振消除为止。

(3)个别缸的某些运动部件被拆除或受力情况发生变化,破坏了柴油机原来的平衡性,因而可能在某些转速范围内产生强烈的振动。如果振动异常强烈,应把柴油机转速进一步降低。

(4)如被封汽缸正处于起动位置,柴油机是无法起动的,此时对于可倒转的柴油机可先向相反的转向短促地起动一下,使曲轴改变位置后再转向起动。这种情况应向船长说明,在机动操纵时尽量减少柴油机的起动次数。

## 八、停增压器运转

废气蜗轮增压器是高速回转机械,运转中发生损坏,柴油机应立即停车,尽量减少增压器损坏程度。停车后经检查,如发现增压器轴承损坏、叶片折断使增压器无法运转且又不能在短时间内很快修复,柴油机在低负荷下继续运行。

在机动航行、紧急避碰的状况下是不允许柴油机停车的,短时间内,只能在增压器损坏的状况下,强制柴油机低速运行。这时,柴油机应无明显的异常振动,同时控制排烟温度不超过限定温度值。当船舶处在安全状态时,再停车处理增压器故障。

### (一)停增压器的具体方法

(1)若条件不允许停车,可暂时带着有故障的增压器维持运行,此时柴油机转速应降低到无明显振动,并控制排气温度不增高太多。

(2)只要条件允许,可马上停车后用专用工具将增压器转子锁住,降速维持运行。

(3)如需运行一段时间,最好将转子抽出,用专用盖板将壳体两端封住,降速维持运行。

### (二)四冲程柴油机的停增压器运行

四冲程柴油机停增压器运行时相当于非增压柴油机,依靠活塞的吸排作用,仍可实现换气。但因汽缸充气量大大减少,而且有关定时也不适合非增压方式工作,使得柴油机的功率和转速大幅度下降。以某四冲程柴油机为例,其标定功率为 820.3 kW,标定转速为 750 r/min,标定有效耗油率为 221.3 g/(kW · h)。停增压器后运转允许的最大转速为 390 r/min,相应的功率为 138 kW,有效耗油率为 407.7 g/(kW · h)。若要长期停增压器运转,则可提高压缩比以提高压缩压力,降低排气温度;增大喷油提前角;调整气阀正时,减小气阀重叠角,以避免排气倒流,改善柴油机的工作状况。为减小进、排气的阻力,进、排气管都以使用旁通管为最佳。

增压器转子锁住后因两端温度不同,会使转子轴弯曲,所以应将转子拆出,封闭两端。

### (三)二冲程柴油机的停增压器运行

二冲程柴油机的换气条件比四冲程柴油机困难。对于二冲程柴油机,在无增压器的情况下,可采用起动应急鼓风机或者其他方法供气,维持运行。此时柴油机的负荷和转速应根据排气温度、颜色和运转情况来降低。根据电动鼓风机的功率,柴油机最高可在 25% 的输出功率、63% 的转速和 40% 的平均有效压力下运行。二冲程柴油机根据机型和运转情况不同,应急措施各异。

直流扫气柴油机停增压器运行的措施是:

(1)由于采用定压增压系统,全机只装一台蜗轮增压器,增压器损坏时必须打开电动辅助鼓风机供气。

(2)用专用工具将增压器转子在其两端固定,若应急运转时间很长,应将转子抽出,用专用盖板封住增压器壳体两端。

(3)从排气旁通管上拆掉封闭盲板,使排气旁通到烟囱;打开位于空冷器正后方扫气箱上的盖板，使辅助扫气泵从机舱吸入空气。

# 第三节　柴油机电子控制技术

传统的柴油机由调速器控制其喷油量，由凸轮控制其喷油定时、进排气等过程，能使柴油机在额定工况下实现性能的优化。但是当柴油机的工况、海况、外界环境、燃油品质发生变化，凸轮轴磨损或者机械间隙改变导致喷油正时、喷油速率、配气正时等参数偏离其设计的最佳值时，均会影响柴油机经济性能。

随着电子技术的发展，尤其是微型电子计算机的运用，传统柴油机的控制方式逐步被电子控制方式代替，如电子注油器取代机械式注油器，电子调速器取代机械式、液压式调速器，燃油电子喷射取代传统机械传动式喷射等。为了提高燃油经济性、降低排放要求、提高可靠性和操作的灵活性，实现适时调节，电控共轨柴油机已成为发展的必然趋势。尤其体现在燃油喷射方面，在经过位置控制方式、时间控制方式、蓄压共轨时间控制方式三个阶段的发展后演变为目前的电子控制柴油机。

电子控制柴油机又称智能柴油机或电喷柴油机。智能柴油机取消了传统柴油机的凸轮轴以及相关的机械控制零部件，将燃油喷射、气阀启闭以及柴油机的起动、换向、停车和汽缸润滑等功能全部由电子控制实现。它可以通过对相关参数的设定和修改，调整主机的运行状态和工作参数，达到使柴油机保持在最佳状况下工作的目的。此外，还可对柴油机的运行情况及零部件的状况进行实时监测，并与船上的控制系统、报警系统相连接，对柴油机进行全方位的控制。目前，智能柴油机已在新装机船舶中得到广泛运用，并逐步成为船舶柴油机的主流机型。

## 一、电子控制柴油机的原理

电子控制柴油机的原理是：通过电子控制技术，发动机管理系统的核心功能由电控单元来实现。传感器为电控单元提供发动机的当前工况信息，电控单元对传感器的信号进行分析以后，根据预定的控制策略对执行器发出控制信号，控制喷油量、喷油始点、增压压力、进排气阀正时等，对发动机进行闭环控制，使燃烧更精确。它能够有效地实现柴油机在各种负荷下的性能最优化，从而达到在满足最新排放要求下，提高其经济性、可靠性、操纵灵活性和延长使用寿命。

## 二、电子控制柴油机的特点

船用电子控制柴油机是在 2000 年后才正式装船使用的，与传统机械控制式柴油机相比，它有很强的运转适应性、足够的可靠性，具有各种不同的操作模式、完善的状态监测和控制系统等。

**（一）很强的运转适应性**

（1）能够自由地选择喷射压力。根据不同工况可确定所需的最佳喷射压力，从而优化柴油机综合性能，降低柴油机在部分负荷时的油耗。

（2）精确地控制燃油喷油量。柴油机由电磁阀控制喷油，其控制精度高，高压油管压力稳定，在柴油机运转范围内，循环喷油量变动小，各缸供油均匀，柴油机工作稳定。

(3)可独立地控制喷油正时和喷油速率变化,实现预喷射和多次喷射,达到理想的喷油规律,配合高的燃油喷射压力,既可降低柴油机的 dp/dp,又能保证良好的动力性和经济性,同时能将柴油机的 $NO_x$ 和微粒(PM)排放控制在较小的数值范围内,以满足排放要求。

(4)燃料适应性好。对于不同的燃油,特别是劣质燃料油,可根据燃烧需要改变喷油正时和气阀定时,并且在任何负荷条件下工作均无可见排烟。这些对于凸轮驱动的机械机构几乎是不可能实现的。此外,冷却系统、增压系统和汽缸注油系统也具有很强的运转适应性。

**(二)足够的可靠性**

这是指发动机具有更长的寿命和维修周期,在整个发动机使用过程中具有很低的故障率和良好的维修性能,并且在整个使用期间发动机的性能维持不变。如瓦锡兰公司的 RT-flex 柴油机的吊缸周期可延长到 3 年,MAN B&W 的低速机吊缸周期可以延长到 5 年。

**(三)多种操作模式**

这是指可以根据不同的要求由操作者选择机器的运转模式,如经济性模式、排放控制模式、低负荷运转模式等,并保证发动机一直处于最优化状态运转。

**(四)完善的状态监测和控制系统**

主要包括一体化的速度控制设备、在线柴油机故障诊断系统、活塞工作和燃烧可靠性的监测及对汽缸注油的优化等。它能够在线监测柴油机的运转状况,确保各缸的负荷均匀分布,防止发动机超负荷,在故障发生前能够早期报警并启动处理程序。

目前,船用智能低速柴油机的主要机型是瓦锡兰公司的 Sulzer RT-flex 系列柴油机与 MAN B&W 公司的 ME/ME-C 系列柴油机,其结构及控制方式有所不同。

## 三、Sulzer RT-flex 系列与 ME/ME-C 系列船用智能柴油机的比较

瓦锡兰公司 Sulzer RT-flex 系列智能柴油机和 MAN B&W 公司的 ME/ME-C 系列智能柴油机有共性,也有一定的差别。

(1)共轨。Sulzer RT-flex 机型的公共油轨有两个:一个是 20 MPa 的伺服油轨,因为电子控制系统所输出的能量有限,该伺服油用来驱动排气阀、汽缸起动阀和喷射控制单元;二是燃油轨,100 MPa 的燃油在油轨中等待喷射。而 MAN B&W ME 机型的公共油轨仅是一个 20 MPa 的伺服油轨,其作用与 RT-flex 机型相同,也可作为动力油用于驱动。轨压上的差别在很大程度上取决于油轨的密封技术,对油轨的管理要区别对待。

(2)原始动力。RT-flex 机型采用曲轴带动的复合凸轮来带动柱塞式燃油泵保持油轨中 100 MPa 的油压,从而以预定的高喷射压力把足够量的燃油输送到汽缸盖水平位置的高压燃油管(共轨)等待。伺服油泵同样也由曲轴通过传动齿轮带动,保持伺服滑油 20 MPa 的油压。

ME 主机的伺服油泵也是轴带的,伺服油泵是双头活塞泵,将 20 MPa 高压油送到每个缸的汽缸液压驱动控制单元的储压器中等待电磁阀信号,储压器的作用是使高压滑油保持恒压。电控电磁阀是由微处理器控制程序系统(ECSP)根据柴油机状况分析系统(ECA)和控制操作系统(OMCP)的综合信息发出指令而动作,驱动各缸高压油泵的动力滑油来完成其柴油共轨。

(3)高压油泵。RT-flex 机型的高压油泵是轴带柱塞式增压泵,是通过凸轮的传动使燃油泵柱塞上下运动产生压力的。ME 机型采用的是液压驱动高压油泵,即用 20 MPa 伺服

油作为高压油泵的驱动动力。

(4)喷油控制。RT-flex机型控制喷油，是由控制系统发出信号给电磁阀，电磁阀控制伺服油，从而打开燃油喷射阀，使在燃油共轨等待的燃油完成喷射过程。ME机型在控制喷油时，同样是控制系统发出信号给电磁阀，电磁阀控制伺服油驱动高压油泵使燃油增压，完成喷射过程。前者控制的是伺服油，后者控制的是动力油。

(5)燃油的来源。RT-flex机型燃油喷射控制单元的燃油来自100 MPa的油轨。ME机型的高压油泵进口的燃油是由低压燃油泵供给的0.8～1.0 MPa的燃油。

## 四、电子控制柴油机的管理要点

对电子控制柴油机的管理应注重技术上的管理，特别是在电子控制系统方面，对船上轮机管理人员的技术水平提出了更高的要求。概括如下：

(1)保证滑油系统的清洁。由于滑油来自系统油，在此用于控制系统，对其清洁度有很高的要求。应该特别注意各个滤器的状态，并按要求清洗。

(2)确保共轨油压管路的密封。共轨油压系统的压力较高，在运行过程中一定要观察它的密封性是否良好，特别是进入喷油器的那段管路，既要保证它的密封性，又要保证它的膨胀不是太大，以免对喷射雾化产生不良影响。

(3)电磁阀。在共轨油压系统的控制单元中，电磁阀是一个很重要也是很容易损坏的元件，必须保证滑油的清洁度；否则会造成电磁阀的动作延迟或卡死，或电磁阀磨损加剧，从而产生密封性不好等一系列问题。另外，过电流还会造成电磁阀的烧毁。因此，在日常管理中，要特别注意对电磁阀的维护保养。

(4)传感器。传感器是控制系统获取柴油机工作状况的主要途径。传感器损坏将会造成控制系统误动作，必须保证各个传感器的清洁和保养，尤其是在恶劣状况下工作的传感器，应予以特别关注。

(5)$NO_x$排放量控制。电控共轨柴油机在满足$NO_x$排放标准的情况下，必须充分提高其运行经济性，这也是轮机管理人员工作中要把握的一个基本尺度。

# 参考文献

[1] 中国海事服务中心. 主推进动力装置[M]. 大连:大连海事大学出版社;北京:人民交通出版社,2012.
[2] 杜荣铭. 船舶柴油机[M]. 大连:大连海事大学出版社,1999.
[3] 李斌. 船舶柴油机[M]. 大连:大连海事大学出版社,2008.
[4] 满一新. 轮机工程材料[M]. 大连:大连海事大学出版社,2008.
[5] 于永泗,齐民. 机械工程材料[M]. 大连:大连理工大学出版社,2007.